Barbara Schneider ■ Daphne Ketter

Verhaltensmedizin bei Hund und Katze

Barbara Schneider ■ Daphne Ketter

Verhaltensmedizin bei Hund und Katze

Ätiologie, Diagnose und Therapie von Verhaltensproblemen

Unter Mitarbeit von
Dorothea Döring

Mit 47 Abbildungen

Zusätzlich zum Download unter
www.schattauer.de/3113
Praxisvideos

Schattauer

Ihre Meinung zu diesem Werk ist uns wichtig!
Wir freuen uns auf Ihr Feedback unter www.schattauer.de/feedback
oder direkt über QR-Code.

Bibliografische Information der Deutschen Nationalbibliothek
Die Deutsche Nationalbibliothek verzeichnet diese Publikation in der Deutschen Nationalbibliografie; detaillierte bibliografische Daten sind im Internet über http://dnb.d-nb.de abrufbar.

Besonderer Hinweis:
Die Medizin unterliegt einem fortwährenden Entwicklungsprozess, sodass alle Angaben, insbesondere zu diagnostischen und therapeutischen Verfahren, immer nur dem Wissensstand zum Zeitpunkt der Drucklegung des Buches entsprechen können. Hinsichtlich der angegebenen Empfehlungen zur Therapie und der Auswahl sowie Dosierung von Medikamenten wurde die größtmögliche Sorgfalt beachtet. Gleichwohl werden die Benutzer aufgefordert, die Beipackzettel und Fachinformationen der Hersteller zur Kontrolle heranzuziehen und im Zweifelsfall einen Spezialisten zu konsultieren. Fragliche Unstimmigkeiten sollten bitte im allgemeinen Interesse dem Verlag mitgeteilt werden. Der Benutzer selbst bleibt verantwortlich für jede diagnostische oder therapeutische Applikation, Medikation und Dosierung.
In diesem Buch sind eingetragene Warenzeichen (geschützte Warennamen) nicht besonders kenntlich gemacht. Es kann also aus dem Fehlen eines entsprechenden Hinweises nicht geschlossen werden, dass es sich um einen freien Warennamen handelt.

Durch Scannen des QR-Codes können Videos über Smartphone oder Tablet-PC direkt online abgerufen werden. Qualität und Ladedauer können je nach QR-Code-Reader bzw. Internetverbindung variieren.

E-Mail: info@schattauer.de
Internet: www.schattauer.de
Printed in Germany

Projektleitung: Dr. med. vet. Sandra Schmidt:
Umschlagabbildung: © Barbara Schneider, Jane Englmeier
Zeichnungen: Dorothea Döring
Autorenportraits: Barbara Schneider: Roland Schneider; Daphne Ketter: Jasmin Sanft
Satz: Fotosatz Buck, Zweikirchener Straße 7, 84036 Kumhausen/Hachelstuhl
Druck und Einband: Mayr Miesbach GmbH, Druck · Medien · Verlag, 83714 Miesbach

Auch als E-Book erhältlich:
ISBN 978-3-7945-6928-1

ISBN 978-3-7945-3113-4

Vorwort

Die tierärztliche Verhaltensmedizin ist ein aufstrebendes Feld, das auch immer wieder größeren Veränderungen unterworfen ist. Umfassende, anwenderfreundliche Werke dazu sind aber selten. Daher wurde es aus unserer Sicht Zeit für ein aktuelles Buch zur Verhaltensmedizin bei Hund und Katze.

Neue Erkenntnisse zu verschiedenen Verhaltensproblemen wurden dabei ebenso integriert wie ausführliche Kapitel zu aktuellen Themen wie Auswirkungen der Kastration auf das Verhalten, Schilddrüsenproblematiken und der aktuellen Rangordnungsdiskussion. Das vorliegende Werk ist somit recht umfassend gestaltet und zehrt von unseren gesammelten, langjährigen Erfahrungen in diesem Gebiet. Es soll verhaltenstherapeutisch tätigen oder interessierten Tierärztinnen und Tierärzten als Grundlage und Orientierungshilfe für ihre verhaltensmedizinischen Fälle dienen.

Ein solches Buch kann selbstverständlich nicht allumfassend sein, aber wir hoffen dennoch, dass es vielen Kollegeninnen und Kollegen den Einstieg in eigene Verhaltensberatungen erleichtert und sie langfristig dabei unterstützt. In vielen Fallbeispielen, die auf echten Fällen aus der verhaltensmedizinischen Tätigkeit von insgesamt drei Autorinnen basieren, wird gezeigt, wie die vorgestellten Diagnose- und Therapiemöglichkeiten angewendet werden können. Die Namen der Tiere wurden dabei übrigens aus Datenschutzgründen abgeändert. Im gesamten Buch wurde der Einfachheit halber durchgängig nur die männliche Form (z.B. Tierarzt, Verhaltenstherapeut etc.) verwendet, dennoch sind selbstverständlich auch die Kolleginnen ausdrücklich im Buch angesprochen.

Abschließend möchten wir uns selbstverständlich noch bedanken. Dieses Buch wäre ohne die tatkräftige Hilfe und Unterstützung verschiedenster Personen nicht möglich gewesen. Der größte Dank gilt Sandra Schmidt, die dieses Projekt ins Leben gerufen hat, von Anfang an an das Buch geglaubt hat und uns im Entstehungsprozess jederzeit eine freundliche und kompetente Ansprechpartnerin war. Ganz besonders möchten wir uns auch noch bei unseren Fotografen/innen Christian Augustin, Jane Englmeier, Dagmar Mayer, Sandra Pedretti und Jasmin Sanft bedanken. Darüber hinaus bedanken wir uns noch für das große Verständnis, das unsere Familien uns entgegengebracht haben, als wir beim Schreiben dieses Buches zeitweise nur wenig für sie verfügbar waren. Ihre Liebe und Unterstützung haben dieses Buch letztendlich erst möglich gemacht.

Wir wünschen allen verhaltensmedizinischen Kolleginnen und Kollegen viel Erfolg und Freude bei ihrer Arbeit!

Sydney und München, Juni 2016

Barbara Schneider und Daphne Ketter

Anschriften der Autoren

Dr. med. vet. Barbara Schneider
Fachtierärztin für Verhaltenskunde
54 Ridge Street
Gordon, NSW 2072, Australien
www.verhalten-schneider.de
b.schneider@verhalten-schneider.de

Dr. med. vet. Daphne Ketter
Tierverhalten München – Tierärztliche Praxis für Verhaltensmedizin
Birkenweg 28
82110 Germering
www.tvh-muenchen.de
ketter@tvh-muenchen.de

Lehrstuhl für Tierschutz, Verhaltenskunde, Tierhygiene und Tierhaltung
Veterinärwissenschaftliches Department
Veterinärstr. 13/R
80539 München
d.ketter@lmu.de

Dr. med. vet. Dorothea Döring
Fachtierärztin für Verhaltenskunde, Zusatzbezeichnung Verhaltenstherapie
Lehrstuhl für Tierschutz, Verhaltenskunde, Tierhygiene und Tierhaltung
Veterinärwissenschaftliches Department
Veterinärstr. 13/R
80539 München
d.doering@lmu.de

Inhalt

Grundlagen

1 Einleitung 3

1.1 Vorkommen von Verhaltensproblemen 3

1.1.1 Verhaltensprobleme bei Hunden 4

1.1.2 Verhaltensprobleme bei Katzen 5

1.2 Tierärztliche Verhaltensmedizin 5

1.3 Bedeutung der Verhaltensmedizin für den Tierschutz 6

1.4 Bedeutung der Verhaltensmedizin für die Bissprävention 8

2 Überblick zur Rechtslage 11

2.1 Das Tier im Bürgerlichen Gesetzbuch 11

2.2 Deutsches Tierschutzgesetz 12

2.2.1 Grundsatz 12

2.2.2 Tierhaltung: verhaltensgerechte Unterbringung und artgemäße Bewegung 13

2.2.3 Tierhaltung: Verbote 14

2.2.4 Eingriffe an Tieren: Amputationsverbot 16

2.3 Tierschutz-Hundeverordnung 17

2.4 Straßenverkehrsordnung 18

3 Einführung in die Verhaltensberatung 21

3.1 Abrechnung von Verhaltensberatungen 21

3.2 Aufbau eines Klientenstammes 22

3.3 Erste Kontaktaufnahme mit Klienten 23

3.4 Allgemeiner Umgang mit den Klienten 23

3.5 Die Konsultation 24

3.5.1 Konsultationen im Rahmen der Praxis/Klinik 25

3.5.2 Konsultationen im Rahmen eines Hausbesuchs 27

3.5.3 Telefonische Konsultation 28

3.6 Der Therapieplan 30

3.7 Die Nachberatung 31

3.8 Grenzen der Verhaltensberatung 32

4 Einführung in die Lerntheorie 35
4.1 Habituation 35
4.2 Sensibilisierung 36
4.3 Konditionierung 37
4.3.1 Klassische Konditionierung 37
4.3.2 Instrumentelle Konditionierung 38
4.3.3 Erziehung mithilfe von Angst oder Schmerzen 39
4.3.4 Exkurs: Clickertraining 41
4.4 Desensibilisierung 43
4.5 Gegenkonditionierung 44
4.6 Extinktion 45
4.7 Generalisierung 46
4.8 Flooding 46
5 Verhaltenstherapeutische Trainingshilfen 48
5.1 Trainingshilfen beim Hund 48
5.1.1 Futtertube/Unguator® Kruke 48
5.1.2 Halsband, Geschirr, Kopfhalfter, Leine 48
5.1.3 Maulkorb 53
5.1.4 Einsatz von Pheromonen 56
5.1.5 Tonaufnahmen/Geräusch-CD 57
5.1.6 „Thundershirt" und Körperband 57
5.1.7 Beschäftigungsobjekte 58
5.2 Trainingshilfen bei der Katze 59
5.2.1 Geschirr und Leine 60
5.2.2 Einsatz von Pheromonen 60
5.2.3 Tonaufnahmen/Geräusch-CD 62
5.2.4 Environmental Enrichment – Beschäftigungsobjekte und Kratzbäume 62
5.2.5 Katzenkorb/Transportbox 63
5.2.6 Katzenklappe 64
6 Neurophysiologie und Psychopharmakologie 67
6.1 Neurophysiologie 67
6.2 Psychopharmakologie 70
6.2.1 Vorurteile 70
6.2.2 Verwendung und Auswahl geeigneter Psychopharmaka 72
6.3 Behandlungsdauer 74
6.4 Verabreichung von Psychopharmaka 75

6.5	**Verschiedene Psychopharmaka**	76
6.5.1	SSRIs – Selektive Serotonin-Wiederaufnahmehemmer	76
6.5.2	Trizyklische Antidepressiva	80
6.5.3	Azapirone	83
6.5.4	Benzodiazepine	84
6.5.5	β-Rezeptoren-Blocker	86
6.5.6	MAO-Hemmer	87
6.5.7	Antiepileptika	90
6.5.8	Imidazol-Derivate	91
6.6	**Kombinationstherapie**	92
6.7	**Weitere Behandlungsoptionen**	92
7	Psychosomatik	95
7.1	**Häufige Psychosomatosen beim Hund**	97
7.1.1	Irritable bowel syndrome (colon irritabile, „Stressbedingter Durchfall")	97
7.1.2	Psychogene Gastritis	98
7.1.3	Psychogene Dermatosen	98
7.1.4	Psychogene Polydipsie	98
7.2	**Häufige Psychosomatosen bei der Katze**	99
7.2.1	Idiopathische Zystitis	99
7.2.2	Psychogene Adipositas	100
7.2.3	Psychogene Dermatosen	100
8	Schilddrüsenproblematik	102
8.1	**Hyperthyreose der Katze**	102
8.2	**Hypothyreose des Hundes**	103

Verhaltensprobleme beim Hund

9	Aktuelle Diskussion zur Rangordnung	113
9.1	**Bedeutung der Rangordnung**	113
9.2	**Hintergründe der Diskussion**	114
9.3	**Soziale Strukturen bei Haushunden**	115
9.4	**Beziehung Hund-Mensch**	116
9.5	**Differenzialdiagnosen**	117
9.6	**Regeln für den Alltag**	117
9.7	**Bedeutung der Verhaltenstherapie**	119

10 Kastration ... 121
10.1 Einführung ... 121
10.2 Gesetzliche Grundlagen ... 121
10.3 Kastration und Sterilisation ... 122
10.3.1 Reversible Kastration beim Rüden ... 123
10.4 Einfluss der Kastration auf verschiedene Verhaltensweisen des Hundes ... 124
10.4.1 Jagdverhalten ... 124
10.4.2 Streunen ... 125
10.4.3 Hypersexualität ... 125
10.4.4 Angstaggressives Verhalten ... 125
10.4.5 „Brutverteidigungsverhalten" der Hündin und des Rüden ... 126

11 Unerwünschtes Jagdverhalten beim Hund ... 129

12 Hohe Erregungslage beim Hund ... 133
12.1 Hyperaktivitätsstörung ... 134

13 Aufmerksamkeitsforderndes Verhalten ... 138

14 Unsauberkeit ... 141

15 Angstprobleme beim Hund ... 145
15.1 Angst vor Geräuschen ... 149
15.2 Trennungsangst ... 156
15.3 Angst vor Menschen ... 161

16 Aggression beim Hund ... 166
16.1 Aggression im Zusammenhang mit dem Sozialverhalten ... 167
16.2 Spielaggression ... 169
16.3 Schmerzbedingte Aggression ... 171
16.4 Pathologisch bedingte Aggression ... 174
16.5 Angstbedingte Aggression ... 174
16.6 Territorial bedingte Aggression ... 176
16.7 Maternale Aggression und Scheinträchtigkeit bei der Hündin ... 178
16.7.1 Maternale Aggression ... 178
16.7.2 Scheinträchtigkeit bei der Hündin ... 178
16.8 Umgerichtetes aggressives Verhalten ... 180

16.9 Aggressives Verhalten gegenüber Personen ... 181
16.9.1 Aggression gegenüber bekannten Personen ... 181
16.9.2 Aggression gegenüber fremden Personen ... 186

16.10 Aggressives Verhalten gegenüber Artgenossen ... 188
16.10.1 Aggression gegenüber Artgenossen im selben Haushalt ... 188
16.10.2 Aggression gegenüber unbekannten Hunden ... 191

17 Epileptiforme Verhaltensproblematiken ... 194

18 Zwangsstörungen ... 197

18.1 Vorkommen und Ätiologie ... 198

18.2 Ausprägung ... 199

18.3 Allgemeine Prognose ... 200

18.4 Diagnosestellung ... 200

18.5 Allgemeine Behandlungsgrundsätze ... 201
18.5.1 Auslöser identifizieren und vermeiden ... 201
18.5.2 Besitzerreaktion ... 202
18.5.3 Strukturierter Tagesablauf ... 202
18.5.4 Körperliche und geistige Auslastung ... 202
18.5.5 Gegenkonditionierung ... 204
18.5.6 Medikamente ... 205
18.5.7 Euthanasie ... 206

18.6 Prophylaxe ... 206

18.7 Schwanzjagen/Kreiseln ... 206

18.8 Licht- und Schattenjagen ... 209

18.9 Akrale Leckdermatitis ... 212

18.10 Flanken- und Deckensaugen ... 214

18.11 Fliegenschnappen ... 215

19 Verhaltensprobleme des alten Hundes ... 217

19.1 Kognitives Dysfunktionssyndrom ... 217

19.2 Nächtliche Trennungsangst ... 222

20 REM-Schlaf-Verhaltensstörung ... 226

21 Narkolepsie ... 229

22 Umgang mit körperlich behinderten Hunden ... 232
22.1 Blindheit/Erblindung ... 232
22.1.1 Durch Erblindung bedingte Verhaltensänderungen ... 232
22.1.2 Erblindung und Sozialverhalten ... 233
22.1.3 Umgang mit blinden Hunden ... 234
22.2 Taubheit ... 237
22.2.1 Durch Taubheit bedingte Verhaltensänderungen ... 237
22.2.2 Umgang mit tauben Hunden ... 238
22.3 Gehbehinderung ... 239
22.3.1 Durch Gehbehinderungen bedingte Verhaltensänderungen ... 239
22.3.2 Umgang mit gehbehinderten Hunden ... 240

23 Kind und Hund ... 242
23.1 Ursachen für eine Hund-Kind-Problematik ... 242
23.2 Allgemeine Regeln für Interaktionen zwischen Kindern und Hunden ... 244
23.3 Behandlung von Problemen zwischen Kind und Hund ... 245
23.4 Vorbeugung von Problemen ... 246

Verhaltensstörungen bei der Katze

24 Vorbeugung von Problemen in der Katzenhaltung ... 249
24.1 Haltungsumwelt ... 249
24.1.1 Haltung mit Freilauf ... 249
24.1.2 Reine Wohnungshaltung ... 251
24.2 Körperliche Auslastung ... 257
24.3 Geistige Auslastung ... 259
24.4 Der Mehrkatzenhaushalt ... 261
24.4.1 Sozialverhalten ... 262
24.4.2 Auswahl der passenden Zweitkatze ... 263
24.4.3 Vorbeugung weiterer Probleme im Mehrkatzenhaushalt ... 264
24.5 Katzen und Menschen ... 264
24.5.1 Sozialisierung auf den Menschen ... 264
24.5.2 Interaktionen ... 265
24.6 Katzen und Hunde ... 266

25 Unerwünschtes Jagdverhalten bei der Katze ... 269
25.1 Vogeljagd ... 270
25.2 Fehlgeleitetes Jagdverhalten ... 271
26 Aufmerksamkeitsforderndes Verhalten ... 275
27 Kratzmarkieren ... 280
27.1 Unerwünschtes Kratzmarkieren ... 280
28 Unsauberkeit ... 283
28.1 Grundsätzliches ... 283
28.2 Katzentoilettenaversion ... 287
28.3 Markierverhalten ... 291
29 Angstprobleme bei der Katze ... 297
29.1 Katzen auf Bäumen oder Dächern ... 299
29.2 Angst vor Menschen ... 300
29.3 Die ängstliche Katze in der Tierarztpraxis ... 303
29.4 Angst vor Artgenossen ... 304
29.5 Trennungsangst ... 309
29.6 Geräuschangst ... 312
30 Aggressionsprobleme bei der Katze ... 316
30.1 Spielaggression ... 316
30.2 Soziale Aggression ... 317
30.3 Maternale Aggression, Sexualzyklus und (Pseudo-)Gravidität ... 318
30.3.1 Maternale Aggression ... 318
30.3.2 Sexualzyklus, Pseudogravidität und Gravidität der Katze ... 318
30.4 Angstbedingte Aggression ... 320
30.5 Schmerzbedingte Aggression ... 323
30.6 Pathologisch bedingte Aggression ... 323
30.7 Territorial bedingte Aggression ... 324
30.8 Umgerichtetes aggressives Verhalten ... 324
30.9 Aggression gegenüber dem Menschen ... 325
30.10 Aggression gegenüber Katzen ... 328

31 Epileptiforme Verhaltensproblematiken 335
31.1 Feline Hyperästhesie 335
31.2 Anfallsartige Aggression 338

32 Zwangsstörungen 340
32.1 Psychogene Alopezie 345
32.2 Wollesaugen/Pica 348

33 Nächtliche Vokalisation 351

34 Kind und Katze 354
34.1 Katze und Baby 354
34.2 Ursachen für eine Kind-Katze-Problematik 355
34.3 Allgemeine Regeln für Interaktionen zwischen Kindern und Katzen 356
34.4 Behandlung von Problemen 358

Anhang

Beispielfragebogen Hund 361
Beispielfragebogen Katze 366
Alzheimer-Checkliste 371
Abkürzungsverzeichnis 373
Abbildungsquellen 374
Sachverzeichnis 375

Grundlagen

1 Einleitung

D. Döring und B. Schneider

Tierärzte sind in der Regel die ersten Ansprechpartner für Hunde- und Katzenbesitzer bei Problemen jeder Art. Dies gilt auch für Verhaltensprobleme. Daher ist es sinnvoll und wichtig, dass praktizierende Tierärzte zumindest grundlegende Kenntnisse über die tierärztliche Verhaltensmedizin besitzen, die über die im Studium erworbenen Erkenntnisse hinaus gehen. Nur so können sie die Besitzer in leichten Fällen kompetent selbst beraten oder sie wenn nötig direkt an spezialisierte Kollegen überweisen.

1.1 Vorkommen von Verhaltensproblemen

Verhaltensprobleme sind bei Hunden und Katzen weit verbreitet. Das zeigte eine Studie des Lehrstuhls für Tierschutz der Ludwig-Maximilians-Universität München in der Hunde- und Katzenhalter, die in Tierarztpraxen und -kliniken kamen, nach dem Verhalten ihrer Tiere befragt wurden (Tiefenbach, 2001; Döring und Erhard, 2006). Demnach zeigten nur 31 % der Hunde (von n = 308) und 29 % der Katzen (von n = 300) nach Ansicht ihrer Besitzer keinerlei störendes Verhalten. Viele Halter tolerieren bei ihren Tieren störendes Verhalten, solange es nicht schlimmer werde, oder sehen es sogar als „akzeptablen Wesenszug“ des Tieres an. Von den Hundehaltern gaben lediglich 21 % (von n = 308), von den Katzenhaltern 11 % (von n = 300) an, das Verhalten ihrer Tiere stelle für sie ein Problem dar, das man lösen müsse. Vergleicht man diese Angaben mit der Häufigkeit der Verhaltensprobleme (► Abb. 1-1), ist die tolerante Einstellung der Besitzer gegenüber dem Verhalten ihrer Tiere bemerkenswert.

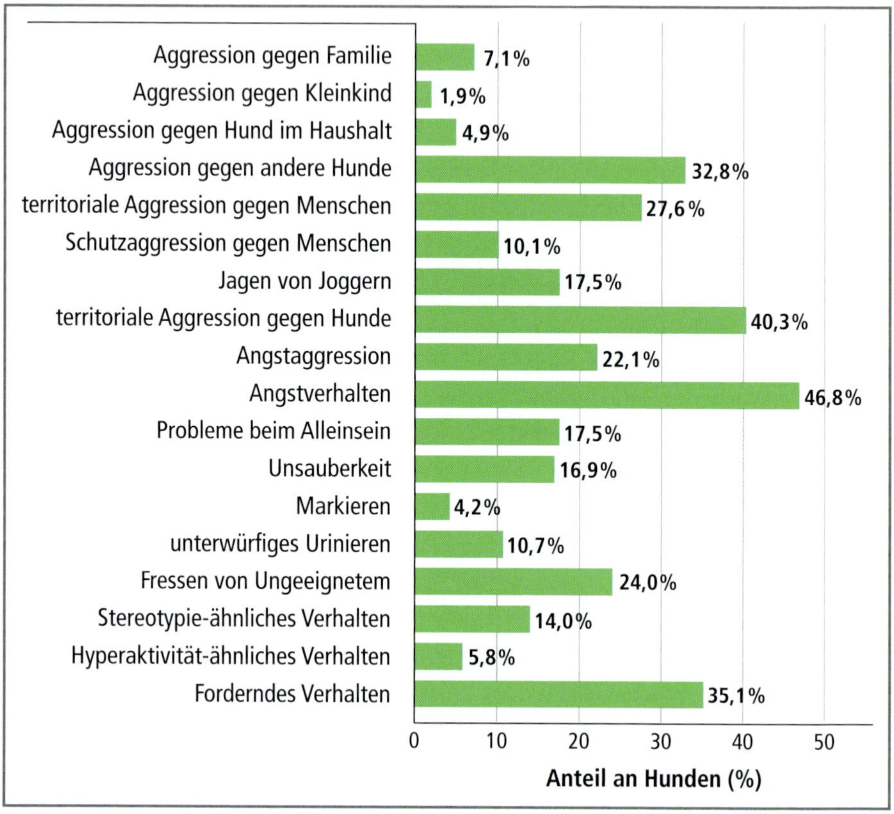

Abb. 1-1 Vorkommen von Verhaltensproblemen bei Hunden. Befragung von Hundehaltern, die mit ihren Tieren wegen eines gesundheitlichen Problems oder einer Impfung in Tierarztpraxen/-kliniken im Raum München kamen (Tiefenbach, 2001, n = 308).

1.1.1 Verhaltensprobleme bei Hunden

In der Befragung von Hundehaltern durch Tiefenbach (2001) wurden besonders häufig Angstverhalten, territorial aggressives Verhalten sowie forderndes Verhalten genannt (► Abb. 1-1). Viele Hunde (47 % von n = 308) hatten Angst vor bestimmten Dingen, insbesondere vor lauten Geräuschen (Feuerwerk, Donner bei Gewitter). Weit verbreitet war auch aggressives Verhalten gegenüber Artgenossen, insbesondere hinter dem Gartenzaun. Ein Drittel aller Tiere reagierte auch außerhalb des eigenen Reviers mit aggressivem Verhalten auf andere Hunde. Über ein Viertel zeigte aggressives Verhalten gegenüber Menschen, die zu Besuch kamen oder sich dem Gartenzaun näherten. Gegenüber Familienmitgliedern wurde aggressives Verhalten nur selten genannt.

In der Verhaltenssprechstunde stellt sich die Häufigkeitsverteilung dagegen anders dar. Hier kann man erkennen, welche Verhaltensprobleme aus Sicht der Besitzer besonders behandlungsbedürftig sind. Bei der Fallverteilung der Verhaltenssprechstunde der Autorin (Döring-Schätzl et al. 2002) waren Aggressionsprobleme mit über der Hälfte der Fälle der häufigste Grund zur Konsultation. Über ein Viertel der vorgestellten Fälle betraf Aggression gegenüber Familienmitgliedern. Ebenso war auch der Anteil der Hunde, die aggressives Verhalten gegenüber Passanten zeigten, in der Verhaltenssprechstunde höher als bei der Befragung von Tiefenbach (2001).

1.1.2 Verhaltensprobleme bei Katzen

Besonders häufig kam bei den 300 Katzen, deren Besitzer durch Tiefenbach (2001) befragt wurden, Angstverhalten (45 %) vor, insbesondere bei lauten Geräuschen und bei Gewitter, gefolgt von „destruktivem Kratzen" (v. a. an der Couch) und „forderndem Verhalten", wozu nächtliches Miauen vor der Schlafzimmertür oder Betteln bei Tisch zählte. Unsauberkeitsprobleme wurden bei über einem Viertel der Tiere genannt. Diese machen dagegen in der Verhaltenssprechstunde den weitaus häufigsten Vorstellungsgrund aus. Eine Analyse der Fallverteilung der Autorin (Döring-Schätzl et al. 2003) zeigte, dass bei zwei Dritteln der Katzen Unsauberkeit (einschließlich Markieren) der Grund zur Konsultation war (63 % von n = 78). Unverträglichkeitsprobleme zwischen Katzen in einem Haushalt machten über ein Viertel der Fälle aus. Angstverhalten war – im Gegensatz zum häufigen Vorkommen bei Tiefenbach (2001) – dagegen kaum ein Vorstellungsgrund. Dies lässt sich dadurch erklären, dass viele Halter im Angstverhalten ihrer Katze kein behandlungsbedürftiges Problem sehen, solange die Katze damit keinen Schaden anrichtet. Wenn die Tiere aufgrund des Angstverhaltens unsauber werden, markieren oder aggressiv reagieren, wird dagegen die Verhaltenssprechstunde konsultiert (Döring et al., 2014).

1.2 Tierärztliche Verhaltensmedizin

Die Verhaltenstherapie bei Hund und Katze wird in der breiten Bevölkerung immer mehr akzeptiert und auch eingefordert, wenn die Haustiere sich nicht so verhalten wie es die Besitzer erwarten. Die Verhaltensmedizin ist daher auch seit vielen Jahren eine etablierte Fachrichtung der Tiermedizin. Denn gerade Tierärzte, die zusätzlich zur psychischen Verfassung auch die physische Verfassung von verhaltensauffälligen Tieren beurteilen können, sind als Verhaltenstherapeuten besonders gut geeignet.

Tierärzte, die sich völlig oder teilweise der Verhaltenstherapie widmen möchten, haben in Deutschland die Möglichkeit, weitere Qualifikationen wie z. B. den „Fachtierarzt fur Verhaltenskunde" sowie die „Zusatzbezeichnung Verhaltenstherapie" zu erwerben. Diese Qualifikationen sowie kontinuierliche Fortbildungen sind dringend anzuraten, um eine gute Qualität der verhaltensmedizinischen Beratung zu gewährleisten. Durch eine hochwertige Verhaltensberatung kann in der tierärztlichen Haustierpraxis eine gute Kundenzufriedenheit und Kundenbindung ebenso erreicht werden wie durch eine rechtzeitige Überweisung an kompetente Fachtierärzte, wenn man nicht in der Verhaltensmedizin bewandert ist. Eine entsprechende Überweisungsliste spezialisierter Kollegen ist auf der Homepage der GTVMT (Gesellschaft für Tierverhaltensmedizin und -therapie e. V.; www.gtvmt.de) einsehbar. Die dort aufgeführten Tierärztinnen und Tierärzte führen entweder die Zusatzbezeichnung Verhaltenstherapie oder sind Fachtierärzte für Verhaltenskunde. Sie müssen der GTVMT zudem jährlich die Teilnahme an fachspezifischen Fortbildungen nachweisen. Darüber hinaus gibt es bei den jeweiligen Landestierärztekammern die Möglichkeit, sich über das Vorhandensein von entsprechend spezialisierten Kollegen in der Umgebung zu informieren.

Bei einigen auf dieser Überweisungsliste aufgeführten Kollegen sowie an den Verhaltensinstituten der tierärztlichen Ausbildungsstätten besteht zudem die Möglichkeit der Supervision, bei der der behandelnde Tierarzt durch einen erfahrenen Verhaltenstherapeuten betreut, angeleitet und unterstützt wird.

1.3 Bedeutung der Verhaltensmedizin für den Tierschutz

Der Verhaltensmedizin kommt eine große Bedeutung im angewandten Tierschutz zu (▸ Abb. 1-2).

Tiere, die unter langanhaltender Angst, unter Phobien oder Stress leiden, müssen aus Tierschutzgründen behandelt werden. Nach § 1 des Deutschen Tierschutzgesetzes (Tierschutzgesetz, 2015) ist es verboten, einem Tier ohne vernünftigen Grund Schmerzen, Leiden oder Schäden zuzufügen. Nach juristischer Auslegung (Lorz und Metzger, 2008) betrifft dies nicht nur das Tun, sondern auch das Unterlassen, wenn man zum Handeln verpflichtet wäre. Tierhalter sind nach § 2 u. a. zu einer angemessenen Pflege ihres Tieres verpflichtet, hierzu gehören auch Heilbehandlungen (Lorz und Metzger, 2008). Verhaltensstörungen können unter den Begriff „Leiden" gezählt werden (Lorz und Metzger, 2008). Daher lässt sich schließen, dass Halter dazu verpflichtet sind, ein Tier, das z. B. aufgrund seiner Verhaltensstörung leidet, behandeln zu lassen. Wo genau die Grenzziehung zum Vorliegen von „Leiden" erfolgt muss im Einzelfall entschieden werden. Als kritisch anzusehen ist, wenn das Verhaltensproblem das Normalverhalten des Tieres erheblich einschränkt. Dies wäre z. B. der Fall bei einer unzureichend sozialisierten Katze, die in der Wohnung gehalten wird und sich nur nachts aus ihrem Versteck heraustraut, um an Futter und Katzentoilette zu gelangen. Ebenfalls wäre das wiederholte und/oder länger anhaltende Vorkommen von Stresszeichen als kritisch zu bewerten. Dabei kann es sich um Zeichen akuten Stresses handeln, wie sie z. B. ein Hund mit Trennungsangst beim Alleinsein zeigt (Vokalisation, Hecheln, erhöhte Herz- und Atemfrequenz, Durchfall, übermäßige Salivation usw.), oder aber um Zeichen einer chronischen Belastung (z. B. Gewichtsabnahme, Infektanfälligkeit usw.). Auch im Auftreten von Stereotypien und Zwangsstörungen kann sich eine Überforderung der Anpas-

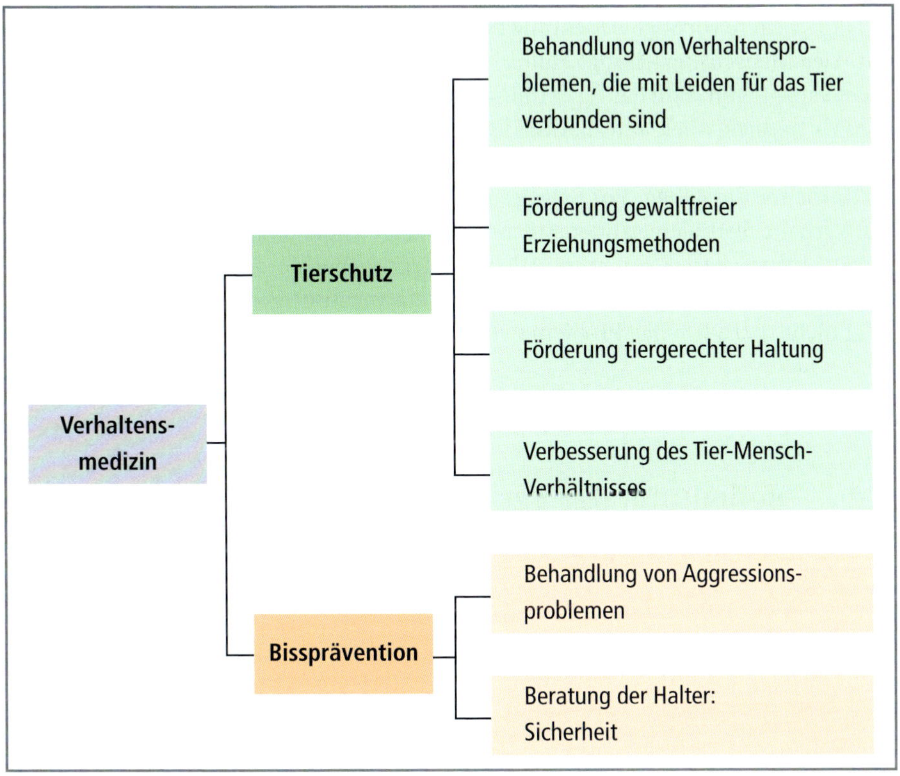

Abb. 1-2 Übersicht über die Bedeutung der Verhaltensmedizin für Tierschutz und Bissprävention

sungsfähigkeit manifestieren. Sind die Halter betroffener Tiere nicht bereit, eine Verhaltenstherapie durchzuführen und die Situation für das Tier zu ändern, kann im Zweifelsfall der Amtstierarzt informiert werden.

Gewaltanwendung in der Tiererziehung ist leider immer noch weit verbreitet. Viele Tierhalter sind mit tierschutzwidrigen Empfehlungen aufgewachsen, z. B. dem Hund zu zeigen „wer der Stärkere ist", oder die Katze bei Unsauberkeit mit der Nase in ihre Urinpfütze zu tauchen. Ebenso werden Schläge, Rucken am Stachelhalsband, Ziehen an der Würgekette usw. immer noch häufig angewendet. Leider werden diese Maßnahmen auch über die Medien oder von selbsternannten „Hundeexperten" verbreitet. Sie sind jedoch als tierschutzrelevant anzusehen, da dem Tier ohne vernünftigen Grund Schmerzen, Leiden oder sogar Schäden zugefügt werden. Es gibt effektive, gewaltfreie Methoden der Erziehung und des Verhaltenstrainings, die weder Schmerzen noch Angst erzeugen. Die Verhaltensmedizin fördert daher den tiergerechten Umgang und eine gewaltfreie Erziehung und bietet gewaltfreie Lösungsmöglichkeiten für Verhaltensprobleme an.

Da viele Verhaltensprobleme, insbesondere bei Katzen und kleinen Heimtieren, durch eine nicht tiergerechte Haltung bedingt sind, ist die Verbesserung der Haltungssituation ein wichtiger Bestandteil der Verhaltensmedizin, was sich auch positiv im Sinne des Tierschutzes auswirkt.

Eine weitere wichtige Bedeutung hat die Verhaltensmedizin für die Verbesserung der Tier-Mensch-Beziehung. Halter, die das unerwünschte Verhalten ihrer Tiere nicht akzeptieren, sind häufig enttäuscht und entwickeln den Wunsch, sich von dem Tier zu trennen. Viele internationale Studien haben in der Vergangenheit gezeigt, dass Verhaltensprobleme eine der häufigsten Ursachen für die Abgabe von Tieren in Tierheime darstellen. Vor Etablierung der Verhaltensmedizin wurden viele Tiere mit Verhaltensproblemen oder -störungen mangels adäquater Behandlungsmöglichkeiten euthanasiert. Dies ist in vielen Ländern weiterhin der Fall, in Deutschland mittlerweile zum Glück nicht mehr. Denn ein vernünftiger Grund zur Tiertötung liegt nicht vor, wenn das Problem behandelbar ist.

1.4 Bedeutung der Verhaltensmedizin für die Bissprävention

Eine Vielzahl internationaler Studien belegt, dass der Großteil aller Beißvorfälle mit dem eigenen oder einem dem Opfer bekannten Hund stattfindet. Sicherheitsrechtliche Bestimmungen („Gefahrhundeverordnungen") können diese Vorfälle im Privatbereich nicht verhindern. Die Verhaltensmedizin kann dagegen eine bedeutende Rolle im Sinne einer Gefahrenprävention spielen. Denn der verhaltenstherapeutisch tätige Tierarzt kann Hundehaltern raten, wie sie sich und ihre Umwelt vor Gefahren durch ihren Hund schützen können, und Hunde, die Aggressionsprobleme zeigen, können behandelt werden, bevor sie Schaden anrichten.

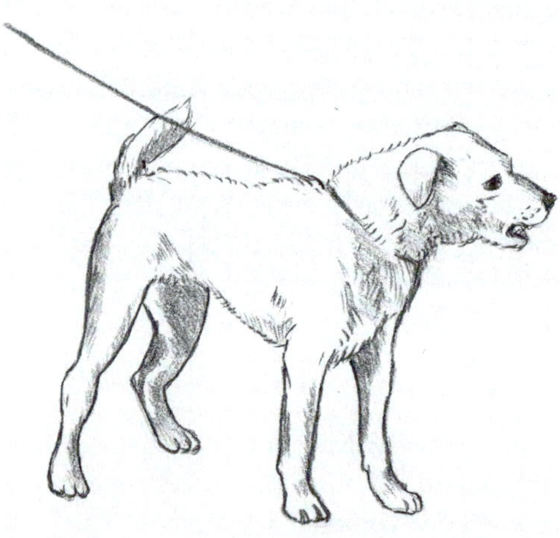

Verhaltensmedizin spielt eine wichtige Rolle in der Gefahrenprävention. Zum einen durch die Behandlung betroffener Tiere, zum anderen, indem Besitzern gezeigt wird, wie sie ihre Tiere unter Kontrolle halten. Dieser Hund zeigt offensives Drohverhalten an der Leine.

Die Erfahrungen der Verhaltenssprechstunde zeigen, dass Hundebesitzer meist erschreckend wenig Gefahrenbewusstsein besitzen. Insbesondere die Gefährdung ihrer Kinder ist ihnen nicht bewusst. Viele Eltern wissen nicht, dass man Hund und Kind keinen Moment unbeaufsichtigt lassen darf und dass man strikt verhindern muss, dass der Hund vom Kind bedrängt wird (▸ Kap. 23). Zu Bedrängungen zählen auch Zärtlichkeiten wie Umarmungen, Küsse usw. Eltern glauben meist, dass Zärtlichkeiten durch das Kind vom Hund toleriert werden müssten. Viele Eltern sind sogar davon überzeugt, dass der Familienhund nie das Kind der Familie beißen würde. Das Gegenteil ist jedoch bewiesen: Kinder werden vorwiegend vom Familienhund gebissen, sehr viel seltener von fremden Hunden in der Öffentlichkeit. Und Kinder werden schwerer gebissen als Erwachsene (häufiger in den Kopf/Halsbereich). Hier kann die Verhaltensmedizin eine wichtige Aufgabe zum Schutz von Kindern und zur allgemeinen Bissprävention bewirken.

Der Großteil der Hunde, die andere Hunde beißen, hat dies bereits vorher schon einmal getan. Nach einer Studie von Roll und Unshelm (1997) waren 88 % der Hunde (von n = 136) „Wiederholungstäter". Und 86 % der Hunde, die andere bissen, liefen ohne Leine. Die Halter hatten ihre Hunde somit nicht unter Kontrolle, obwohl sie durch frühere Erfahrung wussten, dass ihr Hund bereits andere Hunde gebissen hatte. In der Verhaltensberatung werden Hundehalter über Managementmaßnahmen informiert, mit denen sie Gefahren durch ihren Hund verhindern können, sodass verantwortungsbewusstes Verhalten gefördert wird.

Auch Katzen können Familienmitgliedern oder Besuchern schwere Verletzungen zufügen. In der verhaltenstherapeutischen Sprechstunde können die Halter problematischer Tiere entsprechend beraten werden, um Gefahren zu vermeiden und Aggressionsverhalten zu vermindern (▸ Kap. 30).

Auch durch Katzen können schwerwiegende Verletzungen entstehen. Diese Katze zeigt defensives Drohverhalten (Fauchen mit angelegten Ohren).

Zusammenfassung

- Verhaltensprobleme und -störungen sind bei Hunden und Katzen weit verbreitet. Viele Tierhalter zeigen jedoch eine hohe Toleranz gegenüber dem Verhalten ihrer Tiere.
- In der Verhaltenssprechstunde werden Hunde am häufigsten mit Aggressionsproblemen vorgestellt, Katzen vor allem mit Unsauberkeitsproblemen.
- Verhaltensmedizin spielt eine wichtige Rolle im Sinne des Tierschutzes:
  1. Ängste, Leiden und Stress des Tieres werden reduziert.
  2. Gewaltfreie Methoden der Erziehung und Behandlung werden empfohlen.
  3. Eine tiergerechte Haltung wird gefördert.
  4. Durch eine Verbesserung der Mensch-Tier-Beziehung kann verhindert werden, dass sich Besitzer von ihren Tieren trennen wollen.
- Verhaltensmedizin spielt eine wichtige Rolle im Sinne der Gefahrenprävention:
  1. Hunde- und Katzenhalter werden über Gefahrenprävention informiert. Sie lernen, wie sie dafür sorgen, dass von ihrem Tier kein Schaden ausgehen kann.
  2. Aggressionsprobleme werden ursächlich behandelt, ohne nur die Symptome (wie Drohverhalten) zu unterdrücken. Damit verringert sich das Gefährdungspotenzial des Tieres.

Literatur

Döring, D., Erhard, M. H. (2006): Tierärztliche Verhaltenstherapie bei Hund und Katze. Relevanz und Möglichkeiten für die Praxis. Tierärztliche Praxis 34 (K), 367–374.

Döring, D., Tiefenbach, P., Erhard, M. H. (2013): Angst- und stressbedingte Verhaltensprobleme bei der Katze – Eine Übersicht für den praktischen Tierarzt. Kleintierpraxis 58, 579–594.

Döring-Schätzl, D., Tiefenbach, P., Erhard, M. (2002): Untersuchungen zum Auftreten von Verhaltensproblemen bei Hunden. Schriftfassung des Vortrags auf der DVG-Fachtagung zum Thema Tierschutz, Agrarwende und Heimtiere vom 7. bis 9. März 2002 in Nürtingen im Tagungsband. Gießen: Verlag der DVG 2002; 179–189.

Döring-Schätzl, D., Peter, C., Erhard, M. (2003): Erfahrungen aus der verhaltenstherapeutischen Sprechstunde der LMU München. Katze. Vortrag beim ATF-Kurs „Verhaltenstherapie Modul 6: Problemverhalten Katze“, 6. bis 7. Oktober 2003 in München.

Lorz, A., Metzger, E. (2008): Tierschutzgesetz. Kommentar. Verlag C. H. Beck, München

Roll, A., Unshelm, J. (1997): Aggressive conflicts amongst dogs and factors affecting them. Applied Animal Behaviour Science 52, 229–242

Tiefenbach, P. (2001): Untersuchungen über die Häufigkeitsverteilung von Verhaltensproblemen bei Hunden und Katzen. Diss med vet, München.

Tierschutzgesetz (2015): Tierschutzgesetz in der Fassung der Bekanntmachung vom 18. Mai 2006 (BGBl. I S. 1206, 1313), das zuletzt durch Artikel 8 Absatz 13 des Gesetzes vom 3. Dezember 2015 (BGBl. I S. 2178) geändert worden ist.

2 Überblick zur Rechtslage

D. Ketter

2.1 Das Tier im Bürgerlichen Gesetzbuch

Im Jahre 1990 wurde im Bürgerlichen Gesetzbuch (BGB) durch den § 90a die formelle Gleichstellung des Tieres mit Sachen aufgehoben. Hier heißt es, dass die Tiere keine Sachen sind und durch besondere Gesetze geschützt werden. In diesem Paragraphen wird auch festgehalten, dass auf die Tiere die für Sachen geltenden Vorschriften entsprechend anzuwenden sind, soweit nichts anderes bestimmt wird. Das bedeutet zwar, dass Tiere nach dem Gesetz keine Sache mehr sind, jedoch werden weiterhin die für Sachen entsprechenden Vorschriften angewandt, sofern es keine anderen Bestimmungen gibt.

In der Rechtsprechung gibt es bisher einige Entscheidungen bezüglich des § 90a BGB. So entschied das Amtsgericht Wiesbaden im Jahre 2011 über Schmerzensgeld für Hunde wie folgt: „…Soweit der Beklagte hier die Zahlung eines Betrages für die entstandenen Ängste und Leiden der Hunde" fordert, beansprucht er ein Schmerzensgeld. Schmerzensgeld können nach § 253 Abs. 2 BGB zwar Personen bei Verletzung des Körpers, der Gesundheit, der Freiheit oder der sexuellen Selbstbestimmung fordern. Ein Schmerzensgeld für Leiden von Tieren ist im deutschen Zivilrecht jedoch nicht vorgesehen und wesensfremd. Zwar hat das Bürgerliche Gesetzbuch in § 90a BGB anerkannt, dass Tiere als Lebewesen keine Sachen und durch besondere Gesetze geschützt sind. Das bedeutet aber nicht, dass Tiere damit dem Menschen gleich gestellt wären. Soweit nichts anderes bestimmt ist, sind auf Tiere die für Sachen geltenden Vorschriften anzuwenden…". (AG Wiesbaden, 2011)

Gemäß § 903 BGB kann ein Eigentümer mit Sachen nach Belieben umgehen, solange dadurch nicht das Gesetz oder Rechte Dritter verletzt werden. Der Eigentümer eines Tieres hat dabei die besonderen Vorschriften zum Schutz der Tiere zu beachten.

> „Tiere sind keine Sachen. Sie werden durch besondere Gesetze geschützt. Auf sie sind die für die Sachen geltenden Vorschriften entsprechend anzuwenden, soweit nicht etwas anderes bestimmt ist." (§ 90a BGB)

2.2 Deutsches Tierschutzgesetz

Das Tierschutzgesetz beruht heute verfassungsrechtlich auf dem Staatsziel des Tierschutzes nach Art. 20a Grundgesetz (GG). Der Tierschutz fand 2002 seinen Weg in die Verfassung – vorangegangen war hier eine jahrelange gesellschaftspolitische Debatte.

> „Der Staat schützt auch in Verantwortung für die künftigen Generationen die natürlichen Lebensgrundlagen und die **Tiere** im Rahmen der verfassungsmäßigen Ordnung durch die Gesetzgebung und nach Maßgabe von Gesetz und Recht durch die vollziehende Gewalt und die Rechtsprechung.“ (Art. 20a GG)

2.2.1 Grundsatz

> „Zweck dieses Gesetzes ist es, aus der Verantwortung des Menschen für das Tier als Mitgeschöpf dessen Leben und Wohlbefinden zu schützen. Niemand darf einem Tier ohne vernünftigen Grund Schmerzen, Leiden oder Schäden zufügen.“ (§ 1 TierSchG, 2015)

Nach § 1 des deutschen Tierschutzgesetzes (TierSchG) liegt es in der Verantwortung des Menschen, das Leben und **Wohlbefinden** des Tieres zu schützen.

Wohlbefinden ist der Zustand psychischer und physischer Harmonie des Tieres in sich und mit der Umwelt. Anzeichen von Wohlbefinden sind Gesundheit und ein in jeder Beziehung **normales, der Art entsprechendes Verhalten**. Zum Leiden gehören Empfindungen wie Angst, Verängstigung, länger andauernder Stress, Schreckzustände, Furchtzustände, Panik, starke Aufregungen, Erschöpfungen, Trauer, starke innere Unruhe, starkes Unwohlsein, Hunger- und Durstqualen (Lorz und Metzger, 1999). Stress ist an sich eine unspezifische Reaktion des Körpers, die durch die Konfrontation des Organismus mit bestimmten Reizen (sogenannte Stressoren) ausgelöst wird. Bei Stress werden unabhängig davon, ob der Stressor als positiv oder negativ erlebt wird, dieselben Phasen der Stressreaktion in Gang gesetzt. Hält die Stresssituation länger an, kommt es durch eine dauerhaft negative Energiebilanz zur totalen Erschöpfung des Tieres. Dies kann zu schwerwiegenden und nicht reversiblen Schäden des Organismus führen.

Nach § 1 TierSchG darf niemand einem Tier **„ohne vernünftigen Grund** Schmerzen, Leiden oder Schäden zufügen“. Der vernünftige Grund von § 1 TierSchG stellt den zentralen Begriff im deutschen Tierschutzrecht dar, über den die vielfältigen Interessenkonflikte der Mensch-Tier-Beziehung abgewickelt werden. Der vernünftige Grund bestimmt die Grenze, bis zu der die Gesellschaft aufgrund ihrer Wertvorstellungen und ihres sittlich-moralischen Empfindens bereit ist, Einschränkungen von tierlichen Lebensbedürfnissen und Schutzanliegen zu akzeptieren (Bolliger und Gerritsen, 2010).

2.2.2 Tierhaltung: verhaltensgerechte Unterbringung und artgemäße Bewegung

> Wer ein Tier hält oder betreut, muss das Tier seiner Art und seinen Bedürfnissen entsprechend angemessen ernähren, pflegen und verhaltensgerecht unterbringen (§ 2 (1) TierSchG). Der Tierhalter oder derjenige, der das Tier betreut, muss über die für eine angemessene Ernährung, Pflege und verhaltensgerechte Unterbringung des Tieres erforderlichen Kenntnisse und Fähigkeiten verfügen (§ 2 (3) TierSchG).

Für die verhaltensgerechte Unterbringung von Hund und Katze ist es entscheidend, dass die jeweilige Haltung Strukturen beinhaltet, die das arttypische Verhalten auslösen und steuern. Bei der Katze ist es z. B. wichtig, dass sie die Möglichkeit zum Kratzmarkieren (► Kap. 27) hat. Hierfür können Kratzbäume (► Kap. 5) an geeigneten Stellen aufgestellt werden. Das Kratzmarkieren gehört zum normalen Verhaltensrepertoire der Katze. Es dient der innerartlichen Kommunikation. Vielen Besitzern ist auch nicht bewusst, dass es nicht ausreicht die Katze ausreichend zu füttern, sondern dass das Jagdverhalten der Katze ebenfalls befriedigt werden muss (► Kap. 25). Die Bedürfnisse aus jedem einzelnen Funktionskreis wie z. B. dem Erkundungs-, Komfort-, Beutefang- und Sozialverhalten müssen bei der Haltung von Hund und Katze befriedigt werden können.

Ebenfalls darf die Möglichkeit des Tieres zu **artgemäßer Bewegung** nicht so eingeschränkt werden, dass dem Tier Schmerzen oder vermeidbare Leiden oder Schäden zugefügt werden (§ 2 (2) TierSchG).

Das Bewegungsbedürfnis von Hund und Katze ist individuell verschieden. Das Alter, die Rasse, der Gesundheitszustand und der physiologische Zustand (wie z. B. die Trächtigkeit) spielen hierbei eine wichtige Rolle. Wird z. B. ein Laufhund nur an der Leine geführt, bedeutet dies, dass er sein angeborenes Laufbedürfnis nicht ausleben kann. Es ist davon auszugehen, dass dies mit erheblichem Leiden verbunden ist. Einem angeleinten Hund wird auch die Möglichkeit genommen Distanzen zu regulieren. Dies kann dazu führen, dass er sich nicht zurückziehen kann, wenn er auf eine für ihn subjektiv empfundene Bedrohung trifft, wie z. B. auf einen anderen Hund oder einen Mensch. Dies kann zur Folge haben, dass er sich angstbedingt aggressiv (► Kap. 16) verhält, obwohl er eigentlich die Situation vermeiden wollte. Dies bedeutet neben der nicht zu verachtenden Gefahr von Bissverletzungen erheblichen Stress für den angeleinten Hund. Soziale Lauf- und Verfolgungsspiele sowie viele andere normale Verhaltensweisen sind angeleint auch kaum möglich. Ein Hund ohne freien Auslauf zu halten ist als nicht verhaltensgerecht im Sinne des

§2 Nr. 1 des Tierschutzgesetzes zu sehen, da das artgemäße Bewegungs-, Sozial- und Erkundungsverhalten nicht ausreichend ausgelebt werden kann. Bei Hunden, bei denen die Gefahr des Weglaufens besteht, sollte auf eingezäuntem Gelände der Rückruf trainiert werden. Im freien Gelände kann das Rückruftraining mithilfe der Schleppleine (▸ Kap. 5) ebenfalls geübt werden.

2.2.3 Tierhaltung: Verbote

> „Es ist verboten …
> 1b. an einem Tier im Training … Maßnahmen, die mit erheblichen Schmerzen, Leiden oder Schäden verbunden sind … anzuwenden …
> 5. ein Tier auszubilden oder zu trainieren, sofern damit erhebliche Schmerzen, Leiden oder Schäden für das Tier verbunden sind …"
> (§ 3 TierSchG)

Die Bundesregierung beabsichtigt nicht, ein konkretes Verbot der Verwendung von Stachel- oder Korallenhalsbändern bei Hunden in das Tierschutzgesetz einzufügen. Das machte der Parlamentarische Staatssekretär im Bundesministerium für Ernährung, Landwirtschaft und Verbraucherschutz, Peter Bleser (CDU), 2012 vor dem Petitionsausschuss unter Vorsitz von Kersten Steinke (Die Linke) deutlich. Das schon jetzt enthaltene allgemeine Verbot, ein Tier auszubilden oder zu trainieren, sofern damit erhebliche Schmerzen und Schäden für das Tier verbunden sind, sei ausreichend, urteilte Bleser. „Eine explizite Auflistung aller eventuell tierschutzwidrig einsetzbaren Hilfsmittel wird auch aus rechtssystematischen Gründen abgelehnt." Seiner Auffassung nach würde das lediglich zum „Erfinden von Alternativen zu den aufgeführten Methoden" führen (Deutscher Bundestag, 2012).

Eine sogenannte Positivliste von tierschutzwidrig einsetzbaren Hilfsmitteln ist vom Gesetzgeber in nächster Zeit nicht zu erwarten. Leider sind sehr aversive Trainingsmethoden, insbesondere in der Hundeausbildung nach wie vor äußerst populär. Um Tierärztinnen und Tierärzten einige Argumente für das Gespräch mit aversiv arbeitenden Besitzern oder Hundetrainern an die Hand zu geben, wurden im Kapitel „Lerntheorie" (▸ Kap. 4) Argumente gegen aversive Erziehungsmethoden zusammengefasst. Erziehungsmethoden, die auf Schmerz und Angst basieren, sind aus verschiedenen Gründen strikt abzulehnen. Neben dem Verbot des Gesetzgebers ein Tier auszubilden oder zu trainieren, sofern damit erhebliche Schmerzen, Leiden oder Schäden für das Tier verbunden sind, besteht bei Einsatz von aversiven Hilfsmitteln unter anderem das Risiko von Eskalation bei Aggression und Fehlverknüpfungen.

Die nachfolgend aufgeführte Tabelle (▸ Tab. 2-1) enthält einige Beispiele für tierschutzwidrig anwendbare Hilfsmittel.

Tab. 2-1 Tierschutzwidrig anwendbare Hilfsmittel

Hilfsmittel	
Stachelhalsbänder, Korallenhalsbänder, Endloswürger, Erziehungsgeschirre mit Zugwirkung unter den Achselhöhlen	Die Anwendung dieser Artikel ist als tierschutzwidrig anzusehen, da diese mit erheblichen Schmerzen und Verletzungen verbunden sind.
Bellstopp-Geräte, Antibellhalsbänder	Bellstopp-Geräte basieren darauf, dass sie den Hund irritieren. Dies geschieht durch einen Impuls, der vom Halsband des Hundes ausgeht. Ausgelöst wird er durch das Geräusch des Bellens oder die Vibration des Kehlkopfes. Hierfür ist in der Nähe des Kehlkopfes ein Sensor oder ein Mikrofon angebracht. Sollte der Hund bellen, wird er je nach Gerät durch das Auslösen eines Sprühstoßes, eines Tons oder einer Vibration bestraft. Es besteht die große Gefahr der Fehlverknüpfung. Bellstopp-Geräte sind abzulehnen, da das Bellen eine natürliche Kommunikationsform des Hundes darstellt und durch ein Bellstopp-Gerät nur das Symptom (in diesem Fall das Bellen) und nicht die Ursache des Bellens wie z. B. Angst oder Stress beseitigt wird. Aufgrund der starken Stresswirkung bei unsachgemäßer Anwendung sind Bellstopp-Geräte als tierschutzrelevant einzustufen.
Sprühhalsbänder	Sogenannte Sprühhalsbänder arbeiten mit Schreck- und Strafreizen. Je nach Modell wird mit Luft, Wasser oder Duftstoffen wie Zitronella gesprüht. Per Funk kann der Sprühstoß von einer Person ausgelöst werden. Wird ein Sprühhalsband fachgerecht angewendet, verhindert es eine Verknüpfung mit der Person, die die Strafe per Funk auslöst. Jedoch kann es durch den Einsatz auch zu Fehlverknüpfungen (Angst und allgemeine Umweltangst) kommen. Bei Verwendung von Duftstoffen ist zu beachten, dass diese meist nach dem Sprühstoß noch über einige Zeit vorhanden sind. Befindet sich der Duftstoff auf dem Körper des Tieres, hat es nicht die Möglichkeit diesen zu meiden. Aufgrund der starken Stresswirkung bei unsachgemäßer Anwendung ist ein Sprühhalsband als tierschutzrelevant einzustufen.
„unsichtbarer Zaun"	Der unsichtbare Zaun beruht darauf, dass an der Grenze des Grundstückes ein Draht in den Boden verlegt und dem Hund oder der Katze ein Halsband angezogen wird, welches dem Tier Strafreize (Ton im Ultraschallbereich oder Stromschlag) verabreicht, sobald sich das Tier der für ihn unsichtbaren Grenze nähert. Durch die verabreichten Strafreize wird das Tier Angst und Stress ausgesetzt. Der unsichtbare Zaun ist daher als tierschutzwidrig anzusehen. In Deutschland ist es verboten gemäß § 3 Nr. 11 des Tierschutzgesetzes, ein Gerät zu verwenden, das durch direkte Stromeinwirkung das artgemäße Verhalten eines Tieres, insbesondere seine Bewegung, erheblich einschränkt oder es zur Bewegung zwingt und dem Tier dadurch nicht unerhebliche Schmerzen, Leiden oder Schäden zufügt.

Tab. 2-1 Tierschutzwidrig anwendbare Hilfsmittel *(Fortsetzung)*

Hilfsmittel	
Maulkorb	Maulkörbe werden als Bissschutz verwendet. Trägt ein Hund nicht nur für ein paar Minuten, sondern über einen längeren Zeitraum, einen Maulkorb, dürfen nur Maulkörbe verwendet werden, die das Hecheln (Wärmeregulation) und das Trinken ermöglichen. Die Anwendung von Maulkörben über einen längeren Zeitraum, die das Hecheln und Trinken nicht ermöglichen, ist tierschutzwidrig.

Elektroreizgeräte

In Deutschland ist es verboten gemäß § 3 Nr. 11 des Tierschutzgesetzes ein Gerät zu verwenden, das durch direkte Stromeinwirkung das artgemäße Verhalten eines Tieres, insbesondere seine Bewegung, erheblich einschränkt oder es zur Bewegung zwingt und dem Tier dadurch nicht unerhebliche Schmerzen, Leiden oder Schäden zufügt, soweit dies nicht nach bundes- oder landesrechtlichen Vorschriften zulässig ist.

Verbot des Einsatzes von Elektroreizgeräten zur Hundeausbildung

Das Bundesverwaltungsgericht (BVerwG) hat nach einer Klage festgesetzt, dass der Einsatz von Elektroreizgeräten, die erhebliche Leiden oder Schmerzen verursachen können, für Zwecke der Hundeausbildung gemäß § 3 Nr. 11 TierSchG verboten ist. Dabei kommt es nicht auf die konkrete Verwendung der Geräte im Einzelfall an, sondern darauf, ob sie von ihrer Bauart und Funktionsweise her geeignet sind, dem Tier nicht unerhebliche Schmerzen zuzufügen. Nach § 3 Nr. 11 TierSchG mögliche Ausnahmen von dem generellen Verbot durch bundes- oder landesrechtliche Vorschriften sind bisher nicht normiert worden. Obwohl bisher keine Ausnahmen nominiert sind, verstößt das generelle Verwendungszweckverbot für oben genannte Elektroreizgeräte nicht gegen Verfassungsrecht und auch nicht gegen Gemeinschaftsrecht (BVerwG 3 C 14.05, 2006)

Nicht verboten sind aber der Verkauf und auch der Erwerb von Elektroreizgeräten.

Die Anwendung von Elektroreizgeräten, die erhebliche Leiden oder Schmerzen verursachen können, ist in der Hundeausbildung in Deutschland verboten. Dies betrifft auch Geräte im Niederstrombereich.

2.2.4 Eingriffe an Tieren: Amputationsverbot

Nach § 6 Absatz 1 des deutschen Tierschutzgesetzes (TierSchG) ist das vollständige oder teilweise Amputieren von Körperteilen oder das vollständige oder teilweise Entnehmen oder Zerstören von Organen oder Geweben eines Wirbeltieres verboten. Dieses Verbot gilt laut dem TierSchG nicht, wenn

- der Eingriff im Einzelfall nach tierärztlicher Indikation geboten ist (§ 6 Absatz1 Nr. 1a TierSchG) oder
- bei jagdlich zu führenden Hunden für die vorgesehene Nutzung des Tieres unerlässlich ist und tierärztliche Bedenken nicht entgegenstehen (§ 6 Absatz 1 Nr. 1b TierSchG) und
- zur Verhinderung der unkontrollierten Fortpflanzung oder – soweit tierärztliche Bedenken nicht entgegenstehen – zur weiteren Nutzung oder Haltung des Tieres eine Unfruchtbarmachung vorgenommen wird (§ 6 Absatz 1 Nr. 5 TierSchG).

Das bedeutet hinsichtlich einer Kastration bei Hund oder Katze, dass die Entscheidung für oder gegen eine Kastration stets im Einzelfall und individuell auf den Patienten angepasst entschieden werden muss.

Gerade beim Hund spielt die Kastration in Bezug auf das Verhalten eine wichtige Rolle. Eine Kastration kann bei bestimmten Verhaltensproblemen kontraindiziert sein. Daher ist es sehr wichtig anhand der Anamnese und Diagnostik zu entscheiden, ob eine Kastration tierärztlich indiziert ist (► Kap. 10).

Hunde- und Katzenbesitzer sind oft überfordert, wenn Hunde ständig bellen oder Katzen sehr häufig miauen. In diesem Fall ist es wichtig, die Ursache für das Verhalten zu finden, um dann eine Therapie erstellen zu können. Beim Hund kann z. B. Trennungsangst, Stress oder territoriales Verhalten vorliegen. Unerwünschtes Bellen oder Miauen stellt keine tierärztliche Indikation für eine Stimmbandentfernung dar.

Kratzspuren an Tapeten und Möbeln rechtfertigen nicht eine Onchyektomie (operative Entfernung von Krallen). Beim unerwünschten Kratzmarkieren müssen unter anderem geeignete Kratzmöglichkeiten angeboten werden (► Kap. 27).

2.3 Tierschutz-Hundeverordnung

Die Tierschutz-Hundeverordnung (TierSchHuV) vom 2. Mai 2001 gilt für das Halten und Züchten von Hunden.

Die TierSchHuV beinhaltet allgemeine Anforderungen an das Halten, Anforderungen an die Betreuung bei gewerbsmäßigen Züchtungen, Anforderungen an das Halten im Freien, Anforderungen an die Zwingerhaltung, Anforderungen an Anbindehaltung, Fütterung und Pflege und Ausnahmen für das vorübergehende Halten.

Laut § 2 ist einem Hund **ausreichend Auslauf im Freien** außerhalb eines Zwingers oder einer Anbindehaltung sowie ausreichend Umgang mit der Person, die den Hund hält, betreut oder zu betreuen hat, zu gewähren. **Auslauf und Sozialkontakte sind der Rasse, dem Alter und dem Gesundheitszustand des Hundes** anzupassen.

Nach Tierschutz-Hundeverordnung darf ein Welpe erst **im Alter von über 8 Wochen** vom Muttertier getrennt werden. Insbesondere die 3.–5. Lebenswoche sollte für Sozialkontakte und Habituation genutzt werden. Daher sind optimale

Bedingungen beim Züchter sehr wichtig. Dies sollte bei der Auswahl eines Welpen unbedingt berücksichtigt werden. Viele Verhaltensprobleme entstehen aufgrund einer unzureichenden Sozialisierung und Habituation.

2.4 Straßenverkehrsordnung

Wenn ein Tier Angst vorm Autofahren hat, gehört das Finden des optimalen Platzes für das Tier im Auto ebenso zu den therapeutischen Maßnahmen wie die Desensibilisierung und die Gegenkonditionierung. Bei der Suche nach dem optimalen Platz müssen auch die gesetzlichen Vorgaben eingehalten werden.

Insbesondere Hunde, aber auch Katzen, werden häufig im Fahrzeug mitgenommen. Die Straßenverkehrsordnung (StVO) regelt, wie ein Tier im Fahrzeug mitgenommen werden darf.

„Wer ein Fahrzeug führt, ist dafür verantwortlich, dass seine Sicht und das Gehör nicht durch … Tiere … beeinträchtigt werden.
Wer ein Fahrzeug führt, hat zudem dafür zu sorgen, dass … die Ladung und die Besetzung vorschriftsmäßig sind und dass die Verkehrssicherheit des Fahrzeugs durch die Ladung oder die Besetzung nicht leidet."
(§ 23 Abs. 1 StVO)

Der Gesetzgeber betrachtet Hund und Katze als Ladung, die vorschriftsmäßig gesichert werden muss. Befindet sich ein Hund ungesichert im Auto und springt dem Fahrer auf den Schoß, kann das schnell zu einem Unfall führen. In diesem Fall kann es leicht geschehen, dass die Kaskoversicherung nicht bereit ist für den Schaden aufzukommen, weil der Unfall durch grobe Fahrlässigkeit verursacht wurde, da einfache Vorsichtsmaßnahmen, wie den Hund zu sichern, nicht stattgefunden haben.

Abgesehen von dem, was der Gesetzgeber vorschreibt, sollte an sich auf das Wohl des Tieres geachtet und ein Tier im Auto gut gesichert werden. Hierzu eignen sich Transportboxen, die jedoch auch ausreichend gesichert werden müssen. Kleine Transportboxen sollten am besten in den Fußraum hinter den Fahrer oder Beifahrer gestellt werden. Große Transportboxen sollten direkt an die Sitzlehne und quer zur Fahrtrichtung in den Laderaum gestellt werden. Zusätzlich sollte ein Trenngitter zwischen Laderaum und Fahrgastzelle angebracht sein. Bei Kombis kann auch eine feste Box im Kofferraum installiert werden.

Wenn ein Hund die ganze Zeit bellt, kann das das Gehör des Fahrzeugführers beeinträchtigen. Nach der Gesetzgebung hat der Fahrzeugführer dafür zu sorgen, dass sein Gehör nicht beeinträchtigt wird.

Haus- und Stalltiere, die den Verkehr gefährden können, sind von der Straße fernzuhalten. Sie sind dort nur zugelassen, wenn sie von geeigneten Personen begleitet sind, die ausreichend auf sie einwirken können. Es ist verboten, Tiere von Kraftfahrzeugen aus zu führen. Von Fahrrädern aus dürfen nur Hunde geführt werden.
(§ 28 Abs. 1 StVO)

Laut VwV (Vewaltungsvorschrift) zu § 28 Abs. 1 StVO ist es in der Regel nicht zu beanstanden, wenn Hunde auf Straßen mit mäßigem Verkehr nicht an der Leine, sondern durch Zuruf und Zeichen geführt werden. Dies bedeutet, dass auf Straßen mit starkem Verkehr Hunde an der Leine geführt werden müssen.

Bei der Diagnoseerstellung und den Therapiemaßnahmen sollte der Besitzer immer so angeleitet werden, dass nicht gegen gesetzliche Bestimmungen verstoßen wird.

Zusammenfassung

- Tiere sind nach dem Gesetz keine Sache mehr, jedoch werden weiterhin die für Sachen entsprechenden Vorschriften angewandt, sofern es keine anderen Bestimmungen gibt.
- Nach § 1 des TierSchG darf niemand einem Tier ohne vernünftigen Grund Schmerzen, Leiden oder Schäden zufügen. Der vernünftige Grund stellt den zentralen Begriff im deutschen Tierschutzrecht dar, über den die vielfältigen Interessenkonflikte der Mensch-Tier-Beziehung abgewickelt werden.
- Tierhalter und derjenige, der das Tier betreut, müssen über die erforderlichen Kenntnisse und Fähigkeiten zur verhaltensgerechten Unterbringung der Tiere verfügen und Tiere verhaltensgerecht unterbringen (§ 2 TierSchG).
- Das schon jetzt in § 3 des TierSchG enthaltene allgemeine Verbot, ein Tier auszubilden oder zu trainieren, sofern damit erhebliche Schmerzen und Schäden für das Tier verbunden sind, macht laut Gesetzgeber eine Auflistung von aversiv verwendbaren Hilfsmitteln unnötig.
- Nach Tierschutz Hundeverordnung darf ein Welpe erst im Alter von über 8 Wochen vom Muttertier getrennt werden. Daher sind optimale Bedingungen beim Züchter sehr wichtig.
- Bei der Diagnoseerstellung und den Therapiemaßnahmen muss der Besitzer immer so angeleitet werden, dass nicht gegen gesetzliche Bestimmungen wie z. B. Vorschriften der Straßenverkehrsordnung verstoßen wird

Quellen

AG Wiesbaden, Urteil vom 18.08.2011, Az.: 93 C 2691/11 (34) http://openjur.de/u/307606.html (letztes Abrufdatum: 22.03.2016)

Bolliger, G. und Gerritsen, V. (2010): Zum Verhältnismässigkeitsprinzip im deutschen Tierschutzgesetz, Stiftung für das Tier im Recht, Zürich 13. April 2010 http://www.tierimrecht.org/de/PDF_Files_gesammelt/AufsatzTagungsbandBadBoll13.4.2010.pdf (letztes Abrufdatum: 22.03.2016)

Bürgerliches Gesetzbuch in der Fassung der Bekanntmachung vom 2. Januar 2002 (BGBl. I S. 42, 2909; 2003 I S. 738), zuletzt geändert durch Art. 2 Abs. 5 G v. 17.02.2016 I 203 http://www.gesetze-im-internet.de/bgb/BJNR001950896.html (letztes Abrufdatum: 22.03.2016)

BVerwG 3 C 14.05 – Urteil vom 23.02.2006, http://www.bverwg.de/230206U3C14.05.0 (letztes Abrufdatum: 22.03.2016)

Deutscher Bundestag (2012): Regierung will Stachelhalsband nicht verbieten http://www.bundestag.de/dokumente/textarchiv/2012/41356689_kw45_pa_petitionen_dressur/209872 (letztes Abrufdatum: 22.03.2016)

Lorz, A. und Metzger, E. (1999): Tierschutzgesetz-Kommentar, C. H. Beck

StVO, Straßenverkehrs-Ordnung vom 6. März 2013 (BGBl. I S. 367), die durch Artikel 2 der Verordnung vom 15. September 2015 (BGBl. I S. 1573) geändert worden ist http://www.gesetze-im-internet.de/stvo_2013/BJNR036710013.html (letztes Abrufdatum: 22.03.2016)

TierSchG, Tierschutzgesetz in der Fassung der Bekanntmachung vom 18. Mai 2006 (BGBl. I S. 1206, 1313), zuletzt durch Artikel 8 Absatz 13 des Gesetzes vom 3. Dezember 2015 (BGBl. I S. 2178) geändert http://www.gesetze-im-internet.de/tierschg/BJNR012770972.html (letztes Abrufdatum: 22.03.2016)

Tierschutz-Hundeverordnung vom 2. Mai 2001 (BGBl. I S. 838), die durch Artikel 3 der Verordnung vom 12. Dezember 2013 (BGBl. I S. 4145) geändert worden ist http://www.gesetze-im-internet.de/tierschhuv/BJNR083800001.html (letztes Abrufdatum: 13.10.2015)

VwV-StVO, Allgemeine Verwaltungsvorschrift zur Straßenverkehrs-Ordnung vom 22. Oktober 1998 in der Fassung vom 22. September 2015 http://www.verwaltungsvorschriften-im-internet.de/bsvwvbund_26012001_S3236420014.htm (letztes Abrufdatum: 13.10.2015)

3 Einführung in die Verhaltensberatung

B. Schneider

Verhaltensberatungen sollten von Tierärzten durchgeführt werden, die eine fundierte Grundausbildung und Weiterbildung in der Verhaltensmedizin gemacht haben. Regelmäßige Fortbildungen sind in diesem Bereich, wie in allen anderen tiermedizinischen Fachbereichen, zwingend notwendig.

Von solch speziell qualifizierten Tierärzten können diese Beratungen dann als Teil der normalen Klinik- bzw. Praxisleistung angeboten werden. Es besteht aber auch die Möglichkeit, sich mit einer reinen Verhaltenspraxis niederzulassen. Für diesen Fall bietet es sich an, eine Hundeschule anzuschließen oder eine Referententätigkeit etc. als Nebenerwerb auszuüben, da sich eine reine verhaltensmedizinisch arbeitende Praxis momentan nur selten komplett selbst trägt und ausreichend Gewinn abwirft.

3.1 Abrechnung von Verhaltensberatungen

Verhaltensberatungen müssen, wie andere tierärztliche Leistungen auch, nach der geltenden Gebührenordnung für Tierärzte (GOT, zuletzt geändert am 30.05.2008) abgerechnet werden. Demnach muss für eine Verhaltensberatung eine Grundgebühr für eine ausführliche Anamneseerhebung erfolgen (Ziffer 11: einfacher Satz: 17,18 €). Dazu kommt der Zeitfaktor (Z). Pro 15 Minuten Beratung beträgt die Zeitgebühr 14,30 € (einfacher Satz). Das bedeutet, dass der Gesamtpreis der Erstberatung abhängig von der dafür benötigten Zeit ist. Klienten sollten daher unbedingt vor der Erstberatung über diesen Umstand aufgeklärt werden. Zusätzlich ist ganz besonders darauf hinzuweisen, dass Anfahrtskosten ebenfalls nach § 9 der GOT fällig werden.

Für einen schriftlichen Therapieplan muss nach Ziffer 103 eine Gebühr von 22,90 € (einfacher Satz) berechnet werden. Kurze telefonische (Nach-)Beratungen müssen nach GOT ebenfalls abgerechnet werden (Ziffer 10: einfacher Satz: 6,29 €). Trainingseinheiten, Vorträge und Lehrtätigkeiten etc. sind momentan nicht durch die GOT geregelt und können als freiberufliche Tätigkeit anders abgerechnet werden.

3.2 Aufbau eines Klientenstammes

Bei der Neugründung einer reinen Verhaltenspraxis ist es deutlich wichtiger, sich zunächst einen entsprechenden Klientenstamm aufzubauen, als bei der Integration der Verhaltensmedizin in eine bereits bestehende klassische Tierarztpraxis. Eine der wichtigsten Quellen für entsprechende Klienten sind dabei die überweisenden Haustierärzte. Daher ist es sinnvoll, mit den umliegenden, niedergelassenen Tierärzten Kontakt aufzunehmen und sich bei ihnen auch persönlich vorzustellen und die eigene Arbeitsweise zu erklären. Den überweisenden Haustierärzten sollte man zudem jederzeit beratend zur Seite stehen. Wichtig in der kollegialen Zusammenarbeit mit überweisenden Haustierärzten ist, dass den Haustierärzten keine Klienten auf Dauer abgeworben werden. Nach Abschluss der verhaltensmedizinischen Behandlung muss der Klient mit seinem Tier zwingend wieder rücküberwiesen werden.

Zudem kann es, wenn man selbst nicht nebenher eine Hundeschule betreibt, sinnvoll sein, lokale Hundeschulen aufzusuchen und deren Methoden zu beobachten. So kann man die verantwortlichen Trainer persönlich kennenlernen und auch mit ihnen, wenn sie entsprechend positive Trainingsmethoden verwenden, zusammenarbeiten. Einfache Fälle, oder aber auch grundlegendes Training können dann vom Hundetrainer übernommen oder durchgeführt werden, in enger Zusammenarbeit mit dem Verhaltenstherapeuten. Schwierige Probleme können und sollten wiederum vom Hundetrainer an den Verhaltenstherapeuten überwiesen werden. Diese Art der Zusammenarbeit zwischen tierärztlichen Verhaltenstherapeuten und Hundetrainern hat sich bewährt, ist aber immer auch von den Betreibern der lokalen Hundeschulen abhängig.

Ein guter Internetauftritt ist ebenfalls sehr hilfreich bei der Rekrutierung von Klienten, denn viele Hunde- und Katzenbesitzer wissen mittlerweile um die Existenz von Verhaltenstherapeuten und auch „Tierpsychologen". Häufig werden dann Internetsuchmaschinen verwendet, um bei Problemen mit dem Haustier entsprechende Ansprechpartner ausfindig zu machen. Der Internetauftritt sollte daher professionell gestaltet werden, einen Einblick in den verhaltensmedizinischen Leistungskatalog geben und bereits erste Informationen über den Ablauf einer Verhaltensberatung enthalten. Es sollte auch dort bereits erwähnt werden, dass die Beratung nach der GOT berechnet werden muss. Ob Beispiele für die Berechnung einer Beratung auf der Homepage angegeben werden dürfen, ist abhängig von der zuständigen Landestierärztekammer und muss dort direkt erfragt werden. Einige der deutschen Landestierärztekammern sehen nämlich solche Preisangaben als unzulässige Preis-Leistungs-Werbung, auch wenn nur ein Rechenbeispiel nach GOT gegeben wird.

3.3 Erste Kontaktaufnahme mit Klienten

Die erste Kontaktaufnahme mit potenziellen Klienten ist wichtig und entscheidet, ob es zu einer Verhaltensberatung kommt oder nicht. Bei der ersten Kontaktaufnahme müssen im ersten Telefonat oder Gespräch in der Praxis z. B. ein paar Informationen abgefragt werden. Der Besitzer soll vor allem das Problem grob umreißen und auch erklären, was er sich von der Beratung erhofft. Nur so kann eine gute Entscheidung getroffen werden, ob eine Verhaltensberatung überhaupt angezeigt ist, ob weitere Untersuchungen im Vorfeld erfolgen müssen, sowie welche Art der Konsultation (► Kap. 3.5), welche Tageszeit etc. sinnvoll sind und wie dringlich eine Verhaltensberatung ist.

Grundsätzlich muss vor Beginn einer verhaltensmedizinischen Beratung sichergestellt werden, dass bei dem betreffenden Tier vorab eine ausführliche körperliche Untersuchung durchgeführt wurde. Diese sollte zeitlich noch nicht zu lange zurück liegen und es sollten dabei keine Probleme festgestellt worden sein, die das auffällige Verhalten beeinflussen könnten. Sollten solche Probleme diagnostiziert worden sein, so müssen sie vorab nach besten Möglichkeiten behandelt werden. Erst danach ist eine Verhaltensberatung sinnvoll. Im Einzelfall kann aber auch eine Verhaltenstherapie parallel zur Behandlung medizinischer Ursachen angezeigt sein.

3.4 Allgemeiner Umgang mit den Klienten

Man muss sich als Verhaltenstherapeut klar darüber sein, dass man teilweise sehr intime Dinge aus dem Leben seiner Klienten abfragen muss, um eine erfolgreiche Behandlung durchführen und einen sinnvollen Therapieplan aufzustellen zu können. Daher ist es extrem wichtig, eine gute Vertrauensbasis zu den Klienten herzustellen, auf sie einzugehen und sie vor allem mit ihren Sorgen und Ängsten auch ernst zu nehmen. Es muss zum einen klargestellt werden, dass man als tierärztlicher Verhaltenstherapeut selbstverständlich der tierärztlichen Schweigepflicht unterliegt, und somit keine Details ohne ausdrückliche Zustimmung des Klienten weitergegeben werden dürfen.

Die Klienten sind zu Beginn einer Verhaltensberatung teilweise sehr unsicher und befürchten, dass sie als Person abgewertet werden. Stark ablehnende oder gar emotionale Reaktionen auf einzelne vom Klienten geschilderte Details (z. B. die Anwendung verbotener oder tierschutzwidriger Trainingsmethoden) sind daher in der Regel höchst kontraproduktiv. Die Klienten müssen sich zunächst einmal öffnen und darlegen, was bisher geschehen ist. Sie haben sich in der Regel nach einem Entscheidungsfindungsprozess und aufgrund eines vorhandenen Leidensdruckes für die Verhaltensberatung entschieden und wollen auch Hilfe vom Therapeuten. Vorwürfe machen sie sich in der Regel oft schon selbst genug.

Um das Vertrauen des Klienten zu erwerben hat es sich daher bewährt, alle Aussagen zunächst einmal neutral aufzunehmen, und erst später aus wissenschaftlicher und verhaltensbiologischer Sicht zu werten und in Ruhe zu erklären. Des Weiteren hilft es vielen Klienten dabei sich zu öffnen, wenn man prinzipiell Verständnis für ihre Probleme und auch ihren Umgang mit dem vorliegenden Problem äußert. Für viele Klienten ist es zudem auch schon hilfreich zu wissen, dass sie nicht die einzigen Personen sind, die das vorliegende Problem haben.

Nicht nur im Rahmen der Anamneseerhebung ist ein gutes Vertrauensverhältnis wichtig, sondern vor allem für die Compliance mit den Therapiemaßnahmen. Diese ist essenziell für den Erfolg der Therapie. Zu beachten ist hier auch schon in der Beratung, dass beim Besitzer immer wieder konkret nachgefragt wird, ob der Sinn und die Durchführung vorgeschlagener Maßnahmen verstanden wurden. Des weiteren sollte rückgefragt werden, ob der Besitzer sich vorstellen kann, die genannten Therapiemaßnahmen umzusetzen, und ob er dabei eventuell Probleme sieht. Dies gibt dem Therapeuten schon vorab die Möglichkeit, Bedenken zu zerstreuen oder effektive Alternativen anzubieten. Es ist unter Umständen sinnvoll, bereits im Fragebogen (► Anhang) abzufragen, was sich die Klienten von der Beratung erwarten und erhoffen, bzw. wie stark sie sich in ihrem Leben durch das Problem beeinträchtigt fühlen.

Sollte es einmal vorkommen, dass Klient und Therapeut nicht miteinander zurecht kommen, dann sollte auch dies ehrlich kommuniziert werden. Eventuell muss ein anderer Therapeut, der vielleicht eher dem Naturell des Klienten entspricht, vorgeschlagen werden.

3.5 Die Konsultation

Die Konsultation an sich ist ein wichtiger Teil der gesamten verhaltensmedizinischen Beratung. In ihr wird die genaue Anamnese erhoben, eventuell schon eine Diagnose gestellt und die ersten Therapieschritte erarbeitet. Sie kann nicht „nebenbei" im Rahmen der kurativen Tätigkeit erfolgen, sondern es müssen dafür gezielt Beratungstermine ausgemacht werden. Eine durchschnittliche Erstberatungszeit von 90–120 Minuten ist realistisch und muss als Minimum eingeplant werden. Bei Beratungszeiten von über 180 Minuten wird meist die Aufnahmefähigkeit der Klienten überstrapaziert. Es ist in einem solchen Fall sinnvoller, ein weiteres Nachgespräch zu einem anderen Termin zu vereinbaren.

Zur Vorbereitung auf die Konsultation sollten die Gesprächsnotizen des ersten Gespräches sowie der vom Klienten ausgefüllte Fragebogen (Beispielfragebögen ► Anhang) herangezogen werden. Diese Informationen erlauben eine optimale Vorbereitung auf die Beratung. Man kann evtl. schon Merkblätter bereitlegen, die im vorliegenden Fall vermutlich sinnvoll sein werden, und auch Hilfsmittel (► Kap. 5), die voraussichtlich mit dem Klienten besprochen werden.

Während der Beratung sollte sich der Verhaltenstherapeut Notizen für seine Unterlagen machen. Dies ist nicht nur sinnvoll, um bei Nachberatungen nachsehen zu können, welche Punkte genau besprochen wurden. Es ist auch wichtig zur Absicherung des Therapeuten, z. B. in Fällen von Aggression, um später, wenn nötig, nachweisen zu können, welche Anweisungen gegeben wurden.

PRAXISTIPP

Während der Beratung sollte immer ein kurzes Beratungsprotokoll geführt werden, damit keine wichtigen Punkte vergessen werden.

Eines der Probleme bei der verhaltensmedizinischen Konsultation ist, dass das auffällige Verhalten meist nicht oder nur in abgeändertem Maße vom Therapeuten beobachtet werden kann. Die Bedingungen der Konsultation sollten zwar nach Möglichkeit vorab so gewählt werden, dass es sehr wahrscheinlich ist, dass das störende oder auffällige Verhalten auch direkt beobachtet werden kann (z. B. zeitlich so legen dass das Familienmitglied anwesend ist, mit dem es Probleme gibt). Dennoch ist dies keine Garantie dafür, dass das Verhalten auch gezeigt wird. In vielen Fällen muss der Klient daher gebeten werden, Videoaufnahmen anzufertigen, die dann bei oder vor der Beratung ausgewertet werden können.

3.5.1 Konsultationen im Rahmen der Praxis/Klinik

Die einfachste Möglichkeit, Verhaltensberatungen im Rahmen eines klassischen kurativen Klinik- oder Praxisbetriebes durchzuführen, ist die Konsultation in der Klinik in einem Behandlungsraum. In diesem Fall entfallen die Anfahrtskosten für den Klienten ebenso wie der Zeitaufwand der Anfahrt für den Therapeuten.

Ein für eine Verhaltensberatung geeigneter Behandlungsraum ist so groß wie möglich, um Tier, Besitzer und Therapeut nicht unnötig einzuengen. Der Raum sollte gemütlich, einladend und freundlich gestaltet sein, sodass sich die Besitzer wohlfühlen, und es ihnen leichter fällt, evtl. auch intime Details zu erzählen.

Gerade für eine Beratung mit aggressiven Hunden ist es wichtig, dass es eine Möglichkeit gibt, den Hund sicher anzubinden (z. B. an einem in die Wand eingelassenen Metallring), sowie, dass ein Schreib- oder Behandlungstisch als physische Barriere zwischen Therapeut und Hund verwendet werden kann.

Der vermutlich größte Nachteil einer Konsultation in der Praxis oder Klinik ist darin zu sehen, dass das Verhalten der Tiere in der Regel sehr deutlich von dem abweicht, was sie in ihrer gewohnten Umgebung zeigen würden (► Abb. 3-1).

Dies zeigt sich unter Umständen bereits in Kleinigkeiten, wie z. B., wenn der Hund ein normalerweise unproblematisches Kommando ausführen soll (► Abb. 3-2).

Es erfordert einiges an Erfahrung des Therapeuten, aus dem Verhalten des Tieres in der Klinik gute Rückschlüsse auf das Verhalten in der normalen Alltagsumgebung ziehen zu können.

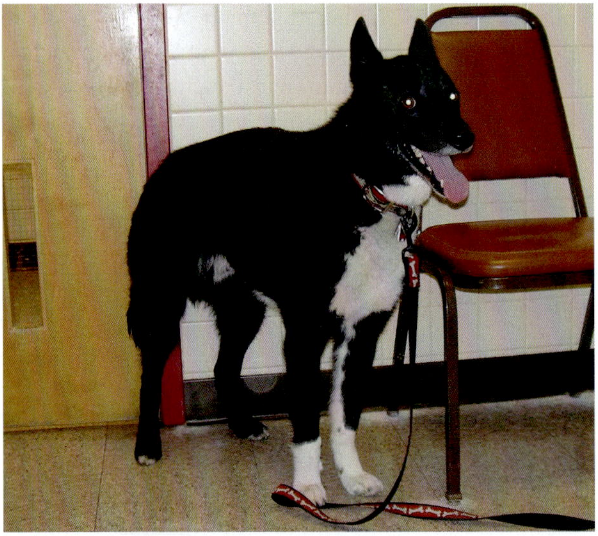

Abb. 3-1
Karelianischer Bärenhund bei einer Beratung zur Trennungsangst im Behandlungszimmer einer Tierklinik. Beachte die deutlichen Stresszeichen (Hecheln, geweitete Pupillen, Zurückweichen etc.), die dem Verhaltenstherapeuten gegenüber gezeigt werden.

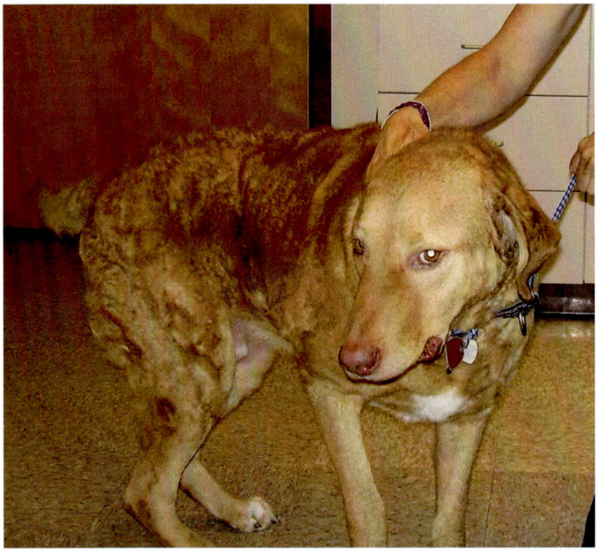

Abb. 3-2
Zuhause sehr gehorsamer Labradormischling mit deutlicher Beschwichtigungssymptomatik nach der Aufforderung durch die Besitzerin „Sitz!" zu machen. Beachte das Zögern in der Ausführung und die Blickvermeidung mit dem fotografierenden Verhaltenstherapeuten.

Gerade auch bei Katzenberatungen ist es fast nicht möglich, aus dem Verhalten in der Klinik wertvolle Informationen zu gewinnen. Zudem ist es bei Katzen sehr unwahrscheinlich, dass das auffällige Verhalten während der Beratung in einem Klinikbehandlungsraum gezeigt wird. Des Weiteren muss penibel darauf geachtet werden, dass die freilaufende Katze nicht entkommen oder sich unter Schränken etc. verstecken kann. Als Rückzugsmöglichkeit sollte ihr der Katzenkorb, in dem die Besitzer sie gebracht haben, zur Verfügung stehen. Sie sollte auch nicht aus dem Korb herausgehoben werden, sondern man stellt idealerweise den Korb auf den Boden mit geöffneter Tür und lässt die Katze selbst entscheiden, wann sie herauskommen mag. Eine verhaltensmedizinische Konsultation dauert schließlich eine Weile und man kann dem Tier daher Zeit lassen. Dennoch kann man generell feststellen, dass Katzenberatungen mit Tier in der Klinik nicht sinnvoll sind.

Es ist nicht sinnvoll, dass Katzenberatungen, bei denen das Tier mitgebracht wird, in der Klinik durchgeführt werden.

Die Vorteile einer Beratung in der Klinik sind, dass es einfacher ist, eine Verhaltensberatung in den tierärztlichen Praxisalltag zu integrieren, und dass man dennoch keine Fernberatung (► Kap. 3.5.3) durchführen muss. Eine eventuelle medikamentöse Behandlung kann begonnen werden, da das Tier vorab noch untersucht werden kann. Dennoch überwiegt der Nachteil, dass die wahre Persönlichkeit des Tieres in der Umgebung einer Tierarztpraxis nur schwer einzuschätzen ist. Diese Art der Konsultation stellt somit nicht den Goldstandard dar.

3.5.2 Konsultationen im Rahmen eines Hausbesuchs

Hausbesuche sind mit Abstand die beste Möglichkeit, sich einen möglichst realistischen und genauen Überblick über das vorhandene Problem zu verschaffen. Die Wahrscheinlichkeit, dass das problematische Verhalten direkt beobachtet oder provoziert werden kann, ist bei dieser Art der Konsultation am höchsten, da das Tier in seiner gewohnten Umgebung beobachtet werden kann. Dennoch muss auch beim Hausbesuch beachtet werden, dass die Anwesenheit des Therapeuten das Verhalten sowohl des Tieres als auch des Besitzers beeinflusst. Gerade zu Beginn der Konsultation sind viele Besitzer nervös und aufgeregt. Diese Erregung überträgt sich häufig gerade auf feinfühlige und/oder ängstliche Tiere.

Viele Situationen lassen sich im gewohnten Umfeld des Tieres, in dem das problematische Verhalten gezeigt wird, durch einen Blick erfassen. Dazu gehört z. B. auch die Erfassung wichtiger Strukturen wie Futter- und Liegeplätze (► Abb. 3-3), sowie Engpässe, problematische Ausrüstungsgegenstände etc.

Eine genaue Kenntnis der Wohn- und Lebenssituation hilft dabei, den Therapieplan möglichst individuell anzupassen.

Ein weiterer großer Vorteil eines Hausbesuchs ist, dass nicht nur die Familienmitglieder und die Interaktionen des Tieres mit ihnen beobachtet werden können, sondern auch Interaktionen mit weiteren im Haushalt befindlichen Tieren. Ebenfalls vorteilhaft am Hausbesuch ist es zudem, dass Spaziergänge in der gewohnten Umgebung durchgeführt werden können (wenn z. B. ein Problem an der Leine oder auf dem Spaziergang besteht). Dadurch können die Klienten in ihrem Verhalten direkter angeleitet werden.

Der Beratungstermin sollte nach Möglichkeit immer so gelegt werden, dass alle Familienmitglieder anwesend sein können. Zumindest aber die Hauptbezugspersonen und hauptsächlichen Versorger des betroffenen Tieres müssen zwingend anwesend sein, um eine möglichst effektive Beratung zu gewährleisten. Denn die

Abb. 3-3
Im Rahmen eines Hausbesuchs kann nicht nur das Verhalten in der gewohnten Umgebung beobachtet werden, sondern es ist auch möglich, Lage, Aussehen und Nutzung wichtiger Strukturen (hier: selbstgebauter Kratzbaum) zu erfassen und zu bewerten.

Person, die hauptsächlich mit der Umsetzung der Therapiemaßnahmen beschäftigt ist, muss diese auch am besten verstehen.

3.5.3 Telefonische Konsultation

Eine rein telefonische Konsultation ist theoretisch auch möglich, aber in der Regel sehr problematisch, da man sich rein auf die Beobachtungen der Besitzer und evtl. ein paar wenige Videoaufzeichnungen und Fotos verlassen muss, um zu einer Diagnose zu kommen und sinnvolle Therapiemaßnahmen vorzuschlagen.

Für eine effektive Telefonberatung sind so viele Videos des auffälligen Tieren wie möglich zur Bewertung einzusenden. Das Tier sollte, um optimal eingeschätzt werden zu können, dabei in verschiedensten Situationen gefilmt werden und nicht nur beim Ausführen des problematischen Verhaltens.

Solche von Besitzern gefertigte Videoaufzeichnungen sind zwar meistens sehr hilfreich, aber häufig nur von mäßiger Qualität, da sie oft mit dem Handy, das immer griffbereit ist, gefilmt werden. Das auf den Videos zu sehende Verhalten lässt sich somit mitunter nicht oder nur schwer interpretieren. Zudem verändert sich das Verhalten häufig durch die Reaktion des filmenden Besitzers.

Eine telefonische Konsultation ist somit grundsätzlich als problematisch einzustufen. Sie kann aber z. B. sinnvoll sein, wenn es sich um ein Ausscheidungsproblem bei Katzen handelt, der Besitzer sehr weit entfernt wohnt und es keinen verhaltenstherapeutischen Kollegen in der Nähe gibt. Dann ist es aber wichtig, im Vorfeld schon so viele Informationen wie möglich einzuholen. So sollten die Besitzer unbedingt einen Wohnungsplan anfertigen, auf dem sie das Wichtigste (Liegeplätze, Katzentoiletten, Futterstelle etc.) eintragen (► Abb. 3-4).

Zusätzlich sollten Fotos der einzelnen Räume und vor allem der Katzentoiletten und auch Ausscheidungsstellen mitgeschickt werden. Auch Fotos der betroffenen Katze/Katzen können hilfreich sein.

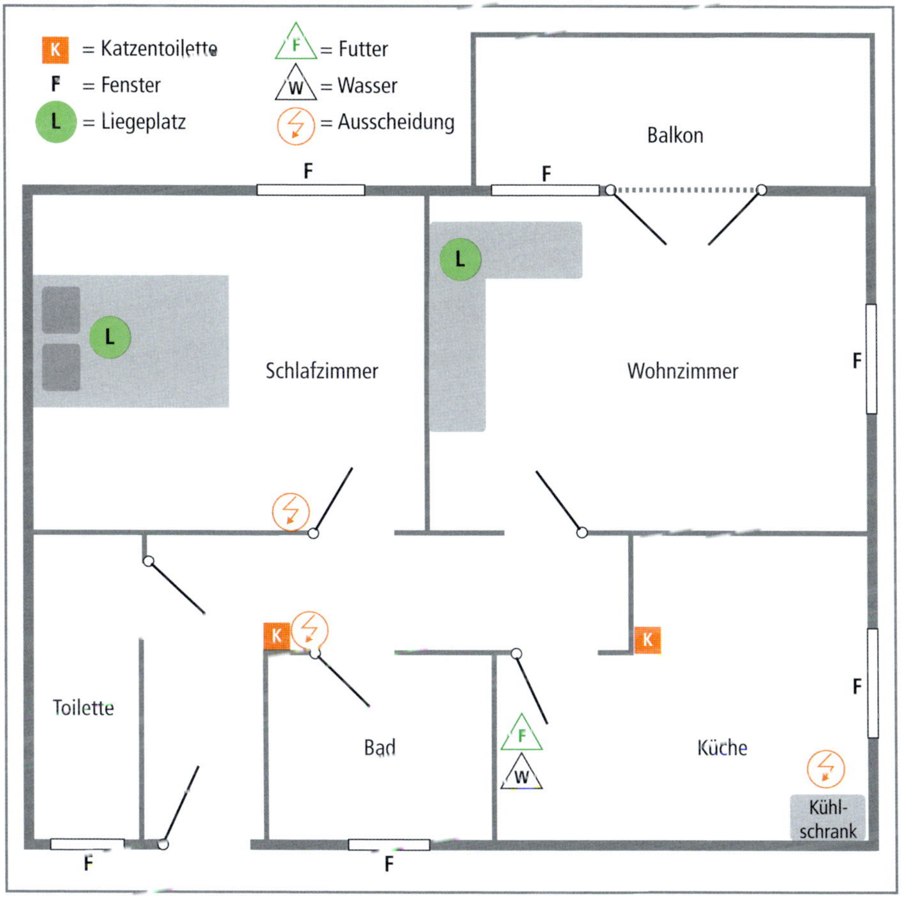

Abb. 3-4 Ein von einer Besitzerin gefertigter Wohnungsplan mit Lage von Futternapf, Wassernapf, Katzentoiletten, Liegeplätzen und Ausscheidungsstellen.

Die telefonische Konsultation hat aber auch weitere klare Grenzen: Gerade Angst- und Aggressionsverhalten wird sowohl von Hunde- als auch Katzenbesitzern oft fehlinterpretiert, und muss für eine korrekte Einschätzung vom Therapeuten ausführlich beobachtet werden. Daher sollten solche Probleme niemals rein telefonisch behandelt werden.

Angst- und Aggressionsproblematiken sollten niemals rein telefonisch diagnostiziert und behandelt werden!

3.6 Der Therapieplan

Nach der Diagnose der Verhaltensproblematik wird ein entsprechender Therapieplan erstellt, in dem das weitere Vorgehen für die nächsten Wochen oder gar Monate festgelegt wird.

Man muss sich bei der Erstellung der Therapiemaßnahmen darüber im Klaren sein, dass man als tierärztlicher Verhaltenstherapeut mit der Verhaltenstherapie nicht immer alles erreichen kann, was im individuellen Fall theoretisch möglich wäre. Es müssen nämlich verschiedenste Aspekte berücksichtigt werden. Zum einen gibt es die Erwartungen und Möglichkeiten des Klienten, dann die Möglichkeiten des Tieres und schließlich auch die Erwartungen und Ansprüche des Verhaltenstherapeuten. All dies muss miteinander in Einklang gebracht werden, um eine Therapie erfolgreich durchführen zu können. Dies bedeutet, dass **immer** Kompromisse eingegangen werden müssen, um dennoch ein möglichst gutes Ergebnis zu erzielen.

So kann es bedeuten, dass man seine eigenen Erwartungen als Therapeut zurückschrauben muss, weil vielleicht die Klienten mit einem deutlich geringeren Erfolg schon zufrieden sind, oder aber bestimmte sinnvolle Therapiemaßnahmen nicht umsetzen können oder wollen. Genauso kann es aber auch der Fall sein, dass der Hund oder die Katze nur schwer lernt und es dadurch Limitationen gibt. Diese Kompromisse müssen in die Erstellung des Therapieplanes einfließen und entsprechend berücksichtigt werden.

Der Therapieplan ist ein wichtiges Hilfsmittel, das dem Besitzer an die Hand gegeben werden sollte, um sicherzustellen, dass die wichtigsten Punkte auf jeden Fall beachtet werden und nochmals detailliert nachgelesen werden können. Im Therapieplan kann auch zusätzlich schriftlich dargelegt werden, aufgrund welcher Tatsachen die Diagnose (oder Verdachtsdiagnose) gestellt wurde. Dies empfiehlt sich besonders dann, wenn nicht alle Familienmitglieder anwesend waren, und es auch im Vorfeld schon zu Unstimmigkeiten bezüglich der Ursachen zwischen den Besitzern untereinander oder den Besitzern und Hundetrainern etc. kam.

Es empfiehlt sich zudem, die wichtigsten und auch ersten Punkte der Therapie besonders herauszustellen bzw. zunächst nur einen reduzierten Therapieplan anzubieten. Mit nur einigen wenigen ersten Maßnahmen kommt der Großteil der Klienten besser zurecht als mit einer Fülle an Anweisungen und Informationen. Letzteres kann die Klienten so stark blockieren, dass sie gar nicht wissen wo sie anfangen sollen und folglich keine der empfohlenen Schritte umsetzen.

PRAXISTIPP

Die Compliance ist in der Regel besser, wenn zunächst nur einige wenige, klare Therapiemaßnahmen umgesetzt werden müssen. Auf diesen ersten Therapieplan kann dann im Laufe der Zeit aufgebaut werden.

Im Laufe der Nachberatungszeit (▶ Kap. 3.7) kann und sollten dann schrittweise weitere Maßnahmen besprochen und umgesetzt werden.

Bereits im Therapieplan sollten den Besitzern konkrete Anweisungen gegeben werden, wann sie sich mit einem ersten Fortschrittsbericht rückmelden sollen. Zudem sollte man den Therapieplan auch dazu nutzen, wichtige Sicherheitsmaßnahmen nochmals klar und explizit darzulegen. So ist am besten dokumentiert, dass die Besitzer ausreichend darüber informiert wurden, wie sie sich zu verhalten haben.

PRAXISTIPP

Vor allem wichtige empfohlene Sicherheitsmaßnahmen sollten immer schriftlich niedergelegt werden.

Besitzer sollten zudem angehalten werden, in einer Art Tagebuch die umgesetzten Maßnahmen festzuhalten, sowie täglich kurz zu beschreiben, ob das Problem aufgetreten ist, und wenn ja, in welcher Situation und Ausprägung. Dies ist extrem hilfreich, um eine objektivere Verlaufskontrolle zu gewährleisten. Das Tagebuch kann dann im Rahmen der Nachberatung besprochen werden.

3.7 Die Nachberatung

Idealerweise besteht gerade in den ersten Wochen nach Therapiebeginn ein enger Kontakt zwischen Besitzern und Therapeut. Dies erlaubt es, zu kontrollieren ob die besprochenen Therapiemaßnahmen verstanden wurden, umsetzbar sind und bereits erste Erfolge zeigen. Auf letztere müssen die Besitzer oft erst hingewiesen werden, wenn sie sich schnellere Erfolge erhofft hatten. Die größten Anpassungen des Therapieplans werden in der Regel in den ersten 2–3 Monaten vorgenommen.

Eventuell kann es auch notwendig sein, sich mit den Klienten noch mehrmals zu gezielten Trainingseinheiten zu treffen. So kann am besten überprüft werden, wie die Klienten die Empfehlungen umsetzen, und wo es noch Verbesserungsbedarf gibt. Gerade bei Desensibilisierungs- und Gegenkonditionierungsmaßnahmen (▶ Kap. 4) sind solch regelmäßige Trainingseinheiten sinnvoll. Den Klienten fällt es nämlich oft schwer, zu erkennen, wann ihr Tier damit überfordert ist.

Insgesamt ist die enge Begleitung der Klienten in den ersten Monaten nach der Erstberatung sehr wichtig für den Erfolg der Therapie. Die Besitzer wurden bereits im Therapieplan daran erinnert, in welchem Turnus sie sich per E-Mail oder Telefon beim Therapeuten rückmelden sollen. Falls sie dies nicht tun, sollte der Therapeut sich spätestens nach einigen Wochen rückmelden, um zu eruieren, wie die Therapie läuft. Strukturierte Nachberatungen, die vom Therapeuten initiiert werden, bringen bessere Ergebnisse als wenn auf Initiative des Klienten gewartet wird (Radosta et al., 2006). Eine solche regelmäßige Rückmeldung durch den Therapeuten ist sicher im Praxisalltag nicht immer möglich. Ab einem gewissen Klientenstamm ist es auch zeitlich nicht machbar, jeden Klienten alle 2 Wochen anzurufen. Empfehlenswert sind aber dennoch Kontaktaufnahmen durch den Therapeuten bei besonders schwierigen Fällen, oder wenigstens einmalig in den ersten 2 Monaten nach der Erstberatung. Eine Kontaktaufnahme per E-Mail ist in der Regel auch sinnvoll, vor allem, da sie besser planbar und meist zeiteffizienter ist.

3.8 Grenzen der Verhaltensberatung

Auch mit einer fundierten, verhaltensmedizinischen Betreuung und Therapie können nicht alle Probleme ausreichend gelöst werden. Beispielsweise bei degenerativen Prozessen (z. B. kognitives Dysfunktionssyndrom ▸ Kap. 19), kann oft nur eine leichte Verbesserung oder nur eine Verlangsamung des Prozesses erreicht werden. Dies muss mit den Klienten im Vorfeld deutlich besprochen werden, um keine falsche Erwartungshaltung zu schaffen.

Starke Angstproblematiken und Phobien können ebenfalls schwierig zu behandeln sein, und stellen zudem meist eine nicht unerhebliche Belastung für die Besitzer dar. Hier müssen die Besitzer auch darüber aufgeklärt werden, dass eine vollständige „Heilung“ von Angst nicht möglich ist. Mit der entsprechenden Therapie und eventuell unterstützender Medikation kann aber eine deutliche Besserung der Symptomatik erzielt werden.

Wenn es sich bei dem auffälligen Verhalten, das behandelt werden soll, um Normalverhalten handelt, wie z. B. Markieren oder territoriales Bellen, dann ist eine Anpassung des Verhaltens ebenfalls meist deutlich schwieriger als bei tatsächlich gestörtem Verhalten. Hier kann ein Änderung der Einstellung des Klienten zum Verhalten eventuell sinnvoller sein als andere Therapiemaßnahmen.

Auch selbst-belohnende Verhaltensweisen, wie z. B. das Jagdverhalten (▸ Kap. 11), lassen sich in der Regel nur mit einem recht hohen Zeit- und kontinuierlichem Trainingsaufwand deutlich verbessern. Dazu müssen die Klienten willens und auch in der Lage sein.

Insgesamt ist es essenziell, dass die Besitzer compliant sind und die besprochenen Maßnahmen umsetzen wollen und können. Manchmal sind nämlich die Vorstellungen der Klienten über die Möglichkeiten einer Therapie unrealistisch, vor allem wenn sie eine komplette Lösung aller Probleme erwarten. Oder aber sie erhoffen sich eine Besserung ohne viel selbst dazu beitragen zu müssen. Daher ist es sinnvoll, die Erwartungen auch schon im Vorfeld abzuklären und während der Beratung klar zu stellen, welcher Aufwand nötig ist und welche Erfolge realistisch sind.

In manchen Fällen kann tatsächlich kein oder kaum ein Teil der notwendigen Therapie umgesetzt werden, weil z. B. die Besitzer mental und oder physisch nicht in der Lage sind, sich an notwendige Therapieempfehlungen zu halten. Dann bleiben dem Therapeuten dennoch ein paar weitere Möglichkeiten. Eine davon wäre, das Problem eventuell mit reinen Managementmaßnahmen zu kontrollieren. Oder es kann hilfreich sein, einen neuen Halter für das betreffende Tier zu finden, der vielleicht eher in der Lage ist, an den Therapiemaßnahmen zu arbeiten.

Als allerletzter Ausweg muss die Euthanasie in Betracht gezogen werden. Wie vor jeder Entscheidung zur Euthanasie muss jedoch zunächst eine genaue Abwägung der Argumente dafür und dagegen erfolgen, da man aufgrund des deutschen Tierschutzgesetzes einen „vernünftigen" Grund benötigt, um ein Tier zu töten. Ein reiner Unwille verhaltenstherapeutische Maßnahmen umzusetzen oder finanzielle Argumente gegen eine Therapie sind kein vernünftiger Grund! Beispiele für Fälle, in denen eine Euthanasie eventuell notwendig ist, sind zum einen extreme Aggressionsprobleme, die sich auch durch intensive Therapiemaßnahmen nicht ausreichend kontrollieren lassen. Auch bei epileptiformen Aggressionsproblemen (▸ Kap. 17 und 31) kann eine Euthanasie angezeigt sein. Denn bei solchen Erkrankungen kann zwar, ebenso wie bei der klassischen Epilepsie, die Anfallshäufigkeit deutlich reduziert, aber keine völlige Anfallsfreiheit garantiert werden. Sind dann im Einzelfall die aggressiven Anfälle so schlimm, dass Gefahr für Leib und Leben von Personen besteht, muss eine Euthanasie stark in Erwägung gezogen werden.

Zusammenfassung

- Verhaltensberatungen müssen nach der gültigen GOT abgerechnet werden.
- Ein Klientenstamm kann am besten über die kollegiale Zusammenarbeit mit überweisenden Haustierärzten aufgebaut werden.
- Für eine erfolgreiche Beratung und gute Compliance bei den Umsetzungen der Therapiemaßnahmen ist ein gutes Vertrauensverhältnis zwischen Klient und Therapeut notwendig.
- Die Konsultation in der Klinik hat den großen Nachteil, dass die Tiere sich dort deutlich anders verhalten als in gewohnter Umgebung, und daher schwerer durch den Therapeuten einzuschätzen sind.
- Konsultationen im Rahmen von Hausbesuchen sind die beste Möglichkeit, um einen möglichst genauen Einblick in die gezeigte Problematik zu bekommen. Der Therapieplan lässt sich dann auch am besten individuell anfertigen.
- Telefonische Konsultationen sind prinzipiell auch möglich, aber meist nicht sinnvoll. Zudem sind sie bei Angst- und Aggressionsproblematiken kategorisch abzulehnen.
- Ein Therapieplan ist ein wichtiges Hilfsmittel bei der Umsetzung der Therapieempfehlungen und sollte daher immer angefertigt werden. Wenige, klare Anweisungen sind am Beginn der Therapie sinnvoller.

- In der Nachberatung müssen evtl. die Therapiemaßnahmen angepasst werden. Auch Trainingseinheiten vor Ort können sinnvoll sein. Gerade in den ersten Monaten sollte ein engerer Kontakt mit dem Klienten bestehen.
- Manche Verhaltensproblematiken lassen sich nur verbessern, aber nicht vollständig lösen.
- Nicht immer können Therapiepläne umgesetzt werden. Alternativ können reine Managementmaßnahmen, ein Halterwechsel, oder in schwerwiegenden Einzelfällen eine Euthanasie in Erwägung gezogen werden.

Literatur

Gebührenordnung für Tierärzte vom 28. Juli 1999, zuletzt geändert am 8. Juli 2008: http://www.bundestieraerztekammer.de/downloads/btk/GOT-2008.pdf (letzer Aufruf: 06.10.2015)

Radosta, L., Shofer, F., Reisner, I. (2006): Comparison of 42 cases of canine fear-related aggression with structured clinician initiated follow-up and 25 cases with unstructured client initiated follow-up. Applied animal Behaviour Science 105: 330–341

4 Einführung in die Lerntheorie

B. Schneider

Lernen an sich kann unter anderem als Anpassungsreaktion des Individuums an die jeweilige Situation definiert werden. Es ist ein kontinuierlicher Prozess und findet in jedem wachen Moment des gesamten Lebens satt. Es gibt somit kein Zeitfenster, innerhalb dessen Lernen ausschließlich möglich ist. Besitzer sind allerdings oft der Meinung, dass ein erwachsener Hund oder eine erwachsene Katze nicht mehr in der Lage ist, neue Dinge zu lernen. Dies ist nicht der Fall, wenn Gehirn, Sinnesorgane und ausführende Organe (z. B. Sehnen und Muskeln) intakt sind. Als Faustregel kann jedoch gelten, dass das Lernen in jungen Jahren deutlich leichter fällt als in hohem Alter.

Grundsätzlich sind für einen optimalen Lernerfolg körperliche Ruhepausen notwendig, in denen das Gelernte verarbeitet und gespeichert werden kann. Nur so kann die Langzeitpotenzierung und damit die Speicherung des Gelernten sinnvoll stattfinden.

Im Folgenden werden kurz verschiedene Formen des Lernens vorgestellt, deren Kenntnis und Anwendung für die tierärztliche Verhaltenstherapie essenziell sind.

4.1 Habituation

Unter Habituation, oder auch Gewöhnung, versteht man eine sehr einfache Form des Lernens. Es bezeichnet die Fähigkeit eines Tieres, sich an wiederholte Umweltreize anzupassen. Dabei kommt es zum Nachlassen oder zum Verschwinden einer ursprünglich vorhandenen Reizantwort. Der entsprechende Reiz muss für diese Form des Lernens eher unauffällig sein und darf nicht bedrohlich wirken. Das bedeutet, dass er weder positive noch negative Konsequenzen für das Tier hat. Zudem muss er für eine erfolgreiche Habituation häufig in wiederholter Weise präsentiert werden. Es kommt also (ohne Beteiligung des Bewusstseins) zu einer Gewöhnung an den entsprechenden Reiz (► Abb. 4-1).

Beispiel für eine Habituation: Eine Katze reagiert auf ein neues Geräusch (z. B. Spülmaschine), aber mit der Zeit und nach mehreren Wiederholungen, ohne dass es zu Konsequenzen kommt, reagiert sie immer weniger und schließlich gar nicht mehr auf das Geräusch.

Abb. 4-1
Gut an den Trubel in einer Fußgängerzone habituierter Hund einer Straßenkünstlerin.

4.2 Sensibilisierung

Unter einer Sensitivierung bzw. Sensibilisierung versteht man praktisch das Gegenteil einer Habituation, nämlich eine Empfindlichkeitssteigerung gegenüber bestimmten Reizen. Daraus resultiert eine intensiver werdende Reizantwort. Auch diese Form des Lernens läuft auf unbewusster, nicht-assoziativer Ebene ab. Besonders häufig kommt es zu einer Sensibilisierung bei Reizen, die vom jeweiligen Tier als gefährlich eingestuft werden, wenn sie z. B. angstauslösend sind. Zudem kann aber auch eine Sensibilisierung auf eigentlich harmlose Reize erfolgen, wenn diese mit einer stressbeladenen Situation verknüpft werden.

Die Sensibilisierung spielt bei der Entstehung von Angstproblematiken eine große Rolle.

Beispiel für eine Sensibilisierung: Besitzer machen eine Desensibilisierung und Gegenkonditionierung in Bezug auf laute Geräusche (z. B. Schüsse) mithilfe einer Geräusch-CD (► Kap. 15). Wenn sie dabei aber nicht darauf achten, dass der Hund entspannt genug bleibt, sondern z. B. zu schnell die Lautstärke erhöhen, obwohl der Hund deutliche Angstreaktionen zeigt, wird der Hund in Zukunft noch sensibler auf Geräusche reagieren.

4.3 Konditionierung

Unter einer Konditionierung versteht man grundsätzlich das Erlernen von bestimmten Reiz-Reaktions-Mustern. Man unterscheidet dabei zwischen der sogenannten klassischen sowie der instrumentellen (auch: operanten) Konditionierung.

4.3.1 Klassische Konditionierung

Bei der klassischen Konditionierung wird ein zunächst neutraler Reiz mit einem reflexauslösenden Reiz kombiniert. Dadurch wird auf Dauer der ursprünglich neutrale Reiz bereits zum reflexauslösenden Reiz an sich. Nicht steuerbare körperliche Reaktionen, wie z. B. „Reflexe" oder auch Emotionen, können klassisch konditioniert werden. Für eine optimale Konditionierung muss der zu erlernende Reiz idealerweise dem reflexauslösenden Reiz um etwa 0,5 Sekunden zuvor kommen.

Einer der großen Vorteile der klassischen Konditionierung ist zudem, dass sie weitgehend ortsunabhängig funktioniert.

Beispiele für klassische Konditionierung:

- Das bekannteste Beispiel hierfür sind die Experimente des russischen Physiologen Iwan Pawlow mit seinen Hunden. Pawlow kombinierte einen neutralen Reiz (Glockenton) mit der Gabe von Futter, die zu Speichelfluss (unbewusste Reaktion) führt. Nach mehrmaligen Wiederholungen konnte der Speichelfluss bereits durch den Glockenton ausgelöst werden, da eine klassische Konditionierung stattgefunden hatte.
- Häufige Anwendung findet die klassische Konditionierung heutzutage z. B. bei der Konditionierung auf den Clicker. Das Tier lernt hierbei, dass der Ton des Clickers zuverlässig die Gabe eines Leckerchens ankündigt. Hier ist eine vor wenigen Tagen übernommene Laborkatze bei ihrer ersten Clickertrainingsstunde zu sehen. Der Clicker wird konditioniert:

  Video 4-1 Clicker – Konditionierung (ca. 30 sek.)
  http://www.schattauer.de/index.php?id=5270

- Zusätzlich kommt die klassische Konditionierung auch z. B. bei der Gegenkonditionierung (► Kap. 4.5)zum Tragen. Das geschieht, indem hier der ursprünglich angstauslösende Reiz (z. B. eine unbekannte Person) mit einem besonders tollen Leckerchen zuverlässig kombiniert wird. Dies sollte unbedingt zu einem Zeitpunkt geschehen, in dem das Tier direkt vor bzw. in der Wahrnehmung des Reizes und somit noch zugänglich für die hochattraktive Futterbelohnung ist. Nach vielen Wiederholungen wird der Anblick des auslösenden Reizes dazu führen, dass sich das Tier in freudiger Erwartung den Leckerchen zuwendet.

4.3.2 Instrumentelle Konditionierung

Die instrumentelle, oder auch operante Konditionierung, ist eine Form des Lernens, die – im Gegensatz zur klassischen Konditionierung – über bewusst gelenkte Handlungen funktioniert. Es ist eine der im Hunde- oder Katzentraining am häufigsten verwendete Form des Lernens. Das Tier hat dabei einen deutlichen Handlungsspielraum und lernt durch wiederholten Erfolg oder eben Misserfolg ein bestimmtes Verhalten zu zeigen. Bei Erfolg wird das Verhalten verstärkt und häufiger gezeigt, bei Misserfolg erniedrigt sich die Wahrscheinlichkeit, dass eine bestimmte Verhaltensweise gezeigt wird.

Beispiel für eine instrumentelle Konditionierung: Das Konditionieren bestimmter Kommandos. Auf diesem Video ist dieselbe Katze wie oben zu sehen. Nachdem der Clicker direkt zuvor in wenigen Minuten konditioniert wurde, soll die Katze nun lernen einen Targetstick zu berühren. Mit Click und Leckerchen wird ihr Verhalten belohnt und somit verstärkt. Man erkennt deutlich, wie die Katze schrittweise lernt, welches Verhalten sie dem Targetstick gegenüber zeigen soll (Berühren mit der Schnauze). Zudem ist das noch nicht ganz perfekte Timing des Trainers zu erkennen.

Video 4-2 Clicker Target (ca. 1 min.)
http://www.schattauer.de/index.php?id=5271

Verstärker

Als Verstärker bei der instrumentellen Konditionierung kann aber nicht nur der Clicker dienen. Prinzipiell gibt es die folgenden vier Verstärker-Möglichkeiten:

1. Etwas Angenehmes wird gegeben (= positive Belohnung).
2. Etwas Unangenehmes wird entfernt (= negative Belohnung).
3. Etwas Angenehmes wird vorenthalten/entzogen (= negative Strafe).
4. Etwas Unangenehmes wird zugefügt (= positive Strafe).

Um sich die Klassifizierung der Verstärker besser merken zu können, sollte man sich klarmachen, dass immer, wenn etwas gegeben bzw. zugefügt wird, von „positiv" gesprochen wird. Wird etwas weggenommen oder vorenthalten, spricht man von „negativ". Ist der Verstärker in seiner Gesamtheit für das Tier angenehm (z. B. Futterbelohnung, oder aber auch negativer Reiz wie Leinenzug etc. hört auf), so spricht man von „Belohnung". Handelt es sich bei dem Verstärker jedoch um etwas für das Tier grundsätzlich Negatives (z. B. körperliche Strafe, oder Vorenthalten von Angenehmem wie Leckerchen oder Körperkontakt etc.), so spricht man von „Strafe".

Am sinnvollsten und effektivesten sind bei einer Konditionierung die Möglichkeiten 1 und 3. Bei Möglichkeit 1 freut sich das Tier. Zudem lässt sich über die Intensität der Belohnung die mit der Handlung verbundene Emotion in ihrer Intensität steuern, und damit auch der Lernerfolg. Somit sind z. B. „Jackpot"-Belohnungen, bei denen es hauptsächlich exklusive oder viele Belohnungen gibt, besonders effektiv und sollten für außergewöhnlich gute Leistungen vorbehalten bleiben. Zusätzlich ist es wichtig zu beachten, dass der Anreiz der Belohnung höher sein muss, als der der konkurrierenden Ablenkung (z. B. Hasenfährte).

Nicht für jeden Hund oder jede Katze ist Futter die beste Belohnung. Manche Tiere arbeiten deutlich besser mit Spiel, Körperkontakt etc. als Belohnung. Die individuell wirkungsvollste Belohnung ist vor Trainingsbeginn zu eruieren.

Bei Verstärker-Möglichkeit 3, der negativen Strafe, dagegen, kommt es zu Frustration beim Tier, da es das Erwünschte nicht erhält. Bei Tieren mit niedriger Frustrationstoleranz kann dies im Einzelfall problematisch sein.

Bei der negativen Belohnung (Möglichkeit 2) empfindet das Tier ein Gefühl der Erleichterung, wenn das Unangenehme entfernt wird. Daher wird dies als Belohnung bezeichnet. Bei Möglichkeit 4 ist Angst letztendlich der Grund, warum ein bestimmtes Verhalten gezeigt wird oder eben nicht. Ein auf Angst basierendes Training kann nicht produktiv sein, wenn eine entspannte und freundschaftliche Besitzer-Tier-Beziehung gewünscht wird.

4.3.3 Erziehung mithilfe von Angst oder Schmerzen

Trotz der Erkenntnisse in der Lerntheorie und dem großen Erfolg positiver Trainingsmethoden, haben diese sich noch nicht flächendeckend durchgesetzt. Leider werden sehr aversive Trainingsmethoden gerade in der Hundeausbildung weiterhin durch verschiedene Medien propagiert und immer noch verbreitet. Um allen Kollegen einige Argumente für das Gespräch mit aversiv arbeitenden Besitzern oder Hundetrainern an die Hand zu geben, wurden im Folgenden Argumente gegen solch aversive Erziehungsmethoden zusammengefasst.

Argumente gegen den Einsatz von Erziehungsmethoden, die Angst oder Schmerzen erzeugen

Dorothea Döring

Tierschutzgesetz Das Deutsche Tierschutzgesetz (2015) verbietet in § 3, dass einem Tier bei der Ausbildung oder im Training erhebliche Schmerzen, Leiden oder Schäden zugefügt werden. Im Grundsatz des Tierschutzgesetztes (§ 1) steht außerdem: „Niemand darf einem Tier ohne vernünftigen Grund Schmerzen, Leiden oder Schäden zufügen". Das bedeutet, dass im Rahmen der Ausbildung der Einsatz von Schmerzen erlaubt ist, wenn diese nicht erheblich sind und wenn ein vernünftiger Grund dazu besteht. Ein vernünftiger Grund besteht jedoch nur, wenn es keine schmerzfreien Alternativen gibt und der Ausbildungszweck den Einsatz von Schmerzen rechtfertigt. Da in der modernen Hundeerziehung effektive, tiergerechte, schmerzfreie Methoden zur Verfügung stehen, gibt es keinen vernünftigen Grund, mit schmerzhaften Methoden zu arbeiten. Tiergerechte Methoden der Ausbildung und Erziehung erscheinen manchmal zeit- und arbeitsaufwändiger als manche Methoden, die über Schmerzen oder Angst arbeiten. Eine Zeitersparnis wird jedoch nicht als ein „vernünftiger Grund" im Sinne des Tierschutzgesetzes angesehen.

Risiken und Nebenwirkungen Erziehungsmethoden, die Angst und Schmerzen erzeugen, bergen die Gefahr von „Risiken und Nebenwirkungen". Ein „Risiko" kann z. B. darin bestehen, dass ein Hund, der physisch bestraft wird, sich wehrt und seinen Besitzer beißen könnte. Es besteht damit das Risiko, dass eine Situation eskaliert und der Kontrolle des Menschen entgleitet. Der Effekt, den man mit der Maßnahme erzielen wollte, wird somit nicht erreicht. Außerdem besteht die Gefahr, dass das Verhältnis zwischen Tier und Mensch durch eine solche Bestrafung nachhaltig gestört wird. Unbeabsichtigte „Nebenwirkungen", die sich daraus ergeben, sind z. B. aggressive Reaktionen des Hundes in zukünftigen ähnlichen Situationen, weil das Tier gelernt hat, dass es sich vor seinem Besitzer schützen muss. Oder aber der Hund zeigt in Zukunft seinem Besitzer gegenüber Meideverhalten und Angst. Als weitere „Nebenwirkung" besteht die Gefahr von Fehlverknüpfungen. Ein Hund, der in bestimmten Situationen bestraft wird, verbindet die Strafe eventuell nicht mit seinem Fehlverhalten, sondern mit der Situation, der Umgebung oder der anwesenden Person. Wird ein Hund z. B. in der Wohnung beim Urinabsatz „erwischt" und bestraft, kann es sein, dass sich das Tier in Zukunft nicht mehr in Anwesenheit des Besitzers löst, und zwar weder in der Wohnung noch draußen. Es kann auch vorkommen, dass ein Hund, der an einem bestimmten Ort bestraft wurde, später diesen Ort meiden wird.

Keine Ursachenbehandlung Bestrafungsmaßnahmen behandeln ein Fehlverhalten nicht ursächlich, sondern unterdrücken höchstens die Symptome. Wird z. B. ein Hund bestraft, wenn er Passanten aggressiv anbellt, wird damit nicht die Ursache des Problems, z. B. die Unsicherheit gegenüber fremden Menschen, behandelt. Daher sind Bestrafungsmaßnahmen häufig nicht nachhaltig erfolgreich und führen oft sogar zu einer längerfristigen Verschlimmerung des Problems. So kann z. B. die Unsicherheit gegenüber fremden Menschen durch wiederholte schmerzhafte Erfahrungen durch die Bestrafung in diesen Begegnungssituationen vergrößert werden.

Verschlimmerung der Ursache Wenn ein Verhalten, dem Angst zugrunde liegt, bestraft wird, dann verschlimmert sich das Problem (z. B. beim Bestrafen des unterwürfigen Urinierens oder bei angstbedingter Aggression).

Wirkungslosigkeit Viele traditionell angewandte Bestrafungsmaßnahmen (Strafen im Nachhinein, z. B. Stoßen der Nase des Tieres in die Exkremente bei der Stubenreinheitserziehung, Bestrafung des Hundes, wenn er angeblich ein „schlechtes Gewissen" hat usw.) sind lernpsychologisch völlig sinnlos und damit reine Tierquälerei.

Es ist sinnvoller, einem Tier beizubringen, was es tun soll, statt es zu bestrafen, wenn es etwas „falsch macht". Statt einer Bestrafung des Fehlverhaltens sollte man daher besser ein gewünschtes Alternativverhalten antrainieren. Außerdem behindern Angst und Schmerzen das Denken und Lernen.

4.3.4 Exkurs: Clickertraining

Clickertraining stellt mittlerweile eine der bekanntesten, auf positiver Belohnung basierenden instrumentellen Konditionierungstechniken dar. Es kann mit praktisch allen Tierarten bis hin zu Fischen durchgeführt werden. Mit seiner Hilfe können neue sowie auch sehr komplizierte Verhaltensweisen trainiert werden. Zudem kann man damit auch punktgenau erwünschtes Verhalten verstärken. Darüber hinaus kann es das Selbstvertrauen des Tieres stärken, vor allem wenn freies Formen (Shaping) verwendet wird. Aus diesen Gründen ist es eine für die Verhaltenstherapie sehr wichtige Maßnahme und wird hier ausführlicher besprochen.

Benötigte Utensilien
Als Utensilien werden nur der Clicker und die Belohnung benötigt.

Als Clicker kann dabei ein klassischer Clicker verwendet werden, aber auch verschiedene andere Geräusche wie z. B. ein Pfiff, ein Schnalzen mit der Zunge, das Knacken eines Babygläschendeckels etc. Zudem können auch Lichtsignale (z. B. Taschenlampe) eingesetzt werden. Dies ist besonders bei tauben Tieren empfehlenswert. Wichtig ist, dass der Clicker immer gleich klingt (im Gegensatz zur menschlichen Stimme). Dies erleichtert den Tieren das Lernen. Der Clicker wird nach der im Video (► Video 4-1 und 4-2) gezeigten Methode mithilfe der klassischen Konditionierung konditioniert. Erst dann ist er ein konditioniertes Verstärkungssignal! Das Clickgeräusch kann dann eine punktgenaue und sofortige Belohnung gewährleisten.

Der Betätigung des Clickers muss **immer** eine Belohnung folgen. Nur so verstehen die Tiere, dass dieses Signal immer ein Lob bedeutet. Als Belohnung eignen sich am besten erbsengroße Leckerchen. Diese werden meist schnell verschlungen, und das Tier kann sich sofort wieder auf das Training konzentrieren. Idealerweise sind die verwendeten Leckerchen sehr schmackhaft, aber nicht so extrem interessant, dass sich das Tier nur noch auf die Leckerchen konzentriert und für das Training unzugänglich ist. Das Training mit einer Futterbelohnung ist technisch am einfachsten. Nicht futtermotivierte Tiere können Lob, Streicheln, Spielen, Spielzeug etc. als Belohnung bekommen. Was für das Einzeltier am effektivsten ist, ist vorab individuell zu eruieren.

Trainingsschritte

Im ersten Trainingsschritt muss der Clicker konditioniert werden. Dafür sollte man sich einige Minuten am Tag Zeit nehmen. Zunächst wird geclickt und dann immer direkt anschließend an das Geräusch die individuell ausgesuchte Belohnung gegeben. Dieser Vorgang wird nun so oft wiederholt, bis das Tier verstanden hat, was der Click bedeutet. Dass dies der Fall ist, kann man z. B. dadurch erkennen, dass das Tier den Clicker erwartungsvoll anschaut oder sich nach dem Click sofort in die Richtung orientiert, aus der die Belohnung kommt.

Anschließend an die Konditionierung, die individuell unterschiedlich wenige Minuten bis ein paar Tage dauern kann, kann der Clicker direkt für eine Übung eingesetzt werden. Kommandos und Verhaltensweisen können dabei auf unterschiedliche Art und Weise geformt werden.

Zum einen kann das erwünschte Verhalten „eingefangen“ werden. Dabei wird spontan auftretendes Verhalten (z. B. im obigen Video das Beschnuppern eines hingehaltenen Stabes) geclickt und belohnt. Diese Methode ist in der Regel für Clickeranfänger einfacher anzuwenden. Beispiele für weitere einfache erste Übungen sind beim Hund der Blickkontakt zum Besitzer („Schau!“), oder das Berühren der hingehaltenen Hand („Touch!“). Bei Katzen bietet sich das oben gezeigte Targettraining an.

Eine weitere Methode zu trainieren ist das sogenannte freie Formen oder Shaping. Dies erfordert meist schon ein wenig Erfahrung im Clickertraining. Hier werden zunächst Vorstufen des letztendlich gewünschten Verhaltens geclickt. Beispielsweise, wenn der Hund zu einem bestimmten Ort gehen soll, dann kann jedes Orientieren oder jeder Schritt in diese Richtung belohnt werden. Man kann das erwünschte Verhalten aber auch etwas schneller herbeiführen, indem man z. B. mit Targets arbeitet. Zunächst wird dem Tier dann beigebracht das Target (z. B. Stick, Klebezettel, Hand etc.) über die oben erwähnte „Einfangmethode“ mit der Schnauze oder Pfote zu berühren. Sitzt dieses Kommando, dann kann das Tier mithilfe des Targets an bestimmte Stellen geführt werden, die es berühren soll. Beispielsweise kann ein Klebezettel auf eine angelehnte Türe geklebt werden, wenn das Tier lernen soll, die Türe zu schließen. Schrittweise wird für immer festeres Berühren und damit auch ein Bewegen der Türe geclickt. Erst wenn das Tier verstanden hat, welches Verhalten genau geformt und belohnt wurde, wird das Kommando hinzugefügt. Ab dann wird nur noch geclickt und belohnt, wenn das Tier das Kommando erhalten hat und nicht mehr, wenn es die Verhaltensweise von sich aus anbietet.

Clickertraining ist grundsätzlich für jegliches Training mit Hunden und Katzen geeignet. Allerdings kann sich nicht jeder Besitzer damit anfreunden. Viele haben z. B. Probleme mit dem Timing des Clicks. Zudem kann eine mangelnde Geduld der Grund dafür sein, dass das Clickertraining nicht geeignet ist. Es ist somit keine Methode, die uneingeschränkt immer sinnvoll ist. Eine Einzelfallabwägung muss erfolgen.

PRAXISTIPP

Um Besitzer beim Clickertraining optimal unterstützen zu können und einem Scheitern des Trainings vorzubeugen, muss vor allem in den ersten Stunden auf häufig vorkommende Fehler geachtet werden. Diese sind:

- **Falsches Timing**
  Ist der Clicker einmal konditioniert, so wird damit das Verhalten, das zum Zeitpunkt des Clicks gezeigt wird, verstärkt. Daher muss der Click zum richtigen Zeitpunkt gesetzt werden. Dies ist z. B. beim Üben des Hinsetzens die Sekunde, in der das Hinterteil den Boden berührt und nicht, wenn das Tier schon wieder aufspringt.
- **Falsche Belohnung**
  Wie bereits oben erwähnt, muss darauf geachtet werden, dass die verwendete Belohnung sehr attraktiv für das jeweilige Individuum ist, aber nicht so extrem, dass keine Konzentration auf die Übung mehr möglich ist.
- **Mangelnde Koordination von Clicker und Belohnung**
  Viele Besitzer möchten nicht den Clicker zusätzlich zu einem Leckerchenbeutel mit sich herumtragen. Für solche Besitzer empfiehlt es sich, ein Schnalzgeräusch mit der Zunge etc. als Clicker zu verwenden. Vorab sollten Besitzer zudem Trockenübungen zum Clicken und anschließenden Belohnen machen, um Routine zu bekommen.

4.4 Desensibilisierung

Die Desensibilisierung ist eine wichtige Technik in der Verhaltenstherapie. Sie stellt quasi das Gegenteil der oben erwähnten Sensibilisierung (▶ Kap. 4.2) dar. Es handelt sich um eine gezielte Habituation an einen auslösenden Reiz. Während des Desensibilisierungstrainings wird der Reiz immer in einer so niedrigen Intensität dargeboten, dass das Tier gerade nicht darauf reagiert. Gleichzeitig sollte während der gesamten Trainingsphase der angstauslösende Reiz in seiner vollen Intensität vermieden werden, um keinen Trainingsrückschritt zu provozieren. Nach mehreren Trainingseinheiten, wenn eine Habituation an die niedrige Reizintensität erfolgt ist, kann der Reiz etwas verstärkt werden. Wieder sollte die Intensität ähnlich zum ersten Schritt, nur so weit erhöht werden, dass das Tier gerade nicht darauf reagiert. So wird schrittweise die Reizintensität in dem individuell sinnvollen Tempo erhöht. Bei einer Desensibilisierung ist grundsätzlich zu beachten, dass sie v. a. beim Hund recht ortsgebunden erfolgt. Zudem dauert es bei deutlichen Angstproblematiken meist ziemlich lang, bis ein guter Erfolg zu verzeichnen ist, wenn sie als alleinige Maßnahme angewendet wird.

Beispiel für eine Desensibilisierung: Bei einem Hund mit Geräuschangst wird mithilfe einer Geräusch-CD, auf der die Intensität des angstauslösenden Geräusches kontrolliert werden kann, langsam und schrittweise an das Geräusch habituiert (► Kap. 15).

Eine Desensibilisierung ist in der Regel effektiver als verhaltenstherapeutische Maßnahmen, wenn sie mit einer Gegenkonditionierung (► Kap. 4.5) kombiniert wird.

4.5 Gegenkonditionierung

Gegenkonditionierung bezeichnet eine Methode, die auf der klassischen Konditionierung basiert. Dabei wird unerwünschtes Verhalten nicht beachtet und somit abgeschwächt. Gleichzeitig wird erwünschtes Verhalten bestärkt. Dabei ist das erwünschte Verhalten inkompatibel mit dem unerwünschten Verhalten. Das Ziel der Verhaltensänderung wird dabei durch wiederholte sehr positive Erfahrungen

Abb. 4-2 Gegenkonditionierung gegenüber einem Kinderwagen (rechts im Bild) mithilfe von Spiel.

in der ursprünglich problematischen Situation erreicht. Für diese sehr positiven Erfahrungen eignen sich attraktive Futterbelohnungen, oder auch Spiel (► Abb. 4-2), verbales Lob etc.

Auch eine Gegenkonditionierung ist am effektivsten, wenn sie mit einer Desensibilisierung, bei der der auslösende Reiz nur langsam gesteigert wird, kombiniert wird.

Beispiel für eine Gegenkonditionierung: Zusätzlich zu der Gegenkonditionierung mithilfe einer Geräusch-CD werden einem geräuschempfindlichen Hund während des Desensibilisierungstrainings hochattraktive Futterspielzeuge dargereicht.

4.6 Extinktion

Die Extinktion oder Löschung eines Verhaltens ist in der Verhaltenstherapie häufig ebenfalls wünschenswert. Eine Extinktion tritt dann ein, wenn eine bestimmte Verhaltensweise für das sie ausführende Tier weder positive noch negative Konsequenzen hat. Das Verhalten ist sozusagen „gelöscht", weil es keinen Nutzen bringt. Eine sehr einfache Methode zur Herbeiführung einer Extinktion ist das Ignorieren des unerwünschten Verhaltens, das gelöscht werden soll (► Abb. 4-3).

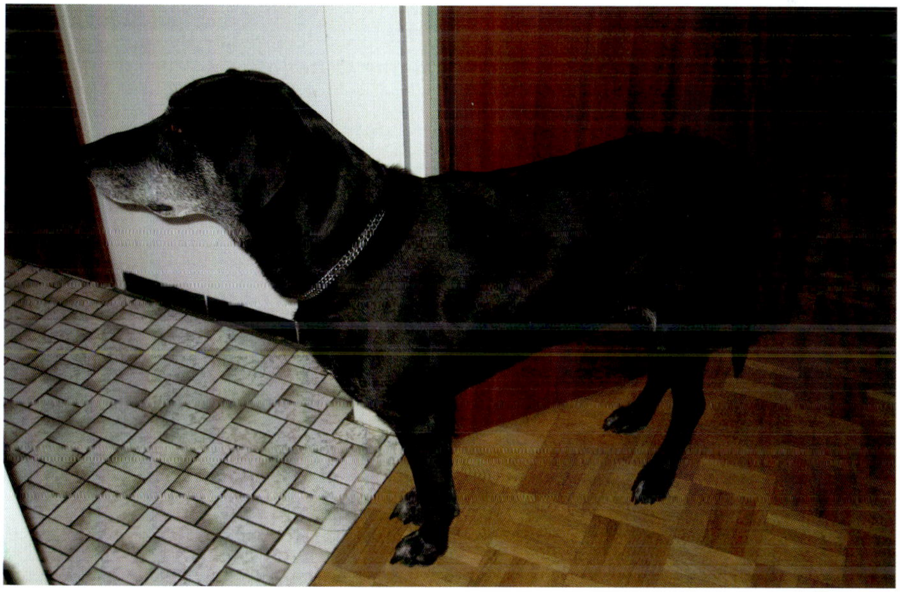

Abb. 4-3 Das Betteln an der Küchentüre durch Winseln und Pföteln wurde bei diesem Hund durch konsequentes Ignorieren gelöscht. Ein ruhiges Abwarten vor der Schwelle zur Küche wurde stattdessen konditioniert.

Wird eine Verhaltensweise ignoriert, die vorher eine Reaktion des Besitzers einbrachte, dann kann es zu Problemen kommen. Zunächst wird sich die entsprechende Verhaltensweise verstärken, bzw. noch eine Weile präsent bleiben. Dies ist ganz besonders dann der Fall, wenn es früher intermittierend eine für das Tier positive Reaktion darauf gab.

4.7 Generalisierung

Prinzipiell ist eine Generalisierung, also Verallgemeinerung, etwas, das Tiere recht gut können. Schließlich müssen sie auch in ähnlichen (und nicht nur in völlig identischen) Situationen gleich reagieren, um ihr Überleben zu sichern. Eine typische Generalisierung beim Hund wäre z. B., dass er anfangs aufgrund eines negativen Erlebnisses nur gegenüber einer sehr spezifischen Personengruppe (z. B. etwa 5–8-jährigen Jungen mit roten T-Shirts) ängstlich ist, aber im Laufe der Zeit gegenüber immer mehr Menschengruppen ängstlich wird, bis er schließlich gegenüber allen unbekannten Personen ängstlich reagiert. Eine solche Generalisierung passiert in der Regel umso schneller, je weniger gut der Hund sozialisiert wurde bzw. je weniger er vorab positive Erfahrungen in ähnlichem Zusammenhang sammeln konnte.

Bei einer therapeutischen Desensibilisierung/Gegenkonditionierung dagegen ist es leider sehr schwierig, eine Generalisierung zu erreichen. Viele Wiederholungen mit einer Vielzahl von Personen wären in dem genannten Beispiel nötig, um den Hund gegenüber fremden Personen wieder weniger ängstlich zu machen. Meist ist ein gewisses Maß an kontinuierlichem Training weiterhin notwendig, um einen dauerhaften Erfolg zu erzielen.

4.8 Flooding

Das sogenannte Flooding ist eine etwas umstrittene Methode der Verhaltenstherapie. Dabei wird das betroffene Tier dem angstauslösenden Reiz in einer extremen Situation ausgesetzt und so lange gewartet, bis sich das Angstverhalten reduziert und keine Reaktion mehr auf den Reiz gezeigt wird. Dabei wird z. B. ein Hund, der Angst vor fremden Personen hat in eine große Menschenmenge (z. B. Flughafen, Volksfest etc.) verbracht, bis er Entspannung zeigt. Das Tier soll dadurch lernen, dass es die Angst überwinden kann.

Ein großes Problem bei dieser Methode ist, dass das Tier bis zur Entspannung einem extremen Stress ausgesetzt ist. Zudem ist nicht gewährleistet, dass die Entspannung überhaupt eintritt. Ist dies nicht der Fall, oder aber auch wenn das Flooding zu früh abgebrochen wird, dann wird sich das ursprüngliche Angstproblem durch diese Aktion deutlich verstärken. Daher ist der Einsatz im Einzelfall sehr genau abzuwägen und sollte als Ultima Ratio angesehen werden.

Zusammenfassung

- Lernen findet lebenslang in jedem wachen Moment statt.
- Die Habituation ist die einfachste Form des Lernens, in der sich ein Individuum an einen widerholten Reiz gewöhnt.
- Eine Sensibilisierung ist das Gegenteil einer Habituation. Es kommt auf Dauer zu einer immer schnelleren und intensiveren Reaktion auf den auslösenden Reiz.
- Bei der klassischen Konditionierung werden ein neutraler Reiz und ein „reflexauslösender" Reiz miteinander kombiniert und somit entsteht ein konditionierter Reiz. Die instrumentelle Konditionierung läuft über bewusste Vorgänge ab. Das Tier erlernt dabei das erwünschte Verhalten über Versuch und Irrtum.
- Verstärker bei der instrumentellen Konditionierung werden in positive Belohnung, negative Belohnung, positive Strafe und negative Strafe eingeteilt.
- Erziehungsmethoden, die auf Schmerz und Angst basieren sind aus verschiedenen Gründen strikt abzulehnen. So kollidieren sie zum einen mit dem Tierschutzgesetz, zum anderen bestehen gewisse Risiken dabei (z. B. Eskalation bei Aggression), sind nicht immer nachvollziehbar für die Tiere (und daher wirkungslos oder kontraproduktiv) etc.
- Clickertraining ist eine wirksame positive Trainingsmethode. Zunächst wird der Clicker konditioniert, dann wird mithilfe der „Einfangmethode" oder des freien Formens, eine neue Verhaltensweise konditioniert. Erst wenn diese vom Tier verstanden wird, wird das Kommando hinzugefügt. Clickertraining ist nicht für jeden Menschen geeignet, daher kann es auch nicht pauschal empfohlen werden.
- Eine Desensibilisierung (gezielte Gewöhnung an einen angstauslösenden Reiz) in Kombination mit einer Gegenkonditionierung (mit der unerwünschten Verhaltensweise inkompatible Reaktion wird konditioniert) ist eine der effektivsten Trainingsmethoden in der Verhaltenstherapie.
- Eine Extinktion beschreibt die Löschung einer Verhaltensweise, indem diese weder positive noch negative Konsequenzen (z. B. durch Ignorieren) für das Tier hat.
- Tiere besitzen prinzipiell die Fähigkeit zur Generalisierung. Allerdings ist es schwer, bei der Therapie einer Angststörung mithilfe von Desensibilisierung und Gegenkonditionierung eine Generalisierung zu erreichen.
- Flooding ist ein riskanter Therapieansatz, der immer nur Ultima Ratio sein sollte.

5 Verhaltenstherapeutische Trainingshilfen

D. Ketter

5.1 Trainingshilfen beim Hund

5.1.1 Futtertube/Unguator® Kruke

Futtertuben eignen sich besonders gut als Hilfsmittel zur Gegenkonditionierung (► Kap. 4) im Hundetraining. Futtertuben gibt es in vielen Varianten. Zum einen gibt es Tuben, die bereits mit Futter gefüllt sind und dadurch sofort nach dem Kauf zum Einsatz kommen können (z. B. Hundeleberwurst in der Tube). Zum anderen gibt es wiederbefüllbare Tuben, die der Besitzer selber mit Futter füllen kann. Gerade bei bestehenden Futtermittelallergien kann dies von großem Vorteil sein, da ein für den Hund verträgliches Futter in die Tube gefüllt werden kann.

Eine Unguator® Kruke ist im Training ebenfalls sehr gut anwendbar. Eine Kruke wird normalerweise als Abgabegefäß für Salben etc. benutzt. Diese Unguator® Kruke hat zusätzlich einen Boden, der nach oben geschoben werden kann. Dadurch wird der Inhalt durch eine kleine Öffnung am Deckel herausgedrückt und kann auf diese Weise gut dosiert werden.

Gereinigte Honigspendertuben können ebenfalls mit Futter gefüllt werden. Sie lassen sich gut mit einer Hand bedienen.

Durch das Drücken auf die Futtertube, die Unguator® Kruke oder eine mit Futter befüllte Honigspendertube kann kontinuierlich Futter gegeben und somit die Aufmerksamkeit des Hundes länger gehalten werden.

Wie bei jeder Futterbelohnung sollte das verabreichte Futter mit in die Tagesration an Futter, die der Hund erhalten darf, einberechnet werden.

5.1.2 Halsband, Geschirr, Kopfhalfter, Leine

Sowohl für den Alltag als auch für das Training ist es notwendig, den Hund unter Kontrolle zu halten. Im Handel wird eine Vielfalt von Halsbändern, Geschirren und Leinen für den Hund angeboten. Daher ist es wichtig, den Besitzer hier auch gut beraten zu können. So kann eine Verhaltenstherapie z. B. auch aufgrund einer falschen Passform eines Brustgeschirrs und damit verbundenen Bewegungseinschränkungen oder Schmerzen fehlschlagen.

Halsband

Hunde, die an der Leine trainiert werden, sollten besser kein Halsband tragen. Durch ruckartiges Ziehen an der Leine kann es zu schlimmen Verletzungen im Halsbereich kommen.

Bei permanentem Druck des Halsbands auf die Halsregion kommt es häufig zu Entzündung des Kehlkopfes. Weiterhin kann es zu Quetschungen der Luftröhre und der Speiseröhre kommen. Ruckartiges Ziehen an der Leine kann zu Verletzungen im Bereich der Halswirbelsäule führen.

Bei freilaufenden Hunden oder Hunden, die nicht an der Leine ziehen, kann ein Halsband grundsätzlich verwendet werden. Ebenso kann es auch von Vorteil sein, einen Hund sowohl an Halsband als auch an ein Brustgeschirr zu gewöhnen, um die Möglichkeit zu haben, beide verwenden zu können. Gerade nach einer Operation in der Rumpfgegend ist oftmals das Anlegen eines Brustgeschirrs nicht möglich. Ein Halsband darf nicht zu eng und nicht zu weit eingestellt sein. Die Breite und Weite des Halsbands muss individuell an den Hund angepasst werden.

Aversiv wirkende Modelle sind abzulehnen (z. B. Stachelhalsbänder, Korallenhalsbänder und Endloswürger vgl. Tab. 2-1). Sie werden oft als Hilfsmittel bei mangelnder Leinenführigkeit des Hundes eingesetzt. Durch den Einsatz dieser Hilfsmittel werden dem Tier Schmerzen zugefügt. Über den zugefügten Schmerz kommt es oftmals zu einer angstauslösenden Verknüpfung. Dies kann zu Angstproblemen und auch zu angstaggressivem Verhalten führen. Neben dem Verbot des Gesetzgebers ein Tier auszubilden oder zu trainieren, sofern damit erhebliche Schmerzen, Leiden oder Schäden für das Tier verbunden sind (► Kap. 2), besteht bei Einsatz von aversiven Hilfsmitteln unter anderem das Risiko von Eskalation durch Aggression und Fehlverknüpfungen.

Antibellhalsbänder basieren darauf, dass sie den Hund irritieren. Dies geschieht durch einen Impuls, der vom Halsband des Hundes ausgeht. Antibellhalsbänder sind abzulehnen, da das Bellen eine natürliche Kommunikationsform des Hundes darstellt. Dieses wird zwar unterdrückt, aber die Ursache für das Bellen wird damit nicht behandelt. Bellen kann ein Symptom von Stress, Angst (► Kap. 15), Frustration und territorialem Verhalten (► Kap. 16.6) sein.

Sprühhalsbänder werden auch in anderen Situationen, wie z. B. bei unerwünschtem Jagdverhalten, eingesetzt. Es besteht die Gefahr von Fehlverknüpfungen. Es kann zu Angstverknüpfungen kommen.

> „Der Einsatz von Elektroreizgeräten, die erhebliche Leiden oder Schmerzen verursachen können, für Zwecke der Hundeausbildung ist gemäß § 3 Nr. 11 TierSchG verboten. Dabei kommt es nicht auf die konkrete Verwendung der Geräte im Einzelfall, sondern darauf an, ob sie von ihrer Bauart und Funktionsweise her geeignet sind, dem Tier nicht unerhebliche Schmerzen zuzufügen."
> BVerwG 3 C 14.05 (23. Febr. 06)

Geschirr

Bei Geschirren gibt es viele verschiedene Modelle. Als Verhaltenstherapeut ist es wichtig darauf zu achten, dass der Patient über ein passendes Modell in der richtigen Größe verfügt. Im Handel werden sehr viele Modelle angeboten. Die Wahl des Geschirrs darf nicht ausschließlich nach der Optik erfolgen. Derzeit sind Geschirre mit Beschriftungen sehr gefragt, die jedoch häufig zu Problemen führen, da beim Kauf nicht beachtet wurde, ob das Modell überhaupt für den Hund geeignet ist.

Der eigentliche Drehpunkt der Vorderläufe ist das Schulterblatt und nicht das Schultergelenk. **Bei der Vorwärtsbewegung des Vorderlaufs dreht sich das Schulterblatt** um etwa 35 Grad. Das Schultergelenk bleibt fast statisch unter der Bewegung. Diese Bewegung des Schulterblatts darf nicht durch das Geschirr eingeschränkt werden.

Das Geschirr muss eine gute Passform haben. Es muss gut gepolstert sein und darf beim Tragen nicht scheuern oder einschnüren.

PRAXISTIPP

Durch eine Vermessung der jeweiligen Messpunkte für Halsung, Brust-, Rückensteg, Bauchgurt etc. kann die passende Größe des Geschirrs ermittelt werden. Das Geschirr darf weder einschnüren noch verrutschen. Nach der genauen Abmessung ist zu prüfen, ob das Geschirr auch in Bewegung und in verschiedenen Positionen (z. B. beim „Sitz" und „Platz") den Hund nicht behindert. Sitzt der Bauchgurt zu weit vorne, kann dies zu Schmerzen im Bereich der Schulter führen. Die Zugwirkung der Leine aus verschiedenen Richtungen sollte ebenfalls bei der Passform berücksichtigt werden.

Normalerweise wird die Leine bei Geschirren am Rücken befestigt. Je weiter vorne die Leine angebracht ist, desto besser kann der Hund damit kontrolliert werden. Jedoch ist an sich die Kontrolle bei einem Geschirr nur eingeschränkt möglich.

Geschirr mit besserer Kontrollwirkung durch Führung an der Vorderbrust: Um die Kontrolle zu verbessern kann ein Geschirr verwendet werden, an welchem die Leine zusätzlich vorne an der Brust befestigt werden kann. Beim Zug auf die Leine wird der Körper des Hundes in Richtung des Menschen gedreht. Der Schwung des Hundes wird durch die zusätzliche Befestigung der Leine an der Brust seitlich umgelenkt. Im Handel wird z. B. das Halti®Harness angeboten.

„Erziehungsgeschirre" mit Zugwirkung: „Erziehungsgeschirre" mit Zugwirkung unter den Achseln arbeiten auf Basis von Schmerzen. Die Schmerzwirkung der Schnüre ist beim Zug immer groß. Diese Geschirre sollten aufgrund der zugeführten Schmerzen nicht angewendet werden. Sie sind als tierschutzwidrig einzuordnen (► Kap. 2).

Kopfhalfter

Das Kopfhalfter ermöglicht ein großes Maß an Kontrolle beim Führen des Hundes dadurch, dass sich die Blickrichtung des Hundes Richtung Besitzer lenken lässt.

Beim Kopfhalter ist es wichtig, dass kein ruckartiger Zug durch die Leine auf den Hund übertragen wird, da dies zu schweren Verletzungen im Halsbereich führen kann.

Für das Training sollten am besten zwei Leinen zum Einsatz kommen. Zum einen die Hauptleine, welche am Brustgeschirr befestigt wird und zum anderen die Leine am Kopfhalfter, welche nur als Feinschliff dient. Das richtige Anlegen, wie die Benutzung von zwei Leinen sollte erst in Trockenübungen ohne Hund geübt werden.

Hunde müssen an das Tragen eines Kopfhalfters erst gewöhnt werden. Das Gewöhnungstraining entspricht im Wesentlichen dem Gewöhnungstraining an einen Maulkorb (▶ Kap. 5.1.3).

Nacken- und Nasenriemen dürfen weder zu eng, noch zu weit eingestellt werden. Ebenso wie beim Maulkorb ist es beim Kopfhaltter wichtig, dass der Hund trotz Kopfhalfter gut hecheln kann. Der Nasenriemen muss so fest sitzen, dass er nicht abrutscht, aber soweit eingestellt sein, dass das Hecheln gut möglich ist. Das Kopfhalfter darf nicht auf der Haut scheuern.

Das Kopfhalfter (z. B. Halti®, Gentle Leader®) ist jedoch nicht für jeden Hund geeignet. Sehr sensible Hunde werden durch den Druck auf den Nasenrücken und am Nacken derart eingeschüchtert, dass bei diesen Hunden kein Kopfhalfter zur Anwendung kommen sollte.

Bei unsachgemäßer Anwendung (z. B. kein Hecheln möglich) ist das Kopfhalter als tierschutzwidrig (▶ Kap. 2) einzustufen.

Als Alternative für sensible Hunde bietet sich ein Geschirr mit besserer Kontrollwirkung durch die Führung an der Vorderbrust an. Wie z. B. das Halti®Harness (s. o.).

Leine

Mit der Leine wird die Bewegungsfreiheit des Hundes kontrolliert.

Dies kann zu Problemen führen, wenn der Hund dadurch nicht die Chance hat auszuweichen. Der Hund hat keine Möglichkeit zur Distanzvergrößerung gegenüber einem angstauslösenden Stimulus. Bei Begegnungen mit Artgenossen kann kein arttypisches Verhalten ausgeführt werden. So kann es durch Unsicherheit und Frustration zu aggressivem Verhalten kommen.

Der Besitzer kann dagegenwirken, indem er sich vorausschauend verhält und in etwaigen brenzligen Situationen die Aufmerksamkeit des Hunds zuvor schon auf sich lenkt. Dies kann mit Spielzeug oder Futter erfolgen. Hierdurch verbindet der Hund z. B. das Erscheinen eines anderen Hundes als positiv.

Schleppleine

Durch die Schleppleine (► Abb. 5-1) hat man die Möglichkeit, dem Hund mehr Bewegungsfreiheit zu geben als bei einer normalen Leine. Sie wird in verschiedenen Längen angeboten. Sie dient dazu, den Hund aus einer gewissen Distanz am Weglaufen zu hindern.

Die Schleppleine schleift normalerweise am Boden hinter dem Hund her. Dementsprechend darf die Schleppleine mit nichts versehen sein, durch das der Hund während seines Laufs an Büschen oder Ähnlichem hängenbleiben könnte.

Die Schleppleine sollte vom Besitzer nicht mit ungeschützten Händen angefasst werden, wenn der Hund dabei ist wegzulaufen, da dies an den Händen zu schweren Verletzungen führen kann. Eine Schleppleine sollte in diesem Fall durch Draufsteigen mit den Füßen fixiert werden. Eine andere Möglichkeit wäre auch, sie mit geeigneten Handschuhen festzuhalten. Weiterhin besteht bei einer Schleppleine die Gefahr, über diese zu stolpern.

Ein Halsband darf niemals in Kombination mit einer Schleppleine verwendet werden, da der ruckartige Stopp durch die Schleppleine bei hoher Geschwindigkeit des Hundes zu schweren Verletzungen führen kann.

Die Schleppleine kann z. B. beim Rückruftraining gut eingesetzt werden.

Abb. 5-1 Wenn ein Hund den sicheren Rückruf noch nicht beherrscht, kann die Schleppleine das Weglaufen verhindern. Hier: Hund mit Schleppleine und Geschirr, dessen Sitz sich während des Spaziergangs verschoben hat.

„Hausleine"

Bei schwierigen Hunden kann z. B. eine kurze Schleppleine zur Kontrolle in den eigenen vier Wänden verwendet werden. Die Schleppleine ist hierfür z. B. 1–2 Meter lang und hängt lose am Hund, während sich dieser in den Wohnräumen frei bewegt. Aufgrund der Kürze der Leine ist ein Hängenbleiben an der Wohnungseinrichtung eher unwahrscheinlich. Der Einsatz ist auf spezielle Trainingssituationen in der Verhaltenstherapie beschränkt.

Beispiel Hausleine: Der Einsatz kann z. B. bei einem Hund, der aggressives Verhalten zeigt, wenn er vom Sofa soll, erfolgen. Befindet sich der Hund auf dem Sofa wird erst das Kommando „Runter" einmal per Handzeichen und/oder per Wortsignal vom Hund verlangt. Führt er diese nicht aus, wird er kommentarlos mittels der kurzen Schleppleine heruntergeführt. Dieses Vorgehen ist eine unterstützende Maßnahme bei der Therapie von „Rang"-unsicherheit des Hundes (► Kap. 9, ► Kap. 16).

5.1.3 Maulkorb

Aus verschiedenen Gründen kann es nötig sein, dass der Hund einen Maulkorb tragen muss. Zum einen, weil die Gefahr besteht, dass er jemanden beißen könnte. Aber auch in öffentlichen Verkehrsmitteln kann das Tragen eines Maulkorbs Pflicht sein. Zum Beispiel beim Vehrkehrsverbund Berlin-Brandenburg dürfen große Hunde ausschließlich angeleint mitgenommen werden und müssen einen geeigneten Maulkorb tragen.

Bei der Deutschen Bahn müssen alle Hunde, die nicht in einem Transportbehälter mitgenommen werden, an der Leine geführt werden und einen Maulkorb tragen. Werden Hunde ohne Leine/Maulkorb angetroffen und können diese auf Anforderung des Zugbegleiters nicht angebracht werden, kann der Zugbegleiter den Hund aufgrund fehlender Sicherheit aus dem Zug verweisen. Blindenführhunde und Begleithunde eines schwerbehinderten Menschen sind vom Maulkorbzwang bei der Deutschen Bahn ausgenommen. (Deutsche Bahn, 2015)

An sich kann bei Urlaubsreisen laut der im Urlaubsland herrschenden gesetzlichen Regelungen das Tragen eines Maulkorbs verpflichtend sein.

Grundsätzlich sollte ein Hund, der einen Maulkorb tragen soll, erst daran gewöhnt werden. Bereits ein Welpe kann an einen Maulkorb gewöhnt werden.

Ein Hund mit Aggressionsproblem sollte immer an einen Maulkorb gewöhnt werden. Das Tragen eines Maulkorbs kann bei einer vorliegenden Aggressionsproblematik auch dazu beitragen, das Vertrauensverhältnis zwischen Besitzer und Hund zu verbessern.

Bei der Wahl des passenden Maulkorbs muss auf einiges geachtet werden. Der Hund muss ungestört hecheln und trinken können, wenn er einen Maulkorb länger als ein paar Minuten tragen soll. Ist das Hecheln und Trinken bei längerem Tragen des Maulkorbs nicht möglich, handelt es sich um eine tierschutzwidrige Anwendung eines Hilfsmittels (► Kap. 2). Auch das Zubinden des Mauls mit einer Mullbinde, darf nicht für längere Zeit erfolgen. Es gibt passende Maulkörbe aus Kunststoff, Leder oder Stahldraht, die das Hecheln und Trinken ermöglichen (► Abb. 5-2).

Abb. 5-2
Maulkörbe aus Kunststoff gibt es in verschiedenen Größen. Es ist wichtig, dass bei längerem Tragen eines Maulkorbs der Hund trotz diesem Hecheln und Trinken kann. Mit den abgebildeten Kunststoffmaulkörben ist dies möglich.

Der Maulkorb muss so fest sitzen, dass der Hund ihn nicht einfach von der Nase ziehen kann. Es ist darauf zu achten, dass der Maulkorb nicht zu fest sitzt und Druck auf die Haut ausübt. Er sollte locker und gleichmäßig anliegen.

Nur mit einem passenden Maulkorb kann ein Maulkorbtraining begonnen werden.

Maulkorbtraining

Ein Maulkorbtraining (► Tab. 5-1) dauert ca. 4 Wochen. Es muss dem individuellen Lerntempo des Hundes angepasst werden. Wird mit einem Maulkorbtraining begonnen, müssen bis zum Abschluss des Trainings negative Erfahrungen mit dem Maulkorb vermieden werden (z. B. beim Hundefriseur, Tierarzt, Physiotherapeut etc.).

Das Maulkorbtraining besteht aus einer Desensibilisierung und Gegenkonditionierung. Bis zum Ende der Gewöhnungsphase darf der Hund niemals mit dem Maulkorb unbeaufsichtigt gelassen werden.

Tab. 5-1 Beispiel für ein Training zur Gewöhnung an den Maulkorb, im Einzelfall können die genannten Trainingsschritte auch länger oder kürzer dauern

Tag	Trainingsschritt	Häufigkeit und Dauer
1. Tag	Der Maulkorb wird in die Wohnung gelegt. Es wird in der Nähe des Maulkorbs mit dem Hund gespielt oder der Hund wird gestreichelt.	4 × täglich 1–2 Minuten
2. Tag	Der Maulkorb wird vor jedem Spaziergang, vor jedem Spiel, jeder Fütterung etc. gezeigt. Wenn der Hund den Maulkorb beschnuppert, wird er dafür gelobt.	4 × täglich 1–2 Minuten

Tab. 5-1 Beispiel für ein Training zur Gewöhnung an den Maulkorb, im Einzelfall können die genannten Trainingsschritte auch länger oder kürzer dauern *(Fortsetzung)*

Tag	Trainingsschritt	Häufigkeit und Dauer
3.–5. Tag	Der Hund soll aus dem Maulkorb, der in der Hand gehalten wird, fressen. Anfänglich wird hierzu auf dem Rand des Maulkorbes Futter verteilt. Dann wird auch an der Innenseite des Maulkorbs Futter gegeben, damit der Hund seine Schnauze in den Maulkorb steckt. Das Futter wird immer tiefer im Maulkorb verteilt, damit der Hund seine Schnauze immer weiter reinstecken muss, um an das Futter zu gelangen. Hierfür muss Futter verwendet werden, welches für den Hund sehr attraktiv ist. Es können z. B. Leberwurst oder Frischkäse verwendet werden. Im Handel gibt es Fertigprodukte wie Leberwurst in der Tube. Dies sollte so oft wiederholt werden, bis der Hund ruhig und entspannt aus dem Maulkorb frisst.	4 × täglich 1–2 Minuten
6.–8. Tag	Im nächsten Schritt wird der Hund genauso wie an den vorherigen Tagen aus dem Maulkorb gefüttert; nur mit dem Unterschied, dass der Riemen kurz (mehrmals pro Trainingseinheit für 5–10 Sekunden) an den Nacken gelegt wird, jedoch erstmal ohne ihn zu verschließen. Wichtig ist, dass der Hund hierbei keine Abwehrbewegungen oder Angst zeigt. Sollte dies der Fall sein, muss das Training in kleinere Trainingsschritte eingeteilt bzw. das Tempo gedrosselt werden. Kann der Nackenriemen ohne Probleme an den Nacken gelegt werden, kann der nächste Schritt erfolgen.	4 × täglich 1–2 Minuten
9.–12. Tag	Der Maulkorb wird nun festgeschnallt. Hierfür wird der Riemen kurz verschlossen (mehrmals pro Trainingseinheit für 5–10 Sekunden). Der Maulkorb wird erstmals noch weiterhin festgehalten. Der Hund wird wie an den anderen Tagen mit Futter im Maulkorb belohnt.	4 × täglich 1–2 Minuten
13.–18. Tag	Die Zeit, in der der Riemen nun geschlossen ist, wird langsam ausgedehnt. Gleichzeitig wird auch die Hand vom Maulkorb genommen. Zeigt der Hund Abwehrverhalten, muss das Training in kleineren Schritten erfolgen.	4 × täglich 1–2 Minuten
18.–23. Tag	Der Hund sollte nun den Maulkorb immer für einige Minuten tragen z. B. während sein Fressen vorbereitet wird, mit ihm gespielt wird oder jedes Mal, wenn es zum Spaziergang hinaus geht. Während des Spaziergangs wird der Maulkorb mehrfach wieder für kurze Zeit angezogen. Die Zeit des Tragens wird nach und nach verlängert. Der Hund wird für sein ruhiges Verhalten weiterhin belohnt.	4 × täglich 3–15 Minuten
23.–28. Tag	Die Zeiten des Tragens werden weiter ausgedehnt. Wenn der Hund den Maulkorb problemlos eine halbe Stunde lang tragen kann, ist die Gewöhnung abgeschlossen	

5.1.4 Einsatz von Pheromonen

Adaptil® ist das synthetische Analogon des natürlichen Beruhigungspheromons (DAP – Dog Appeasing Pheromone), welches unter anderem von den Talgdrüsen zwischen den Milchdrüsen der säugenden Hündin abgesondert wird. Das Hormon hat eine entspannende und beruhigende Wirkung auf die Welpen. DAP wirkt nicht nur auf Welpen, sondern auch auf Hunde jeden Alters beruhigend.

Der Einsatz von Pheromonen wird immer wieder diskutiert. In einigen Studien konnte die positive Wirkung von Adaptil® bereits bewiesen werden. Denenberg und Landsberg (2008) fanden in einer placebokontollierten randomisierten klinischen Studie heraus, dass Welpen, die über 8 Wochen ein Adaptil®-Halsband trugen, in der Welpenschule deutlich weniger ängstliches Verhalten als die Kontrollgruppe zeigten. In einer anderen Studie im Vereinigten Königreich waren Welpen in einer Welpenschule, bei der ein Adaptil®-Zerstäuber zum Einsatz kam, selbstsicherer als die Placebogruppe (Seksel, 2014).

Adaptil® kann laut Hersteller in vielen Situationen, die mit Stress und Angst verbunden sind, unterstützend eingesetzt werden wie z. B. bei v. a. ängstlichen Welpen in der Welpenspielgruppe, der Welpensozialisierung, der Gewöhnung von Welpen/erwachsenen Hunden an ein neues Zuhause und bei Ängsten (► Kap. 15) wie Trennungsangst, Geräuschangst, Angst vorm Autofahren etc.

Es ist jedoch zu beachten, dass die Erfahrungen in der verhaltenstherapeutischen Praxis gezeigt haben, dass durch den Einsatz von DAP-Produkten bei Hunden mit geringgradigen Verhaltensproblemen wie zum Beispiel bei einer leichten Angstproblematik eventuell eine Besserung des Verhaltensproblems festgestellt werden kann. Bei hochgradigen Verhaltensproblemen ist eine unterstützende therapeutische Wirkung von DAP-Produkten jedoch selten zu beobachten. Daher sollte der Besitzer über die zu erwartende Wirksamkeit des Produkts aufgeklärt werden.

Da beim Hund in Einzelfällen (z. B. geringgradige Angstproblematik) der Einsatz von DAP-Produkten sinnvoll sein kann, nachfolgend die Aufführung der DAP-Produkte für Hunde:

Adaptil® wird von der Firma CEVA hergestellt. Die „Adaptil®-Beruhigungspheromone“ sind als Spray, Zerstäuber für die Steckdose und als Halsband erhältlich.

Adaptil®-Halsband
Die Körperwärme des Hundes erwärmt das Halsband und sorgt so für die Diffusion der Pheromone in die unmittelbare Umgebung. Wichtig ist, dass das Halsband stets engen Kontakt zum Fell des Hundes hat.

In zwei Größen erhältlich:
- Welpen und kleine Hunde (Halsumfang bis 37,5 cm)
- Mittelgroße und große Hunde (für einen Halsumfang bis 62,5 cm)
  Wirkungsdauer: 4 Wochen

Adaptil®-Zerstäuber

Hierbei handelt es sich um einen Steckdosenzerstäuber, der das synthetische Analogon zum DAP enthält und dieses in der gesamten Wohnung verteilt.

Reichweite: Der Zerstäubt deckt ca. 50–70 m^2 der Wohnfläche ab.

Wirkungsdauer: bis zu 4 Wochen

Adaptil®-Spray

Das Spray wird direkt auf Liegedecken, Innenseiten von Hundeboxen, in das Auto etc. gesprüht. Die Anwendung des Sprays (ca. 8–10 Sprühstöße) muss 15 Minuten bevor der Hund in die entsprechende Umgebung kommt erfolgen.

Wirkungsdauer: ca. 2–3 Stunden

Adaptil®-Tabletten

Es werden auch Adaptil®-Tabletten angeboten. Sie bestehen jedoch aus natürlichen Wirkstoffen (Gamma-Aminobuttersäure, L-Trypthophan, L-Theanin und verschiedenen B- Vitaminen) und haben mit dem Pheromon DAP nichts zu tun. Die Inhaltsstoffe der Tabletten sollen ähnlich wie Zylkene® dem Hund helfen, Ruhe zu bewahren. Anwendungsgebiet laut Hersteller: kurzfristige Entspannung innerhalb von 1–2 Stunden z. B. auf Geräuschangst, die vorhersehbar ist, und auf Reisen.

Hierzu ist zu sagen, dass die Wirksamkeit von Adaptil®-Tabletten oder Zylkene® in manchen Fällen fraglich ist (s. o.). Auf keinen Fall kann oder sollte der Einsatz von diesen Produkten eine Verhaltenstherapie ersetzen.

5.1.5 Tonaufnahmen/Geräusch-CD

Bei Geräuschangst (► Kap. 15.1) erfolgt eine Desensibilisierung durch langsame Gewöhnung an den angstauslösenden Reiz. Dies erfolgt meist mittels Tonaufnahmen des entsprechenden Geräuschs. Im Handel sind sogenannte Geräusch-CDs erhältlich, mit denen der Hund an ein oder mehrere Geräusche gewöhnt werden kann (z. B. „Don't be afraid" von Silent Division). Es befinden sich verschiedene Tracks mit ausgewählten Geräuschen (Donner, Feuerwerk, Schuss, Staubsauger, Fensterscheibe zerspringt, Straßenverkehr, Feuerwehrsirene etc.) auf den CDs, die je nach Bedarf abgespielt werden können. Diese CDs können auch prophylaktisch beim Züchter verwendet werden, um bereits die Welpen an Alltagsgeräusche zu gewöhnen. Jedoch darf der Reiz nicht zu stark sein, da es sonst nicht zur gewünschten Habituation, sondern zur Sensibilisierung gegenüber den abgespielten Geräuschen kommt (► Kap. 4.2).

5.1.6 „Thundershirt" und Körperband

Bei Angstproblematik (► Kap. 15), insbesondere bei Geräuschangst, kann unterstützend ein Thundershirt oder ein Körperband eingesetzt werden.

Der leichte Druck auf die Hautrezeptoren kann eine Oxytocinausschüttung bewirken. Oxytocin ist einer der wichtigsten Gegenspieler des Stresshormons Cortisol. Der Rückgang des Stresshormons Cortisol verursacht eine beruhigende Wirkung. Sowohl beim Thundershirt als auch beim Körperband kann ein Training zur Gewöhnung nötig sein. Dies erfolgt mittels Desensibilisierung (► Kap. 4.4) und Gegenkonditionierung (► Kap. 4.5).

Trägt der Hund das Band/Shirt ist es wichtig, dass man darauf achtet, dass der Hund weder vom Besitzer noch von anderen Menschen getröstet wird. Viele Menschen neigen dazu, den Hund zu trösten, wenn der Hund ein Körperband trägt, da sie solche elastischen Bänder oftmals mit Verletzungen und Leiden assoziieren. Dies kann die Angst noch verstärken.

„Thundershirt"

Das Thundershirt wird bei Hunden in Situationen eingesetzt, bei denen die Tiere Angst oder großen Stress empfinden. Entwickelt wurde das Thundershirt (Thunder engl. = Donner) für Gewitter. Es kann auch bei anderen Angstproblemen wie z. B. der Silvesterangst eingesetzt werden. Durch seinen Schnitt übt das Shirt einen leichten Druck auf den Körper des Hundes aus. Dieser Druck kann auch durch ein eng anliegendes anderes T-Shirt erreicht werden. Durch seine Klettverschlüsse ist das Thundershirt jedoch leichter in der Handhabung und der auf den Hund wirkende Druck kann durch die Klettverschlüsse besser eingestellt werden. Der Hund sollte langsam an das Thundershirt gewöhnt werden. Die Hunde reagieren unterschiedlich auf das Shirt. Es muss im Einzelfall entschieden werden, ob ein Thundershirt unterstützend eingesetzt werden sollte. Alternativ kann auch ein Körperband verwendet werden. Eine weitere Alternative ist der „Anxiety Wrap®".

Körperband

Beim Körperband handelt es sich um den Einsatz eines elastischen Bands, mit dem der Hund auf eine bestimmte Art und Weise bandagiert wird. Durch den leichten Druck auf den Körper des Hundes kann es auch hier zu einer beruhigenden Wirkung kommen. Es gibt verschiedene Arten ein Körperband anzulegen. Eine Möglichkeit ist, die Mitte der Bandage um die Brust zu legen, sie am Rücken auf Widerristhöhe zu kreuzen, dann am Bauch zu kreuzen und dann die Enden einmal in Lendenwirbelhöhe über dem Rücken zu kreuzen.

Die Bandage muss gleichmäßig anliegen und darf nur einen leichten Druck ausüben. Gerade ängstliche Hunde müssen langsam an das Anlegen eines Körperbandes gewöhnt werden. Das Körperband kann bei Hunden, die Unsicherheit zeigen oder bei Hunden, die unruhig oder ängstlich sind, angewendet werden. Bei Geräuschangst (► Kap. 15) kann es eine unterstützende Maßnahme sein.

5.1.7 Beschäftigungsobjekte

Stressreduzierende Maßnahmen sind bei fast allen Verhaltensproblemen sinnvoll. Beschäftigungsobjekte können helfen, dass der Hund ausgeglichener ist.

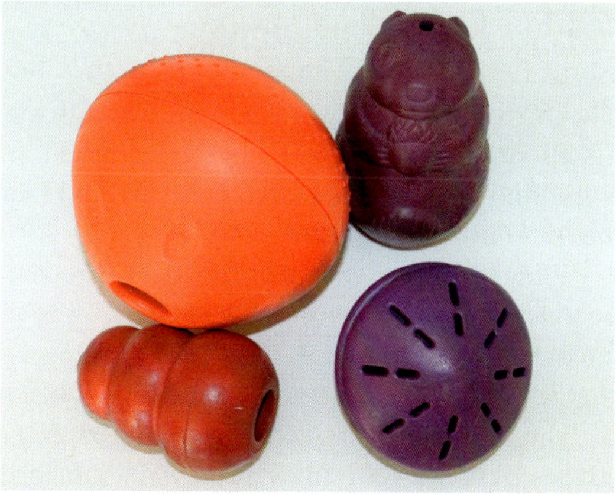

Abb. 5-3
Futterspielzeuge für den Hund (vorne links: Kong®; hinten links: Labyrinthball; vorne rechts: Twist'n Treat®; hinten rechts: Squirrel Dude®)

Es sollten Objekte verwendet werden, an denen der Hund länger interessiert ist. Sogenannte Futterspielzeuge (► Abb. 5-3) animieren den Hund, sich langer mit dem Objekt zu beschäftigen, da er für seine Arbeit mit Futter belohnt wird.

Der gefüllte Kong® ist ein ideales Hilfsmittel bei Trennungsangst. Der Kong®, ein Naturkautschuk-Spielzeug, kann als reines Kauspielzeug verwendet werden oder als Futterspielzeug, indem er mit Futter gefüllt wird. Bei Trennungsangst kann dem Hund ein gefüllter Kong® in der Zeit, in der der Besitzer nicht anwesend ist, zur Beschäftigung gegeben werden. Es besteht auch die Möglichkeit den Kong® mit Feuchtfutter, Frischkäse etc. zu befüllen und einzufrieren. Dadurch bleibt der Kong® für den Hund länger interessant.

Futterbälle, die beim Rollen Futter verlieren, werden von Hunden auch gerne benutzt.

Im Handel wird eine Vielzahl von Futterspielzeugen mit verschiedenen Schwierigkeitsgraden angeboten. Sogenannte Intelligenzspielzeuge stellen kleine Herausforderungen für die Geschicklichkeit, die Ausdauer und den Geruchssinn des Hundes dar. Es spielt eine wesentliche Rolle, mit welchem Futter die Futterspielzeuge gefüllt werden. Es muss ein Futter sein, welches für den Hund attraktiv ist.

Futterspielzeuge sollten am besten bereits zur Vorbeugung von Verhaltensproblemen gegeben werden.

5.2 Trainingshilfen bei der Katze

Die **Futtertube** und die **Unguator® Kruke** eignen sich bei der Katze ebenfalls gut zur Gegenkonditionierung (► Kap. 5.1.1). Katzen sind oft sehr wählerisch, wenn es ums Fressen geht. Daher ist es wichtig sich Zeit zu nehmen, um gegebenenfalls ein Futter zu finden, welches die Katze sehr gerne mag.

Das **Clickern** stellt auch bei der Katze eine wichtige Maßnahme für die Verhaltenstherapie dar und wird in ► Kap. 4 ausführlich thematisiert.

5.2.1 Geschirr und Leine

Geschirre für Katzen werden in der Verhaltenstherapie sehr selten benutzt.

Es kann z. B. bei einer Unverträglichkeit zweier Katzen im gleichen Haushalt zum Einsatz kommen. Durch Geschirr und Leine kann die Annäherung im Raum besser kontrolliert werden.

Einige Besitzer wollen nicht, dass ihre Katze allein rausgeht, fänden es aber schön, mit der angeleinten Katze draußen spazieren zu gehen. Hierfür ist jedoch nicht jede Katze geeignet. Hier muss im Einzelfall entschieden werden, ob der Spaziergang mit Geschirr und Leine für die Katze in Frage kommt.

Um der Katze das Geschirr für längere Zeit anlegen zu können, muss diese erst an das Geschirr gewöhnt werden. Am einfachsten ist es, wenn die Katze bereits im Welpenalter an ein Geschirr gewöhnt wird. Wie beim Geschirr vom Hund ist auf eine gute Passform zu achten. Das Geschirr darf nicht scheuern oder einschnüren.

5.2.2 Einsatz von Pheromonen

Synthetisches Analogon der F3-Fraktion der Gesichtspheromone der Katze (Feliway®)

Feliway® ist die synthetische Nachbildung der F3-Fraktion des Gesichtspheromons der Katze, welches die Katze über die speziellen Drüsen am Kopf an die Umgebung abgibt. Mit diesem Gesichtspheromon markiert eine Katze Bereiche ihrer vertrauten Umgebung. Es hat **stressreduzierende Wirkung**. Es wird als Zerstäuber, Spray und als sogenanntes Transport- Spray angeboten.

Feliway®-Zerstäuber
Indikationen: Angststörungen, Urin-, Kratzmarkieren, Zusammenführung von Katzen etc.
Der Zerstäuber deckt eine 50–70 qm große Fläche für rund 4 Wochen ab. Für die Abgabe der Pheromone wird er in die Steckdose gesteckt.

Feliway®-Spray
Indikationen: Urin- und Kratzmarkieren

Feliway®-Transport Spray
Indikationen: Transport, längere Autofahrten
Als Spray kann Feliway® direkt gezielt auf besonders kritischen Punkten oder Objekten angewendet werden (z. B. bei Angst vor der Transportbox oder bei übermäßigem Kratz- und Harnmarkieren). Wenn möglich sollte mit der Nutzung von Feliway® eine Woche vor dem stressigen Ereignis begonnen und diese für 4 Wochen durchgeführt werden.

Das Spray sollte zweimal täglich angewendet werden. Die Katze sollte erst wieder in den Raum gelassen werden, wenn die behandelten Stellen getrocknet sind.

Feliway®-Spray und Zerstäuber haben sich in der Praxis oftmals als nicht besonders hilfreich erwiesen. Zusätzlich sind sie relativ kostspielig. Daher sollten sie nur in streng indizierten Einzelfällen (z. B. bei der Gewöhnung an eine neue Toilette bei aufgrund von Schmerzen erworbener Aversion ► Kap. 28) verwendet werden, um unnötigen Frust bei den Besitzern zu vermeiden.

Feliway® Friends mit C. A. P (Cat Appeasing Pheromone)
Feliway® Friends verwendet im Gegensatz zu den vorher genannten Feliway®-Produkten eine synthetische Kopie des natürlichen Cat Appeasing Pheromons (C. A. P.). Es kann ggf. unterstützend bei Konflikten und Spannungen zwischen Katzen (Mehrkatzenhaushalt) eingesetzt werden.

Synthetisches Analogon der F4-Fraktion der Gesichtspheromone der Katze (Felifriend®)

Felifriend® ist die synthetische Nachbildung der F4-Fraktion des Gesichtspheromons der Katze, welches die Katze über die speziellen Drüsen am Kopf an die Umgebung abgibt. Mit dem F4-Pheromon **markiert die Katze andere Gruppenmitglieder**.

Felifriend® ist als Spray erhältlich. Das Spray sollte niemals direkt auf das Tier gesprüht werden!

Indikationen

- Zum besseren Handling von Katzen (Reduktion von Stress und Erhöhung der Toleranz bei Manipulationen)
- Zur Gewöhnung an Menschen oder Katzen

Vor dem Umgang mit Katzen: Felifriend® wird zweimal in jede Handfläche gesprüht und auf Händen und Handgelenken verteilt. Der anfängliche Alkoholgeruch muss erst verfliegen, bevor mit der Katze Kontakt aufgenommen wird.

Zur Eingewöhnung von Tieren: Felifriend® wird zweimal in jede Handfläche gesprüht und auf Händen und Handgelenken verteilt. Der anfängliche Alkoholgeruch muss erst verfliegen, bevor mit der Katze Kontakt aufgenommen wird. Die Katzen, die aneinander gewöhnt werden müssen, werden vor dem ersten Kontakt mit den mit Felifriend® vollgesprühten Händen eingestrichen.

Zur Gewöhnung an einen neuen Menschen: Felifriend® kann auch direkt auf die Kleidung (z. B. Hosenbeine) oder auf die Hände/Arme gesprüht werden.

PRAXISTIPP

Der Einsatz bei Felifriend® hat sich im Gegensatz zu Feliway® viel häufiger bewährt. Es kann zur Gewöhnung an Menschen und Katzen und zum besseren Handling von Katzen, insbesondere auch bei ängstlichen Katzen in der Tierarztpraxis, angewendet werden.

5.2.3 Tonaufnahmen/Geräusch-CD

Ebenfalls wie beim Hund (s. o.) werden bei der Katze bei Geräuschangst (▶ Kap. 29) zu einer Desensibilisierung Tonaufnahmen des entsprechenden Geräuschs eingesetzt. Es sind Geräusche von verschiedenen Herstellern verfügbar. Vor Beginn der Therapie sollte auf jeden Fall getestet werden, ob die Katze auf das Geräusch auf der CD überhaupt reagiert, bevor mit der Therapie begonnen wird.

5.2.4 Environmental Enrichment – Beschäftigungsobjekte und Kratzbäume

Distanzspielzeug

Distanzspielzeuge können bei der Katze z. B. bei fehlgeleitetem Jagdverhalten (▶ Kap. 25) eingesetzt werden. Eine Katzenangel ist für ein Distanzspiel hervorragend geeignet. Die Katze wird durch das Spiel mit der Angel beschäftigt.

Futterspielzeuge

Stressreduzierende Maßnahmen sind bei fast allen Verhaltensproblemen sinnvoll. Futterspielzeuge fördern die geistige Auslastung der Katze und helfen Stress zu reduzieren. Für Katzen werden, wie beim Hund, die verschiedensten Varianten von Futterspielzeugen zur Beschäftigung im Handel angeboten.

Für Katzen gibt es auch sogenannte Fummelbretter. Die Fummelbretter stellen eine Herausforderung für die Geschicklichkeit, die Ausdauer und den Geruchssinn der Katze dar.

Natürlich können Futterspielzeuge auch selbst gebastelt werden. Jedoch sollte u. a. darauf geachtet werden, dass für die Katze keine Verletzungsgefahr besteht und dass keine giftigen Stoffe verwendet werden.

Damit eine Katze Futterspielzeuge interessant findet, sollte kein mit Futter gefüllter Napf den ganzen Tag in der Wohnung stehen. Die Katze soll durch Futterspielzeuge animiert werden, sich auf die Futtersuche zu machen.

Kratzbäume

Das Kratzmarkieren (▶ Kap. 27) gehört zum Normalverhalten der Katze. Daher ist es wichtig, dass sie Möglichkeiten zum Kratzmarkieren hat. Besitzer sind natürlich oftmals erbost, wenn sich die Katze an Tapeten und Sofa mit Kratzspuren verewigt. Die Wohnung sollte daher mit genügend Kratzbäumen ausgestattet sein.

Das bedeutet:

Anzahl der Kratzbäume = Katzenanzahl + 1.

Hierbei ist es wichtig, dass die Kratzmöglichkeiten an, für die Katze strategisch günstigen Positionen platziert werden. Es können auch zusätzlich Kratzbretter oder Kratzmatten angeboten werden. Katzen bewegen sich gerne in drei Dimensionen. Daher sollte die Wohnung auch dementsprechend gestaltet werden. Auch dafür können Kratzbäume gut eingesetzt werden. Rückzugsmöglichkeiten, strategisch günstige Aussichtspunkte etc. sind für die Katze sehr wichtig. Weitere Details zur Gestaltung von Kratz- und Klettermöglichkeiten siehe auch in ► Kap. 24.

5.2.5 Katzenkorb/Transportbox

Eine Katze sollte von Anfang an an eine Transportbox gewöhnt werden, damit der Stress z. B. beim Transport zum Tierarzt so gering wie möglich gehalten wird.

Folgende Punkte sollten bei einer Transportbox berücksichtigt werden:

- Die Transportbox muss leicht zu reinigen sein.
- Die Unterlage sollte weich sein. Hierzu kann z. B. eine Decke oder ein Handtuch in die Box gelegt werden. Katzen ziehen sich gerne in Höhlen zurück. Decke oder Handtuch sollten in der Box so platziert sein, dass die Katze sich daraus eine Art Höhle formen kann.
- Da bei Katzen Gerüche eine große Rolle spielen, sollten die Decke oder das Handtuch vertraut riechen. Gegebenenfalls kann unterstützend Feliway®-Transport-Spray eingesetzt werden (s. o.).
- Die Box sollte so zu öffnen sein, dass der Mensch nicht in die „Höhle" der Katze hineingreifen muss. Hierfür eignen sich Boxen, die von oben gut zugänglich sind. Weidenkörbe mit ihrem kleinen Loch vorne sind absolut ungeeignet, um nach dem Transport an die Katze heranzukommen.
- Die Transportbox sollte vorsichtig getragen werden.
- Die Seiten, die direkt einsehbar sind, sollten beim Transport mit einer Decke oder einem Handtuch abgedeckt werden. Katzen reagieren oft sehr empfindlich auf die vielen optischen Reize, die während eines Transportes zu sehen sind. Durch die Abdeckung wird auch eine leichte Geräuschdämmung erzeugt.

Bereits zu Hause sollte ein Transportboxtraining durchgeführt werden.

PRAXISTIPP

Transportboxtraining

Hierfür sollte die Transportbox als Alltagsgegenstand in der Wohnung eingeführt werden. Damit die Katze die Box als etwas Positives empfindet und die Box aufsucht, kann Futter oder Spielzeug in der Box angeboten werden. Das Transportboxtraining kann auch mittels Clickertraining (► Kap. 4) erfolgen. Wird die Box freiwillig von der Katze aufgesucht, kann die Tür der Box für einen kurzen Moment geschlossen werden. Dann wird die Katze mit einem Leckerchen belohnt und die Tür wird wieder geöffnet. Die Zeit der geschlossenen Tür wird immer mehr gesteigert. Wichtig ist, die Tür immer zu öffnen, bevor die Katze unruhig wird. Erst wenn die Katze einige Minuten lang entspannt bleibt, kann damit begonnen werden, die Box kurz hochzuheben. Wichtig ist, dass die Katze für ihr entspanntes Verhalten belohnt wird. Wenn sie herumgetragen wird, sollte sie das damit verbinden, dass es gleich Futter gibt. Die Transportzeit sollte immer weiter ausgedehnt werden.

Wenn die Besitzer dazu bereit sind, kann nachdem das Training zuhause gut klappt, das Training mit dem Transport nach draußen erweitert werden. Befindet sich die Tierarztpraxis gleich in der Nähe, kann ein Besuch erfolgen und die Katze bekommt dort ihr Futter. Wenn mit der Katze zukünftig auch ein Transport im Auto erfolgen soll, sollte dies auch trainiert werden. Hierfür ist die Transportbox gut im Auto zu sichern. Der Katze kann im Auto ggf. Futter in der Box angeboten werden. Der Motor wird angelassen und eine kleine Runde mit dem Auto gefahren. Zuhause gibt es dann wieder einen vollen Futternapf.

Für die Fahrt zum Tierarzt sollte beachtet werden, dass es sein kann, dass die Katze zur Untersuchung nüchtern kommen muss. Darüber sollte der Besitzer aufgeklärt werden.

5.2.6 Katzenklappe

Mit einer Katzenklappe kann der Katze Freigang zu jeder Zeit ermöglicht werden. Der Besitzer muss der Katze keine Türen mehr öffnen, damit die Katze rein- oder rausgehen kann.

Das Problem ist nur, dass bei solch einer Katzenklappe jedes Tier, das durch diese Klappe passt (z. B. Nachbarskatze, Nachbarshund, Marder), hereinkommen kann.

Gerade wenn die Katze Angst vor diesen Tieren hat, kann dies extremen Stress für sie bedeuten. Zudem kann es zu Markierverhalten und Aggressionen im Haus kommen.

Oftmals wird vom Besitzer das Eindringen von anderen Tieren gar nicht bemerkt, da er tagsüber nicht zuhause ist und diese dann nicht mehr da sind. Erste Hinweise können eine Verhaltensveränderung der Katze sein. Sie kann aggressiver oder ängstlicher werden. Auch kann sie ganz ausgehungert sein, trotz leeren Futternapfs, da nicht sie, sondern ein Eindringling ihr Futter gefressen hat.

Eine Möglichkeit das Eindringen von nicht erwünschten Gästen zu verhindern ist, die Katzenklappe wieder abzuschaffen. Das bedeutet aber auch, dass die Katze des Besitzers keinen uneingeschränkten Zugang nach draußen bzw. nach drinnen hat.

Bei Verhaltensänderungen der Katze sollte immer auch an die Katzenklappe gedacht werden. Durch diese können andere Katzen, Hunde oder andere Tiere ohne Wissen des Besitzers in das Haus kommen, die der Grund für die Verhaltensänderung der Katze sind. Durch eine Katzenklappe mit Microchip-Lesegerät kann dies verhindert werden.

Katzenklappe mit Microchip-Lesegerät

Auf dem Markt gibt es verschiedene Katzenklappenmodelle, die mittels verschiedenster Systeme die Katze des Besitzers identifizieren können und die Katzenklappe dadurch nur für diese öffnen. Ein System, welches in Verbindung mit einem Katzenhalsband funktioniert, sollte eher nicht verwendet werden. Ein Katzenhalsband birgt die Gefahr, dass sich Katzen im Freigang damit in Büschen oder Ähnlichem verhaken und sich aus dieser Lage nicht mehr befreien können.

Es gibt im Handel auch Sicherheitshalsbänder. Diese haben einen Sicherheits-Verschluss, der sich in Gefahrensituationen leicht öffnen und die Katze vom Halsband befreien soll. Der Grundgedanke ist lobenswert. Leider gehen diese Verschlüsse nicht immer im richtigen Moment auf. Manche lösen sich bereits beim kleinsten Zug, andere öffnen sich trotz des Sicherheitsverschlusses im Bedarfsfall nicht und können dadurch für Katzen sehr gefährlich sein.

Es gibt jedoch Katzenklappen mit integriertem Microchip-Lesegerät, z. B. die petporte smartflap® oder die sureflap®, bei denen kein Halsband nötig ist. Zum Öffnen wird der Microchip des Tieres, welcher unter der Haut des Tieres sitzt, ausgelesen. Mithilfe des Mikrochips kann die Katze eindeutig identifiziert werden. Dadurch kann die Katzenklappe nur für die gechipte Katze des Besitzers geöffnet werden, ohne dass sie hierfür ein Katzenhalsband tragen muss. Der Chip wird jedes Mal, wenn das Tier die Klappe passieren möchte, von einem Lesegerät ausgelesen. Je nach Modell ist es möglich, mehrere Chips bzw. Katzen auf das Lesegerät einzustellen oder die Zeiten individuell festzulegen, an denen die Katze das Haus durch die mikrochipgesteuerte Tür verlassen darf. Die in Deutschland verkauften Katzenklappen mit eingebautem Chip-Sensor können den üblichen Microchip, welcher in der Tierarztpraxis zur Identifizierung dem Tier injiziert wird, in der Regel lesen.

Gewöhnung an die Katzenklappe

Wenn eine Katzenklappe zum ersten Mal angeschafft wird, sollte die Katze vorsichtig an die Katzenklappe gewöhnt werden.

Die Klappe sollte dafür zu Beginn offen gehalten werden, indem sie z. B. mit Klebeband fixiert wird. Die Katze kann erstmal durch die geöffnet Klappe mit Spielzeug oder Futter animiert werden diese zu benutzen. Klappt dies gut, kann man die Katze auch bei geschlossener Klappe mit einem Futterstück oder Spielzeug locken, die Klappe zu passieren und auf die andere Seite zu gehen.

Zusammenfassung

- Die Futtertube und die Unguator® Kruke eignen sich gut zur Gegenkonditionierung. Durch die kontinuierliche Futtergabe kann die Aufmerksamkeit des Hundes oder der Katze länger gehalten werden.
- Das Kopfhalfter ermöglicht ein großes Maß an Kontrolle beim Führen des Hundes dadurch, dass sich die Blickrichtung des Hundes Richtung Besitzer lenken lässt. Als Alternative für sensible Hunde bietet sich ein Brustgeschirr mit besserer Kontrollwirkung durch die Führung an der Vorderbrust an.

- Ein Halsband sollte niemals in Kombination mit einer Schleppleine verwendet werden, da der ruckartige Stopp durch die Schleppleine bei hoher Geschwindigkeit des Hundes zu schweren Verletzungen führen kann.
- Bei schwierigen Hunden kann eine kurze Schleppleine zur Kontrolle in den eigenen vier Wänden verwendet werden.
- Ein Maulkorbtraining sollte am besten bei allen Hunden erfolgen, damit sie bereits daran gewöhnt sind, wenn der Einsatz mal nötig sein sollte. Bei aggressiven Hunden sollte auf jeden Fall ein Maulkorbtraining erfolgen.
- Der Einsatz von Pheromonen (Adaptil®, Felifriend®, Feliway®) kann in manchen Fällen sinnvoll sein wie z. B. bei milden Angststörungen.
- Geräusch-CDs werden zur Desensibilisierung bei Geräuschangst eingesetzt.
- Thundershirt und Körperband können aufgrund des gleichmäßigen Drucks beruhigend auf den Hund wirken. Sie kommen z. B. bei Geräuschangst zum Einsatz.
- Futterspielzeuge können zur geistigen Auslastung und Stressreduzierung eingesetzt werden. Es gibt ein reiches Angebot von Intelligenzspielzeug im Handel.
- Distanzspielzeuge sind ein gutes Hilfsmittel, um mit Katzen zu spielen, ohne dass der Mensch dabei verletzt wird. Sie werden insbesondere zur Verhaltenstherapie beim fehlgeleiteten Jagdverhalten der Katze verwendet.
- Eine Katze sollte von Anfang an an eine Transportbox gewöhnt werden, damit der Stress z. B. beim Transport zum Tierarzt so gering wie möglich gehalten wird.
- Eine Katzenklappe mit Microchip Lesegerät kann verhindern, dass andere Tiere ins Haus kommen. Dies ist insbesondere bedeutsam, wenn die Katze des Besitzers Verhaltensprobleme aufgrund des Eindringens von Tieren in ihr Heim bekommt.

Literatur

BVerwG 3 C 14.05 – Urteil vom 23.02.2006, http://www.bverwg.de/230206U3C14.05.0 (letztes Abrufdatum: 13.10.2015)

Denenberg S., Landsberg, G. (2008): Effect of dog-appeasing pheromones on anxiety and fear puppies during training its effects on long term sozialization. Journal of the American Veterinary Medical Association. 233, 1874–1882

Deutsche Bahn (2015): Hinweise für die Mitnahme von Hunden http://www.bahn.com/i/view/CHE/de/services/overview/reisenmithund.shtml (letztes Abrufdatum: 14.10.2015)

Seksel, K. (2014): Behavioural medicine – new approaches to fear and anxiety problems in dogs and cats, 20th Annual Meeting of the ESVCE GTVMT DVG-FG „Verhaltensmedizin und Bissprävention" 7. November 2014 München, Verlag der DVG Service GmbH Giessen

6 Neurophysiologie und Psychopharmakologie

B. Schneider

Neurophysiologie, also die physiologische Funktionsweise des Nervensystems, und die Psychopharmakologie gehen Hand in Hand. Schließlich wird mithilfe der Psychopharmaka versucht, die Funktionsweise des Nervensystems zu beeinflussen, vor allem, wenn sie aus der Balance geraten ist. Daher werden beide Themen in einem gemeinsamen Kapitel besprochen.

6.1 Neurophysiologie

Wichtig für die Verhaltensmedizin sind vor allem die Neurophysiologie des Lernens, sowie die Wirkungs- und Arbeitsweise der Neurotransmitter. Diese Punkte werde in einem sehr knappen Überblick im Folgenden beschrieben.

Wirkweise von Synapsen

An Synapsen kommt es zur Übertragung von Informationen, und damit auch erst zur eigentlichen Hirnaktivität. Es gibt verschiedene Arten von Synapsen, z. B. die chemischen und die elektrischen Synapsen. Besonders wichtig im Hinblick auf die Beeinflussung der Gehrinaktivität durch Psychopharmaka sind die chemischen Synapsen (► Abb. 6-1).

An diesen wird die ankommende elektrische Information (Reiz) in eine chemische Information (Neurotransmitter) übergeführt, die an die nächste Nervenzelle weitergeleitet wird. Dabei ist es meist so: Je stärker die Erregung im Axon ist, umso mehr Moleküle der Neurotransmitter werden in den synaptischen Spalt ausgeschüttet. Der Neurotransmitter wandert dann durch den synaptischen Spalt an die Zielzelle und erhöht dort die Erregung der Zielzelle oder hemmt sie.

Neurotransmitter

Wichtige Neurotransmitter in Bezug auf die Verhaltensmedizin werden im Folgenden kurz vorgestellt:

Serotonin wird aus Tryptophan synthetisiert und vorrangig durch die Monoaminoxidase (MAO) abgebaut. Es beeinflusst neben Herz-Kreislauf-System und

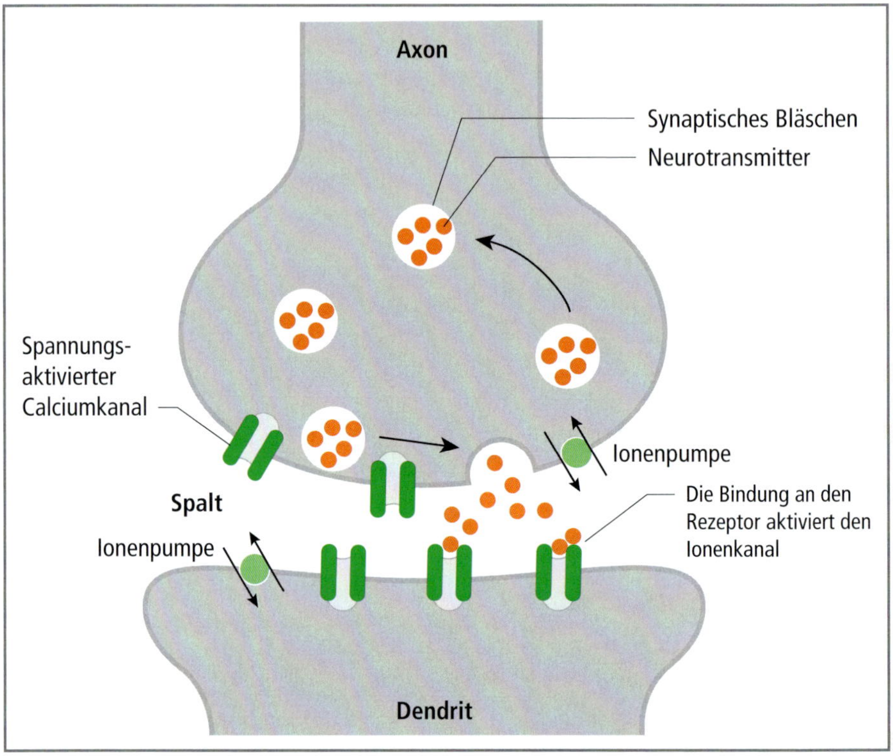

Abb. 6-1 Schematische Übersicht über den Aufbau und die Funktion einer chemischen Synapse

Magen-Darm-System auch den Schlaf und ist mit dem REM-Schlaf assoziiert. Zudem hat es appetithemmende und stimmungsaufhellende, antidepressive Wirkungen. Aufgrund letzterer wird es im Volksmund manchmal auch als „Glückshormon" bezeichnet. Serotonin hat zudem verstärkenden Einfluss auf die Langzeitpotenzierung (Verfestigung von Gelerntem).

Adrenalin/Noradrenalin sind besonders wichtig im Stressgeschehen. Noradrenalin wird im Nebennierenmark gebildet und ist die Vorstufe von Adrenalin. Es ist aber auch selbst wirksam. Noradrenalin und Adrenalin entfalten annähernd die gleiche Wirkung. Sie sind primär Stresshormone, die dafür sorgen, dass Energiereserven rasch bereitgestellt werden und Reflexmuster, die in gefährlichen Situationen das Überleben sichern sollen (Kampf oder Flucht), schneller ablaufen können. Körperliche Reaktionen auf Adrenalin umfassen u. a. eine Erhöhung von Blutdruck, Herzfrequenz, Erweiterung der Pupillen und Bronchien, Erhöhung des Blutzuckerspiegels etc. Noradrenalin hat ebenfalls verstärkenden Einfluss auf die Langzeitpotenzierung.

Dopamin ist ein Zwischenprodukt der Adrenalinsynthese. Es hat Einfluss auf Muskeln und Psyche. So ist z. B. eine niedrige Dopaminkonzentration beim Menschen mit der Parkinsonschen Krankheit assoziiert. Ein erhöhter Dopaminspiegel könnte dagegen eventuell mit Schizophrenie zusammenhängen. Da Dopamin bei einem sogenannten „Flow-Erlebnis", also beim sogenannten Schaffens- oder Tätigkeitsrausch ausgeschüttet wird, wird es auch manchmal ebenfalls als das „Glückshormon" bezeichnet und ist von Bedeutung in der Verhaltenstherapie.

Glutamat ist das Salz der Glutaminsäure und der wichtigste erregende Neurotransmitter im zentralen Nervensystem (ZNS). Es hat Einfluss auf die Sinneswahrnehmung, Bewegungssteuerung, Lernen und das Gedächtnis.

γ-Aminobuttersäure (GABA) ist der wichtigste hemmende Neurotransmitter im ZNS. Die GABA-sensitiven Neuronen haben u. a. eine Art Schleusenwärterfunktion und „beruhigen" das Gehirn. Wird die GABA-Synthese gehemmt, kommt es zu Krampfanfällen. GABA wird aus Glutamat synthetisiert. Sie wirkt anxiolytisch, analgetisch, relaxierend, antikonvulsiv, blutdruckstabilisierend und schlaffördernd.

Hebb'sche Lernregel

Das Lernen findet an den Synapsen statt. Es ist sehr wichtig, sich immer wieder dessen bewusst zu sein, dass das Gehirn viel dynamischer ist als ursprünglich angenommen wurde. Die Hebb'sche Lernregel von 1949, die besagt, dass das, was zusammen feuert, sich auch besser miteinander verbindet („what fires together, wires together"), ist immer noch aktuell. Im Detail besagt diese Regel, dass, wenn ein Axon der Zelle A erregt wird und somit wiederholt und dauerhaft in Zelle B Aktionspotenziale auslöst, dies zu Wachstumsprozessen führt. Eventuell kann es auch zu metabolischen Veränderungen in einer oder sogar beiden Zellen kommen. Diese Wachstumsprozesse und metabolischen Veränderungen bewirken wiederum, dass die beiden Zellen in Zukunft effizienter miteinander kommunizieren können. Werden also bestimmte Verbindungen im Gehirn regelmäßig häufig verwendet, dann können sie im Laufe der Zeit immer leichter und schneller reagieren. Genau dies macht man sich unter anderem beim Lernen zunutze, vor allem wenn man mit einem auf vielen Wiederholungen basiertem Lernen arbeitet.

Genauso ist es aber auch in Bezug auf die Plastizität und Veränderlichkeit des Gehirns in die negative Richtung: Wenn bestimmte Verbindungen im Gehirn nicht verwendet werden, dann werden sie mit der Zeit immer weniger effektiv und „verkümmern" sozusagen.

6.2 Psychopharmakologie

Psychopharmaka sind sowohl in der Psychiatrie als auch mittlerweile in der tierärztlichen Verhaltensmedizin regelmäßig verwendete Behandlungsoptionen. Dennoch gibt es ihnen gegenüber noch sehr viele Vorurteile, sowohl vonseiten der Klienten als auch vonseiten der Haustierärzte. Daher ist es essenziell, dass sich Tierärzte gut über Psychopharmaka, ihren Nutzen, ihre Nebenwirkungen und ihre Grenzen informieren, um den Besitzer bei einer Entscheidungsfindung zu unterstützen.

6.2.1 Vorurteile

Es gibt die verschiedensten Vorurteile gegenüber Psychopharmaka, mit denen ein tierärztlicher Verhaltensmediziner immer wieder konfrontiert wird. Das häufigste Vorurteil und damit auch eine der häufigsten Sorgen von Besitzern ist, dass es durch Psychopharmaka zu einer **Persönlichkeitsveränderung** bei ihrem Tier kommen könnte. Die Angst vor einer Persönlichkeitsveränderung beruht vermutlich auf der Tatsache, dass in den Anfängen der Psychopharmakologie nicht immer gute Behandlungsoptionen gewählt wurden und unerwünschte Nebenwirkungen deutlich häufiger waren. In seltenen Fällen kann es aber auch bei den heute verwendeten Psychopharmaka zu Persönlichkeitsveränderungen kommen (z. B. Katzen, die mit SSRIs [Serotonin-Wiederaufnahmehemmer] behandelt werden). Ist dies der Fall, muss das Medikament gewechselt werden, um diese unerwünschte Wirkung zu umgehen.

Häufig begegnet man auch dem Vorurteil gegenüber Psychopharmaka, dass diese generell zu viele **unerwünschte Nebenwirkungen** zeigen. Dies ist heutzutage durch die Verwendung sogenannter „smart drugs“ nicht mehr in dem Ausmaß wie früher der Fall. Zudem können Nebenwirkungen oft durch Ein- und Ausschleichen umgangen werden. Prinzipiell ist es wichtig den Besitzern klarzumachen, dass eine Dosisanpassung häufig notwendig ist, abhängig von der individuellen Wirkung und Nebenwirkung der Medikamente.

Die bereits erwähnten Sorgen der Besitzer sind oft mit dem Vorurteil gepaart, dass ein mit Psychopharmaka behandeltes Tier nur sediert wird. In Bezug auf die **Sedation** muss man wissen, dass in der tierärztlichen Verhaltensmedizin anfangs vor allem Sedativa zur Behandlung verwendet wurden. Eine Sedation ist aber nicht mit einer Therapie von Verhaltensproblemen gleichzusetzen, da sie das Problem nicht löst, sondern das Tier nur kurzfristig außer Gefecht setzt. Unter einer Sedation ist kein Lernen möglich und daher hat sie keinen therapeutischen Effekt. Sedation kann allerdings durchaus als unerwünschte Nebenwirkung von einigen der unten besprochenen Psychopharmaka auftreten. In einem solchen Fall muss eine Dosisreduktion vorgenommen oder das Medikament gewechselt werden.

Eine weitere große Sorge der Besitzer ist, dass ihr Tier, wenn es einmal Psychopharmaka bekommen hat, auf jeden Fall eine **lebenslange Medikation** benötigt. Diese Sorgen sind ebenfalls unbegründet und müssen den Besitzern im Gespräch genommen werden. Selbstverständlich ist es das Ziel, die verwendeten Psychopharmaka auch wieder einmal absetzen zu können. Das ist nicht immer möglich, z. B. bei Verhaltensproblemen mit einer partiellen Epilepsiekomponente (▸ Kap. 17 und 31) oder bei Zwangsstörungen (▸ Kap. 18 und 32), sollte aber in den meisten Fällen ausprobiert werden. Da es bei der Langzeitgabe (mind. 12 Monate) auch zu bleibenden Hirnveränderungen kommen kann, ist ein Absetzen in sehr vielen Fällen erfolgreich möglich.

Ein Vorurteil ist auch die landläufige Meinung, dass ausschließlich das **Besitzerverhalten die Ursache** für Verhaltensprobleme ist, und daher Psychopharmaka nicht eingesetzt werden müssen, sondern nur das Besitzerverhalten geändert werden muss, um einen Erfolg zu erzielen. Dies ist natürlich nicht der Fall. In der überwiegenden Zahl der in einer verhaltensmedizinischen Praxis vorgestellten Fälle stellt die Ausprägung des bestehenden Problems eine Kombination aus Eigenheiten des Tieres sowie der Art der Interaktion des Besitzers mit seinem Tier dar. Gängige Beispiele für nicht Besitzer-abhängige Ursachen für Verhaltensproblematiken sind eine schlechte Aufzucht, vorangegangene schlechte Erlebnisse (z. B. Tiere aus dem Ausland), genetische Ursachen (z. B. epileptiforme Verhaltensstörungen, Zwangsstörungen) oder auch degenerative Prozesse (z. B. kognitives Dysfunktionssyndrom). Es ist daher auch ein wichtiger Bestandteil der verhaltensmedizinischen Beratung und Begleitung, den Besitzern die Angst zu nehmen, dass sie vom Therapeuten als „unfähig“ abgestempelt werden, da ihr Tier ein Verhaltensproblem zeigt.

Auch die Therapeuten müssen sich von dem häufig bei ihnen anzutreffenden Vorurteil frei machen, dass der Einsatz von Psychopharmaka einem **„Versagen“** gleichkommt, da sie das Problem nicht anders in den Griff bekommen. Gut ausgebildete Therapeuten wissen, dass Psychopharmaka nur ein weiteres therapeutisches Tool sind, das in manchen Fällen hilfreich, angebracht oder auch einmal unumgänglich sein kann. So kann es z. B. notwendig sein, bei extremen Angststörungen Psychopharmaka zu verwenden. Oft wird dabei durch eine pharmakologische Angstreduktion erst ermöglicht, dass das Tier überhaupt zugänglich für den notwendigen Lernprozess wird. Bei starker Trennungsangst, bei der der betroffene Hund sich beim Versuch sich zu befreien selbst verletzt, können Psychopharmaka ebenfalls schnell eine deutliche Erleichterung schaffen und das Lernen erleichtern. Ein Beispiel, bei dem der Einsatz von Psychopharmaka auch zusätzlich therapeutisch sinnvoll ist, ist die Silvesterangst. Meist ist nämlich die Desensibilisierung/Gegenkonditionierung nicht ausreichend, um dem stundenlangen Lärmen in der Silvesternacht Stand zu halten. Es kann zudem auch sein, dass Psychopharmaka aufgrund der speziellen, individuellen Situation (z. B. Leidensdruck der Besitzer, physische und/oder psychische Einschränkungen der Besitzer oder weiterer involvierter Familienmitglieder) empfehlenswert sind. In manchen Fällen sind aber Psychopharmaka auch zwingend notwendig. Das ist z. B. bei Verhaltensproblemen mit einer partiellen Epilepsiekomponente (▸ Kap. 17 und 31) der Fall, um die Anfallshäufigkeit zu reduzieren. Aber auch bei Verhaltensauffälligkeiten aufgrund degenerativer Prozesse (z. B. kognitives Dysfunktionssyndrom ▸ Kap. 19) oder bei der REM-Schlaf-Verhaltensstörung (▸ Kap. 20) ist eine medikamentöse Behandlung essenziell. Ein weiteres Beispiel, wo eine Behandlung ohne medikamentöse Unterstützung einem Kunstfehler gleichkommt, sind schwere Zwangsstörungen (▶ Kap. 18 und 32), bei denen das Normalverhalten stark eingeschränkt ist und/oder es zu Selbstverletzungen kommt. Insgesamt sind Zwangsstörungen ohne Medikamente praktisch nie richtig in den Griff zu bekommen.

Ein weiteres Vorurteil ist, dass Psychopharmaka auch oft als **„leichter Ausweg"** gesehen werden. Dies steht konträr zu dem Vorurteil, dass nur der Besitzer an den Verhaltensproblemen des Tieres Schuld ist.

Viele Menschen denken, dass Psychopharmaka anstatt einer Verhaltenstherapie Anwendung finden und denselben Erfolg bringen. Das ist jedoch nicht der Fall. Den Besitzern muss daher immer sehr deutlich klar gemacht werden, dass Psychopharmaka die Verhaltenstherapie nur unterstützen, aber in keinem Falle ersetzen können. Durch Psychopharmaka werden eventuell Lernprozesse erst möglich gemacht, aber Lernprozesse werden dadurch nicht ausgelöst.

6.2.2 Verwendung und Auswahl geeigneter Psychopharmaka

Ist der Therapeut nach reichlicher Abwägung aller Faktoren zu dem Schluss gekommen, dass in einem Fall Psychopharmaka hilfreich sein können, stellt sich die Frage, welches Medikament verschrieben werden soll. Dies ist von verschiedenen Faktoren abhängig, u. a. von der rechtliche Situation, dem Gesundheitszustand, der Art der Verabreichung, der erhofften Wirkung etc.

Rechtslage

In Deutschland ist kein Psychopharmakon speziell für Katzen zugelassen und nur sehr wenige explizit für die Verwendung beim Hund. Beispiele für zugelassene Medikamente sind Selegilin (Handelsname Selgian®) oder Clomipramin (Handelsname Clomicalm®). Teilweise ist die Zulassung auch zusätzlich noch extrem eingeschränkt. So ist Clomicalm® z. B. laut Packungsbeilage „zur Unterstützung bei der Behandlung von trennungsbedingten Verhaltensauffälligkeiten bei Hunden, die sich durch destruktives Verhalten und unangemessenes Ausscheidungsverhalten (Kot- und Harnabsatz) zeigen und nur in Kombination mit einer Verhaltenstherapie" zu verwenden.

Daher müssen, wenn möglich, sowohl die Kaskadenregelung zum Einsatz kommen, als auch die Umwidmung humanmedizinischer Arzneimittel. Letzteres ist weitaus häufiger der Fall, da in Bezug auf Psychopharmaka in der Veterinärmedizin ein echter Therapienotstand herrscht.

Gesundheitszustand

Welches Psychopharmakon zum Einsatz kommen soll hängt auch vom aktuellen Gesundheitszustand des betroffenen Tieres ab. So gibt es z. B. gerade bei Tieren, die an Epilepsie oder Lebererkrankungen leiden, verschiedene Einschränkungen.

Diese werden bei den einzelnen Psychopharmaka explizit erwähnt. Neben der Leber, in der die meisten der im Folgenden vorgestellten Therapeutika verstoffwechselt werden, müssen im Einzelfall auch andere Organsysteme vorab abgeklärt werden. Dies gilt besonders für das Herz-Kreislauf-System wenn ein Einsatz von β-Rezeptoren-Blockern (► Kap. 6.5.5) geplant ist. Bei Verdacht auf eine epileptiforme Ursache für Verhaltensproblematiken sollte im Rahmen eines kompletten neurologischen Workups auch das Gehirn eingehender untersucht werden, z. B. mithilfe einer Kernspinuntersuchung.

Zumindest ein großes Blutbild sollte jedoch immer vorab erstellt werden. Werden über einen längeren Zeitraum Psychopharmaka verabreicht, dann sollten die Blutwerte (v. a. Leberwerte) auch in regelmäßigen Abständen kontrolliert werden.

PRAXISTIPP

Es empfiehlt sich, vor Beginn einer Therapie mit Psychopharmaka immer ein großes Blutbild zu machen. Auf diese Weise kann objektiver beurteilt werden, ob eine Veränderung im Blutbild in Zusammenhang mit dem verwendeten Psychopharmakon stehen könnte, oder schon vorab vorhanden war.
Bei einer Langzeitbehandlung mit Psychopharmaka empfiehlt es sich, abhängig vom Alter und Vorerkrankungen, das große Blutbild **jährlich oder halbjährlich** zu wiederholen. Auf diese Weise können Veränderungen rechtzeitig erkannt, und die Medikation wenn nötig angepasst werden.

Verabreichung

Die Art der Verabreichung kann auch einen Einfluss auf die Wahl des Medikamentes haben. So ist Buspiron (► Kap. 6.5.3) z. B. sehr gut zur Behandlung milder Angststörungen bei Katzen geeignet. Allerdings muss es zweimal täglich oral verabreicht werden. Dies stellt für manche Besitzer-Katze-Teams definitiv eine unlösbare Aufgabe dar. Dazu kommt noch, dass das Medikament bitter schmeckt, also auch nur selten erfolgreich in Fleischbällchen etc. gegeben werden kann. Daher muss meist auf eine andere, umsetzbare Variante ausgewichen werden.

Wirkung

Im Idealfall ist man sich als Therapeut vor Behandlungsbeginn darüber im Klaren, welcher Neurotransmitter beeinflusst werden muss, um die Verhaltensproblematik zu verbessern. Abhängig davon stehen dann verschiedene Medikamente zur Verfügung. Allerdings gibt es auch einige Psychopharmaka, deren Wirkweise unbekannt ist. Darüber hinaus ist es nicht immer möglich im Vorfeld genau zu eruieren, welcher Neurotransmitter verändert werden soll. Daher muss oft nach Anwendungsgebiet der einzelnen Medikamente vorgegangen und eventuell das Medikament auch mehrmals gewechselt werden.

Sonstiges

Die Zeitdauer bis zum Wirkeintritt kann ebenfalls beeinflussen, welches Psychopharmakon verwendet wird. So muss in den Fällen, in denen eine sofortige Besserung zwingend notwendig ist, z. B. weil es zu Automutilation kommt, ein sofort wirkendes Medikament genommen werden. Dies wird eventuell nur übergangsweise gegeben, bis ein anderes, besser passendes nach mehreren Wochen seinen Wirkspiegel erreicht hat. Ist keine Gefahr im Verzug, kann auch gewartet werden, bis über mehrere Wochen der optimale Wirkspiegel erreicht wird.

6.3 Behandlungsdauer

Wie bereits oben erwähnt, bedeutet die Gabe von Psychopharmaka nicht, dass das betroffene Tier lebenslang diese Medikamente zu sich nehmen muss. Die Behandlungsdauer ist stark von der Art des Problems und den individuellen Fortschritten der begleitenden Verhaltenstherapie abhängig. Bei einigen wenigen Problemen ist, wie bereits erwähnt, eine lebenslange Medikation angesagt (z. B. bei Verhaltensproblemen mit einer partiellen Epilepsiekomponente ► Kap. 17 und 31, bei Zwangsstörungen ► Kap. 18 und 32 oder degenerativen Prozessen ► Kap. 19). Sonst ist aber immer das Ziel, die Medikamente auch baldmöglichst wieder abzusetzen. Einige der sofort wirksamen Medikamente, die nur gegeben werden bis die Hintergrundmedikation angeflutet ist (z. B. Benzodiazepine, β-Rezeptoren-Blocker etc.), können nach 4–8 Wochen abgesetzt werden. So lange dauert in der Regel das Anfluten. Die langsam anflutenden Medikamente (z. B. SSRIs, SRIs, trizyklische Antidepressiva) sollten erst nach mehreren Monaten abgesetzt werden.

Faustregel: Mit einem Absetzen langsam anflutender Medikamente sollte frühestens dann begonnen werden, wenn das Problem für mindestens 2–3 Monate zur Zufriedenheit der Besitzer unter Kontrolle ist.

Dabei ist es zusätzlich wichtig, dass diese Medikamente sehr langsam über mehrere Wochen abgesetzt werden. Kommt es zu einem Rückschritt mit sinkendem Medikamentenspiegel, kann die Dosis wieder erhöht werden. Wird das Medikament schnell komplett abgesetzt und soll dann aufgrund des Rückschrittes wieder in der ursprünglich wirksamen Dosis gegeben werden, ist es meist so, dass die ursprüngliche Wirkung nicht mehr erreicht wird. Eine Dosiserhöhung oder ein Medikamentenwechsel sind dann notwendig. Ist ein Absetzen zunächst nicht möglich, kann es dennoch wieder nach ein paar Monaten weiterer Verhaltenstherapie probiert werden. Wenn der Lerneffekt durch die Verhaltenstherapie ausreichend war, wird ein vollständiges Absetzen möglich sein.

! Eine Ausnahme in Bezug auf das Absetzen ist Selegilin. Dieses Medikament muss abrupt abgesetzt werden.

6.4 Verabreichung von Psychopharmaka

Bei Hunden ist es in der Regel nicht so problematisch, regelmäßig Tabletten einzugeben. Meist reicht es schon, die Tabletten oder Kapseln mit einer Streichwurst, Erdnussbutter, Frischkäse oder Butter zu umhüllen, damit sie aufgenommen werden. Bei Katzen kann sich das Ganze allerdings deutlich schwieriger gestalten. Bei einzelnen Medikamenten sind im Folgenden Tipps zur Verabreichung bei Katzen gegeben. Insgesamt sollten aber Katzenbesitzer allgemein mit ihren Tieren an einer Art Medical Training (► Abb. 6-2) arbeiten, bei der die Katze lernt, sich freiwillig Tabletten oder Flüssigkeiten geben zu lassen. Dies kann gut mithilfe sehr begehrter Leckerchen und beliebter Spielsequenzen durchgeführt werden, die es immer vorab und anschließend als Belohnung gibt. Angefangen wird damit, dass die notwendigen Manipulationen wie Halten, Maul öffnen usw. trainiert und belohnt werden. Besitzer, die Zweifel haben, dass sie das leisten können, können u. a. damit motiviert werden, dass Labor- und Zootiere problemlos lernen können, sich Impfungen geben oder auch Blut abnehmen zu lassen, wenn sie dafür positiv bestärkt werden.

Abb. 6-2
Kater, der ein sogenanntes Medical Training durchlaufen hat, und dem nun problemlos Medikamente per Spritze verabreicht werden können.

6.5 Verschiedene Psychopharmaka

6.5.1 SSRIs – Selektive Serotonin-Wiederaufnahmehemmer

Die selektiven Serotonin-Wiederaufnahmehemmer (=selective serotonin reuptake inhibitors = SSRIs) sind momentan die in der tierärztlichen Verhaltensmedizin gängigsten und am häufigsten verwendeten Psychopharmaka. Sie wirken am präsynaptischen Neuron und verhindern dort die Wiederaufnahme von Serotonin aus dem synaptischen Spalt. Somit bleibt Serotonin länger verfügbar. Serotonin ist ein stimmungsaufhellender Neurotransmitter und daher werden die SSRIs in der Humanmedizin u. a. als Antidepressiva verwendet. Diese antidepressive sowie die angstlösende Wirkung macht man sich auch in der Tiermedizin zunutze. Da diese Medikamente sehr selektiv auf die Serotoninrezeptoren wirken und kaum Effekte auf die Noradrenalin- und Histaminrezeptoren haben, sind die Nebenwirkungen im Allgemeinen gering und selten.

Am häufigsten werden in der Tiermedizin Fluoxetin, Sertralin, Paroxetin oder Fluvoxamin verwendet. Auch wenn alle diese Medikamente eigentlich eine fast gleiche Wirkung haben, ist die Effektivität der einzelnen Optionen doch individuell sehr unterschiedlich. Daher kann ein Wechsel zwischen diesen Medikamenten bei mangelndem Erfolg durchaus sinnvoll sein.

Fluoxetin ist der am häufigsten verwendete SSRI. In den USA ist es daher auch seit 2007 unter dem Handelsnamen Reconcile® als Kautablette für Hunde zur Behandlung von Trennungsangst zugelassen. In Deutschland gibt es keine für die Tiermedizin zugelassenen SSRIs.

Anwendungsgebiete

Hauptanwendungsgebiete für SSRIs sind Angststörungen aller Art (z. B. Trennungsangst, Geräuschangst, Angstaggression), Markierverhalten und Zwangsstörungen bei Hund und Katze. Zudem können sie manchmal bei bestimmten epileptiformen Verhaltensproblematiken bei Katzen (▸ Kap. 31) erfolgreich sein, sowie bei einer niedrigen Frustrationstoleranz oder Depressionen (z. B. nach Verlust eines Artgenossen oder einer Bezugsperson).

Welches SSRI am wirksamsten ist, ist individuell sehr unterschiedlich. Daher kann es auch sein, dass unter den einzelnen SSRIs gewechselt werden muss, abhängig vom Therapieerfolg. Allerdings gibt es schon gewisse Tendenzen bei den einzelnen SSRIs. So sind z. B. Fluoxetin und Fluvoxamin im Allgemeinen bei Zwangsstörungen und Angstproblemen am wirksamsten. Fluoxetin ist auch Mittel der Wahl bei Angstaggression. Sertralin scheint bei generalisierten Angststörungen am wirksamsten zu sein und Paroxetin bei sozialen Phobien.

Unerwünschte Wirkungen

SSRIs sind, wie bereits erwähnt, nebenwirkungsarm und meist auch gut verträglich. Die häufigsten Nebenwirkungen sind eine Appetitreduktion und/oder Lethargie. Diese Nebenwirkungen treten vor allem in den ersten 2 Behandlungswochen auf und sind vorübergehender Natur. Sind sie nur mild, dann kann abgewartet werden, bis sie wieder abgeklungen sind. Sollte es sich jedoch um eine deutliche Futterverweigerung oder Apathie handeln, muss die Dosis zunächst erniedrigt werden. Eine Dosiserhöhung sollte erst nach dem Abklingen der Beschwerden und dann auch nur langsam erfolgen. Weitere mögliche, aber in der Regel nur sehr selten vorkommende Nebenwirkungen sind Magendarmsymptome (Erbrechen, Durchfall) sowie Muskelzittern.

Bei epileptischen Tieren sollten SSRIs unter Vorbehalt eingesetzt werden und zunächst nur in niedriger Dosierung. Da SSRIs im Verdacht stehen die epileptische Anfallsschwelle zu senken, sollte die Anfallshäufigkeit dann genau überwacht werden.

Bei Katzen kann es in Einzelfällen dazu kommen, dass sich die Tiere sozial zurückziehen und weniger oder nicht mehr mit ihren Besitzern interagieren. Ist dies der Fall, sollte der Wechsel auf ein anderes SSRI versucht werden, oder der Wechsel zu Clomipramin.

Kontraindikationen

> **!** SSRIs dürfen **unter keinen Umständen** zeitgleich mit MAO-Hemmern verabreicht werden. Es besteht die Gefahr der Entwicklung eines **Serotonin-Syndroms**. Dies ist ein lebensbedrohlicher Zustand aufgrund massiv erhöhter Serotonin-Konzentrationen im Körper. Es kommt zu erhöhtem Puls und Blutdruck sowie zu Übelkeit, Erbrechen, Halluzinationen, Bewusstseinsstörungen, Tremor, Myoklonie, epileptischen Anfällen und Hyperthermie. Ein manifestes Serotonin-Syndrom ist ein akuter Notfall. Es kann nur symptomatisch behandelt werden sowie durch ein sofortiges Absetzen aller den Serotoninspiegel erhöhenden Medikamente.

Soll ein Wechsel von SSRIs zu MAO-Hemmern erfolgen, so muss erst der SSRI schrittweise abgesetzt werden und eine anschließende dreiwöchige Behandlungspause eingehalten werden, bevor mit der Behandlung mit dem MAO-Hemmer begonnen werden kann.

Dosierung und Verabreichung

Fluoxetin
Hund: 1–2 mg/kg, einmal täglich
Katze: 0,5–1 mg/kg, einmal täglich

Da bei Katzen die Verabreichung von Tabletten des Öfteren mit Problemen verbunden ist, und da die verfügbaren Tabletten für Katzen meist zu hoch dosiert sind, empfiehlt es sich, eine schmackhafte Fluoxetinlösung anzumischen.

PRAXISTIPP

Eine individuelle **Fluoxetinmischung** für Katzen kann folgendermaßen hergestellt werden:
Abhängig vom Gewicht der zu behandelnden Katze sollten die 10 mg oder die 20 mg Kapseln verschrieben werden, zusammen mit einer 10 ml Spritze mit passender Kappe. Die Besitzer sollen eine Kapsel öffnen (z. B. mit einer Schere), das Pulver in eine Tasse geben und dann mithilfe der Spritze 10 ml einer Flüssigkeit hinzugeben, die die betreffende Katze besonders gerne mag (z. B. Saft aus Tunfischdose, Katzenmilch, Hühnerbrühe etc.). Anschließend wird die Mischung gut verrührt und alles wieder in die Spritze aufgesaugt. Nun haben die Besitzer 1 mg Fluoxetin/ml, bzw. 2 mg/ml in der Spritze, die sie gekühlt aufbewahren sollten. Die passende Menge der angemischten Fluoxetinflüssigkeit wird einmal täglich nach einem Aufschütteln der Suspension auf das Feuchtfutter getropft. So wird das Medikament in der Regel gut aufgenommen. Die Mischung kann bis zu 3 Tage im Kühlschrank aufbewahrt werden.

Sertralin
Hund: 2,5–5 mg/kg, einmal täglich
Katze: 1–4 mg/kg, einmal täglich

Paroxetin
Hund: 1–2 mg/kg, einmal täglich
Katze: 0,5–1 mg/kg, einmal täglich

Fluvoxamin
Hund: 1 mg/kg, ein- zweimal täglich (Overall, 2013)
Katze: 0,25–0,5 mg/kg, einmal täglich (Overall, 2013)

Die Anflutungszeit beträgt jeweils ca. 4–6 Wochen. Bei Sertralin dagegen 2–4 Wochen. Ein Absetzen der erwähnten SSRIs sollte immer schrittweise über mehrere Wochen erfolgen.

Fallbeispiel

Schwanz- und Ohrenbeißen

Vorstellungsgrund
Der 1-jährige, kastrierte Cavalier King Charles Spaniel Lord zeigt seit ca. 8–9 Monaten ein zwanghaft anmutendes Schwanz- und Ohrenbeißen.

Anamnese

Lord lebt bei einem älteren Rentnerehepaar. Er wurde von einem augenscheinlich sehr guten Züchter im Alter von 8 Wochen übernommen und entwickelte sich zunächst unauffällig. Im Alter von ca. 3 oder 4 Monaten musste er zum Tierarzt, wo die Analdrüsen entleert wurden. Seit diesem Tag zeigte er sporadisches Schwanzjagen, was sich schnell steigerte. Nach einigen Wochen kam das Ohrbeißen dazu, bei dem sich Lord in einer stereotyp ablaufenden Bewegung immer wieder in die unten an seinen Ohren hängenden Haare beißt. Vor wenigen Wochen kam noch hinzu, dass sich Lord sehr häufig die rechte Pfote leckt. Die Besitzer empfinden dies ebenfalls als zwanghaft. Auslöser für die Verhaltensweisen können die Besitzer nicht nennen, aber die Verhaltensweisen werden täglich mehrmals gezeigt. Die Besitzer schätzen, dass Lord insgesamt etwa 3–4 Stunden pro Tag mit den auffälligen Verhaltensweisen verbringt.
Lord wurde vom Haustierarzt gründlich untersucht. Ein großes Blutbild zeigte keine besonderen Auffälligkeiten. Eine komplette neurologische Untersuchung an der Uniklinik brachte ebenfalls keine Ergebnisse. Der Haustierarzt verschrieb daraufhin Amitriptylin. Dieses wurde zum Beratungszeitpunkt bereits seit 3 Monaten in einer Dosierung von 2 mg/kg zweimal täglich verabreicht. Die Besitzer konnten keine Veränderung aber auch keine Nebenwirkungen seit Beginn der Medikation erkennen.
Auf Anraten eines befreundeten Trainers versuchen die Besitzer seit Neuestem das Verhalten mit einem Stachelhalsband zu unterbrechen.
Sowohl das Schwanzjagen als auch das Ohrenbeißen konnten in der Beratung direkt beobachtet werden. Es war jeweils kein konkreter Auslöser erkennbar und es war nur schwer durch die Besitzer zu unterbrechen. Die Unterbrechungen waren zudem nicht von Dauer.

Diagnose

Zwangsstörung (► Kap. 18)

Prognose

Die Prognose ist als vorsichtig zu sehen, da die Zwangsstörung schon in so einem jungen Alter erstmals auftrat.

Therapie

- Tagebuch schreiben, um vielleicht doch Auslöser identifizieren zu können
- kein Bestrafen (kein Stachelhalsband!) und Bestärken des Verhaltens
- ausreichende körperliche und geistige Auslastung mit Futterspielzeugen, Clickertraining, Agility und dem Trainieren neuer Kommandos zuhause und auf dem Spaziergang etc.
- Absetzen von Amitriptylin und 1 Woche später Beginn der Gabe von Fluoxetin mit 1 mg/kg einmal täglich

Verlauf

Die Besitzer zeigten große Compliance mit der Medikamentengabe, aber setzten nur etwa die Hälfte der Maßnahmen zur körperlichen und geistigen Auslastung um. Im Laufe der ersten 6 Behandlungswochen reduzierte sich das Schwanzjagen und Ohrenbeißen schrittweise. Das Pfotenlecken trat nach einer Woche nicht mehr auf. Nach 6 Wochen konnten die Besitzer auch kein Schwanzjagen und Ohrenbeißen mehr beobachten.

Nach einem Jahr berichteten die Besitzer, dass das Ohrenjagen im Urlaub aufgetreten war, als die Besitzer 2 Wochen lang mit ihrem Boot segeln waren und Lord mit an Bord hatten. Es war jedoch von der Ausprägung her sehr mild und die Besitzer stuften es nicht als störend oder einschränkend für sich selbst oder den Hund ein. Einen Absetzversuch wollten die Besitzer erst frühestens ein Jahr später wagen.

6.5.2 Trizyklische Antidepressiva

Trizyklische Antidepressiva haben ihren Namen von der typischen Dreifachringstruktur und ihrer antidepressiven Wirkung. Sie waren lange Zeit die am häufigsten verwendeten Psychopharmaka in der Tierverhaltensmedizin. Sie wirken auf mehrere verschiedene Neurotransmitter und können daher nicht immer ganz so gezielt eingesetzt werden wie SSRIs. Sie hemmen unter anderem die Wiederaufnahme der Neurotransmitter Serotonin, Adrenalin und Noradrenalin, was eine Stimmungsaufhellung bewirkt. Trizyklische Antidepressiva greifen jedoch auch an anderer Stelle an und haben eine gewisse antihistaminerge und analgetische Wirkung.

Früher wurde Amitriptylin am häufigsten in der Tiermedizin verwendet. Es ist aber längst nicht mehr Mittel der Wahl, da es wenig selektiv wirkt und mehr Nebenwirkungen hat. Es hat aber eine deutliche antihistaminerge und analgetische Wirkung, die eventuell im Einzelfall sinnvoll sein kann.

Clomipramin ist heute das gängigste trizyklische Antidepressivum. Aufgrund seiner Wirkung vor allem auf das Serotoninsystem wird es auch als Serotoninwiederaufnahmehemmer (=serotonin reuptake inhibitor = SRI) bezeichnet. Clomipramin ist unter dem Handelsnamen Clomicalm® tiermedizinisch zugelassen für die Behandlung der Trennungsangst beim Hund.

Anwendungsgebiete

Die Hauptanwendungsgebiete für trizyklische Antidepressiva sind ähnlich wie bei den SSRIs Angststörungen, Phobien sowie Zwangsstörungen und Depression bei Hund und Katze. Clomipramin ist das trizyklische Antidepressivum der Wahl. Wird eine antihistaminerge und/oder analgetische Wirkung gewünscht, oder helfen weder Clomipramin noch SSRIs, dann kann Amitriptylin hilfreich sein. Ansonsten ist es aufgrund seiner deutlichen Nebenwirkungen und unspezifischeren Wirkung eigentlich obsolet.

Unerwünschte Wirkungen

Die Nebenwirkungen von Clomipramin sind ähnlich denen der SSRIs. So kommt es ebenfalls vor allem zu einer vorübergehenden Appetitreduktion und/oder Lethargie. Die weiteren Nebenwirkungen, die bei Amitriptylin deutlicher und häufiger vorkommen, werden durch die anticholinerge Wirkung hervorgerufen. Es kann somit zu Harnretention, Konstipation, Mydriasis und trockenen Schleimhäuten kommen. Auch Sedierung und Erbrechen sind weitere mögliche Nebenwirkungen. In Einzelfällen kann es auch zu Tachykardie und Arrhythmien kommen. Zudem senken die trizyklischen Antidepressiva die Anfallsschwelle. Bei epileptischen Tieren sollten sie daher nur unter Vorbehalt eingesetzt werden und nur in niedriger Dosierung.

Lassen sich die Nebenwirkungen nicht durch eine Dosisreduktion managen, so sollte das Medikament gewechselt werden.

Kontraindikationen

> **!** Bei Herz- und Leberproblemen sollten trizyklische Antidepressiva nicht eingesetzt werden. Ebenso dürfen sie **auf keinen Fall** gleichzeitig mit MAO-Hemmern gegeben werden, da es zum lebensbedrohlichen **Serotonin-Syndrom** (s. Kontraindikationen SSRIs) kommen kann.

Soll ein Wechsel von trizyklischen Antidepressiva zu MAO-Hemmern erfolgen, so muss erst das Antidepressivum schrittweise abgesetzt werden, und eine anschließende dreiwöchige Behandlungspause erfolgen, bevor mit der Behandlung durch den MAO-Hemmer begonnen werden kann.

Dosierung und Verabreichung

Amitriptylin
Hund: 1–2 mg/kg, zweimal täglich
Katze: 0,5–2 mg/kg, einmal täglich

Clomipramin
Hund: 1–2 mg/kg, zweimal täglich
Katze: 0,25–0,5 mg/kg, einmal täglich

> In alten und manchen amerikanischen Büchern wird oft angegeben, dass Clomipramin beim Hund ein- bis zweimal täglich gegeben werden soll. Eine einmalige Gabe ist allerdings nicht ausreichend!

Die Dosierungen können nach der Anflutungszeit evtl. weiter erhöht werden. Die Anflutungszeit für Clomipramin beträgt ca. 4–6 Wochen, die für Amitriptylin 2–4 Wochen.

Fallbeispiel

Ängstliches Verhalten und Unsauberkeit

Vorstellungsgrund

Der 13-jährige, kastrierte Schipperke Rüde Paul zeigt seit ca. 9 Monaten sehr ängstliches Verhalten mit Unsauberkeit, wenn er alleine ist. Kurze Zeit später begannen seine Probleme bei Gewitter. Sobald es donnert ist Paul nicht mehr ansprechbar und zerkratzt Fensterrahmen und Türen.

Anamnese

Paul gehört einem älteren Ehepaar. Er wurde im Alter von 3 Jahren aus dem Tierheim übernommen. Über seine Herkunft ist nichts bekannt. Er war immer ein recht unkomplizierter aber ängstlicher Hund, der sich recht anhänglich zeigte. Er bevorzugte dabei den männlichen Besitzer deutlich. Ein Alleinbleiben für bis zu 8 Stunden war jedoch kein Problem. Vor 2 Jahren wurde bei Paul ein Lebertumor entfernt.
Vor 9 Monaten starb der männliche Besitzer. Seither besteht das Problem mit dem Alleinbleiben. Kurz darauf wurde bei Paul ein bösartiges Osteosarkom in der rechten Vorderpfote diagnostiziert. Seither hat sich seine Ängstlichkeit verschlimmert und auf die Gewitterproblematik ausgeweitet. Das Osteosarkom wird über die onkologische Abteilung einer Universitäts-Tierklinik behandelt. Die Prognose ist infaust.
Die verwitwete Besitzerin leidet momentan unter Brustkrebs und ist nur eingeschränkt dazu in der Lage, mit Paul zu arbeiten.

Diagnose

Angststörung (Trennungsangst und Gewitterangst), vermutlich aufgrund von krankheitsbedingten Schmerzen und dem Verlust der Hauptbezugsperson.

Prognose

Die Prognose ist als vorsichtig zu sehen, da wenig trainiert werden kann. Eine Schmerz- und Angstlinderung sind dringend anzustreben, um eine akzeptable Lebensqualität für Paul aufrechtzuerhalten.

Therapie

- ganz mildes Distanztraining (Paul dafür belohnen, wenn er in anderem Zimmer bleibt)
- Paul möglichst wenig alleine lassen, wenn doch nötig: Alprazolam geben
- Amitriptylin in einer Dosierung von 2 mg/kg einmal täglich zur Angst- und Schmerzreduktion

Verlauf

Paul verträgt Amitriptylin sehr gut. Innerhalb von 4 Wochen nach Therapiebeginn verbessert sich sein Verhalten deutlich. Er kann eine Stunde lang alleine bleiben und bei einem Gewitter bleibt er ansprechbar und lässt sich von der Besitzerin in einen etwas schallgedämpften Raum im Keller führen, wo er relativ ruhig bleibt. Seine Ängstlichkeit erscheint allgemein deutlich reduziert. Weitere 4 Wochen später wird Paul aufgrund des Fortscheitens des Osteosarkoms euthanasiert.

6.5.3 Azapirone

Azapirone sind eine eher inhomogene Gruppe an anxiolytischen und antipsychotischen Agenzien. Sie werden in der Humanmedizin in der Regel begleitend zu SSRIs gegeben, deren antidepressive Eigenschaften sie verstärken.

Aus dieser Wirkstoffgruppe spielt nur Buspiron eine Rolle in der tierärztlichen Verhaltensmedizin. Es hat eine merkliche Serotonin-verstärkende Wirkung, blockiert auch in gewissem Maße Dopamin und ist ein Antagonist an adrenergen Rezeptoren. Es flutet schnell an und hat einen geringen sofortigen Effekt. Buspiron wird in der Verhaltensmedizin oft als Alternative zu den Benzodiazepinen (► Kap. 6.5.4) gegeben, da es im Gegensatz zu diesen keinerlei Abhängigkeit erzeugt und nebenwirkungsärmer ist. Allerdings liegt es preislich höher als Benzodiazepine. Buspiron ist nicht in einer tiermedizinischen Variante erhältlich.

Anwendungsgebiete

Die Anwendungsgebiete umfassen milde Angststörungen, Urinmarkieren sowie Katzentoilettenaversion mit Angstkomponente.

> Buspiron führt zu Enthemmung bei Aggression. Es darf daher unter keinen Umständen bei gehemmter Aggression verabreicht werden.

Aufgrund der enthemmenden Wirkung darf Buspiron in Aggressionsfällen nur nach sorgfältiger Indikationsstellung verwendet werden. Buspiron ist allerdings bei Unverträglichkeiten zwischen Katzen im selben Haushalt unter Umständen hilfreich. Da es zu einem erhöhten Selbstbewusstsein führt, kann es sinnvoll sein, Buspiron dem „Opfer" der Auseinandersetzungen zu geben, wenn es sich nie gewehrt hat.

Unerwünschte Wirkungen

Im Allgemeinen ist Buspiron sehr gut verträglich. Nebenwirkungen sind in der Regel bei Hunden seltener anzutreffen. Die häufigsten Nebenwirkungen sind Lethargie, Erbrechen und wie bereits erwähnt, Enthemmung bei Aggression. Bei Katzen kann es manchmal zusätzlich zu einer vorübergehenden Übererregbarkeit ca. 30–60 Minuten nach Gabe der Tabletten kommen. Kann dies nicht mit einer Dosisreduktion umgangen werden, sollte das Medikament gewechselt werden.

Kontraindikationen

Ähnlich wie bei den trizyklischen Antidepressiva sollte Buspiron bei Tieren, die an Epilepsie oder Leberproblemen leiden, nur in einer niedrigen Dosierung verwendet werden.

! Auch Buspiron darf **niemals** gleichzeitig mit MAO-Hemmern gegeben werden, da sonst die Gefahr des **Serotonin-Syndroms** (s. Kontraindikationen SSRIs) besteht.

Eine dreiwöchige Behandlungspause zwischen der Buspiron-Gabe und der Gabe von MAO-Hemmern ist zwingend notwendig.

Dosierung und Verabreichung

Buspiron
Hund: 5–15 mg/Hund, zweimal täglich
Katze: 2,5–7,5 mg/Katze, zweimal täglich

PRAXISTIPP

Buspiron schmeckt sehr bitter. Daher empfiehlt es sich v. a. bei Katzen, die Tabletten in Gelkapseln zu verabreichen.

Die Anflutungszeit für Buspiron beträgt 1–2 Wochen. Es sind aber auch oft schon sofortige Effekte erkennbar.

6.5.4 Benzodiazepine

Der Name der Benzodiazepine leitet sich von ihrer typischen Struktur ab. Sie bestehen aus einem Benzolring, der mit einem siebengliedrigen Ring mit zwei Stickstoffatomen verbunden ist. Benzodiazepine wirken auf den hemmenden Neurotransmitter γ-Aminobuttersäure (GABA). Sie binden an eine spezifische Komponente des $GABA_A$-Rezeptors, wodurch die Bindung von GABA an den Rezeptor erleichtert wird. Zusätzlich erhöhen sie die Öffnungsfrequenz von mit den Rezeptoren verbundenen Cholridkanälen, was zu einer Hyperpolarisation der Zellmembran führt. GABA ist der wichtigste hemmende Neurotransmitter im Gehirn. Somit führt eine Verstärkung der GABA-Wirkung zu einer gedämpften Aktivität im ZNS sowie zu einer verminderten emotionalen Antwort.

Die wichtigsten Benzodiazepine in der Tierverhaltensmedizin sind Diazepam, Alprazolam und Clonazepam. In Einzelfällen wird bei der Katze auch Oxazepam anstatt Diazepam angewendet, da es weniger Nebenwirkungen für die Leber hat.

Benzodiazepine unterliegen dem Betäubungsmittelgesetz.

Benzodiazepine haben ein hohes Suchtpotenzial und sollten daher nicht langfristig gegeben werden. In Deutschland sind keine speziell für Tiere zugelassenen Benzodiazepine auf dem Markt erhältlich.

Anwendungsgebiete

Die Anwendungsgebiete der Benzodiazepine sind Angststörung/Phobien. Sie werden v. a. situationsabhängig und/oder vorübergehend eingesetzt, z. B. bei Trennungsangst, Gewitter- und Geräuschangst. Bei Trennungsangst werden sie so lange vor jeder Trennung gegeben, bis die Hintergrundmedikation (z. B. SSRI, SRI) angeflutet ist. Ebenso können sie unterstützend bei Zwangsstörungen eine Erleichterung bringen, bis die Hintergrundmedikation wirkt. Alprazolam ist das Mittel der Wahl bei Geräuschangst. Clonazepam ist das nach momentanem Stand am besten wirksame Medikament bei REM-Schlaf-Verhaltensstörung (► Kap. 20).

Unerwünschte Wirkungen

Alprazolam ist meist am verträglichsten. Die häufigsten Nebenwirkungen sind die einer Überdosierung, also Ataxie (Tier verhält sich „wie betrunken") oder Sedation. Die Reaktionen auf Benzodiazepine sind individuell sehr unterschiedlich. Bei einigen Hunden oder Katzen lösen sie eine paradoxe Reaktion aus und es kommt zur Erregung. Ist dies der Fall, sollte eine niedrigere Dosierung oder ein anderes Medikament (z. B. β-Rezeptoren-Blocker) verwendet werden. Darüber hinaus kann es auch zur Enthemmung kommen.

Diazepam kann zudem bei Katzen eine fatale Leberzellnekrose auslösen. Es sollte daher nur nach sorgfältiger Abwägung der Risiken eingesetzt werden. Oxazepam wird von Katzen besser vertragen und stellt eine gute Alternative dar. Dennoch sollten die Leberenzyme bei Katzen regelmäßig überwacht werden, wenn Benzodiazepine zum Einsatz kommen.

Benzodiazepine erzeugen schnell eine Abhängigkeit. Daher müssen sie bei einer Gabe von mehr als einer Woche am Stück wieder langsam ausgeschlichen werden, um Entzugserscheinungen zu umgehen.

Kontraindikationen

! Wegen der Gefahr einer Enthemmung sind Benzodiazepine bei Aggression kontraindiziert.

Auch bei Leberproblemen, sowie bei trächtigen und laktierenden Tieren sind Benzodiazepine kontraindiziert.

Dosierung und Verabreichung

Die obengenannten Benzodiazepine sind sofort wirksam, das bedeutet, dass sich die volle Wirkung nach 30–45 Minuten zeigt. In niedrigen (therapeutischen) Dosierungen wirken sie angstlösend und sind daher für die Verhaltenstherapie sinnvoll. Diese Dosierungen sind im Folgenden angegeben.

In höheren Dosen wirken Benzodiazepine sedierend. Dies ist bei der Verhaltenstherapie eigentlich unerwünscht. Allerdings kann es in Einzelfällen (z. B. schwerwiegende Zwangsstörung mit akuter Gefährdung von Leib und Leben des betroffenen Tieres) notwendig sein, das Tier zunächst zu sedieren bis die Hintergrundmedikation wirkt.

PRAXISTIPP

Die Wirkung von Benzodiazepinen ist individuell sehr unterschiedlich. Dies erklärt die große Dosierungsbreite. Es empfiehlt sich, mit einer niedrigen Dosierung zu beginnen und diese dann bis zum gewünschten Effekt zu titrieren.

Alprazolam
Hund: 0,02–0,1 mg/kg, bis zu dreimal täglich
Katze: 0,1–0,25 mg/kg, bis zu zweimal täglich

Diazepam
Hund: 0,5–2 mg/kg, zwei- bis dreimal täglich
Katze: 0,25–1 mg/kg, zweimal täglich (Cave! Leberzellnekrose möglich!)

Clonazepam
Hund: 0,1–1 mg/kg, zwei- bis dreimal täglich
Katze: 0,05–0,1–0,2 mg/kg, ein- zweimal täglich (Overall, 2013)

Oxazepam
Hund: 0,2–1,0 mg/kg, bis zu dreimal täglich (große Hunde: 10–20 mg/Hund) (Overall, 2013)
Katze: 0,2–1 mg/kg, zweimal täglich (Overall, 2013)

6.5.5 β-Rezeptoren-Blocker

β-Rezeptoren-Blocker sind, wie der Name schon andeutet, β-Rezeptor-Antagonisten. Das bedeutet, dass sie die aktivierende Wirkung von Adrenalin und Noradrenalin hemmen, wodurch der stimulierende Effekt des Sympathikus auf die Zielorgane (v. a. Herz), gedämpft wird. Somit kommt es zu einer Senkung von Blutdruck und Pulsfrequenz sowie zu einer erniedrigten Schlagkraft und Erregbarkeit des Herzens. Daraus resultiert eine körperliche Beruhigung, die wiederum eine psychische Beruhigung bewirkt. In der Humanpsychiatrie werden β-Rezeptoren-Blocker daher bei Angstzuständen (z. B. Lampenfieber, Prüfungsangst) verwendet.

Der wichtigste, aber unselektive β-Rezeptoren-Blocker in der Tierverhaltenstherapie ist Propranolol. Er ist nicht in einer speziellen tiermedizinischen Version erhältlich.

Anwendungsgebiete

Die Anwendungsgebiete sind ähnlich denen der Benzodiazepine. Sie werden v. a. bei Angststörung/Phobien (v. a. Trennungsangst, Gewitterangst) eingesetzt, ebenfalls situationsabhängig und/oder vorübergehend. Ihr Einsatz ist besonders dann sinnvoll, wenn Benzodiazepine nicht vertragen werden, oder es zu einer paradoxen Reaktion auf diese kam. Da β-Rezeptoren-Blocker nicht zu einer Enthemmung führen, können sie auch bei Aggression eingesetzt werden wenn nötig.

Unerwünschte Wirkungen

Nebenwirkungen sind eher selten und umfassen v. a. Lethargie, Schwindel und Schwäche, was sich aus der verringerten Leistung des Herzens und dem erniedrigten Blutdruck erklärt. Zudem kann es evtl. zu Bronchokonstriktion und Diarrhoe kommen, aufgrund der Wirkung an den β_2-Rezeptoren an der glatten Muskulatur.

Kontraindikationen

Bei einer klinisch manifesten Herzinsuffizienz, einem Herzblock 2. oder 3. Grades, einer Sinusbradykardie oder renalen sowie hepatischen Funktionsstörungen sind β-Rezeptoren-Blocker kontraindiziert. Eine Abklärung des Herzens muss vor der Gabe auf jeden Fall erfolgen.

Dosierung und Verabreichung

Auch Propranolol ist sofort wirksam. Die volle Wirkung tritt nach 30–45 Minuten ein und hält etwa 1–2 Stunden lang an.

Propranolol
Hund: 0,3–1,0 mg/kg, bis zu dreimal täglich (abhängig von erwünschter Wirkungsdauer)

6.5.6 MAO-Hemmer

Die MAO-Hemmer hemmen die sogenannte Monoaminoxidase (=MAO) irreversibel und damit auch den Abbau biogener Amine wie Dopamin, Serotonin, Noradrenalin und Histamin. Diese stehen also länger zur Verfügung. Durch den dadurch hervorgerufenen Serotonin-verstärkenden Effekt können MAO-Hemmer auch bis zu einem gewissen Grad als Antidepressiva eingesetzt werden. In der Tierverhaltensmedizin ist Selegilin von Bedeutung. Es ist unter dem Handelsnamen Selgian® zugelassen zur Behandlung von „Verhaltensstörungen emotionalen Ursprungs" beim Hund. Es hat aber auch deutliche, die kognitive Funktion verstärkende Wirkungen. Wie diese zu erklären sind, ist nicht bekannt. Es wird diskutiert, dass es evtl. als Radikalfänger arbeitet und die Superoxiddismutase verstärkt, da dieses Enzym bei mit Selegilin behandelten Hunden im Striatum erhöht ist.

Anwendungsgebiete

Das Hauptanwendungsgebiet für Selegilin ist das kognitive Dysfunktionssyndrom beim Hund. Es kann evtl. auch bei milden Angststörungen hilfreich sein.

Unerwünschte Wirkungen

Unerwünschte Wirkungen sind eher selten und umfassen vor allem Durchfall, Erbrechen, Salivation und Anorexie. In Einzelfällen kann es auch zur Rastlosigkeit kommen.

Kontraindikationen

Selegilin darf nicht bei laktierenden und trächtigen Hündinnen angewendet werden.

> **!** MAO-Hemmer dürfen **auf keinen Fall** mit SSRIs, trizyklischen Antidepressiva oder Azapironen gleichzeitig gegeben werden. Zwischen beiden Medikamentengruppen muss eine mindestens dreiwöchige Behandlungspause erfolgen. Es besteht die Gefahr, dass es zum **Serotonin-Syndrom** kommt. Dies stellt einen akut lebensbedrohlichen Zustand dar!

Dosierung und Verabreichung

Selegilin
Hund: 0,5–1 mg/kg, einmal täglich
Katze: 0,25–0,5 (1) mg/kg, ein- bis zweimal täglich (Overall, 2013)
Die Anflutungszeit von Selegilin beträgt 3–6 Wochen.

Fallbeispiel

Veränderungen im Schlaf-wach-Rhythmus, Desorientiertheit

Vorstellungsgrund

Der 15,5-jährige, kastrierte Border Collie Rüde Dusty wurde vom Haustierarzt mit einem kognitiven Dysfunktionssyndrom diagnostiziert, da er seit einigen Jahren fortschreitende Veränderungen im Schlaf-wach-Rhythmus, in der Interaktion mit seiner Besitzerin und auch Desorientiertheit zeigt.

Anamnese

Dusty gehört einer älteren Dame, die ihn im Alter von 9 Wochen vom Züchter übernommen hat. Die Besitzerin hängt sehr an dem Hund und er war ihr all die Jahre ein treuer und gehorsamer Begleiter.

Seit Dusty etwa 11,5 Jahre alt ist, begannen sich Veränderungen in seinem Verhalten zu zeigen. Zunächst fiel der Besitzerin auf, dass Dusty nachts weniger schlief, öfter wach war, aber dafür tagsüber mehr und länger schlief als zuvor. Im Laufe der Zeit hatte sie immer wieder den Eindruck, dass er nicht mehr richtig „bei sich" war. Dusty begann immer häufiger Kommandos nicht zu verstehen. Als Dusty vor ca. 3 Monaten damit begann hinter der Couch „festzustecken" und nicht mehr zu verstehen, wie er dort wieder hinauskommen sollte, suchte die Besitzerin den Haustierarzt auf. Dieser diagnostizierte kognitives Dysfunktionssyndrom und verschrieb 0,5 mg/kg Selegilin einmal täglich. Unter dieser Medikation besserte sich die Desorientiertheit, aber nach 6 Wochen konnte die Besitzerin keine Verbesserungen mehr bemerken. Daraufhin überwies sie der Haustierarzt an den Verhaltensspezialisten.

Dusty hat zusätzlich Arthrose, die mit Schmerzmitteln behandelt wird. Er hat nur noch eingeschränktes Sehvermögen und vor 2 Jahren wurde eine Schilddrüsenunterfunktion diagnostiziert, die ebenfalls behandelt wird.

Zum Zeitpunkt der Vorstellung in der Verhaltenspraxis zeigte Dusty folgende Symptome der Leitsymptomenkomplexe des kognitiven Dysfunktionssyndroms (► Kap. 19):

Desorientiertheit: Dusty starrt oft ins Leere, wartet auf der falschen Seite der Türe um Herausgelassen zu werden, steckt ab und zu hinter dem Sofa fest.

Veränderte Interaktionen mit bekannten Personen/Hunden: An etwa 3–4 Tagen pro Woche erkennt der Hund seine Besitzerin nicht, wenn sie heimkommt und verbellt sie wie eine fremde Person.

Veränderter Schlafrhythmus: Dusty schläft tagsüber sehr viel, geht bei Dämmerung ziellos auf und ab, winselt und beruhigt sich erst spät in der Nacht.

Stubenunreinheit: Dusty war seit frühem Welpenalter an sehr gut stubenrein, nun uriniert er etwa jeden zweiten Tag ins Haus.

Veränderte Aktivität: Dusty interagiert nur noch wenig mit anderen Hunden in seiner Hundespielgruppe; er hält sich meist abseits und ruht.

Verhalten des Hundes während der Beratung: Dusty machte während der gesamten Beratungszeit einen unbeteiligten, unfokussierten und ängstlichen Eindruck. Er reagierte nicht auf Kommandos der Besitzerin, jedoch auf ihre Berührungen.

Diagnose

Fortgeschrittenes kognitives Dysfunktionssyndrom (► Kap. 19)

Prognose

Die Prognose ist als vorsichtig zu sehen, da das kognitive Dysfunktionssyndrom ein unheilbarer, progressiver Zustand ist.

Therapie

- Erhöhung der Selegilindosis (da bislang nur die Anfangsdosierung verwendet wurde, es keine Nebenwirkungen gab und das Blutbild in Ordnung war)
- Futterumstellung auf Hill's b/d®
- Leichte mentale Stimulation (Gehen neuer Wege beim Spaziergang, Beibehalten des Besuchs der Hundespielgruppe, Futterspielzeuge ausprobieren)
- Gabe von Coenzym Q10 und L-Acetyl-Carnitin

Verlauf

Etwa 1 Monat nach Therapiebeginn sind für die Besitzerin deutliche Verbesserungen erkennbar. Sie hat das Gefühl, dass Dusty nicht mehr nur eine „leere Hülle" ist. Das Urinieren in der Wohnung ist ebenfalls nicht mehr aufgetreten. Dusty spielt wieder ab

und zu freudig mit den anderen Hunden in der Spielgruppe und begrüßt seine Besitzerin wieder normal. Er schläft zudem nachts durch und zeigt abends nur noch selten Auf- und Ab-Laufen. Die Besitzerin beobachtet seltener einen panischen Gesichtsausdruck.
Die genannten, deutlichen Verbesserungen halten ca. 4 Monate lang an, dann kommt es wieder zu einer leichten Regression. Dusty zeigt eine reduzierte Aktivität und vermehrtes Umherwandern am Abend. Zudem bekommt er ab und zu Angstattacken, vor allem abends. 6 Monate nach Behandlungsbeginn (im Alter von 16 Jahren) muss Dusty euthanasiert werden, da er sich eine schwere Magen-Darm-Infektion zuzog und rapiden körperlichen Verfall bei schlechter Prognose zeigte.

6.5.7 Antiepileptika

Hier wird im Folgenden nur das Barbiturat Phenobarbital besprochen, da es ein weites Wirkungsspektrum hat, gut antiepileptisch wirkt, und auch anxiolytische Wirkungen diskutiert werden.

Barbiturate wirken sehr dämpfend auf das Gehirn, indem sie zum einen am $GABA_A$-Rezeptor ansetzen und die Wirkung des stärksten hemmenden Neurotransmitters GABA verstärken. Zum anderen wirken Barbiturate aber auch blockierend auf eine Untergruppe der Glutamat-Rezeptoren. Dadurch wird die Wirkung von Glutamat, dem wichtigsten erregenden Neurotransmitter im Gehirn, gehemmt.

Das für die Tierverhaltensmedizin verwendete Barbiturat Phenobarbital ist z. B. als Phenoleptil® zugelassen zur Behandlung der generalisierten Epilepsie beim Hund.

Anwendungsgebiete

Anwendungsgebiete sind alle epileptiformen Verhaltensstörungen (► Kap. 17 und 31), Zwangsstörungen, die gegen SSRIs/SRIs resistent sind (z. B. Schwanzjagen beim Deutschen Schäferhund), feline Hyperästhesie oder schwer behandelbare oder therapieresistente Angst- und Aggressionszustände.

Unerwünschte Wirkungen

Phenobarbital kann deutlich lebertoxisch wirken. Daher ist eine Überwachung der Leberwerte und eine korrekte Einstellung des Phenobarbital-Blutspiegels obligatorisch! Weitere, häufigere Nebenwirkungen sind eine (evtl. auch nur vorübergehende) Lethargie, PD/PU sowie Magen-Darm-Probleme. Bei höheren Blutwerten kann auch Ataxie beobachtet werden.

PRAXISTIPP

Wichtig zu wissen ist, dass eine langfristige Gabe von Phenobarbital zu einer Reduktion der Schilddrüsenfunktion bzw. der T_4-Werte im Blut führen kann. Daher sollte auch die Schilddrüse in regelmäßigen Abständen kontrolliert werden.

Kontraindikationen

Kontraindikationen für den Einsatz von Phenobarbital sind deutliche Leberprobleme und Leberschädigungen. In einem solchen Fall sollten andere Antiepileptika verwendet werden.

Dosierung und Verabreichung

Phenobarbital
Hund: 2,5 mg/kg, zweimal täglich (abhängig von Blutspiegel und Nebenwirkungen evtl. auch höher)
Katze: 2–2,5 mg/kg, zweimal täglich

Die Anflutungszeit für Phenobarbital beträgt 3 Wochen. Diese Zeit sollte auch unbedingt abgewartet werden, bevor der Phenobarbital-Blutspiegel bestimmt wird. Diese Bestimmung ist obligatorisch, da die Verstoffwechslung individuell unterschiedlich ist und nur so kontrolliert werden kann, ob sich die Werte im therapeutischen Bereich (zwischen 20 und 30 µg/ml) befinden. Niedrigere Werte sind in der Regel nicht mit einem therapeutischen Effekt korreliert. Zudem muss verhindert werden, dass der Blutspiegel in den toxischen Bereich von > 40 µg/ml steigt. Es gibt einen linearen Zusammenhang zwischen der verabreichten Dosis und dem erzielten Blutspiegel. Dadurch lassen sich Anpassungen in der Regel einfach vornehmen. Der Blutspiegel sollte nach der ersten Einstellung mindestens einmal jährlich kontrolliert werden.

6.5.8 Imidazol-Derivate

Seit Ende 2015 gibt es ein neues Präparat aus dieser Stoffgruppe auf dem tiermedizinischen Markt. Dexmedetomidinhydrochlorid (Handelsname: Sileo®) ist ein Alpha-2-Adrenozeptoragonist und verhindert die Freisetzung von Noradrenalin. Es ist speziell zur Behandlung von akuter Geräuschangst beim Hund zugelassen. Das Medikament wird mit einer Dosierung von 125 g/m² Mundschleimhaut als Gel gegeben. Eine erste Dosierung wird bei ersten Angstanzeichen verabreicht, weitere Dosierungen sind im Abstand von je 2 Stunden möglich. Der höchste Blutspiegel wird nach 45–60 Minuten erreicht. Häufige Nebenwirkungen in klinischen Studien waren Erbrechen, Sedierung und Harninkontinenz (Orion Corporation, 2015). Es ist kontraindiziert bei Hunden mit schweren Herz-Kreislauf-Erkrankungen oder schweren systemischen Erkrankungen (Orion Corporation, 2015).

Zum Zeitpunkt der Drucklegung des vorliegenden Buches hatten die Autorinnen noch keine persönlichen Erfahrungen mit dem Präparat. Es könnte aber eine durchaus wirkungsvolle Alternative zu Alprazolam bei Sylvesterangst darstellen.

6.6 Kombinationstherapie

In manchen Fällen ist die Gabe eines einzigen Medikamentes nicht ausreichend, um den erwünschten Effekt zu erzielen. Dann kann oft eine Kombinationstherapie sinnvoll sein.

SSRIs oder Clomipramin lassen sich gut mit Benzodiazepinen, β-Rezeptoren-Blockern oder Buspiron kombinieren. Dies ist vor allem dann sinnvoll, wenn es situationsabhängige Probleme gibt, wie z. B. bei Trennungsangst, Gewitter- oder Geräuschangst sowie Angst beim Autofahren. Auch wenn eine sofortige Verbesserung notwendig ist, ist eine solche Kombination sinnvoll, zumindest bis die Hintergrundmedikation (SSRIs oder Clomipramin) angeflutet ist.

SSRIs oder Clomipramin lassen sich auch sehr gut mit Phenobarbital kombinieren. Diese Kombination kann bei Zwangsstörungen, Verhaltensproblemen mit epileptiformer Komponente oder auch bei therapieresistenten Angstproblemen sinnvoll sein. Dabei sollten aber beide Medikamente anfangs nur in niedrigen Dosierungen gegeben werden. Ein eventuell vorhandenes Anfallsgeschehen muss gut beobachtet und begleitet werden.

SSRIs können auch untereinander oder mit Clomipramin kombiniert werden, um eine bessere anxiolytische Wirkung zu erzielen. Clomipramin potenziert die Wirkung von Fluoxetin nachgewiesenermaßen. Werden solche Kombinationen gegeben, sollten daher nur niedrige Dosierungen der beiden Medikamente gegeben werden, um dem Serotonin-Syndrom (Kontraindikationen SSRIs) vorzubeugen.

6.7 Weitere Behandlungsoptionen

Weitere Möglichkeiten der schulmedizinischen Behandlung von Verhaltensproblemen schließen z. B. die Therapie mit Nahrungsmittelzusatzstoffen (auch Nutraceuticals oder funktionelle Futtermittel genannt) mit ein. An dieser Stelle werden drei Produkte kurz besprochen.

Zylkene®

Zylkene® enthält das sogenannte α-Casozepin, dem anxiolytische Eigenschaften nachgesagt werden. Die entsprechenden Studien zur Wirksamkeit sind etwas widersprüchlich, und in der Praxis erscheint Zylkene® oft ineffektiv oder wenig effektiv zu sein. Das könnte bedeuten, dass es vor allem in milden Fällen von den Besitzern eingesetzt werden kann. Laut Hersteller wirkt es schon nach einer Gabe von wenigen Tagen anxiolytisch.

Aktivait®

Das Produkt Aktivait® (aus Großbritannien; Hersteller Vetplus) wurde zur Unterstützung der Gehirnfunktionen älterer Hunde und in einer anderen Formulierung auch für Katzen entwickelt. Es enthält unter anderem Antioxidantien und Fänger freier Radikale, Coenzym Q10, essenzielle Fettsäuren sowie Phosphatidylserin. Somit wirkt es gut neuroprotektiv. Bei Hunden zeigte es sich effektiv bei der Behandlung vom caninen kognitiven Dysfunktionssyndrom und ist für dessen Therapie sehr empfehlenswert (► Kap. 19).

Senilife®

Aus Italien kommt das Nutraceutical Senilife® (Hersteller Innovet) für Hunde, dessen Wirksamkeit bei der Behandlung kognitiver Dysfunktion und auch bei der Verbesserung der Gedächtnisleistung von Hunden nachgewiesen wurde. Senilife® enthält u. a. Phosphatidylserin, Ginkgo biloba und Vitamin E, und ist damit ebenfalls neuroprotektiv. Es ist ebenfalls empfehlenswert bei der Therapie und Prophylaxe des caninen kognitiven Dysfunktionssyndroms (► Kap. 19).

Zusammenfassung

- Die Reizübertragung im Gehirn geschieht u. a. durch Ausschüttung von Neurotransmittern an den Synapsen.
- Die für die Verhaltensmedizin wichtigsten Neurotransmitter sind Serotonin, Adrenalin/Noradrenalin, Dopamin, Glutamat und GABA.
- Lernen findet an den Synapsen statt. Das Gehirn verfügt über eine gewisse Plastizität und die regelmäßige Verwendung bestimmter Nervenverschaltungen führt zu einer schnelleren und besseren Reizübertragung.
- Es gibt viele Vorurteile gegenüber Psychopharmaka, die man kennen sollte, um den Klienten unbegründete Ängste bei einer Therapie mit Psychopharmaka zu nehmen.
- Vor dem Einsatz von Psychopharmaka sollte der Gesundheitszustand des zu behandelnden Tieres überprüft werden. Besonderer Wert sollte auf die Untersuchung von Herz-Kreislauf-System, Leberfunktion und Anfallsgeschehen gelegt werden.
- Es gibt nur sehr wenige Psychopharmaka, die speziell für Tiere zugelassen sind. Somit greift die Kaskadenregelung bzw. es muss umgewidmet werden.
- Die Behandlungsdauer hängt vom verwendeten Medikament und von der individuellen Reaktion des behandelten Tieres auf das Medikament sowie von der zu behandelnden Problematik ab.
- SSRIs sind momentan die am häufigsten verwendeten Psychopharmaka in der Tierverhaltensmedizin. Sie sind geeignet zur Behandlung von Angststörungen aller Art, Zwangsstörungen, Markierverhalten und Depression bei Hund und Katze.
- Von den trizyklischen Antidepressiva ist Amitriptylin nicht mehr Mittel der Wahl. Es kann angezeigt sein, wenn eine zusätzliche analgetische oder antihistaminerge Komponente gewünscht ist. Clomipramin ist gut verträglich, als tiermedizinisches Produkt erhältlich und kann ebenfalls bei der Behandlung von Angststörungen aller Art, Zwangsstörungen, Markierverhalten und Depression bei Hund und Katze eingesetzt werden.

- Das Azapiron Buspiron ist sinnvoll bei der Behandlung von milden Angststörungen bei Hund und Katze, Urinmarkieren sowie Katzentoilettenaversion mit Angstkomponente.
- Von den Benzodiazepinen ist Alprazolam das gängigste. Anwendungsgebiete sind Angststörung/Phobien. Sie kommen dabei v. a. situationsabhängig und/oder vorübergehend zum Einsatz, bis die Hintergrundmedikation angeflutet ist. Alprazolam ist das Mittel der Wahl bei Geräuschangst. Clonazepam ist das am besten wirksame Medikament bei der REM-Schlaf-Verhaltensstörung.
- β-Rezeptoren-Blocker können ebenfalls zur situationsabhängigen und/oder vorübergehenden Anxiolyse verwendet werden. Sie sind bei herzgesunden Tieren das Mittel der Wahl, wenn Benzodiazepine nicht vertragen werden.
- Der MAO-Hemmer Selegilin ist Mittel der Wahl bei der Behandlung des kognitiven Dysfunktionssyndroms beim Hund und ist in einer tiermedizinischen Zulassung erhältlich. Es darf niemals gleichzeitig mit anderen Serotonin-verstärkenden Medikamenten gegeben werden.
- Antiepileptika wie Phenobarbital kommen bei Verhaltensproblemen mit einer vermuteten epileptiformen Komponente zum Einsatz.
- Nutraceuticals wie Zylkene®, Aktivait® und Senilife® sind eventuell im Einzelfall sinnvolle Behandlungsoptionen.

Literatur

Orion Corporation (2015): Sileo, INN-dexmedetomidine hydrochloride. http://www.ema.europa.eu/docs/de_DE/document_library/EPAR_-_Product_Information/veterinary/003764/WC500189289.pdf (letzer Abruf: 03.05.2016)

Overall, K. L. (2013): Manual of clinical behavioral medicine for dogs and cats. Elsevier, St. Louis, MO, USA

7 Psychosomatik

B. Schneider

Mit dem Begriff Psychosomatik wird in der Medizin und Tiermedizin die medizinisch-psychologische Krankheitslehre bezeichnet, die davon ausgeht, dass körperliche Beschwerden und Erkrankungen manchmal durch psychische Probleme verstärkt bzw. ausschließlich durch diese bedingt werden. Die dabei hervorgerufenen Erkrankungen haben dabei keine erkennbare medizinische Ursache und werden oft als Psychosomatosen bezeichnet.

Die wechselseitige Beeinflussung von Soma und Psyche ist mittlerweile unumstritten und wird auch in der Tiermedizin langsam etabliert und anerkannt. Hinweise auf psychische Ursachen bestimmter Erkrankungen haben daher auch schon vor Jahren Einzug in die tiermedizinischen Lehrbücher gefunden. Jedoch werden Hund oder Katze dabei selten gesamtheitlich betrachtet und stressreduzierende Lösungsansätze fehlen häufig.

Dieses Kapitel soll tierärztlichen Verhaltenstherapeuten daher dabei helfen, auf das sensible Zusammenspiel von psychischem und physischem Zustand aufmerksamer zu werden und den Besitzern, in Zusammenarbeit mit den Haustierärzten, konkrete Empfehlungen geben zu können.

Diagnose von Psychosomatosen

Die Diagnose von Psychosomatosen ist in der Regel nicht ganz einfach. Zunächst müssen nach Möglichkeit alle in Frage kommenden rein medizinischen Ursachen für das vorliegende körperliche Symptom ausgeschlossen werden. Dies kann sehr aufwendig, langwierig und vor allem auch kostspielig für den Besitzer werden.

Anschließend an die medizinische Diagnostik, bzw. parallel dazu muss eine ausführliche Anamnese erfolgen, in der unter anderem die genauen zeitlichen Zusammenhänge zwischen psychischen Auffälligkeiten und den körperlichen Symptomen abgefragt werden. Erste Hinweise auf ein psychosomatisches Geschehen geben meist Therapieresistenzen der Symptomatik bzw. eine Vorgeschichte deutlicher und chronischer Angst- bzw. Stressproblematik. Zusätzlich ist es recht typisch für eine Psychosomatose, dass die entsprechenden Symptome mit einer immer wieder wechselnden Intensität auftreten.

Therapie von Psychosomatosen

Therapeutisch muss beim Vorliegen einer Psychosomatose selbstverständlich am zugrunde liegenden Stressor gearbeitet werden. Dieser muss in einer ausführlichen Verhaltensberatung eruiert werden. Danach muss ein ausführlicher Therapieplan erstellt werden, der die individuellen, stressreduzierenden Maßnahmen genau darlegt. Diese können im Einzelfall auch die Gabe von anxiolytischen Psychopharmaka (► Kap. 6) umfassen. Zusätzlich können, wenn möglich, auch symptomatische Behandlungen der körperlichen Symptome erfolgen. Dies ist vor allem dann wichtig, wenn durch die körperlichen Symptome weiterer Stress entsteht und die deutliche Gefahr eines Teufelskreises besteht (► Abb. 7-1).

Prinzipiell gilt, dass eine entsprechende Behandlung so früh wie möglich begonnen werden sollte, um möglichst schnelle, umfassende und auch langfristige Erfolge zu erzielen.

Da es auch zu Mischformen von Psychosomatosen mit rein körperlichen Ursachen kommen kann, sollte bereits bei einem deutlichen Verdacht auf die Beteiligung einer Psychosomatose am Krankheitsgeschehen, eine Verhaltensberatung durchgeführt werden und entsprechende stressreduzierende Maßnahmen umgesetzt werden.

Abb. 7-1 Diese chronisch ängstliche Hündin, die eine Vielzahl von dadurch bedingten körperlichen Problemen hat, zeigt u. a. deutliche, psychogene Wundheilungsstörungen bei einer Analfistel. Sie kann sich, wie hier erkennbar, nur schwer absetzen, was sie wiederum deutlich stresst. Ein Teufelskreis entsteht.

7.1 Häufige Psychosomatosen beim Hund

Im Folgenden werden einige relativ häufig beim Hund anzutreffenden Psychosomatosen besprochen. Die Liste erhebt dabei keineswegs einen Anspruch auf Vollständigkeit und soll nur einen kurzen Einblick in die Problematik beim Hund geben.

7.1.1 Irritable bowel syndrome (colon irritabile, „Stressbedingter Durchfall")

Die genaue Ätiologie dieser Psychosomatose ist unbekannt. Verdächtigt werden u. a. Stress unterschiedlichster Art mit Auswirkungen auf die Darmmotilität, aber auch somatische Ursachen wie Abnormalitäten in der Darmmotilität, Veränderungen in der neuronalen oder neurochemischen Regulation der Darmfunktion oder evtl. auch Nahrungsmittelallergien oder -unverträglichkeiten. Inwieweit die letztgenannten Ursachen ebenfalls stressbedingt auftreten können ist unklar.

Aufgrund der Schwierigkeiten bei der Diagnosestellung liegen keine gesicherten Daten über die Häufigkeit des stressbedingten Durchfalls vor. Betroffen scheinen alle Rassen und Geschlechter zu sein, manche Autoren jedoch beschreiben eine Häufung bei Hunden leicht erregbarer Rassen sowie bei Leistungs- und Arbeitshunden.

Das klinische Bild des irritable bowel syndrome ist nicht ganz einheitlich, aber in der Regel geprägt von intermittierenden Magen-Darm-Symptomen wie z. B. wiederkehrende Häufung von Durchfall oder weichem, schleimigem Stuhl, erhöhter Defäkationsfrequenz, häufiges Absetzen kleiner Stuhlmengen, Flatulenz und Blähbauch, Bauchschmerzen und selten auch Erbrechen. Zu Zeiten größerer physischer oder psychischer Stressbelastung sind die Symptome in der Regel häufiger, heftiger und durchgehender zu beobachten.

Die Diagnosestellung ist sehr schwierig und eigentlich nur unter Ausschluss aller anderen möglichen Ursachen für Durchfallerkrankungen möglich. Dazu wären genaugenommen ein komplettes Blutbild, Urin- und Kotanalyse, Test auf Kotparasiten, Ausschlußdiät, abdominaler Ultraschall oder Rektoskopie mit Biopsie nötig. Differenzialdiagnostisch muss auch eine Kotinkontienz in Betracht gezogen werden, die aber ebenfalls psychische Ursachen haben kann. Unter einer großen, meist akuten Stressbelastung, kann es nämlich zu einem Verlust der Schließmuskelkontrolle kommen, vermutlich aufgrund einer Dekompensierung des sympathischen Nervensystems.

Therapeutisch sollten zugrunde liegende psychische Probleme umfassend behandelt werden. Diese Stressreduktion geschieht in der Regel durch entsprechende verhaltenstherapeutische Maßnahmen (abhängig vom Problem des Tieres) und evtl. mit unterstützender Gabe von Psychopharmaka (▸ Kap. 6). Zusätzlich kann der Durchfall symptomatisch mit krampflösenden Medikamenten, Entzündungshemmern etc. begleitend therapiert werden.

7.1.2 Psychogene Gastritis

Die psychogene Gastritis ist vermutlich eine Form der chronischen Gastritis. Idiopathische oder eben stressbedingte Ursachen werden diskutiert.

Es wurde eine Häufung dieser Problematik bei verschiedenen Hunderassen beschrieben. So gibt es wohl für den Basenji, den Drentse Patrijshond und für den Norwegischen Lundehund Berichte von gehäuftem Vorkommen chronischer Gastritis.

Das klinische Bild äußert sich vor allem durch intermittierendes Erbrechen, wechselnden Appetit, in schwerwiegenden Fällen bis hin zu Anorexie, Pica und Gewichtsverlust. Typisch sind enge zeitliche Zusammenhänge zwischen Erbrechen und für den Hund stressigen Situationen oder erhöhten Anforderungen an den Hund (z. B. beim Hundesport).

Die Diagnose gestaltet sich auch bei dieser Problematik schwierig. Eine Abklärung aller medizinischen Ursachen für Gastritiden ist aufwendig, und dazu gehört u. a. auch eine Biopsie mit anschließender histopathologischer Untersuchung. Ein Therapiebeginn in Form einer angepassten Verhaltenstherapie ist eigentlich schon dann sinnvoll, wenn ein Zusammenhang zu für den Hund stressigen Ereignissen vermutet wird.

Therapeutisch sollten wiederum individuell angepasste stressreduzierende Maßnahmen ergriffen werden. Dazu gehört auch, dass die Anforderungen an den Hund in Training und Sport angepasst werden. Eventuell können auch hier Anxiolytika (► Kap. 6) eingesetzt werden. Begleitend dazu können allgemeine Prinzipien der Behandlung einer chronischen Gastritis (z. B. kommerzielle Eliminationsdiäten etc.) angewendet werden. Symptomatische Behandlungen sollten selbstverständlich auch eine Redhydrierung beinhalten, falls notwendig.

7.1.3 Psychogene Dermatosen

Unter den Begriff der psychogenen Dermatosen fällt vor allem die akrale Leckdermatitis, da es hier durch ein psychisches Problem (zwanghaftes Lecken) zur Ausbildung körperlicher Erkrankungen (z. B. Dermatose) kommt. Diese Erkrankung wird jedoch an anderer Stelle besprochen (► Kap. 18).

7.1.4 Psychogene Polydipsie

Die wirklich rein psychogene Polydipsie kommt vermutlich nicht sehr häufig vor. Die Ursachen für diese Art der Polydipsie, die selbstverständlich auch mit einer Polyurie einhergeht, sind nicht näher geklärt. Meist wird eine Art Zwangsstörung dahinter vermutet, mit stereotyp ablaufenden Trinkvorgängen. Es scheint auf jeden Fall so, dass das Trinken einen beruhigenden Effekt auf betroffene Hunde hat.

Im klinischen Bild zeigt sich ein vermehrtes Trinken mit ebenfalls vermehrter Ausscheidung von meist recht wässrigem, verdünnten Urin. Es kann dabei auch durch die erhöhte Ausscheidungsfrequenz zu Unsauberkeit kommen.

Diagnostisch müssen wieder medizinische Ursachen für Polydipsie abgeklärt werden. Dies ist besonders wichtig, da es schwerwiegende, aber behandelbare metabolische Erkrankungen wie z. B. Diabetes mellitus gibt, die mit einer Polydipsie einhergehen.

Auch hier müssen in der Therapie wiederum stressreduzierende Maßnahmen zum Einsatz kommen. Wenn sich wirklich eine zwanghafte Komponente bestätigt, dann können entsprechende Psychopharmaka ebenso angezeigt sein wie z. B. auch eine Gegenkonditionierung (► Kap. 18).

7.2 Häufige Psychosomatosen bei der Katze

Auch für die Katze werden im Folgenden nur ein paar der möglichen psychosomatischen Erkrankungen vorgestellt. Weitere Erkrankungen, wie z. B. mastzellabhängige Darmentzündungen können selbstverständlich ebenfalls psychogener Natur sein.

7.2.1 Idiopathische Zystitis

Als idiopathische Zystitis bzw. manchmal auch interstitielle Zystitis bei der Katze wird ein Krankheitsbild bezeichnet, das eine sterile Entzündung der Blase zur Folge hat. Die Ätiologie ist nicht genau geklärt, dennoch ist man sich mitterlweile einig, dass Stress eine zentrale Rolle bei der Entstehung dieses Krankheitsbildes spielt. Sogar pränatal wirkende Stressoren und deren Auswirkungen auf die Stressanfälligkeit der Katzen wurden schon ursächlich diskutiert.

Das klinische Bild der idiopathischen Zystitis gleicht dem einer Zystitis mit medizinischen Ursachen. Es kommt vor allem zu Dysurie, Strangurie, Hämaturie, Pollakisurie, oder auch manchmal zu Harnröhrenobstruktion mit ausbleibendem Urinabsatz. Zusätzlich werden häufig durch Schmerzen beim Urinabsatz bedingte Vokalisationen beobachtet. Auch zu einer, aus Schmerz resultierenden Unsauberkeit kann es kommen.

Diagnostisch müssen sämtliche medizinisch in Frage kommenden Ursachen für eine Zystitis ausgeschlossen werden. Dazu sind eine Urinkultur und eine Kombination bildgebender Verfahren (z. B. Röntgenaufnahmen, Sonografie des Harntraktes, Kontrastzystografie) notwendig.

Wurden keine medizinischen Ursachen gefunden, so muss therapeutisch auch in diesen Fällen zunächst eine ausführliche Verhaltensberatung mit Eruierung des auslösenden Stressors erfolgen. Die daraus abgeleiteten individuellen, stressreduzierenden Maßnahmen sind umzusetzen. Abhängig davon, ob es auch zu einer Schmerzsymptomatik kommt, muss eventuell eine Anpassung des Katzentoilettenmanagements (► Kap. 28) vorgenommen werden, wenn sich eine Katzentoilettenaversion daraus entwickelt hat. In solchen Fällen kann es sehr hilfreich sein, nach Abklingen der Schmerzen, Katzentoiletten einer anderen Form und/oder Farbe zu verwenden, da mit diesen noch keine negativen Assoziationen gemacht wurden. Symptomatisch können schmerzlindernde und krampflösende Medikamente angezeigt sein.

7.2.2 Psychogene Adipositas

Für die Entstehung einer Adipositas bei der Katze kommen unter anderem auch psychische Faktoren in Frage. Fressen ist nämlich eine der Möglichkeiten für Katzen, ihren Stress zu reduzieren und sich abzulenken. Daher sind bei adipösen Katzen in der kurativen Praxis immer auch die allgemeinen Haltungsbedingungen zu erheben und zu bewerten. Vor allem Wohnungskatzen, die grundsätzlich auch schon oft an einem gewissen Bewegungsmangel und unzureichender Stimulation leiden, sind besonders anfällig für die psychogene Adipositas.

Das klinische Bild ist eine nach dem Body Scoring System (z. B. von Royal Canin) mit mindestens 7 zu bewertende Katze. Übergewicht lässt sich dabei äußerlich an den Fettdepots erkennen. Fett lagert sich vor allem um den Rumpf und am Bauch an. Rippen sind nicht mehr direkt zu fühlen. Zusätzliche Symptome sind, dass sich die Katze weniger bewegt. Zudem kann es sein, dass sie sich teilweise nicht mehr normal putzen kann. Typischerweise verfilzt dabei vor allem der Rücken, der nicht mehr mit der Zunge erreicht werden kann. Zusätzlich erscheint das Fell insgesamt oft schuppig und stumpf.

Differenzialdiagnostisch müssen bei einer Adipositas selbstverständlich hormonell bedingte Ursachen (z. B. durch Kastration), sowie durch reinen Bewegungsmangel oder durch zu hochkalorisches Futterangebot ausgelöste Ursachen ausgeschlossen werden. Dabei kann es ebenfalls zu einer Überlagerung von Ursachen kommen, denn psychisch beeinträchtigte Katzen können durchaus auch psychogenen Bewegungsmangel zeigen.

Therapeutisch muss eine Optimierung der Haltungsumwelt (▸ Kap. 24) erfolgen. Besonderer Wert muss dabei auf eine ausreichende körperliche Auslastung gelegt werden. Das „Erjagen“ des eigenen Futters mithilfe von entsprechenden Futterspielzeugen ist ebenfalls sinnvoll. Stressreduzierend können in einem solchen Fall, wenn nötig, auch Psychopharmaka (▸ Kap. 6) eingesetzt werden.

7.2.3 Psychogene Dermatosen

Unter den Begriff der psychogenen Dermatosen fällt bei Katzen vor allem die psychogene Alopezie. Auch hier ist das zugrunde liegende psychische Problem das zwanghafte Lecken, das zu Hauterkrankungen führt. Diese Erkrankung wird ebenfalls an anderer Stelle besprochen (▸ Kap. 32).

Zusammenfassung

- Psychosomatosen sind körperliche Erkrankungen mit psychogener Ursache.
- Die Diagnose von Psychosomatosen ist meist recht schwierig, da alle in Frage kommenden medizinischen Ursachen weitgehend ausgeschlossen werden müssen. Dies kann eine aufwändige Diagnostik bedeuten.

- Therapeutisch müssen individuell stressreduzierende Maßnahmen getroffen werden. Dies kann auch eine Psychopharmakagabe einschließen. Zusätzlich sollte auf eine symptomatische Behandlung der entsprechenden Symptome zurückgegriffen werden, um schnell eine Erleichterung zu verschaffen.
- Häufige Psychosomatosen beim Hund sind stressbedingter Durchfall, psychogene Gastritis sowie psychogene Polydipsie und psychogene Dermatosen.
- Häufige Psychosomatosen bei der Katze sind die idiopathische Zystitis, die psychogene Adipositas und die psychogenen Dermatosen.

Literatur

Royal Canin: https://www.royal-canin.at/fileadmin/Fotos/Sonstige/Body_Condition_Score_Katze.pdf (letzter Abruf 06.10.2015)

8 Schilddrüsenproblematik

D. Ketter

Der Zusammenhang zwischen Schilddrüsenfehlfunktionen und Verhaltensauffälligkeiten sowie die unterstützende Gabe von Schilddrüsenmedikamenten in der Verhaltenstherapie – insbesondere beim Hund – wird in Fachkreisen kontrovers diskutiert.

Beim Hund kommt die Hypothyreose (Schilddrüsenunterfunktion) relativ häufig vor, während eine Hyperthyreose (Schilddrüsenüberfunktion) sehr selten ist. Bei der Katze verhält es sich genau umgekehrt, sie erkrankt in den meisten Fällen an einer Überfunktion.

8.1 Hyperthyreose der Katze

Die Hyperthyreose ist die häufigste Endokrinopathie der alten Katze (über 8 Jahre). Sie ist eine multisystemische Erkrankung, die durch übermäßige Produktion und Ausschüttung von Thyroxin (T_4) und Trijodthyronin (T_3) ausgelöst wird. Meist liegt eine adenomatöse Hyperplasie vor.

Typische Verhaltenssymptome sind **Nervosität, Ruhelosigkeit und Hyperaktivität**. Bei einigen Katzen kommt es auch zu **aggressivem** Verhalten. Die Katzen wirken ungepflegt und sind **stressempfindlich**.

Neben den Verhaltensänderungen gibt es weitere charakteristische klinische Symptome wie Gewichtsverlust trotz Polyphagie, Polyurie, Polydipsie, Vomitus, Diarrhoe, Tachykardie und Hecheln. Aber sie können auch Apathie und Inappetenz zeigen.

Die Diagnose erfolgt anhand der Symptome, dem Palpationsbefund an der Schilddrüse (thyreoidale Umfangsvermehrung) und dem Nachweis eines erhöhten T_4-Wertes im Serum. Erhöhte T_4-Werte sprechen für eine Hyperthyreose der Katze, insbesondere wenn charakteristische Symptome vorhanden sind. Eine niedrige T_4-Konzentration macht eine Hyperthyreose sehr unwahrscheinlich. Wenn klinische Symptome und der Palpationsbefund auf eine Hyperthyreose hinweisen und die T_4-Konzentration in der oberen Hälfte des Referenzbereichs liegen, ist die Interpretation der Werte oft schwierig. Eine erhöhte fT_4-Konzentration mit einer hochnormalen oder erhöhten T_4-Konzentration weist auf eine Hyperthyreose hin. Dagegen weist eine erhöhte fT_4-Konzentration zusammen mit einer niedrignormalen oder niedrigen T_4-Konzentration eher auf ein „Euthyroid Sick Syndrome“ durch eine nichtthyreoidale Erkrankung hin (Nelson und Couto, 2006). Vor allem die Dauer und Schwere der nichtthyreoidalen Erkrankung spielen eine bedeutende

Rolle bei der Hyperthyreose der Katze. Zur weiterführenden Diagnostik steht der T_3-Suppressionstest zur Verfügung. Oftmals ist ein oder sind mehrere Leberenzyme (ALT, AP und γ-GT) erhöht.

Es kann eine palliative Behandlung mit Carbimazol (Thyreostatikum) erfolgen. Die Katze muss das Medikament täglich und lebenslang verabreicht bekommen. Es wird bei der Katze mit 5 mg/Katze per os zwei- bis dreimal täglich gegeben. Carbimazol hat weniger Nebenwirkungen als Methimazol. Eine Operation (Thyreoidektomie) oder die Therapie mit radioaktiven Iod kann hingegen kurativ sein. Jedoch ist zu beachten, dass bei einer hyperthyreoten Katze aufgrund der Kreislaufinstabilität ein relativ hohes Narkoserisiko besteht.

Die Prognose ist anhängig vom Gesundheitszustand der hyperthyreoten Katze zum Zeit des Therapiebeginns. Auch muss je nach Fall die passende Therapie für die Katze gewählt werden.

8.2 Hypothyreose des Hundes

Die Hypothyreose des Hundes ist eine multisystemische Stoffwechselstörung, die durch Mangel an Schilddrüsenhormon ausgelöst wird. Die Ursache beim Hund ist meist eine primäre Hypothyreose, welche vor allem auf eine lymphozytäre Thyreoditis und idiopathische Atrophie zurückzuführen ist.

Die Symptome einer Hypothyreose sind sehr unspezifisch. Die meisten klinischen Symptome sind Ausdruck eines reduzierten Zellmetabolismus. Die Erkrankung entwickelt sich meist über Jahre hinweg. Meist werden die anfangs milden Symptome vom Besitzer nicht bemerkt.

Die typischen klassischen Verhaltensänderungen eines Hundes mit Hypothyreose sind **Lethargie, geistige Trägheit und Leistungsschwäche** aufgrund des reduzierten Zellmetabolismus. Die Hunde wirken oft uninteressiert und abgelenkt. Gerade im Training fällt dem Besitzer oder dem Hundetrainer auf, dass es nur schleppend zu Fortschritten kommt. Wird vom Hund weiterhin Leistung gefordert, kann dies zu aggressivem Verhalten führen.

Dass jede medizinische Krankheit (einschließlich Systeme des gesamten Stoffwechsels), Hunde reaktionsfreudiger machen kann, was sich als Aggression manifestieren kann, ist in Fachkreisen unbestritten. Jedoch besteht eine kontroverse Diskussion über die therapeutische Rolle für Schilddrüsenhormon-Supplementierung in der Abwesenheit von einer „echten" Schilddrüsenerkrankung. Als „echte" Schilddrüsenerkrankung wird diejenige bezeichnet, die durch körperliche Symptome und Labordaten bestätigt ist (Overall, 2013).

Diagnostik bei Verdacht auf Hypothyreose

Die Diagnosestellung einer Hypothyreose ist oftmals eine Herausforderung. Sie kann unkompliziert sein, wenn die entsprechenden klinischen Symptome und typischen Labordaten den Verdacht bestätigen.

Neben den oben genannten Verhaltensänderungen können bei einer Hypothyreose häufig Hautveränderungen (Alopezie, trockene und verdickte Haut, Hyperpigmentation, Pyodermie), Gewichtszunahme ohne Appetitsteigerung, Fertilitätsstörungen (persistierender Anöstrus, stiller Östrus), Neuropathien sowie kardiovaskuläre Störungen (Bradykardie, kardiale Arrhythmien) beobachtet werden. Jedoch sind dies nicht sehr spezifische Symptome.

Bei der Diagnostik ist weiterhin zu beachten, dass aufgrund des Vorliegens von anderen Erkrankungen die Schilddrüsenfunktion bei eigentlich euthyreoten Hunden unterdrückt werden kann. Die Unterdrückung der Schilddrüsenhormonkonzentration bei euthyreoten Hunden infolge einer nichtthyreoidalen Erkrankung wird als „Euthyroid Sick Syndrome“ (Non thyreoidal illness syndrome) bezeichnet. Es handelt sich um eine physiologische Adaptation des Körpers zur Reduktion des zellulären Metabolismus. Hierbei wird vor allem das Gesamt-T_4 gesenkt. Aber auch Thyroxin (fT_4) ist in vielen Fällen erniedrigt. Der Grad des Abfalls der Schilddrüsenhormone ist abhängig von der Schwere der Grunderkrankung. Erkrankungen wie Diabetes mellitus, Hyperadrenokortizismus, Neoplasie, Nieren-, Herz- Lebererkrankungen oder schwere Entzündungen können zu einer Unterdrückung der Schilddrüsenhormonkonzentration führen. Bei einem „Euthyroid Sick Syndrome“ muss die Grunderkrankung diagnostiziert und therapiert werden. In der Regel führt dies dann zu einer Normalisierung der Schilddrüsenhormone.

Medikamente können ebenfalls die Serumkonzentrationen von Thyroxin (T_4), freiem Thyroxin (fT_4) und Thyreotropin (TSH) verändern. Hierzu gehören z. B. Clomipramin, Phenobarbital, Glucocorticoide und Sulfonamide. Bei Behandlungen mit trizyklischen Antidepressiva und anderen Präparaten, die niedrige Schilddrüsenwerte künstlich erzeugen, ist es daher vorzuziehen, Hunde vor der Gabe mit diesen Präparaten einem Schilddrüsenprofil zu unterziehen.

Bei einem klinischen Verdacht auf eine Hypothyreose sollte als erstes T_4 bestimmt werden. Ist T_4 erniedrigt, sollte als nächster Laborparameter TSH bestimmt werden. Ist T_4 niedrig und TSH erhöht, handelt es sich mit sehr großer Wahrscheinlichkeit um eine Hypothyreose. Jedoch kommt es relativ häufig vor, dass TSH im Normalbereich liegt. Bei normalem TSH-Wert, sollte noch fT_4 bestimmt werden. Bei normalen fT_4 ist eine Hypothyreose sehr unwahrscheinlich, bei niedrigen fT_4 ist eine Hypothyreose sehr wahrscheinlich. Der TSH-Stimulationstest kann als weiterführende diagnostische Maßnahme durchgeführt werden. Er ist jedoch relativ teuer.

Subklinische Hypothyreose und Schilddrüsenhormonersatz-Therapie (THRT)

Bei der Hypothyreose ist zu beachten, dass die Entstehung einer Hypothyreose ein sehr langwieriger, sich meist über Jahre hinziehender Prozess ist. Für eine subklinische Hypothyreose gibt es keine eindeutig beweisende Labordiagnostik. Die entsprechenden Schilddrüsenwerte sinken langsam und bleiben sehr lange innerhalb der derzeit geltenden Referenzbereiche (Normwerte). Bei mit Verhaltensproblemen vorgestellten Hunden, werden einige als hypothyroid, wenige als grenzwertig oder auch mit subobtimaler Schilddrüsenfunktion beschrieben (Aronson et al., 2005). Bei deutlichen Verhaltensauffälligkeiten kombiniert mit Schilddrüsenhormonwerten im unteren Drittel des Normbereiches kann es sich um eine subklinische Hypothyreose handeln. Die subklinische Hypothyreose wird in Fachkreisen kontrovers diskutiert. Viele Verhaltensstörungen bei Hunden werden einer Hypothyreose und grenzwertig niedrigen Schilddrüsenwerten zugeschrieben (Overall, 2013). Overall (2013) ist der Meinung, dass eine Schilddrüsenerkrankung nicht der Grund für Verhaltensproblemen/-störungen sein kann, wenn der Hund keine körperlichen Symptome einer Schilddrüsenerkrankung hat und keine Laborparameter (niedriger T_4, niedriger fT_4 und hohes TSH) vorhanden sind, die eine Schilddrüsenerkrankung bestätigen. Hierzu ist zu sagen, dass die von den meisten Laboren oder auch in der Literatur angebotenen Referenzbereiche jedoch nicht den unterschiedlichen Bedürfnissen der verschiedenen Gruppen von Hunden (u. a. Rasse, Alter, Geschlecht) gerecht werden. Z. B. sind die T_4-Werte i. d. R. bei kleinen Hunderassen höher und bei großen Hunderassen niedriger (Hämmerling et al., 2009). Niedrigere fT_4-Werte und niedrigere Gesamt-T_4-Werte ohne Veränderung der TSH-Werte sind z. B. bei einigen Rassen der Schlittenhunde und der Windhunde physiologisch (Ferguson, 2007). Overall weist außerdem daraufhin, dass eine Zuführung von Schilddrüsenhormon auch nicht harmlos ist. Eine Schilddrüsentoxikose kann sich in Anzeichen oder Verschlechterung von Anzeichen einer Trennungsangst äußern (Overall, 2013). Laut Janßen (2007) ist der Hund aber allgemein wegen seines schnellen Schilddrüsenhormon-Metabolismus relativ unempfindlich für eine Thyreotoxikose. Dementsprechend kommt eine Hyperthyreose beim Hund nur extrem selten vor. Bei einer akuten Aufnahme von großen Mengen an Na-Levothyroxin treten bei sofortiger Behandlung (Auslösen von Erbrechen innerhalb von einer Stunde nach Einnahme; Eingabe von Aktivkohle, einmalige Gabe von Magnesium- oder Natrium-Sulfat, β-Rezeptor-Blocker bei Tachykardie etc.) bei gesunden Hunden nicht einmal Symptome einer Thyreotoxikose auf (Hansen, 1992). Intoxikationen bei chronischer L-Thyroxin Supplementierung ist sehr selten (Ferguson, 1995). Gefährdet sind Hunde, die bereits unter anderen Krankheiten (insbesondere Leber- und Nierenerkrankungen) leiden. Daher sollte die Gabe von L-Thyroxin nur unter Kontrolle von Laborwerten erfolgen.

In einer Orientierungsstudie über die Evaluierung von somatischen Ursachen für Verhaltensveränderungen beim Hund in der tierärztlichen Praxis konnten bei einem Sechstel der verhaltenstherapeutischen Patienten somatische Ursachen für Verhaltensänderungen gefunden werden (Köhler, 2004). Diese betrafen laut Köhler vor allem subklinische und klinische Hypothyreosen sowie orthopädische Probleme. Bei 77,5 % der Hunde wurde eine reine Verhaltenstherapie, bei 16,7 % eine Kombinationstherapie und bei 0,7 % eine rein somatische Therapie durchgeführt. Am häufigsten wurden als Verhaltensprobleme das Aggressionsverhalten, gefolgt vom Angstverhalten vorgestellt (Köhler, 2004).

Eine randomisierte, doppelblinde, placebokontrollierte klinische Studie beschäftigt sich mit der Wirkung von Schilddrüsenhormon-Ersatz bei Hunden mit suboptimaler Funktion der Schilddrüse auf eine gegen den Hundebesitzer gerichtete Aggression (Dodman et al., 2013). Die Ergebnisse dieser Studie zeigen nur eine schwache und fragwürdige Wirkung von einer Schilddrüsenhormonersatz-Therapie (THRT) bei Hunden mit grenzwertigen Schilddrüsenhormonspiegel und auf den Hundebesitzer gerichteter Aggression. Sodass Dodman et al. (2013) aufgrund ihrer Studie eine THRT zu diesem Zeitpunkt für die Behandlung von aggressiven Hunden mit Schilddrüsenparametern im unteren Grenzbereich nicht befürworten können. In dieser Studie erfolgte die Gabe von Soloxine®-Tabletten (levothyroxine sodium) nach Gewicht (0,1 mg pro 10–15 Pfund Körpergewicht bzw. 4,5–6,8 kg Körpergewicht) zweimal täglich über 8 Wochen.

In einer anderen randomisierten, doppelblinden, placebokontrollierten klinischen Studie (Lauinger, 2012) wurde untersucht, ob ein Zusammenhang zwischen Geräuschempfindlichkeit und erniedrigten Schilddrüsenhormonwerten (mit und ohne Anzeichen einer Hypothyreose) besteht. Die Diagnose „geräuschempfindlich" wurde mittels einer Geräusch-CD (► Kap. 5) gestellt. Werte der Schilddrüsenparameter T_3, T_4, fT_3, fT_4, die im unteren Drittel des Referenzbereiches lagen und die mit manifesten Verhaltensauffälligkeiten einhergingen, wurden in dieser Studie als Schilddrüsendysfunktion bezeichnet. Die Ergebnisse zeigten, dass die Geräuschempfindlichkeit beim Bearded Collie im Zusammenhang mit niedrigen Schilddrüsenwerten und hohen Cholesterinwerten steht. Insgesamt konnte unter der Gabe von Thyroxin mehr Verbesserungen bei den geräuschängstlichen Hunden beobachtet werden als bei der Placebogabe. Jedoch war diese Verbesserung nicht signifikant. Analog der Ergebnisse anderer Studien mit verhaltensauffälligen Hunden verbesserten sich mehr als die Hälfte der Bearded Collies im Verhalten gegenüber akustischen Reizen bei einer Substitution mit Thyroxin, einige blieben gleich, wenige verschlechterten sich. Die Medikation der Hunde in dieser Studie erfolgte nicht klassisch nach Gewicht, sondern nach Verhaltensveränderung. Das bedeutet, dass das Medikament in 3 Tagesschritten bis zur Wirkdosierung erhöht wurde. Die Tablettenvergabe erfolgte randomisiert. Begonnen wurde die Gabe des Prüfpräparates mit ¼ Tablette (50 µg) morgens und abends für 3 Tage, dann erfolgte eine Steigerung auf ½ Tablette (100 µg) morgens und abends für 3 Tage, ¾ Tabletten (150 µg) morgens und abends usw. für jeweils 3 Tage bis die Wirkdosis erreicht war. Zu beachten ist, dass diese Studie auf eine Rasse beschränkt war und die Verbesserungen nicht signifikant waren. Jedoch sind Tendenzen einer positiven Beeinflussung durch die Gabe von Thyroxin erkennbar.

Viele Verhaltensstörungen/-probleme bei Hunden werden einer „Hypothyreose" und „Messungen von Schilddrüsenparametern im unteren Grenzbereich" zugesprochen. Es liegen jedoch derzeit keine Daten vor, um diese Zuweisungen zu belegen (Overall, 2013). Auch wenn z. B. die Studie von Lauinger eine Tendenz einer positiven Beeinflussung durch eine Schilddrüsenhormonersatz-Therapie erkennen lässt, sind weitere Untersuchungen nötig, um eine therapeutische Rolle für Schilddrüsenhormon-Supplementierung in der Abwesenheit einer echten Schilddrüsenerkrankung, die durch körperliche Symptome und Labordaten bestätigt ist, stützen zu können.

Bei Vorliegen einer Verhaltensauffälligkeit sollte als erstes eine organische Erkrankung durch eine klinische Abklärung ausgeschlossen werden. Auch bei Vorliegen einer körperlichen Erkrankung kann es zu Verhaltensänderungen kommen. Nicht zu vergessen ist, dass ein Hund aus Erfahrung lernen kann. Das bedeutet, auch wenn die Erkrankung erfolgreich therapiert wurde, kann es sein, dass der Hund die Verhaltensänderung weiterhin zeigt, wie z. B. aggressives Verhalten bei Angst vor Schmerz. Daher kann eine Verhaltenstherapie auch bei erfolgreicher Therapie der Grunderkrankung nötig sein.

Eine Medikation ersetzt nicht die Maßnahmen einer Verhaltenstherapie.

Im Falle von Verhaltensauffälligkeiten bei Hunden mit Verdacht auf eine Schilddrüsendysfunktion sollte als erstes mit einer Verhaltenstherapie begonnen werden. Es ist zu berücksichtigen, dass andere Erkrankungen oder andere Ursachen für chronischen Stress (wie z. B. schlechte Haltungsbedingungen) zu einer erniedrigten Schilddrüsenhormonproduktion führen. Eine Medikation ersetzt nie die Maßnahmen einer Verhaltenstherapie. Bleiben die Hunde therapieresistent und haben wiederholt fragliche Schilddrüsenparameter, kann eine diagnostische Therapie nach klinischem Verdacht mit synthetischem T_4 erfolgen. Natriumlevothyroxin ist das Therapeutikum der Wahl.

PRAXISTIPP

Der Besitzer sollte angewiesen werden, die Gabe von Levothyroxin standardisiert jeweils mit oder jeweils ohne Futter zu geben, da die Gabe von Futter die T_4-Absorption mitbeeinflusst.

Der Tierbesitzer sollte ein Tagebuch über die Medikamentengabe, das Verhalten, den Allgemeinzustand, das Gewicht, Hautveränderungen etc. führen. Es empfiehlt sich eine diagnostische Therapie mindestens 6 Wochen durchzuführen. Verbesserungen der Hautproblematik und von neurologischen Symptomen sowie ein bemerkbarer Gewichtsverlust stellen sich oft erst nach mehreren Monaten ein.

Die Plasmahalbwertszeit und die Zeit bis zum Erreichen der maximalen Plasmakonzentration des T_4 unterliegen starken individuellen Schwankungen. Hunde mit gleichem Geschlecht und gleicher Gewichtsklasse können unterschiedliche Dosierungen benötigen. Auch wenn eine Thyreotoxikose aufgrund zu hoher Dosierung mit Natriumthyroxin beim Hund sehr selten ist, kann sie trotzdem vorkommen. Typische Symptome sind Hecheln, Nervosität, Polyurie, Polydipsie und Gewichtsverlust trotz Polyphagie.

Sollte eine Hypothyreose bzw. suboptimale Schilddrüsenfunktion der Grund für die Veränderungen sein, muss eine lebenslange Schilddrüsenhormonersatztherapie erfolgen. Eine regelmäßige Kontrolle des Patienten ist dringend anzuraten. Es empfiehlt sich eine Dosisreduktion bei älteren Hunden, da die basalen T_4-Werte im Alter sinken (Ferguson 1986). Zu beachten ist auch, dass Jungtiere bis zum Alter von 4 Monaten zwei- bis fünfmal höhere T_4-Werte als ausgewachsene Tiere haben (Hämmerling 1989). Sind eine geeignete Dosis und ein geeignetes Behandlungsschema festgelegt, ist eine Überprüfung der Schilddrüsenhormonkonzentration alle 6 Monate zu empfehlen.

Zusammenfassung

- Die Hyperthyreose ist die häufigste Endokrinopathie der alten Katze (über 8 Jahre).
- Typische Verhaltenssymptome einer hyperthyreoten Katze sind Nervosität, Ruhelosigkeit und Hyperaktivität. Bei einigen Katzen kommt es auch zu aggressivem Verhalten. Die Katzen wirken ungepflegt und sind stressempfindlich.
- Die Diagnostik einer Hyperthyreose bei der Katze kann sich als schwierig darstellen, insbesondere wenn nichtthyreoidale Erkrankungen vorliegen.
- Bei Vorliegen einer Hyperthyreose kann bei der Katze eine palliative Behandlung mit einem Thyreostatikum erfolgen. Durch Thyreoidektomie oder eine Therapie mit radioaktivem Iod kann hingegen eine Heilung erzielt werden. Die Prognose ist von vielen Faktoren abhängig. Unter anderem spielt der Gesundheitszustand der hyperthyreoten Katze zu Beginn der Therapie eine wichtige Rolle.
- Die typischen klassischen Verhaltensänderungen eines Hundes mit Hypothyreose sind Lethargie, geistige Trägheit und Leistungsschwäche aufgrund des reduzierten Zellmetabolismus.
- Auch wenn es Studien gibt, die eine Tendenz einer positiven Beeinflussung des Verhaltensauffälligkeiten wie z. B. bei einer Geräuschempfindlichkeit durch eine Schilddrüsenhormonersatz-Therapie erkennen lassen, sind weitere Untersuchungen nötig, um eine therapeutische Rolle für Schilddrüsenhormon-Supplementierung in der Abwesenheit einer echten Schilddrüsenerkrankung, die durch körperliche Symptome und Labordaten bestätigt ist, stützen zu können.
- Bei der Diagnostik ist zu beachten, dass aufgrund des Vorliegens von anderen Erkrankungen (z. B. Diabetes mellitus, Hyperadrenokortizismus) die Schilddrüsenfunktion bei eigentlich euthyreoten Hunden unterdrückt werden kann.
- Die Gabe von Medikamenten (z. B. Glucocorticoide und Clomipramin) kann ebenfalls zu einer Veränderung der Schilddrüsenparameter führen.
- Im Falle von Verhaltensauffälligkeiten bei Hunden mit Verdacht auf eine Schilddrüsendysfunktion sollte als erstes mit einer Verhaltenstherapie begonnen werden. Bleiben die Hunde therapieresistent und haben wiederholt fragliche Schilddrüsenparameter, kann eine diagnostische Therapie nach klinischem Verdacht mit synthetischem T_4 erfolgen.

Literatur

Aronson, LP, Dodds, WJ (2005): The Effect of Hypothyroid Function on Canine Behavior. In: Current Issues and Research in Veterinary Behavioral Medicine, Purdue University Press

Dodman, N, Aronson, L, Cottam, N, Dodds, J (2013): The effect of thyroid replacement in dogs with suboptimal thyroid function on owner-directed aggression: A randomized, double-blind, placebo-controlled clinical trial; Journal of Veterinary Behavior Clinical Applications and Research 07/2013; 8(4):225–230

Ferguson, DC (1986): Thyroid Hormone Replacement Therapy. In: Current Veterinary Therapy IX, Small Animal Practice (RW Kirk, ed), WB Saunders Co, Philadelphia (USA); pp 1018–1025

Ferguson, DC (1995): Thyroid Hormones and Antithyroid Drugs. In: Veterinary Pharmacology and Therapeutics (HR Adams, ed), Iowa State University Press, Ames (USA); pp 599–621

Ferguson, DC (2007). Testing for hypothyroidism in dogs. The Veterinary Clinics of North America. Small Animal Practice; 37, 4: 647–669

Hammerling, R (1989): Physiologische Hormonsynthese, Klinisches Bild, Diagnose und Therapie funktioneller Störungen der Schilddrüse. Prakt Tierarzt Suppl Coll Vet; 70–74

Hämmerling, R, Günzel-Apel, AR, Hoppen, HO und Rotermund, A (2009): Physiologie der Hypothalamus-Hypophysen-Schilddrüsen-Achse. In: Hämmerling, R. (Hrsg.) Praxis der endokrinologischen Krankheitsbilder bei Hund und Katze: Von der Pathophysiologie zur Therapie, Parey in MVS Medizinverlage Stuttgart GmbH & Co, Stuttgart

Hansen, SR, Timmons, SP ande Dorman, DC (1992): Acute overdose of levothyroxine in a dog. J Am Vet Med Assoc 200: 1512–1514

Janßen, S (2007): Charakterisierung der Schilddrüsenfunktion und Nachweis eines Promotionsdefektes als Ursache des kompletten Thyroxin-bindenden Globulin-Mangels beim Hund. Ingaugural-Dissertation, Justus-Liebig-Universität, Gießen

Köhler, K (2005): Evaluierung von somatischen Ursachen für Verhaltensveränderungen beim Hund in der tierärztlichen Praxis. Veterinärmedizinisches Departement der Tierärztlichen Fakultät der Tierärztlichen Fakultät der Ludwig-Maximilian-Universität München, Lehrstuhl für Tierschutz, Verhaltenskunde, Tierhygiene und Tierhaltung.

Lauinger, I (2012): Geräuschempfindlichkeit beim Hund am Beispiel des Bearded Collies. Ein Vergleich von Verhaltenstherapiemaßnahmen und Substitution mit Thyroxin. Diss. med. vet., München

Nelson, R, Couto, C (2006): Innere Medizin der Kleintiere. 1. Auflage, Elsevier GmbH, München

Overall, K (2013): Manual of clinical behavioral medicine for dogs and cats. Elsevier, St. Louis, MO, USA

Verhaltensprobleme beim Hund

9 Aktuelle Diskussion zur Rangordnung

D. Döring

Seit einigen Jahren wird in Fachkreisen diskutiert, ob das bisherige Rangordnungsmodell und die bisherige Vorstellung von „Dominanz“ für den Haushund gelten (Bradshaw et al., 2009; Schilder et al., 2014). Es wird angezweifelt, dass es in Hundegruppen eine lineare Rangordnung gibt (also eine Rangordnung nach dem Schema Alpha, Beta, Gamma, … bis Omega). Außerdem wird von vielen Experten kritisiert, dass Wolfsverhalten häufig undifferenziert mit Hundeverhalten gleichgesetzt wird und dass Beobachtungen an Wolfsgruppen in Gefangenschaft zu falschen Vorstellungen über die Rangordnung bei Hunden geführt haben.

9.1 Bedeutung der Rangordnung

Das Zusammenleben von Tieren in individualisierten Verbänden wird durch das Bestehen fester sozialer Strukturen erleichtert. Wenn die Tiere ihre soziale Position kennen und sich gegenseitig einschätzen können, werden Konflikte vermieden. Denn die Verteilung limitierter Ressourcen (z. B. von begehrtem Futter, Ruheplätzen, Sexualpartnern) kann bei festen Rangbeziehungen ohne Kampf erfolgen. Stattdessen können „ranghohe“ Tiere alleine durch kommunikative Mittel, z. B. Blicke, Körperhaltungen und Drohgesten ihre Privilegien durchsetzen. So werden schadensträchtige Auseinandersetzungen vermieden. Evolutiv betrachtet, ist dies ein großer Vorteil für die Gruppe, da Verletzungen das Überleben der betroffenen Individuen gefährden würden.

Definition

Rangordnung (Immelmann, 1982): „Die geregelte Verteilung von „Rechten und Pflichten“ innerhalb einer Gruppe von Tieren (…) Ranghohe Tiere haben bevorzugten Zutritt zu natürlichen Ressourcen (…), sie können aber auch bestimmte „Pflichten“ innehaben (Anführerrolle, Wächterfunktion, Verteidigung)“.

9.2 Hintergründe der Diskussion

Wildlebende Wolfsrudel sind meist Familienverbände, in denen die Elterntiere die Führung haben, über die Aktivitäten bestimmen und für die Sicherheit der Gruppe zuständig sind (Mech, 2008). Das Zusammenleben im Rudel ist von Kooperation bestimmt, nicht von Aggression. Vorstellungen von „Alpha"-Wölfen, die aggressiv ihre hohe Rangposition erkämpfen und verteidigen, stammen aus Beobachtungen an Wolfsgruppen in Menschenhand und gelten als überholt. Von diesen veralteten Vorstellungen wurde abgeleitet, dass der Mensch die „Alpha"-Position mit Gewalt bei seinem Hund durchsetzen sollte: indem er den Hund auf den Rücken wirft oder am Nackenfell schüttelt. Diese Empfehlungen sind zum einen nicht tiergerecht, zum anderen äußerst gefährlich, weil dadurch Bisse provoziert werden können. Auch die Verwendung tierschutzrelevanter Hilfsmittel wie Stachelhalsband, Würgekette etc. werden von Herstellern und manchen Hundetrainern dadurch beworben bzw. gerechtfertigt, dass durch ihre Anwendung der Mensch den „Alpha"-Wolf mit seinem Nackenbiss imitiert. Experten sind sich jedoch einig, dass diese Argumentation sowie die Verwendung von Hilfsmitteln, die Schmerzen erzeugen, abzulehnen sind.

Obsolete Methoden zur „Unterordnung" von Hunden

- „Alpha-Rolle", auf den Rücken werfen
- Schütteln des Hundes im Nackenfell
- den Hund im Nacken greifen und ihn herunterdrücken
- am Stachelhalsband rucken
- mit Endloswürger (Zughalsband ohne Stopp) würgen
- Schläge, Tritte, Kämpfe usw.

Diese Methoden der Gewaltanwendung sind tierschutzrelevant und außerdem gefährlich, da Bisse provoziert werden können.

Die Begriffe „Rangordnung", „Dominanz" und „Alpha" sind mittlerweile umstritten, weil sie diese veralteten Vorstellungen und Empfehlungen unterstützen bzw. mit ihnen assoziiert werden könnten. Neue Begriffe wie „Leadership" werden seit ein paar Jahren favorisiert (u. a. AVSAB, 2008) und verdeutlichen besser, dass es darum geht, den Hund gewaltfrei zu leiten, so wie Eltern ihre Kinder. Der Begriff „Dominanzaggression" wird von deutschen Spezialisten für Verhaltenstherapie i. d. R. nicht mehr verwendet. Der Begriff „dominant" wird nicht als Beschreibung eines „Wesenszugs" für ein Individuum verwendet, sondern nur zur Charakterisierung der Position in einer Beziehung.

9.3 Soziale Strukturen bei Haushunden

Beobachtungen an Hundegruppen bezüglich sozialer Strukturen kommen zu sehr unterschiedlichen Ergebnissen. Offenbar sind die Sozialstrukturen beim Haushund nicht mit einem starren Schema (wie einem linearen Rangordnungsmodell) erklärbar. Und sie unterscheiden sich außerdem von der sozialen Organisation bei Wölfen, die wiederum auch sehr vielgestaltig sein kann.

Leben Hunde in Gruppen miteinander, bilden sie meist feste (Rang-)Beziehungen zueinander aus (s. Zeichnung). Untersuchungen an Streunern in Rom (Cafazzo et al., 2010) konnten zeigen, dass signifikant (statistisch-)lineare Dominanz-Hierarchien unter den Hunden existierten. Diese waren v. a. aufgrund von „submissiven" und „dominanten" Verhaltensweisen in Interaktionen zu erkennen. In Anwesenheit von Ressourcen (Futter und z. T. auch von läufigen Hündinnen) konnten sie auch aufgrund von aggressiven Interaktionen festgestellt werden. Die „Ranghöhe" war von Alter und Geschlecht abhängig: Ältere Hunde waren „ranghöher" als jüngere, und Rüden waren in allen Altersgruppen „ranghöher" als Hündinnen. „Ranghohe" Hunde nahmen „mittelrangigen" jüngeren Hunden öfter Futter weg, zeigten aber eine gewisse Futtertoleranz gegenüber jungen, „rangniedrigen" Hunden.

Bei der Beobachtung von Hundegruppen ist es häufig schwierig, Rangbeziehungen eindeutig festzustellen, da das Verhalten der Tiere nicht immer eindeutig interpretierbar ist. So kann beobachtet werden, dass ein Hund, der eine „ranghohe" Position zu haben scheint, einem „rangniedrigeren" Artgenossen Futter überlässt. Aus einer einzigen Situation auf die zugrunde liegende Beziehung zu schließen, ist daher unzulässig. Außerdem kann es sein, dass sich ein Hund in einem Bereich (z. B. Konkurrenz um Futter) immer durchsetzt, in einem anderen Bereich (z. B. Liegeplatz) jedoch nicht. Es gibt verschiedene Erklärungsmodelle für diese Phänomene. Gansloßer (2014) unterscheidet zwischen „Langzeitdominanz" und „situativer Dominanz",

Hunde bilden feste (Rang)-Beziehungen aus. Hier zeigt der Hund im Vordergrund „aktive Unterwerfung" mit unterwürfiger Körperhaltung.

Beaver (1999) zwischen „kompetitiver Dominanz“ und „sozialer Dominanz“. Auch das Modell von „RHP“ und „V“ bietet hier sinnvolle Erklärungsmöglichkeiten: Wie sich ein Tier in Interaktionen verhält, hängt nicht nur von seiner Fähigkeit ab, sich Ressourcen zu verschaffen und sie zu kontrollieren – auch „**R**essource **H**olding **P**ower (RHP)“ (Parker, 1974) oder „Ressource Holding Potential“ genannt – sondern auch von seiner aktuellen Motivation (d. h. von dem Wert „V“, den er der Ressource zu diesem Zeitpunkt beimisst, auch „Subjective Ressource **V**alue“ genannt). Das kann durchaus bedeuten, dass der Überlegene Futter abgibt oder auf ein anderes Privileg zugunsten des Unterlegenen verzichtet, und dass ein sonst unterlegenes Tier eine ihm wichtige Ressource (z. B. sein Futter) erfolgreich auch gegen ein sonst überlegenes Tier verteidigen kann.

Hunde organisieren sich nicht demokratisch. Sie bilden feste (Rang-)Beziehungen. Der „Überlegene" hat die Entscheidung, eine Ressource zu verteidigen oder auch nicht, je nachdem, welchen Wert er ihr in einer Situation beimisst.

9.4 Beziehung Hund-Mensch

Viele Menschen verhalten sich intuitiv ihrem Hund wie einem gleichberechtigten Familienmitglied gegenüber. Sie respektieren seine Eigenheiten und erfüllen ihm seine Wünsche, sobald er diese äußert. Wenn der Hund z. B. vor der Terrassentür bellt, wird diese für ihn geöffnet, um ihn in den Garten zu lassen. Wenn er im Weg liegt, steigt man höflich um ihn herum, um ihn nicht zu stören. Wenn der Hund mit seinem Spielzeug den Besitzer beim Zeitunglesen stört, wird erst einmal gespielt. Immer wieder hat der Hund die Initiative zu Interaktionen und der Mensch reagiert lediglich, statt selbst zu agieren. Die meisten Hunde kommen mit dieser Form der Vermenschlichung gut zurecht, viele werden dadurch jedoch verunsichert. Teilweise werden ihnen die Rechte des Überlegenen zugestanden, der Handlungen bestimmen kann, teilweise aber auch nicht. Denn Toleranz und Gehorsam des Menschen haben auch Grenzen. Aus Hundesicht verhalten sich Menschen dabei inkonsequent, sodass der Hund nicht weiß, woran er ist. Aus dieser unklaren Lage heraus reagieren manche Hunde in bestimmten Situationen mit Aggression. Manche Tiere sind auch derart überfordert, dass sie nicht zur Ruhe kommen. Sie erscheinen ständig angespannt, schlafen vielleicht sogar schlecht und sind bemüht, ständig alle Familienmitglieder unter Kontrolle zu halten. Alltagsregeln und Rituale (► Kap. 9.6) schaffen die klaren Strukturen, die diese Hunde brauchen und mit denen sie sich sicher fühlen können. Die meisten Hunde erwarten eine souveräne und liebevolle Leitung durch ihre Besitzer und fühlen sich nur damit wohl.

Missverständnisse bezüglich der Führungsrolle äußern sich nicht nur in aggressivem Verhalten. Manchen Hunden fehlt das Vertrauen in die Führungsqualität des Menschen, weshalb sie es als ihre Aufgabe ansehen, sich für die Sicherheit der

Familie einzusetzen: Sie entscheiden, welcher Besucher akzeptiert wird und welcher nicht. Somit kann unklares Führverhalten auch ein territoriales Verhalten begünstigen. Unsichere Hunde leiden ebenfalls unter einer unklaren Führungssituation. Da sie den Menschen nicht als souveräne Leitung erleben, kann ihnen dieser auch nicht in Schrecksituationen (bei Gewitter oder Silvester etc.) Sicherheit geben.

Konsequente Regeln im Alltag sind besonders wichtig für Hunde, die austesten, wie weit sie bestimmen dürfen, und die Ressourcen oder (vermeintliche) Privilegien mit aggressivem Verhalten verteidigen. Sie können aber auch für jeden Hund hilfreich sein, der ein Verhaltensproblem hat. Außerdem können sie helfen, Missverständnissen und Verhaltensproblemen vorzubeugen.

9.5 Differenzialdiagnosen

Aggressives Verhalten aufgrund eines „Rangordnungsproblems“ kommt bei Hunden viel seltener vor, als von Laien vermutet. Unsicherheit ist die Hauptursache für aggressives Verhalten. Das Vertrauensverhältnis zwischen Besitzer und Hund kann gestört sein, sodass der Hund aus Misstrauen Ressourcen (z.B. sein Futter) oder sich selbst verteidigt, wenn er sich bedrängt fühlt. Das Verhalten kann auch erlernt sein und sich durch Wiederholungen aufrechterhalten. Wird ein ängstlicher Hund, der bei der Annäherung des Besitzers an sein Körbchen zur Selbstverteidigung knurrt, von diesem bestraft, wird der Hund beim nächsten Mal sicherlich wieder in einer ähnlichen aggressiven Verteidigungshaltung sein. Ein Hund mit arthrotischen Gelenksveränderungen wird vielleicht beim Pfotenabputzen knurren, weil er Schmerzen hat.

Nicht jeder Hund, der sein Futter oder seinen Liegeplatz verteidigt, hat ein „Rangordnungsproblem". Nicht jeder Hund, der ein „Rangordnungsproblem" hat, verteidigt auch sein Futter und seinen Liegeplatz.

9.6 Regeln für den Alltag

Hundebesitzer sollten ihrem Hund gegenüber Führungsverantwortung übernehmen. „Leadership“ hat jedoch nichts mit Gewalt zu tun. Man hat bei der Hundeerziehung mit hundegerechten und gewaltfreien Mitteln den besten und nachhaltigsten Erfolg. Denn der Mensch soll nicht der gefürchtete Feind, sondern der souveräne Freund des Hundes sein, dem er vertrauen kann. Außerdem besteht bei Methoden der Gewaltanwendung die Gefahr der Eskalation. Direkte Bestrafung kann das aggressive Verhalten eines Hundes verstärken, und er könnte seinem Besitzer schwere Verletzungen zufügen (Döring, 2014).

Außerdem hilft es nicht auf Dauer, wenn man seinem Hund ab und an mit Gewalt zeigt, „wer der Stärkere“ ist, z. B. indem man ihn auf den Rücken wirft, und ansonsten nicht sein grundlegendes Verhalten ändert. Wenn man ständig im Umgang mit dem Hund signalisiert, dass er bestimmen darf, und man ihm inkonsequent Privilegien zugesteht, wird es immer wieder zu Konflikten kommen. Durch Kenntnisse des Hundeverhaltens und eine konsequente Anwendung passender Alltagsregeln kann man sich viel effektiver und nachhaltiger durchsetzen. Dies zeigen auch die Erfahrungen der verhaltenstherapeutischen Sprechstunde. Die Besitzer, denen es gelingt, die Regeln im Alltag umzusetzen, sind meist begeistert, da sie sehen, wie schlagartig sich das Verhalten ihres Hundes positiv verändert.

Hundebesitzer sind sich häufig nicht bewusst, dass sie alle für den Hund wichtigen Ressourcen verwalten. Nur der Mensch kann Futter kaufen, nur er kann die Terrassentür öffnen, er bietet Zuwendung und Streicheleinheiten. Der Hund ist zweifelsfrei in der Rolle des Abhängigen, und es ist lediglich die logische Konsequenz daraus, dass der Mensch über den Hund bestimmen und die entsprechenden Führungsaufgaben wahrnehmen muss. Das Bewusstwerden dieser Führungsverpflichtung, die Hundebesitzern ähnlich wie Eltern zukommt, kann helfen, dass Besitzer über die für den Hund relevanten Fragen des Lebens bewusst entscheiden. Da man mit Hunden nicht diskutieren kann, sind es Gesten und Handlungen, die dem Hund zeigen, dass der Mensch seiner Führungsverantwortung nachkommt. Besonders einfach im Alltag ist umzusetzen, dass nicht der Hund, sondern der Besitzer bei Interaktionen den aktiven Part übernimmt (z. B. „Jetzt wird geschmust“, „Jetzt gehen wir raus“) und dass der Hund ein Kommando (z. B. „Sitz“, „Platz“, „Gib Pfötchen“, „Verbeugung“ usw.) befolgen muss, bevor er eine Ressource bekommt (► Kasten Umgangsregeln). Ganz automatisch wird der Hund dadurch nicht nur gehorsamer und besser kontrollierbar, sondern orientiert sich auch zunehmend am Besitzer.

Für die Umsetzung dieser Grundsätze im Einzelnen gibt es viele Möglichkeiten. Zum Beispiel kann gelten, dass Hunde nur nach Aufforderung durch den Besitzer auf Möbel dürfen. Zeigt ein Hund Drohverhalten, um erhöhte Plätze zu verteidigen, sollten Möbel jedoch ganz tabu für ihn sein. Eine Untersuchung von Rooney und Bradshaw (2003) zeigte, dass Hunde, die den Großteil von Spielhandlungen selbst initiierten, weniger umgänglich waren und eher zu aggressivem Verhalten neigten. Dies kann verschiedene Ursachen haben, unterstützt jedoch die Empfehlung, dass der Mensch der Initiator von Spielen sein sollte. Regeln, wie „Sitz“ vor dem Verlassen der Wohnung und vor Betreten der Fahrbahn haben auch besondere Bedeutung für die Sicherheit und Kontrollierbarkeit des Hundes in der Öffentlichkeit.

Übersicht Umgangsregeln

1. Die Initiative zu Aktivitäten und Interaktionen geht vom Menschen aus. Aufforderungen des Hundes werden weitgehend ignoriert.
2. Der Mensch bestimmt über alle Ressourcen. Das bedeutet, dass es Angenehmes (Futter, Streicheln, Spiel) für den Hund nicht frei verfügbar, sondern erst nach Befolgen eines Befehls gibt.

Beispiele für Möglichkeiten zur Umsetzung im Alltag:

- Gehorsamkeitstraining über positive Verstärkung wird immer wieder im Alltag eingebaut.
- Der Mensch bestimmt und beendet i. d. R. das gemeinsame Spiel.
- Der Mensch bestimmt über den (Liege-) Platz des Hundes.
- Auf Möbel darf der Hund nur nach Aufforderung durch den Besitzer.
- Der Hund soll „Sitz" machen und warten, während sein Futter in den Napf gefüllt wird.
- Der Hund soll „Sitz" machen, bevor er die Wohnung verlassen darf.
- Der Hund muss am Bordstein anhalten und „Sitz" machen, bevor er über die Straße gehen darf.
- Der Hund soll seinen Besitzer ansehen, bevor er von der Leine gelassen wird.

9.7 Bedeutung der Verhaltenstherapie

Wenn ein Hund in der Familie aggressiv reagiert, muss im Rahmen der Verhaltensberatung nach den Ursachen geforscht werden. Nach Abklären klinischer Ursachen dient eine sorgfältige Anamnese dazu, Missverständnisse bezüglich der Führungsrolle aufzudecken. Es kann auch sehr hilfreich sein, sich alltägliche Interaktionen zwischen Hund und Halter genauer anzuschauen. Eine verantwortungsvolle Verhaltenstherapie klärt zum einen die Besitzer bezüglich Gefahren auf und vermittelt effektive Maßnahmen zur Bissprävention, zum anderen berät sie zu hundegerechten, gewaltfreien Methoden, die zu einer Verbesserung der Hund-Mensch-Beziehung führen. Am besten wird die Auswahl der Regeln an das individuelle Hund-Halter-Paar angepasst.

Zusammenfassung

- Hunde bauen stabile soziale Beziehungen untereinander auf.
- Frühere, vereinfachende Vorstellungen einer aggressiv erkämpften Rangordnung bei Wölfen wurden unkritisch auf den Haushund übertragen, womit die Anwendung von Gewalt in der Hundeerziehung gerechtfertigt wurde.
- Methoden und Hilfsmittel „zur Unterordnung", die über Gewaltanwendung arbeiten, sind tierschutzrelevant und obsolet, da es gewaltfreie Alternativen gibt.
- Disziplinierungsmaßnahmen wie „Alpha"-Rolle, Schütteln im Nackenfell, Niederdrücken usw. können aggressive Gegenwehr des Hundes provozieren und sind daher auch im Sinne der Bissprävention abzulehnen.
- Gewaltfreies Führverhalten und unmissverständliche Signale im Alltag helfen, Probleme in der Hund-Mensch-Beziehung zu vermeiden bzw. zu lösen.
- Für jede Hund-Mensch-Konstellation können individuell geeignete Regeln des Zusammenlebens erarbeitet werden.

- In der Verhaltenstherapie kann nach Ausschluss klinischer Differenzialdiagnosen durch eine eingehende Anamnese und das Beobachten von Hund-Halter-Interaktionen eine unklare Rangbeziehung bzw. Mängel im Führverhalten der Besitzer festgestellt werden.

Literatur

AVSAB (2008): Position statement on the use of dominance theory in behavior modification of animals. Link: AVSAB American Veterinary Society of Animal behavior. http://avsabonline.org/uploads/position_statements/dominance_statement.pdf (Datum des Zugriffs: 17.10.2015)

Beaver, B. (1999): Canine Behavior: A Guide for Veterinarians. W. B. Saunders Company

Bradshaw, W. S., Blackwell, E. J., Casey, R. A. (2009): Dominance in domestic dogs – useful construct or bad habit? Journal of Veterinary Behavior 4, 135–144.

Cafazzo, S., Valsecchi, P., Bonanni, R., Natoli, E. (2010): Dominance in relation to age, sex, and competitive contexts in a group of free-ranging domsetic dogs. Behavioral Ecology, doi:1.1093/beheco/arq001, S. 443–455.

Döring, D. (2014): Wer bestimmt im Alltag? In Jung, H., Döring, D., Falbesaner, U.: Der tut nix! Vorbereitung zum Hundeführerschein. Ulmer

Gansloßer (2014): „Grundlagen der Verhaltensbiologie“ in: Del Amo, Theby (Hrsg.): Handbuch für Hundetrainer. Ulmer

Immelmann, K. (1982): Wörterbuch der Verhaltensforschung. Verlag Paul Parey.

Mech, L. D. (2008): Whatever happened to the term alpha wolf? International Wolf, Winter 2008, www.wolf.org, Link: http://www.4pawsu.com/alphawolf.pdf (Datum des Zugriffs: 17.10.2015)

Parker, G. A. (1974): Assessment Strategy and the evolution of fighting behavior. Journal of Theoretical Biology 47, 223–243

Rooney, N. J., Bradshaw, J. W. S. (2003): Links between play and dominance and attachment dimensions of dog-human-relationships. Journal of Applied Animal Welfare Science 6, 67–94.

Schilder, M. B. H., Vinke, C. M., van der Borg, J. A. M. (2014): Dominance in domestic dogs revisited: Useful habit and useful construct? Journal of Veterinary Behavior 9, 184–191.

10 Kastration

D. Ketter

10.1 Einführung

In der tierärztlichen Praxis gehört die Kastration zu den am häufigsten durchgeführten chirurgischen Eingriffen. Doch wie bei jedem chirurgischen Eingriff ist es auch bei der Kastration wichtig, eine gründliche Anamnese vorzunehmen, um die Notwendigkeit der Kastration begründen zu können.

Gerade in der Verhaltensmedizin wird von Patientenbesitzern die Kastration häufig als Allheilmittel gesehen und die positiven Auswirkungen auf das Verhalten des Tieres überschätzt. Als Tierarzt ist es daher wichtig, dem Tierhalter nahe legen zu können, wann eine Kastration Sinn macht und wann von einer Kastration eher abzuraten ist.

10.2 Gesetzliche Grundlagen

Nach § 6 Absatz 1 des deutschen Tierschutzgesetzes (TierSchG) ist das vollständige oder teilweise Amputieren von Körperteilen oder das vollständige oder teilweise Entnehmen oder Zerstören von Organen oder Geweben eines Wirbeltieres verboten. Dieses Verbot gilt laut dem TierSchG nicht, wenn

- der Eingriff im Einzelfall nach tierärztlicher Indikation geboten ist (§ 6 Absatz 1 Nr. 1 a TierSchG) oder
- zur Verhinderung der unkontrollierten Fortpflanzung oder – soweit tierärztliche Bedenken nicht entgegenstehen – zur weiteren Nutzung oder Haltung des Tieres eine Unfruchtbarmachung vorgenommen wird (§ 6 Absatz 1 Nr. 5 TierSchG).

Das bedeutet hinsichtlich einer Kastration bei Hund oder Katze, dass die Entscheidung für oder gegen eine Kastration stets im Einzelfall und individuell auf den Patienten angepasst entschieden werden muss.

Insbesondere in Großstädten gibt es unterschiedlich große Populationen von freilebenden Katzen. Nicht selten ernähren sie sich von Abfällen des Menschen (► Abb. 10-1). Um eine unerwünschte Fortpflanzung, sowohl der freilebenden Katzen wie auch der Hauskatzen mit Freilauf zu verhindern, wäre es sinnvoll die Kastration möglichst flächendeckend und bei allen Haltungsformen durchzuführen.

Wenn beim Hund andere Maßnahmen zur Verhinderung einer unerwünschten Fortpflanzung, wie sichere Unterbringung und kontrolliertes Ausführen, keinen Erfolg gebracht haben oder durch eine hormonell bedingte Aggressivität eine Gefähr-

Abb. 10-1 Wildlebende Katzen und Hunde, die sich vom Restmüll des Menschen ernähren

dung von Mensch und Tier nachzuweisen ist, kann eine Kastration gerechtfertigt sein. Werden Hunde unterschiedlichen Geschlechts in einem Haushalt gehalten, können die Einschränkungen während der Läufigkeit der Hündin für beide Tiere höhere Belastungen bringen als die Kastration (TVT, 2011).
Eine Kastration erfolgt auf der Grundlage eines Werkvertrags gemäß § 631 BGB.

10.3 Kastration und Sterilisation

Eine Unfruchtbarmachung kann durch Kastration oder auch durch Sterilisation erfolgen. Sterilisationen werden im Gegensatz zu Kastrationen in der tierärztlichen Praxis kaum noch durchgeführt. Jedoch sind einige Tierhalter immer noch der Auffassung, dass Kater und Rüden kastriert werden, während Kätzinnen und Hündinnen ihrer Meinung nach sterilisiert werden. Aus verhaltensbiologischer Sicht sind die Unterschiede einer Kastration gegenüber einer Sterilisation immens. Bei der Sterilisation handelt es sich um ein Unterbinden des Samenstrangs bzw. des Eileiters. Die Gonaden werden nicht entfernt. Hierdurch wird der Transport der Keimzellen (Spermien/Eizellen) und damit eine mögliche Befruchtung verhindert. Die Hormonproduktion der Gonaden und die damit verbundenen Verhaltensweisen bleiben jedoch erhalten. Im eigentlichen Sinn bezeichnet die Kastration die Entfernung der Keimdrüsen (Gonadektomie). Bei der operativen Kastration wird bei der Hündin bzw. Kätzin normalerweise eine Ovarioektomie und nur bei begründeter Indikation eine Ovariohysterektomie durchgeführt. Beim Rüden bzw. Kater handelt es sich um eine Testektomie. Bei der Hündin bzw. Kätzin gibt es die Möglichkeit der medikamentösen Zyklusunterdrückung, die als medikamentöse Kastration bezeichnet wird. Beim Rüden bzw. Kater wird bei der medikamentösen Kastration mittels Medikament das männliche Sexualhormon Testosteron unterdrückt.

10.3.1 Reversible Kastration beim Rüden

Wenn nach eingehender Betrachtung des Einzelfalls eine Kastration bei einem Rüden zur Diskussion steht, ist es ratsam die Auswirkungen einer Kastration zu testen. Hierfür kann eine vorläufige chemische Kastration mittels eines Implantats erfolgen. Bei einer operativen Kastration wäre der Eingriff im Hormonhaushalt des Hundes irreversibel.

In Deutschland ist das Medikament Suprelorin® (Wirkstoff: Deslorelin) zur Einleitung einer vorübergehenden Unfruchtbarkeit bei gesunden, nicht kastrierten, geschlechtsreifen Rüden zugelassen. Jedoch kann durch eine Umwidmung Suprelorin® auch in anderen Fällen zur Anwendung kommen. Durch die Gabe des Präparates kann beim Rüden vor einer irreversiblen operativen Kastration getestet werden, ob das gewünschte Therapieziel wie z. B. eine Verhaltensänderung mittels Kastration erreicht werden kann oder/und ob kastrationsbedingte Nebenwirkungen auftreten. Es handelt sich hierbei um ein Implantat, welches zwischen den Schulterblättern des Hundes subkutan appliziert wird. Die Wirkung hält ca. 6 Monate an. Da es biologisch verträglich ist, muss es nicht entfernt werden. Wenn jedoch eine Beendigung der Behandlung erforderlich ist, kann das Implantat operativ entfernt werden. Die Lokalisation des Implantats kann mittels Ultraschall durchgeführt werden.

Deslorelin ist ein GnRH-Analogon. GnRH (gonadotropin releasing hormone) wird im Hypothalamus synthetisiert. Es stimuliert die Synthese und die Freisetzung von den Gonadotropinen LH und FSH aus dem Hypophysenvorderlappen (Adenohypophyse). Physiologischerweise wird GnRH stoßweise im Hypothalamus freigesetzt. Kommt es jedoch zu einer kontinuierlichen Gabe des Hormons GnRH bzw. eines GnRH-Analogons, führt dies zu einer Down-Regulation der GnRH-Rezeptoren an der Hypophyse. Dies hat zur Folge, dass die Sekretion von Gonadotropinen und Sexualhormonen gehemmt wird. Anfangs kommt es jedoch in den ersten Tagen zur vermehrten Produktion von Gonadotropinen und Testosteron, bevor die Down-Regulation einsetzt. Labordiagnostisch lassen sich die initial erhöhten Werte von Testosteron, LH und FSH nachweisen. Normalerweise ist diese anfängliche Phase klinisch unauffällig, aber in seltenen Fällen kann es direkt nach Implantation zu einem vorübergehenden gesteigerten sexuellen Interesse, einer Größenzunahme des Hodens und Hodenschmerzen kommen. Diese Reaktionen gehen jedoch wieder zurück. Nach dem kurzzeitigen initialen Anstieg erfolgt ein deutlicher Abfall von Testosteron. Es kommt zur Verkleinerung der Hoden und der Prostata. Ejakulat und Spermien werden nicht mehr gebildet. Es ist von einer Herabsetzung der Libido des Hundes auszugehen.

PRAXISTIPP

Vor Gabe von Suprelorin® sollte die genaue Größe der Hoden festgehalten werden. Verkleinern sich die Hoden nicht in den ersten Wochen, ist davon auszugehen, dass das Implantat nicht wirkt. Eventuell hat der Hund das Implantat verloren. Mittels Ultraschall kann der Sitz des Implantats überprüft werden.

Es gibt zwei verschiedene Implantate für Hunde. Sie unterscheiden sich hinsichtlich des sicheren Wirkungseintritts und der Wirkungsdauer. Für eine diagnostische Therapie sollte immer auf das Implantat mit der geringeren Wirkungsdauer zurückgegriffen werden. Für das Suprelorin® 4,7 mg Implantat wird eine Unfruchtbarkeit des Rüdens ab einem Zeitraum von 6 Wochen bis mindestens 6 Monaten angegeben. Alle Reaktionen sind nach Absetzen der Therapie reversibel. Die Anwendung des Implantats sollte nicht vor der Geschlechtsreife des Tieres durchgeführt werden. Es sollte abgewartet werden, bis sich die Wachstumsfugen geschlossen haben.

10.4 Einfluss der Kastration auf verschiedene Verhaltensweisen des Hundes

Viele Besitzer erhoffen sich durch eine Kastration einen pflegeleichteren Hund. In bestimmten Fällen kann eine Kastration eine sinnvolle verhaltenstherapeutische Maßnahme sein, jedoch kann eine Kastration auch zu einer Verschlechterung des Verhaltensproblems führen.

Wenn der intakte Rüde ständig über den Gartenzaun springt oder beim Spaziergang das Weite sucht, ist der Besitzer oft davon überzeugt, dass diese unerwünschten Alleingänge durch eine Kastration unterbunden werden können. Hier ist es die Aufgabe des verhaltenstherapeutisch tätigen Tierarztes eine genaue Anamnese und Diagnostik durchzuführen, um einen individuellen Therapieplan erstellen zu können und ggf. eine Kastration des Rüden als sinnvolle Therapie in Betracht zu ziehen.

Als erstes ist zu verifizieren, welches Verhalten überhaupt vorliegt und warum der Hund nicht mehr abrufbereit ist. Sind es läufige Hündinnen, die den Rüden veranlassen wegzulaufen oder steckt jagdmotiviertes Verhalten oder Langeweile dahinter etc.?

10.4.1 Jagdverhalten

Das Jagdverhalten (Beutefangverhalten) und das Aggressionsverhalten unterscheiden sich bezüglich der Handlungsketten und der neuronalen Steuerung. Das Beutefangverhalten dient zur Nahrungsbeschaffung, jedoch wird es auch bei gesättigten Hunden durch bestimmte Reize wie z. B. bewegte Objekte ausgelöst. Sexualhormone stehen in keinem Bezug zum Jagdverhalten, daher stellt eine **Kastration keine**

Therapiemöglichkeit bei unerwünschtem Jagdverhalten dar. Weitere Informationen über das Jagdverhalten inkl. Diagnose und Therapie beim Hund sind in Kapitel 11 zu finden.

10.4.2 Streunen

Für das Streunen eines Hundes kann es viele verschiedene Gründe geben. Hier spielt die Vorgeschichte eines Hundes auch eine große Rolle. Gerade die sogenannten Straßenhunde werden oft nach Deutschland vermittelt. Sie sind es gewohnt herumzulaufen. Jedoch ist dies nicht sexuell motiviert. Hier wird eine Kastration keine Verbesserung bringen. Auch wenn ein Hund über die Gartenhecke springt, muss dies nicht automatisch sexuell motiviert sein. Es kann unter anderem aus Langeweile geschehen, da auf der anderen Seite des Gartens attraktive Reize locken. Wenn ein Rüde jedoch aufgrund von läufigen Hündinnen immer wieder wegläuft und sich und andere dadurch in Gefahr bringt, kann unter Umständen erstmal eine chemische Kastration durchgeführt werden. Hier erreicht man zum einen, dass der Rüde über eine gewisse Zeit unfruchtbar ist und zum anderen wird seine Libido gezügelt. Bevor jedoch eine Kastration durchgeführt wird, sollte auf jeden Fall erstmal durch Managementmaßnahmen versucht werden, eine Verbesserung des Verhaltens zu erzielen. Springt ein Hund ständig über den Zaun, muss der Garten ausbruchsicher gemacht werden. Ein solider Grundgehorsam muss vorhanden sein. Der Hund sollte sowohl körperlich als auch geistig ausgelastet werden.

10.4.3 Hypersexualität

Bei Rüden wird als Grund für die geforderte Kastration überwiegend Aggressivität und Hypersexualität angegeben. Aufreiten kommt zwar in Verbindung mit dem Paarungsverhalten vor, kann aber auch im Kontext eines Kontaktspiels erfolgen. Quer-Aufreiten kann ein gehemmtes offensives Aggressionsverhalten darstellen. Daher ist es wichtig, das Verhalten im Kontext zu betrachten. Wird ein sexuell motiviertes Verhalten vermutet, kann eine diagnostische Therapie mit Suprelorin® erfolgen.

10.4.4 Angstaggressives Verhalten

Die Ursache für angstaggressives Verhalten können z. B. schlechte oder ungenügend positive Erfahrungen sein. Die Angst vor Kontrollverlust kann dazu führen, dass der Hund mit Aggression auf eine solche Situation reagiert. Der Körper reagiert bei Angst mit einer Stressreaktion. Unter anderem kommt es hierbei zur Ausschüttung von ACTH, welches die Nebennierenniere veranlasst, Glucocorticoide wie das Cortisol auszuschütten. Erhöhte Glucocoricoidkonzentrationen haben Einfluss auf die Hormonausschüttung in den männlichen und weiblichen Keimdrüsen. Beim männlichen Tier vermindern sie die Gonatropinausschüttung, das heißt, dass das Testosteron sinkt.

Das männliche Hormon Testosteron hemmt ebenfalls die Cortisolausschüttung und wirkt dadurch angstlösend und steigert das Selbstbewusstsein (Gansloßer und Strodbeck, 2011).

Kastration

Rüde Die Wegnahme des Testosterons durch eine Kastration würde das gezeigte Verhalten nur verschlimmern. **Eine Kastration beim Rüden ist daher bei angstaggressivem Verhalten kontraindiziert.**

Hündin Bei der Wegnahme der Östrogene durch eine Kastration kann in der Nebennierenrinde mehr Testosteron gebildet werden. Da das Testosteron die Cortisolausschüttung hemmt, kann eine Kastration bei der Hündin unter Umständen zu einer Verbesserung des Verhaltens führen. Jedoch ist zu beachten, dass angstaggressives Verhalten auch als gute Strategie erlernt werden kann. Bevor eine Kastration in Erwägung gezogen wird, sollten andere Therapiemöglichkeiten in Betracht gezogen werden.

Weitere Informationen zum Thema Angstaggression siehe ▸ Kap. 16.

10.4.5 „Brutverteidigungsverhalten" der Hündin und des Rüden

Die **maternale Aggression** (▸ Kap. 16) wird häufig von Hündinnen rund um den Zeitraum der Geburt gezeigt. Sie ist besonders stark in den Tagen nach der Geburt ausgebildet. Verhaltensbiologisch dient sie dazu die Welpen zu beschützen. Die maternale Aggression kann gegenüber Menschen, Artgenossen und auch anderen Tieren gezeigt werden.

Bei nicht graviden Hündinnen kommt es nach der Läufigkeit physiologisch zur Pseudogravidität (▸ Kap. 16). Der verhaltensbiologische Sinn bestand bei den Caniden darin, dass sich nicht trächtige Hündinnen an der Brutpflege beteiligen konnten. Bei den Haushunden ist dieses Zyklusmuster noch beibehalten. Bei graviden und pseudograviden Hündinnen ist der Progesteronspiegel nach der Läufigkeit über etwa 2 Monate nahezu gleich hoch. Bei nichtgraviden Hündinnen kommt es daher physiologisch zu einer Scheinträchtigkeit. Bei der Pseudogravidität kann man die klinisch inapparente Form von der klinisch apparenten Form unterscheiden. Die Prolactinkonzentration beeinflusst, ob eine Scheinträchtigkeit klinisch auffällig wird. Das im Hypophysenvorderlappen gebildete Prolactin ist für die Aufrechterhaltung der Gelbkörperfunktion essenziell. Bei nichtgraviden Hündinnen steigt dieser ca. am 28. Tag nach dem LH-Peak geringfügig an und bleibt bis ca. zum 75. Tag auf gleichbleibendem erhöhtem Wert. Dadurch kommt es physiologisch zu einer leichten Gesäugeanbildung (= klinisch inapparente Form). Kommt es in der Zeit zu einem deutlich höheren Anstieg des Prolactins, kommt es zu einer starken Gesäugeanbildung mit eventueller Milchsekretion (Lactatio falsa), Nestbauverhalten, Brutverhalten und vermehrter Bereitschaft das Nest und Gegenstände, die als Welpenersatz dienen, zu verteidigen (= klinisch apparente Form).

Bei graviden wie auch physiologisch pseudograviden Hündinnen beginnt die Prolactinkonzentration ab ca. dem 28. Tag nach dem LH-Peak zu steigen. Bei der graviden Hündin erreicht der Prolactinwert sein Maximum ca. 16 Stunden vor der Geburt. 36 Stunden nach der Geburt sinkt die Prolactinkonzentration wieder ab. Durch das Säugen der Welpen kommt es reflektorisch erneut zur Prolactinausschüttung.

Wenn die Welpen abgesetzt sind bzw. die Scheinträchtigkeit vorbei ist, sinkt auch die Aggressionsbereitschaft der Hündinnen. Bei einer Scheinträchtigkeit verschwinden die Symptome normalerweise nach 6–8 Wochen.

Aber auch Rüden und kastrierte Hunde können aggressives Verhalten zum Schutz der Welpen bzw. auch zum Schutz der Kinder der Familie oder der schwangeren Besitzerin oder schwangeren nahestehenden Personen zeigen. Verantwortlich ist hier ebenfalls das Prolactin, welches bei Anwesenheit der Welpen oder der nahestehenden schwangeren Person bzw. der Kinder der Familie ansteigt.

Kastration

Rüde Bei einem intakten Rüden ist der Testosteronspiegel hoch. Fällt durch die Kastration die hemmende Wirkung des Testosterons auf das Prolactin weg, kann dies zu einer Verstärkung des „Brutverteidigungsverhaltens" führen. Daher stellt ein **„Brutverteidigungsverhalten" keine Indikation zur Kastration** dar. Im Gegenteil kann das Verhalten durch die Kastration des Rüden sogar verstärkt werden.

Hündin Bei der trächtigen Hündin und der pseudograviden Hündin führt das Prolactin ebenfalls zu verstärktem „Brutverteidigungsverhalten". Aber auch bei kastrierten Tieren, kann Prolactin ansteigen, da es im Hypophysenvorderlappen synthetisiert wird und daher auch nach einer Ovarektomie synthetisiert werden kann. Daher ist bei einer Hündin der Sinn einer Kastration aufgrund eines verstärkten „Brutverteidigungsverhaltens" fraglich.

Sollte eine Kastration bei einer nichtträchtigen Hündin durchgeführt werden, sollte dies nicht innerhalb der Lutealphase erfolgen, da der abrupte Progesteronentzug zu einer klinisch apparenten Scheinträchtigkeit führen könnte.

Zusammenfassung

- In der tierärztlichen Praxis gehört die Kastration zu den am häufigsten durchgeführten chirurgischen Eingriffen. Doch wie bei jedem chirurgischen Eingriff ist es auch bei der Kastration wichtig, eine gründliche Anamnese vorzunehmen, um die Notwendigkeit der Kastration begründen zu können.
- Nach § 6 Absatz 1 des deutschen Tierschutzgesetzes (TierSchG) ist das vollständige oder teilweise Amputieren von Körperteilen oder das vollständige oder teilweise Entnehmen oder Zerstören von Organen oder Geweben eines Wirbeltieres verboten.

Dieses Verbot gilt laut dem TierSchG nicht, wenn der Eingriff im Einzelfall nach tierärztlicher Indikation geboten ist (§ 6 Absatz 1 Nr. 1a TierSchG) oder zur Verhinderung der unkontrollierten Fortpflanzung oder – soweit tierärztliche Bedenken nicht entgegenstehen – zur weiteren Nutzung oder Haltung des Tieres eine Unfruchtbarmachung vorgenommen wird (§ 6 Absatz 1 Nr. 5 TierSchG).

- Durch die subkutane Applikation von Suprelorin® (Implantat mit Wirkstoff Deslorelin), einem GnRH-Analogon, kann beim Rüden vor einer irreversiblen operativen Kastration getestet werden, ob das gewünschte Therapieziel wie z. B. eine Verhaltensänderung mittels Kastration erreicht werden kann oder/und kastrationsbedingte Nebenwirkungen auftreten.
- Sexualhormone stehen in keinem Bezug zum Jagdverhalten, daher stellt eine Kastration keine Therapiemöglichkeit bei unerwünschtem Jagdverhalten dar.
- Wenn ein Rüde jedoch aufgrund von läufigen Hündinnen immer wieder wegläuft und sich und andere dadurch in Gefahr bringt, kann je nach vorliegenden Umständen eine chemische Kastration mit Suprelorin® sinnvoll sein.
- Wird ein sexuell motiviertes Verhalten bei einer Hypersexualität vermutet, kann eine diagnostische Therapie mit Suprelorin® erfolgen.
- Eine Kastration beim Rüden ist bei angstaggressivem Verhalten kontraindiziert, da die Wegnahme des Testosterons durch eine Kastration das gezeigte Verhalten nur verschlimmern würde. Bei der Wegnahme der Östrogene der Hündin durch eine Kastration kann in der Nebennierenrinde mehr Testosteron gebildet werden. Da das Testosteron die Cortisolausschüttung hemmt, kann eine Kastration bei der Hündin unter Umständen zu einer Verbesserung der Angstaggression führen.
- Ein Prolactinanstieg kann zu einem verstärkten „Brutverteidigungsverhalten" (sowohl beim weiblichen als auch beim männlichen Tier) führen. Die Synthese, Speicherung und Sekretion des Prolactins erfolgt im Hypophysenvorderlappen. Daher kann ein Anstieg auch bei kastrierten Hunden erfolgen. Bei Rüden kann durch eine Kastration das „Brutverteidigungsverhalten" sogar verstärkt werden, da der Prolactinanstieg durch einen hohen Testosteronspiegel gehemmt wird.

Literatur

EMA (2012): Anhang I Zusammenfassung der Merkmale des Tierarzneimittels http://www.ema.europa.eu/docs/de_DE/document_library/EPAR_-_Product_Information/veterinary/000109/WC500068835.pdf (letztes Abrufdatum: 25.03.2016)

Gansloßer, U., Strodbeck, S. (2011): Kastration und Verhalten beim Hund, Verlag Müller Rüschlikon

Tierschutzgesetz (2015): Tierschutzgesetz in der Fassung der Bekanntmachung vom 18. Mai 2006 (BGBl. I S. 1206, 1313), zuletzt durch Artikel 8 Absatz 13 des Gesetzes vom 3. Dezember 2015 (BGBl. I S. 2178) geändert http://www.gesetze-im-internet.de/tierschg/BJNR012770972.html (letztes Abrufdatum: 21.02.2016)

TVT (2011): Kastration von Hunden und Katzen, Merkblatt Nr. 120 http://www.tierschutz-tvt.de/index.php?id=merkblaetter (letztes Abrufdatum: 25.03.2016)

11 Unerwünschtes Jagdverhalten beim Hund

D. Ketter

Das Jagdverhalten bzw. das Beutefangverhalten gehört zum Normalverhalten des Hundes. Wie ein Hund im Speziellen jagt, ist abhängig von seinen Erfahrungen und seiner Veranlagung. Typische Jagdsequenzen des Hundes sind das Suchen, Orten, Verfolgen, Fixieren, Anpirschen, Hetzen, Packen, Schütteln/Töten/Reißen und Fressen. Je nach Rasse sind bestimmte Jagdsequenzen besonders gut oder andere nur geringfügig ausgeprägt. So wurden Windhunde auf die Jagd auf Sicht gezüchtet und haben eine hohe Bereitschaft ihre Beute zu hetzen. Beim Terrier war bei der Bekämpfung von Ratten und Mäusen ein schnelles Zupacken und Töten erwünscht. Hütehunde wie z. B. der Border Collie zeigen das Fixieren, Anpirschen und Hetzen sehr deutlich. Das Beutefangverhalten dient zur Nahrungsbeschaffung, jedoch wird es auch bei gesättigten Hunden durch bestimmte Reize wie z. B. bewegte Objekte ausgelöst. Das Jagdverhalten wird im Allgemeinen nicht zum Aggressionsverhalten gezählt, da sich beide Verhaltensweisen voneinander bezüglich ihrer neuronalen Steuerung unterscheiden. Die Handlungsketten des Jagdverhaltens und des Aggressionsverhalten unterscheiden sich zudem deutlich voneinander.

Heute werden viele Hunde als Familienhunde gehalten und nicht mehr ihrem ursprünglichen Zuchtziel entsprechend eingesetzt. Vielen Besitzern ist nicht bewusst, zu welchem Zweck eine bestimmte Rasse gezüchtet wurde. Um eine bessere Beziehung zwischen Hund und Halter herstellen zu können, sollte der Besitzer über rassespezifische Eigenschaften aufgeklärt werden. Solch eine Beratung sollte am besten vor der Anschaffung eines Hundes erfolgen.

Anamnese

Neben der Rassezugehörigkeit spielen die Erfahrungen des Hundes eine große Rolle beim Jagdverhalten. Hunde lernen am Erfolg und beim Zuschauen. Daher ist es wichtig zu erfragen, welches Jagdverhalten der Hund bereits zeigt. Hierzu ist es ratsam, die einzelnen Jagdsequenzen abzufragen, da dem Besitzer oft nicht bewusst ist, welches Verhalten bereits zum Jagdverhalten gehört.

Auslöser sind meist sich schnell bewegende Objekte, aber auch Gerüche oder Geräusche können das Beutefangverhalten auslösen. Die Sozialisierung spielt ebenfalls eine Rolle. Tiere, die der Hund während der Sozialisierungsphase als „Sozialpartner" kennengelernt hat, werden später meistens nicht als Beute gejagt. Werden Hunde gegenüber ihren Artgenossen nicht gut sozialisiert, kann es auch vorkommen, dass Artgenossen wie z. B. kleine Hunde als mögliche Beute gesehen werden.

Hunde, die ständig Bällen oder anderen sich bewegenden Spielobjekten hinterherjagen, werden auf das Beutefangverhalten konditioniert.

Das Jagdverhalten spielt auch eine Rolle, wenn es um die Gefährlichkeit von Hunden geht. Die noch etwas ungelenken Bewegungen wie auch die hochfrequenten Schreie von Kindern können ebenfalls das Jagdverhalten beim Hund auslösen (► Kap. 23). Ebenso kann ein fehlgeleitetes Jagdverhalten auf Jogger, Menschen auf Fahrrädern oder Skateboards etc. eine Gefahr darstellen.

Die Jagdmotivation ist durch eine Kastration nicht zu verringern oder gar abzuschalten. Bei Rüden kann es durch eine Kastration sogar zu einer höheren Jagdmotivation kommen, da die durch Sexualhormone begründeten Verhaltensweisen wegfallen und mehr Zeit darauf verwendet werden kann, zu jagen (► Kap. 10).

Symptome/Diagnose

Die Diagnose erfolgt über eine ausführliche Anamnese und das beobachtete Verhalten. Typische Kennzeichen vom Jagdverhalten sind unter anderem das Suchen, Verfolgen, Fixieren, Anpirschen und Hetzen. Beim Jagdverhalten wird kein aggressives Verhalten gegenüber dem Beutetier gezeigt. Grundsätzlich kann jede Rasse Jagdverhalten zeigen. Einige Rassen sind auf die Jagd spezialisiert wie z. B. Apportierhunde, die gezüchtet wurden, um das geschossene Wild zu suchen und dem Jäger zurückzubringen. Auf bestimmte Gerüche zu reagieren ist ebenfalls genetisch veranlagt, jedoch ist dieses Verhalten verstärkt durch Lernerfahrungen beeinflusst. Diagnostisch wichtig ist, ob das Verhalten lautlos abläuft. Hunde die auf ihre Beute bellend zulaufen jagen nicht wirklich. Hier handelt es sich z. B. um Spielverhalten oder mangelnden Gehorsam.

Differenzialdiagnostisch ist insbesondere das Streunen von Rüden aufgrund von läufigen Hündinnen vom Jagdverhalten abzugrenzen.

Therapie

- Das Jagdverhalten ist angeboren und selbstbelohnend. Daher darf es nicht einfach ignoriert werden wie z. B. das Wühlen nach Mäusen (► Abb. 11-1), sondern muss in kontrollierte Bahnen gelenkt werden.
- Verhaltenssequenzen, die bereits Anzeichen für das Jagen sind, müssen erkannt werden, damit der Besitzer adäquat reagieren kann. Daher ist es wichtig, mit dem Besitzer die typischen Jagdsequenzen des Hundes zu besprechen.
- Das Aufmerksamkeitstraining, guter Grundgehorsam, das Rückruftraining, ein Abbruchsignal auf Distanz, gute Leinenführigkeit und das Schleppleinentraining sind wichtige Maßnahmen, um ein unkontrolliertes Jagen in den Griff zu bekommen.
- Um das fehlgeleitete Jagdverhalten zu unterbinden, sollte eine Desensibilisierung und Gegenkonditionierung erfolgen (► Kap. 4)
- Rassespezifisches Jagdverhalten sollte genutzt werden. Das Vorstehen sollte z. B. belohnt werden, da dieses Verhalten dem Besitzer genügend Zeit gibt, richtig

zu reagieren. Bei Apportierhunden, aber auch bei anderen apportierfreudigen Hunden kann das Dummytraining eine sinnvolle Beschäftigung sein, um den Jagdtrieb auszuleben (► Abb. 11-2).

Abb. 11-1 Das Jagdverhalten gehört zum Normalverhalten des Hundes und ist selbstbelohnend. Ist das Jagen unerwünscht, sollte es bereits beim Junghund unterbunden werden wie z. B. die Jagd nach Mäusen.

Abb. 11-2 Dummytraining kann eine sinnvolle Beschäftigung für den Hund sein. Der Hund hat hierbei die Möglichkeit, das Jagdverhalten auf kontrollierte Weise auszuleben.

- Immer wieder hört man, dass nur ein Telereizgerät den Hund vom Jagdverhalten abhalten kann. Zum einen ist die Anwendung von Elektroreizgeräten, die erhebliche Leiden oder Schmerzen verursachen können, in der Hundeausbildung in Deutschland verboten. Dies betrifft auch Geräte im Niederstrombereich (► Kap. 2). Zum anderen gibt es schmerzfreie Methoden für ein Anti-Jagd-Training (s. o.).

Prophylaxe

- Vor der Anschaffung eines Hundes sollte der zukünftige Hundehalter über die rassespezifischen Eigenschaften aufgeklärt werden.
- Guter Grundgehorsam, gute Leinenführigkeit, ein Abbruchsignal auf Distanz und die Orientierung am Menschen sollten von Anfang an trainiert werden.
- Ein unkontrolliertes Jagdverhalten sollte bereits im Welpenalter unterbunden werden. Jagdverhalten ist selbstbelohnend, daher bringt es nichts, unerwünschte Jagdsequenzen zu ignorieren. Das Beutefangverhalten eines Hundes kann auch nicht gelöscht, sondern nur kontrolliert werden. Dies sollte frühzeitig geschehen, damit sich die selbstbelohnenden Verhaltensweisen nicht durch selbstgemachte Erfahrungen festigen können.

Zusammenfassung

- Das Jagdverhalten des Hundes ist angeboren. Das Beutefangverhalten gehört zum normalen Verhaltensrepertoire des Hundes und ist selbstbelohnend. Die Jagdsequenzen sind je nach dem ursprünglichen Zuchtziel unterschiedlich ausgeprägt.
- Die Diagnose erfolgt über eine ausführliche Anamnese und anhand der, für die Jagd typischen, Verhaltensweisen.
- Um einen Hund vom unkontrollierten Jagen abzubringen, ist es wichtig, dass der Hund sich am Besitzer orientiert. Hierfür beginnt man meist mit einem Aufmerksamkeitstraining. Das Training beinhaltet weiterhin einen guten Grundgehorsam, gute Leinenführigkeit, einen sicheren Rückruf und ein Abbruchsignal auf Distanz.
- Das Training ist sehr zeitaufwendig und dient dazu, das Jagdverhalten eines Hundes unter Kontrolle zu bringen. Eine sogenannte Löschung des Jagdverhaltens ist nicht möglich.
- Bei fehlgeleitetem Jagdverhalten wie z. B. dem Jagen von Skateboardfahrern sind zusätzlich zu den anderen Maßnahmen eine Desensibilisierung und eine Gegenkonditionierung durchzuführen.
- Prophylaktisch sollte unkontrolliertes Jagdverhalten von Anfang an unterbunden werden, da aufgrund der selbstbelohnenden Komponente sich das Verhalten durch selbstgemachte Erfahrungen schnell festigt.

12 Hohe Erregungslage beim Hund

D. Ketter

Es gibt Hunde, die relativ schnell in eine hohe Erregungslage zu versetzen sind.

Ursache dafür, dass ein Hund leicht in eine hohe Erregungslage kommt, kann eine genetische Prädisposition sein. Unter den Hütehunden sind z. B. viele Rassen zu finden, die schnell in eine hohe Erregungslage versetzt werden können wie z. B. der Border Collie.

Prinzipiell sind aber die Erfahrungen eines Hundes während der sensiblen Phase (3. bis 12. bzw. 14. Woche) für sein späteres Leben besonders wegweisend. Insbesondere in der 3.–5. Lebenswoche, reagiert ein Hund sehr neugierig und geht auf Neues angstfrei und aktiv zu. Er bildet sein eigenes „Weltbild". Je älter der Welpe wird, umso geduldiger muss die Gewöhnung stattfinden. Welche Reize später als negativ, positiv oder neutral gesehen werden, liegt daran, welche Erfahrungen er in dieser Zeit sammeln kann. Daher ist es wichtig, dass ein Welpe bereits beim Züchter daran gewöhnt wird, was ihn später auch erwarten wird. In der 3. Lebenswoche kommt es beim Hund neben den entscheidenden Verhaltensneuerungen auch zur Ausreifung der Sinnesleitungen und der motorischen Fähigkeiten. Der Hund lernt sozial zu interagieren.

Die Welpen lernen auch von der Mutterhündin. In den ersten 2–3 Wochen kann der Welpe noch nicht selber ausscheiden. In dieser Zeit kümmert sich die Mutter darum. Hierfür dreht die Mutter den Welpen auf den Rücken oder zur Seite, um dann den Analbereich lecken zu können. Ab der 5. Lebenswoche fixiert die Hündin den Welpen immer wieder während eines Spiels in Seiten- oder Rückenlage solange, bis er sich entspannt und ruhig verhält. Hält er sich ruhig, lässt ihn die Mutterhündin wieder los und er kann weiterspielen. Diese Erziehungsmaßnahme der Mutterhündin spielt eine wesentliche Rolle für das spätere Verhalten des Hundes, insbesondere in Bezug auf das psychische Gleichgewicht. Er lernt dadurch, nicht sofort in eine hohe Erregungslage zu geraten und ruhig zu bleiben bzw. inne zu halten. Zeigt die Mutterhündin problematisches Verhalten wie z. B. angstaggressives Verhalten gegenüber dem Menschen, kann das zur Folge haben, dass die Welpen dieses Verhalten übernehmen. Führt ein bereits niedriges Stressniveau bei der Mutterhündin zur Stressempfindlichkeit, kann dies zu erhöhter Stressempfindlichkeit der Welpen führen. Daher sollte eine Hündin, die über eine niedrige Stressresistenz verfügt, nicht zur Zucht verwendet werden.

Bei einem neutralen Reiz wird der Hund in keine hohe Erregungslage versetzt werden. Ist ein Hund z. B. an einen Staubsauger gewöhnt und sieht ihn als neutral an, wird er auf den Staubsauger gar nicht reagieren. Wenn der Reiz, an den sich der Hund bereits gewöhnt hatte, länger nicht mehr präsent ist, kann es anfangs wieder zur Reizantwort kommen (► Kap. 4).

Bei einem positiv wie auch negativ empfundenen Reiz wird der Hund in eine erhöhte Erregungslage versetzt. Es kommt durch sogenannte Stressoren (► Kasten) zu einer Stressreaktion. Die Stressreaktion wird unabhängig davon, ob ein Hund diesen Reiz als positiv oder negativ empfindet, in Gang gesetzt. Stress erhöht die Leistungsbereitschaft. Durch die vermehrte Ausschüttung von Adrenalin und Noradrenalin kann der Hund schneller reagieren. Jedoch kommt es aufgrund der überwiegenden noradrenergen Steuerung des Stammhirns schnell zu unüberlegten Reaktionen. Es kommt im schlimmsten Fall zur Lernblockade.

Beispiele für Stressoren

- Krankheiten
- Schmerzen
- emotional z. B. Angst
- physikalisch z. B. Hitze, Kälte
- Isolation
- Reizüberflutung
- Langeweile

Wenn der Besitzer mit dem Hund sehr energisch spielt, kann der Hund in eine sehr hohe Erregungslage kommen. Dadurch ist der Hund nur noch schwer zu kontrollieren. Gerade bei Zerrspielen mit dem Hund kann es insbesondere bei Kindern zu schweren Verletzungen kommen. Ein Spiel sollte daher immer kontrolliert ablaufen. Druck und Strafe im Training sind sehr negativ empfundene Stressoren. Sie führen oft zu einer Lernblockade. Viele Menschen denken, dass der Hund keinen Gehorsam zeigt, jedoch ist seine Lern- und Denkmöglichkeit aufgrund des Stressgeschehens massiv eingeschränkt. Wenn der Besitzer bestimmte Emotionen wie Angst oder Aggression zeigt, kann dies den Hund ebenfalls beeinflussen. Handelt der Besitzer aus Sicht des Hundes ambivalent, kann dies großen Stress für den Hund bedeuten und zu einer gesteigerten Erregbarkeit des Hundes führen.

Wie schnell ein Hund in eine hohe Erregungslage zu versetzen ist, hängt von der Genetik, der Aufzucht und den Lernerfahrungen ab.

12.1 Hyperaktivitätsstörung

Hyperaktive Hunde sind auffällig unruhig. Vergleicht man den Hund gegenüber gleichaltrigen Hunden derselben Rasse, zeigen Hunde mit einer Hyperaktivitätsstörung folgende Symptome:

- erhöhte Bewegungsaktivität
- erhöhtes Maß an Wachsamkeit
- Aufdringlichkeit gegenüber Hunden und Menschen
- Beim Spiel ist der Hund oft grob (Anrempeln, Beißen, Kratzen).

- Impulsivität
- niedrige Reizschwelle bei neuen Reizen
- Der Hund kann sich schlecht bis gar nicht an neue Reize gewöhnen.
- Der Hund kann sich nicht lange konzentrieren und lässt sich leicht ablenken.
- niedrige Frustrationsschwelle

Patienten, die an Hyperaktivität leiden, haben eine erhöhte Atem- und Herzfrequenz. Sie sind nicht in der Lage sich vollständig zu entspannen.

Es gibt keine standardisierten Tests, mit denen sich eine „echte" Hyperaktivität beim Hund zweifelsfrei diagnostizieren lässt. Die Ursachen für eine Hyperaktivitätsstörung sind zudem noch nicht genau geklärt. Es bestehen nach momentanem Wissensstand berechtigte Zweifel, ob eine echte Hyperaktivitätsstörung beim Hund überhaupt vorkommt. Es handelt sich meist um Einzelfälle. Die überwältigende Mehrheit der in der tierärztlichen Verhaltenspraxis vorgestellten Fälle von „Hyperaktivität" stellen sich als Überforderung, Unterforderung, mangelnde Frustrationstoleranz oder allgemein leichte Erregbarkeit heraus und bedürfen keiner Behandlung mit Amphetaminen.

Auch in der Humanmedizin werden viele Theorien diskutiert. In der Humanmedizin wird bei Hyperaktivitässtörung, auch Aufmerksamkeits-Defizit-Hyperaktivitätsstörung (ADHS) genannt, Methylphenidat (MPH; z. B. Ritalin® und Medikinet®), ein zu den Psychostimulanzien gehörendes Amphetaminderivat, eingesetzt. Das Dopaminsystem gilt bei ADHS als ursächlich betroffen. Die therapeutische Wirkung des Medikaments ist immer noch weitgehend unverstanden. Die Leitsymptome sind Unaufmerksamkeit, Überaktivität und Impulsivität. Es gibt eine Vielzahl von Faktoren, die eine Hyperaktivitätsstörung, verschlimmern können. Hierzu gehören alle Ursachen, die zu einer hohen Erregungslage führen können (s. o.).

Managementmaßnahmen bei Hyperaktivität bzw. Übererregbarkeit

Mögliche Maßnahmen, die positiv auf das Verhalten des Hundes einwirken können:

- Der Mensch sollte bei einem Hund, der schnell erregbar ist, besonders ruhig und souverän auftreten, um den Hund nicht durch das eigene Verhalten noch unruhiger zu machen.
- Der Hund sollte geistig und körperlich im Rahmen seiner Möglichkeiten gefordert werden. Hunde, die sich in einer hohen Erregungslage befinden, haben viel mehr Probleme sich zu konzentrieren. Daher ist es wichtig mit einem Hund, der schnell erregbar ist, viel Geduld zu haben.
  Die meisten Hunde müssen für ihr Futter nicht arbeiten, sondern bekommen ihr Fressen direkt aus dem Napf. Den Hund für sein Futter arbeiten zu lassen, ist ein guter Ansatz, um den Hund geistig mehr zu fordern und seine Konzentration zu fördern.
  - Gehorsamkeitstraining
    - Der Hund sollte mindestens zwei Kommandos kennen. Zum Beispiel „Sitz" und „Platz". Beim Grundgehorsamkeitstraining wird der Hund

anfangs für jedes ausgeführte Kommando z. B. „Sitz“ mit Futter belohnt. Später im Training wird der Hund nicht mehr für jedes ausgeführte Kommando belohnt. Der Hund lernt hierdurch, sich besser zu konzentrieren. Ein weiterer Vorteil ist, dass der Hund aufgrund seines guten Gehorsam besser zu kontrollieren ist.

- Futterspielzeuge (▶ Kap. 5)
  - – Es gibt viele verschiedene Arten von Futtersuchspielen. Im Handel gibt es viele unterschiedliche Intelligenzspielzeuge für den Hund, die mit Futterbelohnung arbeiten.

- Mit dem Hund sollte nur kontrolliert gespielt werden. Der Mensch beginnt und beendet das Spiel. Der Hund darf durch ein Spiel nicht in eine sehr hohe Erregungslage gebracht werden. Ist der Hund zu ungestüm wird das Spiel sofort abgebrochen. Es wird erst wieder mit dem Spiel begonnen, wenn der Hund sich beruhigt hat. Das Spiel darf nur begonnen werden, wenn der Hund sich an die Regeln des Besitzers hält. Ein Hochspringen am Besitzer oder Bellen oder andere Aufforderungen vom Hund dürfen nicht belohnt werden. Bevor man z. B. einen Ball wirft, kann man den Hund „Sitz“ machen lassen.
- Mit dem Hund sollten Übungen zum Erlernen der Selbstkontrolle durchgeführt werden, wie z. B. „Lass das!“, „Langes Platzliegen“ und „Entspannen auf Kommando“.
- Der Hund sollte möglichst oft mit souveränen Hunden, die psychisch ausgeglichen sind, zusammen gelassen werden, da er von diesen Hunden in seinem Verhalten positiv beeinflusst werden kann.

> Trainingssituationen mit anderen Hunden müssen immer sorgfältig geplant und gut kontrolliert durchgeführt werden. Die für das Training verwendeten Hunde dürfen in Trainingssituationen keine Lernprozesse durchlaufen aufgrund derer sie dann selbst ein Problemverhalten entwickeln.

- Als unterstützende medikamentöse Therapie können beim Hund selektive Serotonin-Wiederaufnahmehemmer (SSRIs) eingesetzt werden. Ohne deren Einsatz kann es sein, dass anfangs gar kein Training möglich ist. Die Anflutungszeit beträgt 2–6 Wochen. Wenn sich das Verhalten durch das Training verbessert hat, sollte das Medikament langsam abgesetzt werden.
- Prophylaktisch sollte der Hund gut auf Hunde, Menschen und andere Tiere sozialisiert werden und während der Aufzucht an Alltagssituationen gewöhnt werden.
- Die Mutterhündin spielt eine wesentliche Rolle für das spätere Verhalten des Hundes, insbesondere in Bezug auf das psychische Gleichgewicht (s. o.). Der Hund sollte daher nicht zu früh von der Mutter getrennt werden. In Deutschland ist eine Trennung des Welpen von der Mutterhündin frühestens nach der 8. Woche erlaubt (TierSchHuV, 2013).

Zusammenfassung

- Ursache dafür, dass ein Hund leicht in eine hohe Erregungslage kommt, kann eine genetische Prädisposition sein. Der Umgang der Mutterhündin mit den Welpen und Lernerfahrungen spielen eine wesentliche Rolle für das spätere Verhalten des Hundes insbesondere in Bezug auf das psychische Gleichgewicht.
- Es bestehen nach momentanem Wissensstand berechtigte Zweifel, ob eine echte Hyperaktivitätsstörung beim Hund überhaupt vorkommt. Die überwiegende Mehrheit der in der tierärztlichen Verhaltenspraxis vorgestellten Fälle von „Hyperaktivität" stellen sich als Überforderung, Unterforderung, mangelnde Frustrationstoleranz oder allgemein leichte Erregbarkeit heraus.
- Managementmaßnahmen bei Hyperaktivität bzw. Übererregbarkeit bestehen unter anderem in einer geistigen und körperlichen Auslastung, besonders ruhigem und souveränem Umgang mit dem Hund sowie Übungen zum Lernen der Selbstkontrolle.
- SSRIs können anfangs unterstützend im Training eingesetzt werden.

Literatur

TierSchuHuV (2013) – Tierschutz-Hundeverordnung vom 2. Mai 2001 (BGBl. I S. 838), die durch Artikel 3 der Verordnung vom 12. Dezember 2013 (BGBl. I S. 4145) geändert worden ist http://www.gesetze-im-internet.de/tierschhuv/BJNR083800001.html (letztes Abrufdatum: 25.03.2016)

13 Aufmerksamkeitsforderndes Verhalten

B. Schneider

Aufmerksamkeitsforderndes Verhaltens an sich ist keine Verhaltensstörung, sondern fällt unter störendes Verhalten. Es kann exzessive Formen annehmen und daher den Besitzer oder auch andere Personen im Umgang mit dem betroffenen Hund belasten.

Ätiologie

Ein Hund wird das Verhalten, das ihm die Aufmerksamkeit seines Besitzers einbringt, immer häufiger und intensiver zeigen. Der Besitzer beeinflusst die Ausprägung des Verhaltens also direkt. Dies muss ihm ebenso klar gemacht werden wie die Tatsache, dass auch negative Aufmerksamkeit in Form von Schimpfen für manche Hunde ein ausreichender Verstärker ist. Zusätzlich ist es so, dass ein intermittierender Erfolg (z. B. nur ab und zu wird auf das Bellen reagiert) ein sehr viel effektiverer Verstärker ist als ein gleichbleibender Erfolg. In der Regel zeigen unterbeschäftigte, leicht erregbare Hunde mit einer mangelhaften Impulskontrolle mehr aufmerksamkeitsforderndes Verhalten.

Symptome

Aufmerksamkeitsforderndes Verhalten entsteht sehr schnell und kann verschiedene Formen und Ausmaße zeigen. Die Symptome können somit ziemlich unterschiedlich sein. Besonders häufig werden Hochspringen (► Abb. 13-1), Winseln, Jaulen, Anstupsen mit der Schnauze, Berühren mit der Pfote etc. gezeigt. Aber auch Schwanzjagen oder die Vortäuschung einer Lahmheit können vorkommen.

Gerade auf Vokalisation reagieren Besitzer meist am zuverlässigsten mit irgendeiner Form von Aufmerksamkeit.

Diagnose und Differenzialdiagnosen

Die Diagnose ist in der Regel recht einfach, wenn das Verhalten sowie die Reaktion des Besitzers darauf in verschiedenen Situationen beobachtet werden können. Wird ein körperliches Gebrechen simuliert, dann kann die Diagnose etwas schwieriger werden. Meist geben aber auch hier die Reaktion des Besitzers und das oft deutlich veränderte Verhalten des Hundes in Abwesenheit des Besitzers gute Hinweise.

Abb. 13-1 Hochspringen und Belecken der Hand bei einem jungen Golden Retriever-Mischling, der sich in der Hundeschulstunde langweilt.

Zudem muss eine gute Anamnese erfolgen, in der auch abgefragt wird, wie der Besitzer anfangs auf das entsprechende Verhalten reagiert hat.

Differenzialdiagnostisch müssen, je nach Ausprägung des Verhaltens, auch medizinische Probleme wie z. B. Arthrosen als Ursachen für Lahmheiten oder auch Zwangsstörungen (► Kap. 18) ausgeschlossen werden.

Therapie

Die Therapie besteht hauptsächlich aus einem konsequenten und kompletten Ignorieren des Verhaltens. So kann es zur Extinktion (► Kap. 4), also zur Löschung des Verhaltens kommen. Dies ist ein Punkt, der den Besitzern erfahrungsgemäß sehr schwer fällt. Sie sind daher anfangs eng zu begleiten. Zudem muss dem Besitzer vorab erklärt werden, dass es typischerweise zu einer initialen Verstärkung des aufmerksamkeitsfordernden Verhaltens kommt. Da das Verhalten bislang immer Erfolg brachte, intensiviert der Hund seine Bemühungen.

Beim Hochspringen z. B. kann das bloße Abwenden und Ignorieren schwierig sein. Der Besitzer sollte daher z. B. den Raum verlassen und die Türe hinter sich schließen. Solange der Hund an der Türe kratzt und winselt darf diese nicht geöffnet werden. Hilfreich kann auch ein Überbrückungsstimulus sein. Dieser ist ein Geräusch, das sonst im Alltag nicht zu hören ist (z. B. eine bestimmte Glocke, das Anschlagen einer Stimmgabel etc.). Dieses Geräusch wird vom Besitzer direkt vor dem aktiven Ignorieren gemacht, um dem Hund besser zu signalisieren, dass der Besitzer mit Aufmerksamkeitsentzug auf das Problemverhalten reagiert.

Grundsätzlich muss bei Hunden, die diese Problematik zeigen, meist auch eine Anpassung der körperlichen und geistigen Auslastung erfolgen.

Prognose

Die Prognose ist in der Regel gut, wenn der Besitzer es schafft, sich strikt an die Therapieempfehlungen zu halten.

Prophylaxe

Prophylaktische Maßnahmen sollten in der Grundausbildung von Hunden z. B. im Rahmen einer Welpenspielstunde erfolgen. Besitzer müssen darüber aufgeklärt werden, wie sehr ihre Reaktion auf das Verhalten ihres Hundes dieses Verhalten formt. Sie müssen zudem dazu angehalten werden, unerwünschtes Verhalten konsequent und effektiv zu ignorieren.

Zusammenfassung

- Aufmerksamkeitsforderndes Verhalten ist nur ein störendes Verhalten. Aber es kann extreme Ausmaße annehmen.
- Am häufigsten werden Hochspringen, Bellen und Winseln gezeigt. Aber auch Schwanzjagen oder Lahmen können aufmerksamkeitsforderndes Verhalten sein.
- Therapeutisch ist ein konsequentes Ignorieren am effektivsten. Zusätzlich muss meist noch eine bessere körperliche und geistige Auslastung empfohlen werden.

14 Unsauberkeit

B. Schneider

Hunde haben eine angeborene Tendenz dazu, ihren Aufenthaltsort von ihrem Ausscheidungsort zu trennen. Daher ist es möglich, dass sie stubenrein werden. In der Regel beginnen die Hundewelpen zwischen der 7. und 9. Woche eine Untergrundpräferenz für ihre Ausscheidungen zu entwickeln. Daher sollte spätestens zu diesem Zeitpunkt darauf geachtet werden, dass mit den Welpen regelmäßig spazieren gegangen wird und sie sich in Wiesen oder in Gebüschen erleichtern können. Ein Training auf einer Hundetoilette im Haus mit Welpenpads etc. kann ebenfalls durchgeführt werden, falls solche Ausscheidungsorte später erwünscht sind.

Ätiologie und Symptome

> Die häufigsten Ursachen für Unsauberkeit beim Hund sind medizinische Probleme.

Medizinische Probleme wie z. B. hormonell bedingte Inkontinenz, Blasen- und Nierenentzündungen, Prostataprobleme, Gastritiden, Darmparasiten, Futtermittelunverträglichkeiten oder -Allergien, Pankreasprobleme etc. können zur Unsauberkeit führen. Daher muss zwingend eine entsprechende körperliche Untersuchung erfolgen, bevor verhaltenstherapeutische Maßnahmen ergriffen werden.

Mögliche Ursachen werden im Folgenden besprochen.

Mangelhafte Stubenreinheit

Wie bereits oben erwähnt, ist es wichtig, auch schon mit den Welpen spazieren zu gehen, damit sie adäquate Ausscheidungsorte lernen. Wird dies verpasst, oder nur mangelhaft durchgeführt (z. B. bei manchen Schoßhunden), dann hat der Hund adäquate Ausscheidungsorte nicht sicher gelernt und es kommt zu Unsauberkeit im Haus.

Hunde, die auf so kleinem Raum gehalten werden, dass sie den Ausscheidungs- und Aufenthaltsort nicht richtig trennen können, lernen die Stubenreinheit ebenfalls nicht, bzw. können sie unter solch restriktiven Haltungsbedingungen auch wieder verlernen. Dieses Problem kommt bei sehr restriktiver Zwingerhaltung oder auch bei Laborhunden vor. Wenn die restriktiven Lebensbedingungen jahrelang andauerten, ist die Prognose bezüglich einer vollständigen Stubenreinheit sehr vorsichtig zu stellen.

In seltenen Einzelfällen kann sich aus einer unbehandelten medizinischen Ursache für Unsauberkeit ein bleibendes Stubenreinheitsproblem entwickeln.

Typischerweise signalisieren die Hunde nicht oder nur unregelmäßig bzw. undeutlich, dass sie hinaus wollen.

Markierverhalten

Markieren mit Kot und Urin sind prinzipiell normale Verhaltensweisen von Hunden, die auf Spaziergängen oft beobachtet werden können. Normalerweise wird jedoch nicht in der Wohnung markiert.

Zu Wohnungsmarkieren kann es bei hormonellen Unausgewogenheiten, bei „Rang"-unsicherheit mit hoher Unsicherheitskomponente, starkem territorialen Stress oder veränderten „Rudelsituationen" (z. B. neues Tier oder Baby kommt in die Familie) kommen. Es kommt dabei häufiger zu Urinmarkieren (s. Zeichnung). Hierbei werden in der Regel kleinere Mengen Urin abgegeben als beim Urinieren zu Ausscheidungszwecken.

Angstproblematiken

Bei starken Angstproblemen, wie z. B. Trennungs- oder Geräuschangst, kann es, wenn der Hund eine Panikattacke erleidet, zum Verlust der Kontrolle von Blasen- und/oder Darmschließmuskel kommen. Auch stressbedingter Durchfall (► Kap. 7) wird ab und zu als Stubenreinheitsproblem interpretiert. Sehr hilfreich ist hier eine direkte Beobachtung der Situation, in der das Verhalten gezeigt wird, oder eine Videoaufnahme dessen. Das ängstliche Verhalten, das die Ausscheidung begleitet, ist meist deutlich zu erkennen.

Unterwürfigkeit/Erregung

Gerade bei Welpen kommt es sehr häufig vor, dass sie z. B. bei der Begrüßung des Besitzers oder unbekannter Personen Wasser lassen. Dies geschieht in der Regel aus reiner Erregung in Verbindung mit noch nicht vollständiger Blasenkontrolle

Markieren von Möbeln in der Wohnung

oder aus Unterwürfigkeit heraus. Klassischerweise werfen sich die Hunde beim Unterwürfigkeitsurinieren auf den Rücken, oder nehmen eine sehr geduckte Körperhaltung ein.

Diagnose

Die Diagnose erfolgt aufgrund der Symptomatik, nachdem eine medizinische Untersuchung durchgeführt wurde, und die Situationen, in denen es zur Unsauberkeit kommt, analysiert wurden.

Therapie

Eine Therapie erfolgt abhängig von der zugrunde liegenden Ursache. Medizinische Ursachen müssen nach Möglichkeit beseitigt bzw. behandelt werden. Zusätzlich ist immer eine adäquate Reinigung betroffener Stellen nötig. Dies geschieht am besten analog zu den Katzen (► Kap. 28) mithilfe von Enzymreinigern oder 70%igen Alkoholreinigern. Zu stark verschmutze Gegenstände müssen entsorgt werden.

Bei **schlecht erlernter Stubenreinheit** muss ein komplettes Stubenreinheitstraining wie beim Welpen durchgeführt werden.

PRAXISTIPP

Empfehlung Stubenreinheitstraining

- Der Hund muss immer nach dem Aufwachen, Fressen Spielen, bzw. immer, wenn eine Aktivität beendet wird, zum Erleichtern nach draußen gebracht werden.
- Anfangs sollte immer möglichst derselbe Ort für Ausscheidungen verwendet werden.
- Extremes und deutliches Lob muss sein, wenn Ausscheidung stattfindet.
- Hat sich der Hund nicht gelöst, so wird die Bewegungsfreiheit im Haus mit Kennel oder Kindergitter eingeschränkt, damit die Wahrscheinlichkeit erhöht wird, dass der Hund sich meldet. Alle 15 Minuten und/oder bei ersten Anzeichen muss der Hund an den Ausscheidungsort raus gebracht werden.

Liegt **Markierverhalten** vor, so ist die Therapie abhängig von der Ursache. Eine chirurgische oder chemische Kastration kann bei hormonellen Unausgewogenheiten helfen. Bei „Rang"-unsicherheiten sind in der Regel klare Umgangsregeln (► Kap. 9) wichtig. Bei territorialem Stress und Veränderungen in der sozialen Gruppe wird meist eine Desensibilisierung und/oder Gegenkonditionierung hilfreich sein. Sind diese Maßnahmen nicht erfolgreich, kann über eine Behandlung mit Anxiolytika nachgedacht werden.

Bei Unsauberkeit aufgrund von **Angstproblematiken** müssen diese zugrunde liegenden Ursachen entsprechend behandelt werden (► Kap. 15).

Beim Urinieren aus **Unterwürfigkeit und Erregung** sollten sowohl Managementmaßnahmen als auch verhaltensmodifizierende Maßnahmen zum Einsatz kommen. So sollten Besitzer z.B. angewiesen werden, die Begrüßung im Freien stattfinden zu lassen. Zudem muss auf eine wenig bedrohliche Körpersprache (nicht von oben kommen, in die Hocke gehen, Blick abwenden, warten bis der Hund Kontakt aufnimmt) von der entsprechenden Person geachtet werden. Mit zunehmendem Alter des Hundes gibt sich das Problem meist von selbst. In den seltenen Fällen, in denen das Unterwürfigkeitsurinieren bis ins Erwachsenenalter bestehen bleibt, sollte weiterhin mit dem Hund sanft und mit weicher Körpersprache umgegangen werden. Zudem sollte das Selbstbewusstsein des betreffenden Hundes gestärkt werden. Hierfür eigenen sich Agility und Clickertraining meist hervorragend. Auch Zerrspiele, bei denen der Hund gewinnt, stärken das Selbstvertrauen.

Tritt das Urinieren in Situationen hoher Erregung auf, so sollte darauf geachtet werden, dass der Hund in der Erregungslage nicht so hoch fährt. So sollte beispielsweise das Ballspiel ruhiger gestaltet oder vorher trainierte Entspannungskommandos in der jeweiligen Situation eingesetzt werden, solange der Hund noch eine niedrige Erregung zeigt.

Prognose

Die Prognose ist für all die genannten Probleme in der Regel gut. Bei zugrunde liegenden Angstproblemen ist sie der Prognose für das Angstproblem ähnlich, wobei aber die Ausscheidung aus Angst meist recht schnell im Laufe der Angsttherapie besser wird. Bei einer verlernten Stubenreinheit durch z.B. Laborhaltung über mehrere Jahre ist die Prognose vorsichtig.

Zusammenfassung

- Unsauberkeit ist kein extrem häufiges Problem beim Hund. Die Ursachen dafür können vielfältig sein und reichen von medizinischen Problemen, über nicht erlernte Stubenreinheit, Markierverhalten, Angstprobleme bis hin zu Unterwürfigkeitsurinieren.
- Die Diagnose kann nach einer gründlichen medizinischen Untersuchung und genauer Anamnese aufgrund der typischen Symptome gestellt werden.
- Die Therapie der Unsauberkeit ist abhängig von der Ursache. Bei nicht erlernter oder mangelhaft gelernter Stubenreinheit empfiehlt sich z. B. ein klassisches Stubenreinheitstraining.
- Die Prognose ist im Allgemeinen recht gut. Nur bei verlernter/nicht erlernter Stubenreinheit bei Laborhunden ist sie vorsichtig, wenn die Hunde über Jahre restriktiv gehalten wurden.

15 Angstprobleme beim Hund

D. Ketter

Angst ist eine angeborene negative Emotion und grundsätzlich biologisch sinnvoll. Sie soll das Überleben in gefährlichen Situationen sichern, indem die Gefahr vermieden bzw. abgewehrt wird. Jedoch ist es wichtig, dass ein Hund nicht ständig mit Situationen konfrontiert wird, in denen er Angst hat.

Angst ist ein sogenannter Stressor, durch den die Stressreaktion in Gang gebracht wird. Angst führt zum negativ erlebten Stress. Körperlich und mental befindet sich der Hund in einer Belastungssituation. Befindet sich der Hund häufig oder lange in einer solchen belastenden Situation, ist dies gesundheitsschädigend. Gründe hierfür sind u. a. die dauerhaft schlechte Energiebilanz und die Schwächung des Immunsystems. Daher ist es wichtig, dass Angstprobleme so früh wie möglich erkannt und therapiert werden.

Bei extremen Angstzuständen kann es zur Panik kommen. Panik kann zur Kurzschlusshandlung führen. Dies kann schwere Unfälle verursachen, z. B. wenn ein Hund aus Panik auf eine dichtbefahrene Straße läuft.

Ätiologie, Symptomatik und Diagnose

Wovor und in welchen Situationen ein Hund Angst hat, liegt unter anderem an den Erfahrungen, die er während der **sensiblen Phase** (3. bis ca. 12. bzw. 14. Lebenswoche) gemacht hat.

Insbesondere die 3. bis 5. Lebenswoche hat eine besondere Bedeutung in Bezug auf Habituation und Sozialisierung, da der Welpe in dieser Zeit angstfrei auf Neues zugeht und anhand der gemachten Erfahrungen sein eigenes Referenzsystem bildet. Mit zunehmendem Alter nimmt die Unsicherheit zu. Daher ist es wichtig, den Welpen in der sensiblen Phase an das zu gewöhnen, was ihn in seinem weiteren Leben auch begegnen wird. Bei Hunden, die in dieser Zeit nicht an Menschen, Artgenossen, Tiere, Geräusche des Alltags, den Straßenverkehr, Autos etc. gewöhnt wurden, kann dieser **Mangel an Erfahrungen** im späteren Leben zu Angstproblemen führen.

PRAXISTIPP

Welpengewöhnung

Hunde sollten als Welpen schon an das gewöhnt werden, was sie in ihrem späteren Hundeleben auch erwarten wird. Dabei darf der Welpe jedoch nicht überfordert werden!

Beispiele zur Welpengewöhnung:
- Menschen (große, kleine Kinder, Erwachsene, mit Mütze, mit Kinderwagen, mit Rollstuhl, Rad-/Skateboard-Fahrer, Skater, Jogger etc.)
- Stadtverkehr, Geräusche und Gerüche von verschiedenen Orten (Fußgängerzone, Biergarten etc.)
- Fahrten (mit dem Auto, dem Zug, der U-Bahn, der S-Bahn, dem Fahrrad, dem Aufzug)
- Artgenossen (große und kleine Hunde; verschiedene Rassen; Hunde unterschiedlichen Alters etc.)
- andere Tierarten (Katze, Kaninchen, Pferd etc.)
- Haushaltsgegenstände (Staubsauger, Waschmaschine etc.)
- unterschiedliche Bodenbeschaffenheiten (glatt, rau, spiegelnd etc.)

Negative Erfahrungen haben auch Einfluss auf das spätere Verhalten des Hundes. Insbesondere schlechte Erfahrungen in der sensiblen Phase erschweren die Anpassungsfähigkeit des Hundes gegenüber dem negativ Erlebten. Wiederholt negative oder auch lang andauernde negative Erlebnisse beeinflussen den Hund sowohl mental als auch körperlich.

Körperliche Erkrankungen können ebenfalls Ängste auslösen. So kann eine Verminderung der Leistungsfähigkeit der Sinnesorgane und die dadurch bedingte schlechtere Orientierung zu Ängsten führen. Aber auch eine Untersuchung der Schilddrüsenwerte sollte erfolgen. Unter anderem konnte in einer Studie über Geräuschempfindlichkeit beim Bearded Collie gezeigt werden, dass die Geräuschempfindlichkeit im Zusammenhang mit niedrigen Schilddrüsenwerten und hohen Cholesterol-Werten steht (▸ Kap. 8).

Belohnt der Besitzer ein anfangs leicht ausgeprägtes Angstverhalten, kann dies dazu führen, dass das Angstverhalten beim Hund hierdurch deutlich verstärkt wird. Viele Besitzer sind sich nicht bewusst, dass ein behutsames Zureden, Streicheln und jede andere Art der Aufmerksamkeit das Angstverhalten bereits verstärken kann.

Bei einem unsicheren oder ängstlichen Hund weisen die Ausdruckselemente zunehmend weg von dem angstauslösenden Stimulus: Der Hund macht sich klein, die Rute wird tief getragen und die Ohren werden nach hinten gezogen (s. Kasten), die Atemfrequenz ist erhöht und es kommt zur Schweißabsonderung im Bereich der Sohlenballen. Akustische Lautäußerungen, mit denen der Hund seine Angst ausdrücken kann, sind Winseln, Jaulen, Heulen, Schreien, Knurren und Bellen. Die Hunde können regelrecht erstarren und weigern sich oftmals weiterzugehen. Dies wird von Besitzern oft als eine Gehorsamkeitsverweigerung fehlinterpretiert. Ausweichen, Flucht und Verstecken sind Möglichkeiten, durch die der Hund eine Distanzvergrößerung gegenüber dem angstauslösenden Reiz schaffen kann. Ein Hund, der eigentlich gerne fliehen würde, aber dies nicht kann, weil ihm z. B. der Fluchtweg versperrt ist, wird Drohverhalten zeigen oder angreifen (angstaggressives Verhalten siehe ▸ Kap. 16).

Unsicherer und ängstlicher Hund (optisches Ausdrucksverhalten)

- Körperhaltung
  - Der Hund macht sich klein und der Körper wirkt zusammengeschoben.
  - Kopf und Hals sind eingezogen, der Kopf wird tief gehalten.
  - Das Gewicht wird eher auf die Hinterhand verlagert.
  - Die Gelenke sind im Bereich der Gliedmaßen gebeugt.
- Die Rute wird
  - tief getragen und
  - bei zunehmender Angst bis unter den Bauch gezogen.
- Die Rückenhaare sind teilweise auf dem gesamten Rücken aufgestellt.
- Mimik (bei zunehmender Angst)
  - Der Blick ist häufig nicht fokussiert.
  - Die Augen sind groß und die Pupillen geweitet (Mydriasis).
  - Die Gesichtshaut ist glatt.
  - Die Ohren sind nach hinten gezogen.
  - Die Länge der Maulspalte nimmt zu und die Mundwinkel werden zunehmend zurückgezogen.

Das folgende Video zeigt Angstverhalten (Blickvermeidung, Ausweichen) eines Hundes aufgrund der Annäherung einer unbekannten Person.

Video 15-1 Angstverhalten (ca. 30 sek.)
http://www.schattauer.de/index.php?id=5272

Therapie und Prophylaxe

Bei einer Therapie bezüglich einer Angstproblematik spielt der Auslöser der Angst eine bedeutende Rolle.

- Angstprobleme können meist durch eine Desensibilisierung (► Kap. 4.4) und Gegenkonditionierung (► Kap. 4.5) verbessert werden. Bei der Desensibilisierung wird der Hund langsam an den entsprechenden Reiz gewöhnt. Bei der Gegenkonditionierung wird mittels klassischer Konditionierung die negative Assoziation durch eine positive ersetzt.
- Der Besitzer muss darüber informiert werden, dass das ängstliche Verhalten des Hundes von ihm weder belohnt noch bestraft (z. B. bei Unsauberkeit oder Zerstörung) werden darf. Er muss darüber aufgeklärt werden, dass jede Art, dem Hund Aufmerksamkeit zu schenken wie z. B. durch Trösten oder Streicheln, das ängstliche Verhalten verstärken kann.
- Ein geregelter Tagesablauf sowie eine körperliche und geistige Auslastung des Hundes können ebenso zur Reduktion des Stresses bei einem ängstlichen Hund beitragen.
- Neben geeigneten Managementmaßnahmen und der Verhaltenstherapie kann eine zusätzliche medikamentöse Therapie bei Angstproblemen zur Verbesserung

des Wohlergehens des Hundes sinnvoll sein. Ob der Einsatz von Psychopharmaka angebracht ist, muss im Einzelfall entschieden werden.
Verwendet werden kann z. B.:
- Buspiron bei leichter Angstproblematik
- Clomipramin oder selektive Serotonin-Wiederaufnahmehemmer bei täglich wiederkehrenden Angstzuständen
- Benzodiazepine oder β-Rezeptoren-Blocker, wenn eine sofortige Wirkung nötig ist.

In einer Studie über Kombinationstherapien zur Verbesserung des Wohlergehens bei Angstproblemen von Hunden wurde Alprazolam (Benzodiazepin) in der Kombination mit Fluoxetin (Serotonin-Wiederaufnahmehemmer) gegeben und eine Verhaltenstherapie durchgeführt. 77,14 % der wegen Angst behandelten Hunde zeigten eine Verbesserung. Die Gabe von Alprazolam (0,07 mg/kg per os für 4 Wochen) erfolgte jeden Tag vor Beginn der Verhaltenstherapie. Fluoxetin (1 mg/kg per os für 10 Wochen) wurde alle 24 Stunden gegeben (Pineda et al., 2014).
Natürlich sind jegliche organischen Erkrankungen ebenfalls zu behandeln. In Bezug auf die Schilddrüse (► Kap. 8) sollten auch Schilddrüsenwerte, die sich im unteren Referenzbereich befinden, beachtet und eventuell eine Therapie mit Thyroxin in Betracht gezogen werden.
Weitere Informationen zur medikamentösen Therapie bei Angstproblemen sind im jeweiligen Unterkapitel bzw. in ► Kapitel 6 zu finden.

- Synthetisch hergestellte Pheromone können ebenfalls unterstützend bei Angstproblemen eingesetzt werden. Adaptil® ist das synthetische Analogon des natürlichen Beruhigungspheromons (DAP – Dog Appeasing Pheromone), welches unter anderem von den Talgdrüsen zwischen den Milchdrüsen der säugenden Hündin abgesondert wird. Es hat eine beruhigende Wirkung in verschiedenen Situationen, die mit Stress verbunden sind. Es ist als Spray, Zerstäuber für die Steckdose und als Halsband erhältlich (► Kap. 5.1.4).
- Prophylaktisch sollte der Welpe bereits in der sensiblen Phase positive Erfahrungen mit einer Vielzahl von verschiedenen Menschen, Hunden (auch verschiedene Rassen) und anderen Tieren machen. Er sollte bereits beim Züchter so gut wie möglich an die Reize gewöhnt werden, die ihn im späteren Leben voraussichtlich erwarten werden.

Die sensible Phase des Hundewelpen erstreckt sich von der 3. bis 12./14. Lebenswoche.
Insbesondere die 3. bis 5. Lebenswoche sollte für Sozialisierung und Habituation genutzt werden.
Nach Tierschutz-Hundeverordnung darf ein Welpe erst im Alter von über 8 Wochen vom Muttertier getrennt werden. Daher sind optimale Bedingungen beim Züchter sehr wichtig.

Zusammenfassung

- Unzureichende oder negative Erfahrungen insbesondere in der Zeit der sensiblen Phase spielen eine bedeutende Rolle bei der Entstehung von Angstverhalten.
- Organische Erkrankungen können ebenfalls die Ursache von Angstverhalten sein. Ob eine organische Erkrankung vorliegt, sollte daher unbedingt abgeklärt werden.
- Der Besitzer soll in angstauslösenden Situationen entspannt und souverän bleiben. Der Hund soll für entspanntes Verhalten gelobt werden. Auf keinen Fall darf der Hund für das Angstverhalten bestraft oder belohnt (z. B. gutes Zureden oder Streicheln) werden.
- Die Therapie beinhaltet meist eine Desensibilisierung und Gegenkonditionierung bezüglich des angstauslösenden Stimulus und stressreduzierenden Maßnahmen (geregelter Tagesablauf, geistige und körperliche Auslastung etc.).
- Im Einzelfall muss entschieden werden, ob die Anwendung von Psychopharmaka indiziert ist. Sofort wirksame Medikamente sind Benzodiazepine und β-Rezeptoren-Blocker. Bei täglich wiederkehrenden Ängsten können selektive Serotonin-Wiederaufnahmehemmer und Clomipramin eingesetzt werden.

15.1 Angst vor Geräuschen

Die Geräuschangst ist eine negative Emotion gegenüber akustischen Reizen. Diese Geräuschempfindlichkeit ist ein sehr häufig auftretendes Verhaltensproblem beim Hund. Verschiedenste Geräusche können Auslöser einer Geräuschangst sein. Geräuschempfindliche Hunde haben häufig Angst vor Feuerwerk, Schüssen oder Gewitter.

Ätiologie und Symptome

Doch wie kommt es dazu, dass ein Hund Angst vor Geräuschen hat? Eine **fehlende oder unzureichende Habituation** des Welpen an verschiedene Geräusche kann Ursache einer Geräuschangst sein. Daher sollte darauf geachtet werden, dass ein Hund bereits als Welpe mit den Geräuschen konfrontiert wird, die ihn in seinem späteren Leben begleiten werden. Das können z. B. Geräusche von Haushaltsgeräten (Staubsauger, Trockner, Küchengeräte etc.) oder vom Straßenverkehr sein. Besteht bei der Mutterhündin bereits eine Geräuschangst, lernen die Welpen auf bestimmte akustische Reize ebenfalls ängstlich zu reagieren.

Aber auch die **Rasse** spielt eine prädisponierende Rolle im Rahmen der Entwicklung der Geräuschangst. Rassen wie Bearded Collies oder Border Collies entwickeln diese häufiger. Eine niedrige Erregungsschwelle aufgrund einer Zucht auf Sensibilität und schnelle Reaktionen könnte die Ursache darstellen (Price, 1999). Aber auch die hohe Lernbereitschaft und die dadurch schnelle Verknüpfung von Geräuschen mit einem negativen Erlebnis bei entsprechenden Rassen könnte eine Erklärung sein (Rugbjerg et al., 2003).

Durch **traumatische Erfahrungen** können Hunde ebenfalls eine Geräuschangst entwickeln. Ein Hund, der von Jugendlichen mit Knallkörpern beworfen wird, kann durch dieses traumatische Erlebnis eine Feuerwerksangst entwickeln.

Die Angst kann sich auch durch Lernen des Tieres noch weiterentwickeln und bereits Situationen, die ein Geräusch vorankündigen könnten, lösen das Angstverhalten aus. Das kann bereits der Luftdruckunterschied sein, der ein Gewitter ankündigen könnte. Dies wird als **Phobophobie** bezeichnet. Die Phobophobie zeigt sich durch Angstverhalten vor der eigentlichen Angstsituation. Es ist die Angst vor der Angst. So kann wie oben bereits beschrieben z. B. der Luftdruckunterschied vor einem Gewitter die Angst auslösen. Bei der sogenannten Silvesterangst können Rituale wie z. B. die Vorbereitungen für eine Feuerzangenbowle oder ein Raclette zur Angstreaktion führen.

Bei der sogenannten **Phonophobie** handelt es sich um eine Angstreaktion gegenüber akustischen Reizen unabhängig von dessen Lautstärke. Bei Hunden kann das z. B. ein leises Knallgeräusch sein, das das Angstverhalten auslöst.

Bezüglich der Wahrnehmung von Geräuschen ist auch zu beachten, dass der Hund im höheren Frequenzbereich bis ca. 40.000 Hertz Töne wahrnehmen kann, während der Mensch dazu nur bis ca. 20.000 Hertz in der Lage ist. Daher kann es sein, dass der Hund Angstverhalten vor einem Geräusch zeigt, welches der Mensch gar nicht mehr in der Lage ist zu hören.
Zusätzlich kann der Hund Geräusche auch über weitere Distanz wahrnehmen als der Mensch.

Eine Geräuschangst kann auch eine andere Angst wie z. B. die Trennungsangst auslösen. Wenn ein Hund bei einem schweren Gewitter oder in der Silvesternacht allein ist, kann dies zu einer zusätzlichen Ausbildung von Trennungsangst führen.

Wie Hunde genau bei einer Geräuschangst auf einen die Angst auslösenden Stimulus reagieren ist recht unterschiedlich. Die einen suchen die Nähe zum Besitzer und wollen gar nicht mehr von seiner Seite weichen, andere fliehen so schnell sie können. Bei Gewitterangst suchen die Hunde oft Plätze mit scheinbarer Erdung wie z. B. die Badewanne auf. Ist der Hund alleine zuhause, kann er versuchen, vor dem Geräusch zu fliehen und sich dadurch verletzen. Ein Hinweis dafür, dass der Hund ausbrechen wollte, sind Kratzspuren an Türen oder Fenstern, die aufgrund von Verletzungen an den Pfoten durch das Scharren auch blutig sein können. Ein Überblick über typische Symptome siehe Kasten.

Typische Symptome bei Geräuschangst

- erhöhte Herzfrequenz, erhöhte Atemfrequenz
- Zittern
- Hecheln
- Speicheln

- Fluss von Nasensekret
- Unruhe
- psychogene Anorexie
- Winseln, Jaulen, Heulen, Schreien
- Verbellen der Geräuschquelle
- Unsauberkeit (Harnabsatz, Kotabsatz)
- Erbrechen
- Aufsuchen sicherer Orte z. B.
  - Nähe zum Besitzer
  - dunkle, ruhige Orte wie Keller, Badezimmer etc.
  - Plätze mit scheinbarer Erdung wie z. B. die Badewanne, hinter Metallrohren
- Flucht
- Erstarren
- Scharren an Wänden, Türen, Fußboden, Fenster etc.
- Aggression

Diagnose

Körperliche Erkrankungen sind abzuklären. Die Diagnose erfolgt anhand der Anamnese, der Symptome und weiterführenden Untersuchungen wie z. B. Laboruntersuchungen. Es ist empfehlenswert, entsprechende Situationen, in denen das Tier das ängstliche Verhalten zeigt, auf Video aufnehmen zu lassen. Oftmals ist es sehr schwierig, das auslösende Geräusch zu identifizieren.

Bei der Phobophobie wird das Angstverhalten bereits gezeigt, wenn es Signale gibt, die die eigentliche Angstsituation vorankündigen. Bei einer Phobophobie ist es daher wichtig, die Vorankündigungen zu identifizieren und bei der Behandlung miteinzubeziehen.

Bei Gewitterangst können starker Regenfall, starker Wind, Barometerdruckabfall, klappernde Rolläden etc. zum Angstverhalten führen.

Bei der Silvesterangst kann Schwefelgeruch, das Knallen rund um Silvester, Rituale vor Silvester wie das Vorbereiten bestimmter Speisen oder auch deren Gerüche zur Angst vor der eigentlichen Angstsituation führen. Ebenso kann der Weihnachtsbaum mit Silvester verbunden werden und zu Angst führen.

Differenzialdiagnostisch ist die Geräuschangst von anderen Ängsten wie z. B. der Trennungsangst oder der generalisierten Angst abzugrenzen.

Therapie

- Zunächst sollte bei einer Geräuschempfindlichkeit, wenn möglich, der auslösende Reiz vermieden werden. Das bedeutet z. B., dass bei Schussangst nicht in den Weinbergen spazieren gegangen wird, wenn Schussanlagen gegen Vögel aufgestellt sind.

- Kommt es zu einer Konfrontation mit dem auslösenden Reiz, ist es wichtig, dass
  - sich der Besitzer möglichst neutral verhält (kein Belohnen durch Aufmerksamkeit, Streicheln etc.; kein Strafen) und/oder
  - die Situation wenn möglich schnell verlassen wird.
- Der Hund braucht einen gemütlichen **sicheren Ort**.
  - Der Aufenthalt an diesem sicheren Ort soll antrainiert werden (Förderung durch Belohnung wie Streicheln, Futter, Spielen).
  - Dieser Platz darf niemals als „Strafplatz" benutzt werden.
  - Er sollte möglichst geschützt sein vor dem auslösenden Geräusch (Donner, Silvesterknaller), aber auch vor anderen Auslösern wie z. B. dem Aufleuchten vom Blitz oder von Feuerwerkskörpern.
  - Bei Gewitterphobien bietet sich ein geerdeter Platz an, welchen der Hund eventuell schon selbst als sicheren Platz ausgewählt hatte.
  - Eventuell kann ein laufender Fernseher oder das laufende Radio benutzt werden, um ein angenehmes Hintergrundgeräusch zu schaffen und die externen Geräusche damit zu übertönen wie z. B. den Donner.
- **Desensibilisierung und Gegenkonditionierung** (► Kap. 4)
  Eine Desensibilisierung erfolgt durch langsame Gewöhnung an den Reiz. Dies erfolgt meist mittels Tonaufnahmen des entsprechenden Geräusches. Bevor solche Aufnahmen verwendet werden, sollte man prüfen, ob der Hund überhaupt ängstlich auf die Aufnahme reagiert.
  Bei der Desensibilisierung ist es wichtig, dass während der Zeit des Trainings keine externen Expositionen mit dem entsprechenden Geräusch stattfinden, da dies das Training zurückwerfen würde. Das Training braucht eine gewisse Zeit. Daher ist ein Training bei Silvesterangst kurz vor Silvester nicht möglich. Bei Gewitterangst sollte das Training in die Jahreszeit gelegt werden, bei der keine bzw. nur wenig Gewitter zu erwarten sind.
  Das anfängliche Training sollte 5 bis 10 Minuten, ein- bis zweimal täglich erfolgen. Vorerst findet das Training zuhause statt. Zunächst wird das Geräusch erst leise im Hintergrund abgespielt. Der Hund sollte bei dieser Lautstärke keine oder nur geringfügige Anzeichen einer Reaktion zeigen. Ruhiges Verhalten muss belohnt werden. Die Belohnung ist meist Futter, kann aber auch Spielen, Streicheln etc. sein. Die Belohnung erfolgt während der gesamten Dauer des Reizes und wird sofort beendet, wenn dieser nicht mehr vorhanden ist. Die negative Emotion, in diesem Fall die Geräuschangst, soll durch eine positive Emotion ersetzt werden (= Gegenkonditionierung). Die Lautstärke kann von Training zu Training langsam gesteigert werden, aber der Hund sollte noch ruhig und entspannt reagieren. Beim Training dürfen maximal nur geringgradige Stresszeichen auftauchen. Bei deutlichen Stresszeichen muss das Training emotionslos abgebrochen werden. Beim nächsten Training sollte die Lautstärke wieder etwas reduziert werden.
  Toleriert der Hund das Geräusch zu Hause, muss es an anderen Orten trainiert werden, da Hunde ortsbezogen lernen.

- **„Thundershirt" und Körperband** (▸ Kap. 5.1.6)
  Unterstützend kann dem Hund ein Thundershirt oder auch ein enges T-Shirt angezogen werden. Der durch das Shirt ausgeübte Druck auf die Haut kann zur Oxytocinausschüttung führen. Oxytocin ist einer der wichtigsten Gegenspieler des Stresshormons Cortisol. Der Rückgang des Stresshormons Cortisol verursacht eine beruhigende Wirkung. Das Shirt ist nicht für jeden Hund geeignet. Ein sogenanntes Körperband kann alternativ verwendet werden. Durch den gleichmäßigen Druck des Körperbandes auf den Körper des Hundes kommt es ebenfalls zu einer beruhigenden Wirkung.
- **Gehörschutz**
  Ein Gehörschutz (z. B. Kapselgehörschutz von Mutt Muffs®) kann hilfreich sein. Er birgt aber auch die Gefahr, dass andere Geräusche ebenfalls nicht gut wahrgenommen werden. Dies kann dazu führen, dass ein Hund auch schreckhafter werden kann, da er nicht mitbekommt, dass sich ihm etwas nähert. An einen Gehörschutz sollte der Hund langsam gewöhnt werden. Zum Einsatz kann dieser z. B. bei Schießübungen kommen.
- **Medikation**
  Eine Medikation kann bei gewissen Fällen nötig sein. Sie sollte jedoch nie ohne begleitende Verhaltensmodifikation erfolgen.
  - Clomipramin oder Seretonin-Wiederaufnahmehemmer (Fluoxetin, Sertralin, Paroxetin) können bei Geräuschangst eingesetzt werden
    - mit niedrigster Dosierung beginnen, Anflutungszeit ca. 2–6 Wochen, nicht mit MAO-Hemmern geben
    - Clomipramin 1–2 mg/kg, zweimal täglich
    - Fluoxetin 1–2 mg/kg, einmal täglich
    - Sertralin 2,5–5 mg/kg, einmal täglich
    - Paroxetin 1–2 mg/kg, einmal täglich
  - Bis diese Medikamente (Clomipramin bzw. Seretonin-Wiederaufnahmehemmer) ihre Wirkung zeigen, ist der Einsatz von Benzodiazepinen (Anflutungszeit 30 bis 45 Minuten) oder Betablockern möglich.
  - Wurde anhand der Diagnostik eine reine Silvesterangst festgestellt, kann eine Therapie allein mit Alprazolam (Benzodiazepin) 3 Tage vor und bis einige Tage nach Silvester erfolgen.
    - Alprazolam 0,02–0,1 mg/kg, zwei- bis dreimal täglich
  - Weitere Details zu Psychopharmaka siehe ▸ Kap. 6.

> **!** Acepromazin (Vetranquil®) sollte bei Geräuschangst nicht gegeben werden, da der Hund durch die Gabe von Acepromazin in seiner Bewegung eingeschränkt wird. Der Hund ist aufgrund der Medikation handlungsunfähig, die Geräusche werden jedoch noch weiterhin wahrgenommen. Es ist davon auszugehen, dass sich hierdurch die Geräuschangst verschlimmert.

Prophylaxe

- Eine Reizgewöhnung sollte bereits in der Sozialisierungsphase erfolgen. Der Züchter kann die Welpen unter anderem mit Tonaufnahmen an Geräusche gewöhnen. Es dürfen jedoch nicht zu starke Reize sein, da diese nicht zu einer Habituation, sondern zu einer Sensibilisierung führen könnten.
- Regelmäßige Gehorsamkeitsübungen fördern u. a. die Kontrolle über den Hund in Problemsituationen.
- Ein geregelter Tagesablauf hilft ängstlichen Hunden sich im Alltag zu entspannen.
- Körperliche und geistige Auslastung dienen der allgemeinen Stressreduktion.
- Spaziergänge um Silvester herum sollten relativ kurz und wenn möglich in relativ ruhigen Gebieten erfolgen.
- Der Besitzer sollte in Situationen, in denen der Hund ängstlich reagiert, entspannt bleiben und das ängstliche Verhalten nicht belohnen.

Zusammenfassung

- Eine fehlende oder unzureichende Habituation an Geräusche während der Sozialisierungsphase führt häufig zu einer Geräuschempfindlichkeit. Weitere Ursachen für eine Geräuschempfindlichkeit sind eine genetische Veranlagung oder ein traumatisches Erlebnis.
- Die therapeutischen Maßnahmen bestehen aus einer Desensibilisierung und einer Gegenkonditionierung bezüglich des auslösenden akustischen Reizes. Weitere Maßnahmen wie das Schaffen eines sicheren Rückzugsorts für den Hund, das Unterlassen von belohnendem Verhalten in angstauslösenden Situationen etc. sind zu empfehlen. In bestimmten Fällen kann der Einsatz von Psychopharmaka wie Clomipramin, Serotonin-Wiederaufnahmehemmern, Benzodiazepinen oder Betablockern indiziert sein.
- Prophylaktisch ist eine gute Habituation an Geräusche bereits in der Sozialisierungsphase anzuraten.

Fallbeispiel

Ängstlich bei Feuerwerk

Vorstellungsgrund

Mia reagiert ängstlich auf Silvester-Feuerwerk.

Anamnese

Mia ist ein 2 ½ Jahre alter Schäfer-Mix, weiblich, kastriert. Der Besitzer hat Mia mit 3 Monaten aus einem Tierheim bekommen. Die Mutterhündin war trächtig, als sie gerettet wurde. Die Welpen und Mutterhündin wurden dort im Zwinger gehalten, bevor Mia zum Besitzer kam. Mia ist verschmust, kann ohne weiteres bis zu 4 Stunden alleine bleiben. Sie kommt gut mit anderen Hunden und Menschen zurecht. Der Besitzer war mit ihr in der Hundeschule (Welpenspielstunde und Grundkurs). Laut Besitzer hat sie einen guten Grundgehorsam und ist gut abrufbar. Jedoch hat sie Angst vor Silvester-Feuerwerk. Der

Besitzer war am letzten Tag des Jahres (Mia war zu diesem Zeitpunkt 5 ½ Monate alt) nachmittags spazieren, als Jugendliche Silvesterböller zwischen die Beine des Hundes warfen. Der Besitzer war außer sich und beschimpfte die Jugendlichen, nachdem er die fluchtergreifende Mia wieder eingefangen hatte. Verwundet war Mia nicht, jedoch stark verängstigt. Der Besitzer versuchte sie die ganze Zeit zu beruhigen. Nach ein paar Tagen war Mia wieder ganz die alte. Jedoch ein Jahr später, um Silvester herum, wurde wieder mit den Böllern geknallt und Mia wollte nicht mehr rausgehen und verkroch sich unter dem Bett. Zwar schaffte der Besitzer Mia unter dem Bett hervorzubekommen und sie konnte kurz am Rasenstreifen Kot und Urin absetzen, aber Mia suchte immer Deckung und wollte fliehen. Der Besitzer ging vor dem nächsten Silvester zu seiner Haustierärztin, um sie um Rat zu fragen. Mia bekam von der Haustierärztin Acepromazin für die Zeit um Silvester herum. Der Besitzer war ganz glücklich, dass Mia das folgende Silvester so ruhig war. Jedoch fiel ihm auf, dass sie nach diesem Silvester geräuschempfindlicher gegenüber anderen Geräuschen war. Sie zeigte jetzt auch Angstverhalten bei Gewitter und Schüssen.
Mia hat täglich 4–5 Stunden Auslauf. Sie wird laut Besitzer körperlich und geistig gut ausgelastet. Der Besitzer hatte Mia angeschafft, nachdem sein vorheriger Hund gestorben war.
Beim Hausbesuch war Mia aufgeweckt und neugierig. Draußen verhielt sie sich unauffällig. Mia verfügt über einen guten Grundgehorsam und ist gut abrufbar. Bei der Wohnung des Besitzers handelt es sich um eine 1-Zimmer Wohnung mit Badezimmer.

Diagnose

Geräuschangst – Gewitterangst, Angst vor lauten Knallgeräuschen, Feuerwerksangst
Die Diagnose wurde anhand der Anamnese und der Symptomatik anhand einer Geräusch-CD gestellt:
Mittels Geräusch-CD wurde Mias Reaktion auf Silvesterknaller getestet. Als die CD eine gewisse Lautstärke hatte, verkroch sie sich sofort unter dem Bett. Die CD wurde sofort ausgestellt und der Besitzer angehalten, Mia nicht zu beruhigen. Nach ca. 15 Minuten kam Mia langsam wieder unter dem Bett hervor. Sie war jedoch noch unruhig und benötigte noch weitere 10 Minuten, um wieder entspannt zu sein.

Therapie

- Der Besitzer soll eine Desensibilisierung und Gegenkonditionierung mit einer Geräusch-CD durchführen.
- Feuerwerke, Schussanlagen im Weinberg etc. müssen vermieden werden. Bei Gewitter sollte Mia nicht rausgehen.
- Gleichzeitig wird ein Gehörschutztraining durchgeführt. Hierfür hat der Besitzer für Mia einen Hundegehörschutz besorgt. Das Training erfolgt ähnlich dem Maulkorbtraining (► Kap. 5.1.3)
- Mia soll im Bad ein gemütlicher Rückzugsort eingerichtet werden.
- Der Besitzer wird angehalten, dass das ängstliche Verhalten von Mia nicht mehr bestärkt werden darf.
- An den Tagen um Silvester darf Mia nur kurz rausgeführt werden, um Kot und Urin absetzen zu können. Auf große Spaziergänge soll verzichtet werden.

Verlauf
Nachdem Mia zu Hause nicht mehr auf die Geräusche der CD reagiert hat, wurde auch draußen trainiert. Hierfür wurde die CD mit einem Lautsprecher auch draußen abgespielt. Nachdem sie das auch entspannt annahm, wurde aus weiter Entfernung ein Feuerwerksböller angezündet und geworfen. Anfangs erfolgte dies 50 Schritte von ihr entfernt. Die Distanz wurde langsam immer weiter verringert. Am Schluss konnte ein Böller ca. 5 Schritte von ihr entfernt geworfen werden, während der Besitzer mit ihr spielt. Für das nächste Silvester wollte der Besitzer keine Medikamente mehr geben (trotz Aufklärung über Wirkungsweise von Acepromazin, Alprazolam etc.). Beim nächsten Silvester hatte der Besitzer Mia nur kurz rausgeführt, damit sie Kot und Urin absetzen kann. Während der Gassigänge um Silvester herum wurde Mia der Gehörschutz angezogen. Silvester wurde mit Musik und Freunden zu Hause gefeiert. Mia war hauptsächlich im Bad. Dort spielte ebenfalls Musik. Das Bad war ohne Fenster, sodass Mia von dem Feuerwerk (Lichteffekte) nichts mitbekam. Der Besitzer hatte sie auch schon bei Gewitter ins Bad geschickt. Hier bekam Mia auch Futterspielzeuge. Der Besitzer hatte sie an diesen Rückzugsort gewöhnt.
Der Besitzer war zufrieden mit dem Ergebnis. Aber er sagte, dass es auch sehr zeitintensiv war und er anfangs nicht wusste, ob er das Training durchhält.

15.2 Trennungsangst

Nicht selten werden Hunde aufgrund eines nicht oder nicht fachgerecht therapierten Verhaltensproblems im Tierheim abgegeben oder sogar euthanasiert. Symptome der Trennungsangst, wie das Zerstören von Gegenständen oder das laute Bellen des Hundes bringen manchen Besitzer zur Verzweiflung. Auch der Druck von außen ist oft immens, wenn die Nachbarn oder der Vermieter sich beschweren und auf eine Abgabe des Tieres bestehen. Aber auch die Kosten für die Behebung von durch den Hund entstandenen Schäden können erheblich sein. Eine fachgerechte Therapie des Hundes aufgrund von Trennungsangst ist sowohl für die Gesundheit und das Wohlergehen des Hundes als auch für die Mensch-Hund-Beziehung unerlässlich.

Ätiologie und Symptome

Hunde sind obligat sozial lebende Rudeltiere. Aus biologischer Sicht besteht der Nutzen einer Angst vor Trennung darin, den Kontakt der Familie nicht zu verlieren bzw. wiederherzustellen. Von seinen Rudelmitgliedern getrennt zu sein, bedeutet für den Hund immer eine Art Stress. Das Alleinbleiben gehört nicht zum normalen Verhalten des Hundes, da er bei seinem Rudel sein möchte. An das Alleinbleiben muss ein Hund daher gewöhnt werden. Einige Hunde können ohne Probleme einige Zeit alleine gelassen werden, bei anderen ist es schwieriger. Es gibt auch Hunde, die ohne Probleme im vertrauten Heim allein gelassen werden können, aber nicht in einer fremden Umgebung.

Besonders wenn der Hund eine sehr enge Bindung zu einer Person hat, kann eine Trennung von dieser Person sich in Form von Trennungsangst äußern.

Die Entstehung einer Trennungsangst ist bei an sich schon ängstlicheren Hunden und bei Hunden, die schon mehrere Halterwechsel hatten, wahrscheinlicher. Umzug, Urlaub oder auch ein länger andauernder Aufenthalt in einer Klinik sind ebenfalls häufig Auslöser einer Trennungsangst.

Kommt ein Hund ins Haus, wird ihm (insbesondere einem Welpen) anfangs oft viel Aufmerksamkeit geschenkt, die dann durch das Alleinlassen endet. Wird der Hund nicht langsam an das Alleinbleiben gewöhnt, kann dies zu einer Sensibilisierung gegenüber dem Alleinsein bzw. dem Weggehen des Besitzers führen.

Aber auch ein traumatisches Erlebnis während der Abwesenheit des Besitzers wie z. B. ein Gewitter kann zu Trennungsangst führen.

Mögliche Symptome bei Trennungsangst **während der Abwesenheit** des Besitzers/vertrauten Person(en) sind:

- Vokalisation (Bellen, Heulen, Winseln)
- Zerstörung (Kratzen an Türen und Fenstern, Zerstören von Gegenständen)
- Unsauberkeit (unkontrollierter Urin und/oder Kotabsatz)
- Unruhe
- Zittern
- Zurückgezogenheit
- übermäßiges Lecken
- Inappetenz
- Hyperventilation
- starkes Speicheln
- Erbrechen
- Durchfall
- Verletzungen durch den Versuch zu entkommen

Aber auch **in Anwesenheit** der vertrauten Person(en) zeigt der Hund oftmals ein auffälliges Verhalten:

- Einige Hunde folgen ihrem Besitzer in der Wohnung überall hin. Für sie wird es bereits zum Problem, wenn sich eine Zimmertür schließt und sie ihrem Besitzer nicht folgen können. Sie zeigen permanent physischen Kontakt und Aufmerksamkeit forderndes Verhalten. Manche Hunde halten sich überwiegend an Orten auf, von denen sie ständig den Blick auf die Bezugsperson haben können.
- Spezielle Handlungen des Weggehens, wie das Anziehen der Jacke, den Schlüssel an sich zu nehmen usw., können beim Hund ebenfalls ein Stressgeschehen in Gang setzen. Aufgrund der klassischen Konditionierung kann der Hund dieses Verhalten des Menschen mit dem Weggehen und dem damit resultierenden Alleinbleiben verbinden. Diese Hunde reagieren daher bereits beim Weggehen z. B. mit unruhigem Umherlaufen oder Zittern.
- Kommt der Besitzer zurück, wird ein ausgeprägtes Begrüßungsverhalten gezeigt.

Diagnose

Die Diagnose erfolgt anhand der Anamnese und Symptomatik. Das Verhalten des Hundes bei Abwesenheit, aber auch in Anwesenheit der Bezugsperson(en) ist hierbei bedeutend. Für die Diagnostik empfiehlt es sich, den Besitzer auch aus der Wohnung zu schicken, da man als Person, die nicht zum Rudel des Hundes gehört, das Verhalten des Hundes meist gut beobachten kann. Zusätzlich kann der Besitzer Videoaufnahmen über das Verhalten des Hundes anfertigen, welche dann als diagnostisches Hilfsmittel mit ausgewertet werden. Die meisten Hunde zeigen das auffällige Verhalten innerhalb der ersten halben Stunde des Alleinbleibens.

Differenzialdiagnostisch müssen andere Ursachen ausgeschlossen werden, wie z. B.:
- Zerstörung aufgrund von
  - zu wenig Auslauf,
  - Ausbrechversuchen aus Langeweile,
  - Geräuschangst,
  - Territorialverhalten etc.
- Unsauberkeit aufgrund von
  - organischer Erkrankung,
  - ungenügendem Stubenreinheitstraining,
  - ungenügender Möglichkeiten sich an gewünschten Plätzen zu entleeren,
  - submissivem Urinieren,
  - Markieren,
  - kognitivem Dysfunktionssyndrom etc.

Therapie

Hunde mit Trennungsangst sind massivem Stress ausgesetzt, was das Leben des Hundes stark negativ beeinflusst. Bei Anzeichen von Trennungsangst sollte eine Therapie so schnell wie möglich begonnen werden. Eine Therapie insbesondere bei bereits länger bestehender Trennungsangst ist meist langwierig und zeitaufwendig. Der Besitzer sollte angehalten werden, ein Tagebuch über den Therapieverlauf zu führen.

- Der Besitzer sollte über das Verhalten des Hundes und dessen Bedeutung aufgeklärt werden, damit er begreift, wie wichtig eine Therapie bei Trennungsangst ist. Das Strafen des Hundes wie z. B. die Schnauze des Hundes in seinen Urin oder Kot zu halten ist zu unterlassen, da dies den Hund unter Umständen noch mehr verängstigt. Außerdem kann der Hund dieses Verhalten des Menschen in keinen Bezug zum Urin- oder Kotabsatz in der Wohnung bringen (Unsauberkeit siehe ► Kap. 14).
- Anfangs sollte der Hund, wenn möglich, nur solange allein bleiben, wie er es ohne Anzeichen von Stress toleriert. Sollte der Besitzer selber keine Möglichkeit haben sich um den Hund zu kümmern, sollte die Betreuung des Hundes z. B. durch einen Hundesitter oder eine Hundetagesstätte organisiert werden.

- Eine langsame Gewöhnung an eine **Box** ist ratsam, um den Hund ggf. für kurze Zeit in eine Box einsperren zu können. Hierdurch kann vermieden werden, dass es zu Zerstörungen und Verschmutzungen kommt. Die Box ist nur als eine kurzfristige Unterbringungsmöglichkeit zu verstehen und der Hund muss an diese erst gewöhnt werden. Ohne Gewöhnung kann das Einsperren in der Box zu Frustration oder zu Selbstverletzung des Hundes führen.
- **Unabhängigkeitstraining gegenüber der Bindungsperson – Distanztraining** Anfangs lernt der Hund im gleichen Raum mit seinem Besitzer auf seinem Platz liegen zu bleiben und ihm nicht ständig zu folgen. Der Besitzer entfernt sich immer mehr von seinem Hund. Zu Beginn des Trainings ist der Besitzer noch im gleichen Raum, bei fortgeschrittenem Training ist der Besitzer in anderen Räumen und die Türen werden auch verschlossen. Die Zeit des Alleinbleibens in einem Zimmer wird immer weiter ausgedehnt. Wann und wie schnell die einzelnen Trainingsschritte erfolgen können, ist individuell verschieden. Maximal dürfen geringe Stresszeichen während des Trainings gezeigt werden. Winselt, bellt oder jault der Hund hinter der Tür, oder kratzt der Hund an der Tür, sollte diese wenn möglich genau dann aufgemacht werden, wenn der Hund keine Lautäußerung zeigt oder nicht an der Tür kratzt. Beim Zurückkommen in das Zimmer muss der Hund für ein paar Minuten ignoriert werden.
  Der Besitzer sollte nur ruhiges und gehorsames Verhalten belohnen. Aufmerksamkeitsforderndes Verhalten sollte stets ignoriert werden.
- **Desensibilisierung gegenüber Anzeichen, mit denen der Hund das Weggehen des Besitzers verbindet**
  Die Bindungsperson sollte anfangen, sich die Outdoor-Bekleidung wie Jacke und Schuhe zwischendrin immer mal wieder an- und auszuziehen ohne dass sie wirklich die Wohnung verlässt. Auch der Schlüssel sollte immer mal wieder in die Hand genommen und in der Wohnung herumgetragen werden. Bei der Desensibilisierung gegenüber Reizen, die der Hund mit dem Weggehen verbindet, sollte darauf geachtet werden, dass der Besitzer nicht nur diesen Schritt trainiert, sondern gerade auch das Unabhängkeitstraining durchführt. In manchen Fällen kann es auch für den weiteren Trainingserfolg hilfreich sein, bereits den nächsten Schritt, „das Alleinlassen des Hundes in der Wohnung", zu trainieren obwohl das Training der Desensibilisierung gegenüber den Reizen, die der Hund mit dem Weggehen verbindet, noch nicht erfolgreich abgeschlossen ist.
- **Alleinlassen des Hundes in der Wohnung**
  Nach der Desensibilisierung gegenüber Reizen, die der Hund mit dem Wegge hen verbindet, wird nun begonnen, den Hund für einen kurzen Moment in der Wohnung allein zu lassen. Anfangs verlässt die Bezugsperson die Wohnung und kehrt sofort wieder zurück. Diese Zeit wird nach und nach, aber unregelmäßig, verlängert. Zu Beginn des Trainings sind es maximal 5 Minuten, bei denen der Hund alleingelassen wird. Dies sollte dreimal täglich geübt werden. Wichtig ist, dass der Hund dabei keine Anzeichen von Trennungsangst zeigen sollte. Hierfür lohnt es sich, eine Kamera aufzustellen, um das Verhalten des Hundes bei Abwesenheit beobachten zu können.

- 15 Minuten vor dem Weggehen sollte der Hund nicht mehr beachtet werden. Die Bezugsperson sollte beim Weggehen entspannt bleiben. Bei der Rückkehr soll der Besitzer den Hund ignorieren, egal wie der Hund sich während der Abwesenheit verhalten hat. Er darf auf keinen Fall für ein unerwünschtes Verhalten physisch bestraft werden.
- Gegenstände (► Kap. 5.1.7), die zur Beschäftigung des Hundes dienen, wie ein Snackball oder ein Kauartikel, können dem Hund zur Ablenkung und Entspannung behilflich sein, wenn der Besitzer das Haus verlässt. Sie werden dem Hund direkt vor dem Verlassen der Wohnung vom Besitzer gegeben.
- Der Hund sollte körperlich und geistig ausgelastet werden, da ausgelastete Hunde besser mit einer Trennung umgehen können.
- Bei manchen Hunden können visuelle wie auch akustische Reize über den Fernseher oder das Radio helfen, mit dem Alleinbleiben besser zurecht zu kommen. Wie ein Hund auf visuelle oder akustische Reize bei Abwesenheit des Besitzers reagiert und welchen Effekt diese auf einen Hund haben, ist individuell unterschiedlich. Im Einzelfall sollte geprüft werden, ob es sinnvoll ist Fernsehen oder Radio unterstützend einzusetzen.
- Seit November 2014 wird nun auch in Deutschland DOGTV, ein Fernsehsender für Hunde, angeboten. Laut DOGTV wurde durch jahrelange Forschung mit einigen der weltweit führenden Tierexperten ein Fernsehprogramm mit Inhalten erstellt, die die Besonderheiten des Sehsinns und des Gehörs eines Hundes mit einbeziehen und die natürlichen Verhaltensweisen des Hundes unterstützen. Laut DOGTV ist das Ergebnis ein selbstbewusster glücklicher Hund, der weniger wahrscheinlich Stress, Trennungsangst oder andere damit zusammenhängende Probleme entwickelt. Ein Befürworter von DOGTV ist unter anderem Prof. Nicholas Dodman, der Leiter der Abteilung Tierverhalten der Tufts Universität.
  Wie bei allen Fernsehsendungen, sollte auch bei DOGTV individuell entschieden werden, ob das Programm für denjenigen Hund geeignet ist. Bestimmte Situationen oder Geräusche könnten das Angstverhalten sogar noch verstärken.
- Ist die Trennungsangst aufgrund einer anderen zugrunde liegenden Angst wie z. B. vor Gewitter entstanden, muss die Angst vor Gewitter ebenfalls behandelt werden (► Kap. 15.1).
- Der Einsatz von Psychopharmaka kann bei Trennungsangst vonnöten sein, um die Angst und Erregung des Tieres zu vermindern. Weiterhin kann der anfängliche Einsatz von Medikamenten auch helfen, dass die Tiere schneller auf eine Therapie ansprechen als Tiere, die nur eine Verhaltenstherapie erhalten. Eine alleinige Verhaltenstherapie kann nach mehreren Monaten Behandlung zwar ebenso effektiv sein, jedoch steht der Besitzer oft unter immensem Zeitdruck, um das Tier überhaupt behalten zu können.
- Clomipramin oder selektive Serotonin-Wiederaufnahmehemmer können zur Behandlung von Trennungsangst eingesetzt werden. Zu beachten ist, dass eine genaue Einstellung der Dosis, um die gewünschte Wirkung zu erreichen, meist ca. 2 Monate dauert. Anfänglich kann die Kombination mit Alprazolam oder

Clonazepam hilfreich sein. Weitere Informationen zur Anwendung von Psychopharmaka unter (► Kap. 6)

- Zur allgemeinen Beruhigung kann Adaptil®, welches das Beruhigungspheromon DAP (Dog Appeasing Pheromone) enthält, eingesetzt werden (► Kap. 5.1.4).

Prophylaxe

- Ein Hund sollte stets langsam an das Alleinbleiben gewöhnt werden. Dies gilt für Hunde jeden Alters.
- Zur Stressreduktion sollte der Hund körperlich und geistig ausgelastet werden.
- Der Besitzer sollte von Anfang an ängstliches Verhalten des Hundes (z. B. durch Belohnung des Angstverhaltens) nicht verstärken.

Zusammenfassung

- Das Alleinbleiben gehört nicht zum normalen Verhalten des Hundes, da er bei seinem Rudel sein möchte. An das Alleinbleiben muss ein Hund gewöhnt werden.
- Besonders wenn der Hund eine sehr enge Bindung zu einer Person hat, kann eine Trennung von dieser Person sich in einer Trennungsangst äußern.
- Die Therapie beinhaltet vor allem ein Distanztraining in Bezug auf die Bindungsperson(en), eine Desensibilisierung gegenüber Reizen, die der Hund mit dem Weggehen der Bezugsperson verbindet wie z. B. das Anziehen von Schuhen und der Jacke, ein schrittweises Training des Alleinbleibens und das Unterlassen eines ausgeprägten Begrüßungs- bzw. Verabschiedungsrituals.
  Stressreduzierende Maßnahmen, wie die Gabe von Beschäftigungsobjekten während des Alleinbleibens und eine gute körperliche und geistige Auslastung des Hundes, sollten ebenfalls durchgeführt werden.
  In Einzelfällen ist eine unterstützende Therapie mit Psychopharmaka sinnvoll.
- Prophylaktisch sollte jeder Hund an das Alleinbleiben langsam gewöhnt werden.

15.3 Angst vor Menschen

Ängste gegenüber Menschen können aufgrund einer schlechten Sozialisierung auf den Menschen oder auch durch schlechte Erfahrungen mit Menschen entstehen. Ängste können sich sowohl vor fremden Menschen wie auch Bekannten, die nicht zum Rudel gehören, aber auch vor Rudelmitgliedern entwickeln.

Ätiologie

In der Sozialisierungsphase ist es für den Hund sehr wichtig, viele positive Erfahrungen mit verschiedenen Typen von Menschen wie Kindern, Männern, Frauen sammeln zu können. Insbesondere die 3. bis 5. Lebenswoche hat eine besondere

Abb. 15-1
Angstverhalten eines Hundes aufgrund von unbekannten Personen (hier: Der Hundebesitzer hat auf einer Parkbank Platz genommen. Als fremde Personen an der Bank vorbeikommen, zeigt der Hund ängstliches Verhalten und versucht maximalen Abstand zu den Personen zu gewinnen, was durch die Leine nur begrenzt möglich ist.)

Bedeutung in Bezug auf Habituation und Sozialkontakte. Wurden Hunde anfangs in Zwingern gehalten, haben sie oft nur mit wenigen Personen Kontakt gehabt. Aber auch Menschen mit Rollkoffern, Gehhilfen, Baseballcaps etc. können für Hunde etwas Unbekanntes sein, auf das sie mit ängstlichem Verhalten reagieren.

Hunde reagieren häufig ängstlich auf Kinder. Sie haben eine andere Statur und auch eine andere Art sich zu bewegen als Erwachsene. Kind ist auch nicht gleich Kind. Ein Säugling bewegt sich ganz anders als ein Kleinkind und ein Kleinkind anders als ein Schulkind. Sie sind unberechenbar. Nicht selten laufen Kinder einfach auf Hunde zu und umarmen sie. Daher sollte ein Hund bereits in der Sozialisierungsphase viele positive Erfahrungen mit vielen unterschiedlichen Kindern machen. Aber auch ein Hund, der nicht auf Kinder sozialisiert wurde, kann den Umgang mit diesen lernen. Kinder sollten nie mit Hunden alleine gelassen werden und es sollte ihnen so früh wie möglich der richtige Umgang mit Hunden beigebracht werden (► Kap. 23). Auch auf Männer reagieren Hunde häufig ängstlich, da sie sich aus Hundesicht bedrohlicher verhalten.

Schlechte Erfahrungen mit Menschen können im weiteren Leben zur Angst vor Fremden mit bestimmten Besonderheiten oder zu einer generellen Angst vor (fremden) Menschen führen. Wurde ein Hund z. B. von Kindern mit Latzhose mit Steinen beworfen, kann dies dazu führen, dass er zukünftig gegenüber allen Kindern mit Latzhose ängstlich reagiert.

Aber auch vor seinem Besitzer kann ein Hund Angst haben, wenn die Beziehung nicht auf einer guten Hund-Halter-Beziehung basiert, sondern der Hund physisch bestraft wird. Methoden der Gewaltanwendung wie Tritte, Schläge etc. sind tierschutzrelevant und gefährlich. Es gibt auch Besitzer, die ihre Hunde für ängstliches Verhalten physisch bestrafen, da sie denken, dass sie dadurch dem Hund beibringen kein „Angsthase" mehr zu sein.

Ebenso kann die Nervosität des Besitzers gegenüber fremden Menschen, wie z. B. beim Spaziergang in der Dunkelheit, sich auf den Hund übertragen. Reagiert z. B. eine Besitzerin beim Spaziergang vor allem gegenüber Männern mit Nervosität, kann es sein, dass der Hund beginnt, sich ängstlich gegenüber Männern zu verhalten.

Viele Besitzer fördern durch ihr Verhalten auch die Angst des Hundes. Zeigt ihr Hund sich gegenüber einem Menschen ängstlich, wird er oftmals durch beruhigende Worte oder Streicheln (ungewollt) belohnt.

Aus einer Angst kann auch immer eine Angstaggression (► Kap. 16) entstehen. Gerade wenn Hunde keine Fluchtmöglichkeiten haben, kann dies sehr gefährlich werden. Besonders bei Kindern kann es aufgrund ihrer Größe zu schweren Bissverletzungen im Bereich des Kopfes kommen. Auch auf Gewaltanwendungen wie Schläge, Tritte, auf den Boden drücken, kann der Hund aus Angst vor derjenigen Person mit aggressivem Verhalten reagieren. Gewaltanwendungen sind nicht nur gefährlich, sondern auch tierschutzrelevant.

Diagnostik

Die Diagnostik erfolgt zum einen anhand der Anamnese und zum anderen anhand des ängstlichen Verhaltens des Hundes in Bezug auf Menschen. Hierbei muss oftmals auf sehr viele Details geachtet werden, damit die genaue Ursache gefunden wird. Fühlen sich ängstliche Hunde von einem Menschen bedrängt und sehen keine Möglichkeit die Distanz zu diesem Menschen zu vergrößern, weil sie z. B. an der Leine sind, kann der Hund aus Angst aggressiv reagieren. Daher ist es besonders wichtig bei ängstlichen Hunden auch bei der Beobachtung des Verhaltens des Hundes auf die Sicherheit der anwesenden Personen zu achten.

Therapie

- Verhält sich der Hund ängstlich aufgrund einer schlechten Führungsrolle des Besitzers, müssen die Mängel der Führung besprochen und beseitigt werden. Der Besitzer sollte darüber aufgeklärt werden, was eine gute Führung ausmacht. Gewaltfreie Führung und Regeln im Alltag helfen dabei, das Hund-Halter-Team zu stärken und dem Hund mehr Sicherheit zu geben (► Kap. 9).
- Ein guter Grundgehorsam sollte geübt werden, damit der Hund besser zu kontrollieren ist.

- Der Besitzer darf das ängstliche Verhalten des Hundes (in Bezug auf Menschen) weder durch belohnendes Verhalten wie Streicheln oder tröstende Worte bestärken, noch das ängstliche Verhalten physisch bestrafen.
- Bei der Angst vor Menschen erfolgt eine entsprechende Desensibilisierung und Gegenkonditionierung gegenüber dem „Typus Mensch“ wie z. B. Mensch mit Hut oder Kind mit Latzhose oder Kinder ohne besondere Merkmale. Auch die Größe, und auch ihre Art sich zu bewegen kann ein Angstauslöser sein. Gerade bei Kindern ist es wichtig die Desensibilisierung langsam und kontrolliert durchzuführen ohne den Sicherheitsaspekt außer Acht zu lassen.
  Der Besitzer und andere beteiligte Personen, die in die Therapie miteinbezogen werden, sollten darüber aufgeklärt werden, wie man sich gegenüber einem ängstlichen Hund am besten verhält, um wenig bedrohlich zu wirken. Schnelle Bewegungen, das „direkte auf den Hund Zugehen“ und das „direkte in die Augen sehen“, sollten vermieden werden, da dies bedrohlich auf den Hund wirken kann. Hunde gehen normalerweise in Bögen aufeinander zu, dies sollten auch die Personen machen, die für die Desensibilisierung eingesetzt werden. Dies ist besonders am Anfang der Therapie wichtig.

Sollten die Besitzer ihren Hund fernsehen lassen, sollten sie darauf hingewiesen werden, dass hier ebenso Menschen zu sehen sind, auf die der Hund ängstlich reagieren könnte. In einigen Fernsehprogrammen gibt es z. B. Passagen, bei denen sich sowohl Hunde wie auch Personen direkt auf den Hund, der vor dem Bildschirm sitzt, zu bewegen. Dies könnte auf den Hund sehr bedrohlich wirken und seine Angst verstärken.

Bei der Desensibilisierung wird der Hund an den entsprechenden Reiz langsam gewöhnt und bei der Gegenkonditionierung wird mittels klassischer Konditionierung die negative Assoziation durch eine positive ersetzt (► Kap. 4).
Bei Angst vor Menschen bedeutet dies, dass der Hund langsam an Menschen gewöhnt wird, die Angstverhalten bei ihm auslösen. Hierfür werden Besucher nach hause eingeladen, die sich dem Hund gegenüber wenig bedrohlich verhalten sollen. Der Hund sollte das Tempo der Annäherung an den jeweiligen Besucher selber bestimmen können. Zusätzlich können Besucher besondere Leckerbissen für den Hund bereithalten und diese in einer nicht bedrohlichen Geste von sich wegwerfen, sodass der Hund sich entscheiden kann, ob er sich das Futter holt. Anfangs sollte das Futter relativ weit vom Besucher entfernt landen und dann die Wurfweite nach und nach verringert werden. Der Besitzer kann seinen Hund auch in Anwesenheit eines Besuchers mit Spiel oder Futter belohnen. Wichtig ist aber, dass er das gewünschte Verhalten und nicht das unerwünschte ängstliche Verhalten belohnt.
Draußen können ebenso Personen bestellt werden, an die der Hund gewöhnt werden soll. Wichtig ist, dass man die Desensibilisierung an einem Ort macht, an dem man die Lage kontrollieren kann. Der Hund wird in dem Moment vom Besitzer belohnt, in dem er den normalerweise angstauslösenden „Typ Mensch“

wahrnimmt, aber noch kein Angstverhalten zeigt. Je nach Trainingserfolg wird die Distanz immer mehr verringert. Durch die Belohnungen erreicht der Besitzer auch, dass der Hund sich mehr auf den Besitzer konzentriert als auf die oder den gefürchteten Menschen. Zusätzlich können noch abwechselnd verschiedene Kommandos vom Hund abgefragt werden.

- Ob eine unterstützende Therapie mit Clomipramin, selektiven Serotonin-Wiederaufnahmehemmern oder Buspiron erfolgen soll, muss im Einzelfall entschieden werden (► Kap. 6).

Prophylaxe

- Hunde sollten gut auf den Menschen und auf eine Vielzahl von unterschiedlichen Menschen sozialisiert werden.
- Kinder sollten frühzeitig den richtigen Umgang mit Hunden lernen.
- Ängstliches Verhalten sollte von Anfang an nicht belohnt werden.

Zusammenfassung

- Angst vor Menschen kann aufgrund einer schlechten Sozialisierung auf Menschen oder auch schlechten Erfahrungen mit Menschen entstehen.
- Eine gewaltfreie Führung und Regeln im Alltag helfen dabei, das Hund-Halter-Team zu stärken und dem Hund mehr Sicherheit zu geben.
- Die Therapie besteht aus einer Desensibilisierung und Gegenkonditionierung.
- Prophylaktisch sollten Hunde gut auf Menschen sozialisiert werden.

Literatur

Lauinger, I (2012): Geräuschempfindlichkeit am Beispiel des Bearded Collies – Ein Vergleich von Verhaltenstherapiemaßnahmen und Substitutionen mit Thyroxin. Diss. med. vet., München 2012

Pineda, S, Olivares, A, Anzola, B, Ibanez, M (2014): Combination therapy for treatment of anxiety-realted disorders in dogs improving its well-being, 20th Annual Meeting of the ESVCE GTVMT DVG-FG „Verhaltensmedizin und Bissprävention" 7. November 2014 München, Verlag der DVG Service GmbH Giessen

Price (1996): Understanding the Border Collie, Broadcast Books, Bristol

Rugbjerg, H, Proschowsky, HF, Ersboll AK, Lund JD (2003): Risk factors with interdog aggression and shooting Phobias among purebred dogs in Denmark, Preventive Veterinary Medicine, Volume 58, Issues 1–2, 30 April 2003, Pages 85–100

16 Aggression beim Hund

D. Ketter

Aggressionsverhalten beim Hund ist einer der häufigsten Gründe für die Vorstellung in der verhaltenstherapeutischen Sprechstunde. Es gehört zum normalen Verhaltensrepertoire des Hundes und ist ein Teilbereich der Agonistik. Zur Agonistik gehören das Aggressionsverhalten und die Flucht. Es können offensive (Angriff) und defensive (Abwehr) Verhaltensweisen unterschieden werden.

Aggressives Verhalten dient dazu, die Distanz zu einer Bedrohung beizubehalten, zu vergrößern oder die Bedrohung zu vernichten. Wie ein Hund reagiert ist abhängig von der jeweiligen Situation, den individuellen Lernprozessen, dem Gesundheitszustand, dem Hormonhaushalt und angeborenen Anlagen. Auf eine Bedrohung kann er mit aggressivem Verhalten (Fight), Flucht (Flight), Erstarren (Freeze) oder mit sozialer Kommunikation (Flirt) reagieren (die sogenannten 4 F's). Ein Hund, der eigentlich gerne fliehen würde, aber dies nicht kann, weil ihm der Fluchtweg versperrt ist oder er aus anderen Gründen nicht fliehen kann, wird Drohverhalten zeigen oder angreifen. Die Individualdistanz spielt hierbei eine bedeutende Rolle. Wird diese unterschritten, führt dies bei dem jeweiligen Tier zur Flucht oder zu aggressivem Verhalten (Immelmann, 1982).

Es gibt verschiedene Möglichkeiten, aggressives Verhalten einzuteilen. Grundsätzlich kann man offensives von defensivem Aggressionsverhalten unterscheiden. Aggressives Verhalten kann

- „rang"-bezogen (► Kap. 9),
- schmerzbedingt,
- pathologisch bedingt,
- angstbedingt,
- territorial bedingt,
- hormonell bedingt (maternale Aggression und Scheinträchtigkeit, Kastration ► Kap. 10, Schilddrüse ► Kap. 8) sein oder auch
- im Spiel gezeigt werden (Spielaggression).

Aggression kann gegenüber Menschen, Artgenossen und anderen Tieren gezeigt werden. In diesem Buch wird im Speziellen noch auf Aggression gegenüber bekannten und unbekannten Personen, Hunden im selben Haushalt und fremden Hunden eingegangen.

Da das Jagdverhalten neuronal anders gesteuert wird als das Aggressionsverhalten und sich die Handlungsketten deutlich voneinander unterscheiden, wird das Jagdverhalten im Allgemeinen nicht zur Aggression gerechnet. Im Gegensatz zum Jagdverhalten erfolgt beim Aggressionsverhalten eine Aktivierung des sympathischen Nervensystems. Eine Reizung der seitlichen Hypothalamusanteile löst

Beute- bzw. Jagdverhalten aus, eine Reizung der lateralen Hypothalamusanteile löst Abwehrverhalten aus (Lindsay, 2000). Durch Analyse des Verhaltens des Hundes, kann festgestellt werden, ob es sich um Jagdverhalten oder Aggressionsverhalten handelt. Das Thema unerwünschtes Jagdverhalten beim Hund wird in ▸ Kapitel 11 näher behandelt.

Grundsätzlich gehört das Aggressionsverhalten zum Normalverhalten und tritt im Zusammenhang mit verschiedenen Funktionskreisen wie z. B. dem Sozialverhalten auf. Meist ist aggressives Verhalten jedoch unerwünscht. Um eine Therapie durchführen zu können, ist es essenziell, die Ursache für das aggressive Verhalten zu kennen.

16.1 Aggression im Zusammenhang mit dem Sozialverhalten

Hunde sind obligat sozial lebende Tiere. Um in einem sozialen Gefüge leben zu können, ist es notwendig, sich individuelle Freiräume zu schaffen. Durch aggressives Verhalten – sowohl defensives wie auch offensives – besteht die Möglichkeit mit dem Gegenüber zu kommunizieren. Aggression verbessert die Eroberung von Ressourcen und sichert den Fortpflanzungserfolg. Ob ein Hund sein Futter verteidigt, ist unter anderem von seiner Motivation und seiner Beziehung zum Gegenüber abhängig. Eine interspezifische Rangordnung zwischen Hund und Mensch gibt es nicht, sondern es gibt bei Hunden, die mit Menschen leben, Handlungsspielräume oder Freiheiten in Bezug auf dieses oder jenes Verhalten (Feddersen-Petersen, 2008).

Hunde zeigen meist Drohverhalten und werden immer aggressiver, wenn auf ihr Drohen nicht entsprechend reagiert wird. Anfangs spannt sich der Körper des Hundes an und die Haare stellen sich auf. Gerade dieses subtile Drohen nimmt der Besitzer oft gar nicht wahr. Eventuell wird geknurrt und die Zähne gezeigt. Bei gesteigerter Aggression kommt es zum Schnappen nach dem Gegner. Zu Beginn wird noch in die Luft geschnappt, bei zunehmender Aggression wird gehemmt und dann schließlich ungehemmt gebissen.

Abwehr- wie auch Angriffsverhalten dienen dazu, anderen individuelle Grenzen klar machen zu können und stabile Beziehungen zu schaffen. Hunde organisieren sich nicht demokratisch, sondern bilden feste (Rang-) Beziehungen (▸ Kap. 9). Bei Welpen werden solche Beziehungen spielerisch gebildet ohne sich ernsthaft zu verletzen. Bei älteren Tieren wird die Beziehung zueinander hauptsächlich durch die Körpersprache dargestellt und nur selten durch aggressive Kämpfe ausgefochten (Beaver, 2009).

Viele Hundebesitzer denken, dass der Hund eine angeborene Beißhemmung hat. Die Beißhemmung muss jedoch erlernt werden. Im Rudel lernt ein Hundewelpe die Beißhemmung bis zur ca. 18. Lebenswoche. Durch die Mutterhündin und die Wurfgeschwister lernt ein Welpe, dass beim Einsatz von Zähnen ein Spiel sofort beendet wird. Der Spielpartner schreit auf, läuft weg oder beißt zurück. Die Beißhemmung gegenüber dem Menschen erlernt der Hund im Spiel mit dem Menschen. Auch der Mensch sollte beim Einsatz von Zähnen ein Spiel sofort abbrechen. Der Mensch kann ebenfalls wie ein Artgenosse mittels Aufschrei dem Hund zeigen, dass er zu weit geht. Jedoch sollte dies nicht zu heftig erfolgen. Der Aufschrei sollte von der Intensität so laut sein, dass der Hund ablässt, aber nicht so energisch, dass der Welpe Angst vor einem bekommt. Der Besitzer kann auch einfach weggehen. Ist der Welpe sehr aufdringlich kann er mittels Hausleine (► Kap. 5.1.2) kontrolliert werden. Auf keinen Fall sollte der Welpe durch Gewaltanwendung gemaßregelt werden.

Im Alter von ca. 18 Wochen sollte ein Hund die Beißhemmung erlernt haben.

Aggressivität und Gefährlichkeit

Aggressivität und Gefährlichkeit sind voneinander zu unterscheiden. Im sozialen Kontext lassen sich abgestufte Steigerungen der Auseinandersetzungen (Drohung ohne Körperkontakt, Drohungen mit Körperkontakt bis hin zur physischen Beschädigung) sehen. Aggressivität gehört zum Normalverhalten des Hundes und dient der Kommunikation. Ein Hund mit Defiziten in der Sozialisierung und einem Hund-Halter-System, welches aufgrund des ambivalenten Verhaltens des Menschen den Hund verunsichert, sind eine Kombination, die ein Gefahrenpotenzial in sich bergen kann. Daher ist bei der Beurteilung der Gefährlichkeit immer auch der Mensch miteinzubeziehen. Ein Hund kann sich bei verschiedenen Haltern ganz unterschiedlich verhalten. Der Hundehalter muss in der Lage sein, seinen Hund so beeinflussen zu können, dass dieser keine Gefahr für seine Umwelt darstellt.

Brachyzephale Rassen haben nicht nur körperliche Beeinträchtigungen, sondern sind auch in ihren optischen Kommunikationsmöglichkeiten stark beeinträchtigt. Dadurch kann es zu Missverständnissen mit Artgenossen kommen.

Aggressivität und „Gefährlichkeit" sind nicht gleichzusetzen. Aggressivität gehört zum Normalverhalten des Hundes und dient der Kommunikation. Bei einer Beurteilung der „Gefährlichkeit" spielt das Hund-Halter-System eine bedeutende Rolle. Bei verschiedenen Haltern kann sich ein Hund unterschiedlich verhalten.

Das Ausdrucksverhalten des Haushundes ist je nach Rasse mehr oder weniger reduziert, was zu intraspezifischen Konflikten führen kann. So kann eine rassebedingte ausgeprägte dauerhafte Faltenbildung im Kopfbereich wie z. B. bei der Bordeaux Dogge zu Missverständnissen führen (s. Zeichnung). Sowohl für die innerartliche Kommunikation, aber auch für die Beziehung zwischen Hund und Mensch ist es wichtig das Ausdrucksverhalten richtig zu deuten, um angemessen reagieren zu können. Rassespezifische Besonderheiten spielen ebenso wie der individuelle Charakter des Tieres eine wesentliche Rolle bei der Beurteilung von Situationen. Ein Hund sollte bereits in der Sozialisierungsphase viele verschiedene Hunderassen kennenlernen.

16.2 Spielaggression

Besitzer können oft nicht zwischen Spielaggression (► Abb. 16-1) und „echtem" aggressivem Verhalten bei ihrem Hund unterscheiden. Wenn ein Besitzer seinen Hund wegen aggressivem Verhalten vorstellt, sollte immer auch an die Spielaggression gedacht werden.

Abb. 16-1 Spielaggression zwischen zwei Junghunden

Beim Spielen werden Gestik und Mimik übertrieben und spielspezifische Ausdruckselemente wie z. B. das Spielgesicht gezeigt. Dadurch wird dem Gegenüber signalisiert, dass das Verhalten wie z. B. eine aggressive Verhaltensweise nicht ernst gemeint ist. Verschiedene Sequenzen aus dem gesamten Ausdrucksverhalten (z. B. Sequenzen vom Aggressionsverhalten) werden beim Spiel gezeigt. Die typischen Endhandlungen fehlen jedoch. Beim Sozialspiel findet ein ständiger Rollenwechsel statt. Im Gegensatz zum Ernstkampf werden sowohl vom Verteidiger als auch vom Angreifer Gegenattacken zugelassen. Soziale Hunde lernen im Spiel, sich selbst besser einzuschätzen, Konflikte zu lösen und auch zu kooperieren. Eine Spielsituation kann jedoch jederzeit in agonistisches Verhalten übergehen.

Typische Kennzeichen des Spielverhaltens

- Übertriebene Bewegungen und übertriebene Mimik (z. B. Maulöffnen, Zähneblecken, Nasenrückenrunzeln etc.)
- Vorderkörpertiefstellung: Der Vorderkörper ist gesenkt, die Vorderbeine liegen gespreizt mit stark gewinkelten Ellenbogengelenken dem Boden auf. Die Hinterbeine bleiben stehen. Das Becken ist der höchste Punkt des Körpers. Eine Kopfschiefhaltung und starkes Schwanzwedeln sind hierbei häufig zu sehen.
- Hopsen
- Wiederholungen von Bewegungsabläufen
- Rollenspiele mit ständigem Rollenwechsel

Diagnose

Die Diagnose erfolgt über das typische Ausdrucksverhalten beim Spiel. Hierfür kann der Besitzer gebeten werden Filmmaterial mitzubringen, welches das Verhalten, das er als aggressiv beschreibt, festhält und/oder das Verhalten des Hundes wird im Rahmen der verhaltenstherapeutischen Sprechstunde beobachtet. Jedoch sollen keine gefährlichen Situationen für diagnostische Zwecke provoziert werden. Die Sicherheit von Mensch und Tier sollte immer Priorität haben.

Differenzialdiagnostisch ist die Spielaggression vom „echten" aggressiven Verhalten abzugrenzen.

Therapie/geeignete Maßnahmen

Eine Therapie ist bei einer Spielaggression nicht angezeigt, sondern der Besitzer sollte über die besonderen Merkmale des Spiels, wie das Spielgesicht, die übertriebenen Gesten, die sich wiederholenden Bewegungsabläufe etc., aufgeklärt werden.

Für den Besitzer ist es wichtig, den eigenen Hund gut einschätzen zu können, damit er weiß, ab wann eine Situation eskalieren könnte.

Aus Unsicherheit neigen einige Besitzer dazu, ihr Tier nicht mehr mit anderen Artgenossen zusammenzulassen, obwohl sie eigentlich gut mit ihren Artgenossen zurechtkommen. Gerade bei jungen Hunden dient jedoch das Spiel dazu, motorische Fähigkeiten zu verbessern, das Kommunikationsverhalten zu üben und damit die soziale Kompetenz zu stärken. Daher empfiehlt es sich, dass der Besitzer bei Unsicherheit einen Hundeexperten (Hundetrainer, verhaltenstherapeutisch tätiger Tierarzt etc.) aufsucht, um das Verhalten seines Hundes besser verstehen zu können. Gut organisierte Welpen- und Junghundegruppen sollten ebenfalls besucht werden.

Besitzer sollten mit ihrem Hund von Anfang an kontrolliert spielen (wildes Spiel abbrechen etc.). Rangeleien und Provokationen im Spiel sollten unterlassen werden, da ein Spiel jederzeit auch in eine ernstzunehmende Auseinandersetzung umschlagen kann. In Einzelfällen können auch Zerrspiele dem Hund vermitteln, dass er der Stärkere in der Beziehung ist. Damit erst gar keine Missverständnisse hierbei entstehen, empfiehlt es sich, bestimmte Umgangsregeln (► Kap. 9) im täglichen Miteinander konsequent umzusetzen.

16.3 Schmerzbedingte Aggression

Die Definition für Schmerz lautet, modifiziert nach der International Association for the Study of Pain (IASP) (zitiert nach Mersky H 1983): Schmerz ist eine unangenehme Empfindung und ein emotionales Erlebnis, das mit einem wirklichen oder potenziellen Gewebeschaden einhergeht. Die Schmerzempfindung ist immer subjektiv.

Es gibt den sogenannten physiologischen Schmerz, der eine biologische Warn- und Lernfunktion hat. Er bewirkt, dass entsprechend lebenswichtige Schutzfunktionen ausgeführt werden. So meldet er Beschädigungen durch Druck, Hitze oder Kälte. Dadurch kommt ein Lerneffekt zustande. Der pathologische Schmerz hingegen entsteht durch entzündliche oder neuropathische Prozesse. Bereits akute Schmerzen sollten behandelt werden, da es bei längerem Bestehen von Schmerzen zu einem sogenannten Schmerzgedächtnis kommen kann. Das Schmerzgedächtnis entspricht einer chronischen Übererregbarkeit der Nervenzelle und erinnert an den ursprünglichen Schmerz, obwohl der ursprüngliche Auslöser nicht mehr vorhanden ist (Henke und Erhardt, 2001). Das Erleben von chronischen Schmerzen schränkt die Lebensqualität stark ein.

Um Schmerzen bei Tieren zu erkennen, muss eine genaue Betrachtung des Tieres erfolgen. Durch den Stressor „Schmerz" kommt es zu einer Stimulation des sympathischen Nervensystems. Dies führt zur Tachykardie, Hypertonie und Hyperventilation. Weitere Anzeichen von Schmerz sind u. a. das Lecken, Kratzen und Beißen von schmerzenden Stellen, Lahmheit, Immobilisation, abnormale Körperhaltung, Schmerzlaute wie Heulen oder Schreien, struppiges Fell, Gewichtsreduktion, Gereiztheit, Unruhe, Depression, Flucht und **Aggression**.

Die Ursache für Schmerzen können Erkrankungen sein. Aber Schmerzen können dem Tier auch erst durch Handlungen des Menschen wie körperliche Züchtigungen oder Eingriffe, die mit Schmerzen verbunden sind, zugefügt werden. Auch schmerzinduzierende Erziehungsmethoden können aggressives Verhalten verstärken.

Anamnese

Bei der schmerzbedingten Aggression ist es wichtig herauszubekommen, woher die Schmerzen kommen, die zu aggressivem Verhalten führen.

Besteht eine Erkrankung oder werden dem Tier Schmerzen zugeführt?

Zeigt das Tier nur gegenüber einer bestimmten Person aggressives Verhalten, kann dies daran liegen, dass der Hund mittels körperlicher Gewalt bestraft wird. Hier sollten auf jeden Fall die Erziehungsmethoden wie auch der allgemeine Umgang mit dem Hund erfragt werden. Aufgrund der zugeführten Schmerzen kann es auch zu angstaggressivem Verhalten gegenüber diesem Menschen kommen. Aber auch sehr grobes Anfassen oder Ziepen am Fell kann zu Schmerzen beim Hund führen. So kann es sein, dass der Hund beim Krallenschneiden, beim Bürsten, Trimmen etc. aggressiv reagiert. Kinder gehen oft sehr grob mit Hunden um, was für den Hund auch sehr schmerzhaft sein kann. Unter Umständen kann dies zu schlimmen Bissverletzungen beim Kind führen, wenn der Hund aggressiv darauf reagiert. Macht ein Hund sehr schlechte Erfahrungen mit Kindern, indem er immer wieder von ihnen drangsaliert wird, kann es dazu führen, dass der Hund schließlich generell gegenüber Kindern aggressiv reagiert.

Der Einsatz von Endloswürgern, Stachelhalsbändern etc. ist mit Schmerzen (► Kap. 2, Tab. 2-1) verbunden. Dies kann zu einer umgerichteten Aggression gegenüber dem Artgenossen oder dem Menschen führen.

Bei schmerzhaften Stellen des Körpers kann es durch Berührung dieser zu aggressivem Verhalten kommen. Schmerzhafte Erkrankungen führen darüber hinaus häufig zu erhöhter Reizbarkeit des Hundes.

Diagnose

Die Diagnose erfolgt über eine ausführliche Anamnese, anhand der Symptome, der körperlichen Untersuchung und weiteren diagnostischen Maßnahmen wie z. B. Laboruntersuchungen, Röntgenaufnahmen, CT, MRT etc.

Bei der Untersuchung sollte für die Sicherheit der beteiligten Personen gesorgt werden. Gerade bei Tieren, die Schmerzen haben, kann es zu Bissverletzungen kommen. Eventuell ist dem Hund ein Maulkorb aufzusetzen.

Therapie

- Liegt eine Erkrankung vor, sollte diese, wenn möglich, therapiert werden.
- Je nach Fall muss entschieden werden, was für ein **Schmerzmanagement** sinnvoll ist. Durch eine Kombination von Analgetika verschiedener Klassen mit z. B. Akupunktur und Physiotherapie kann eine effizientere Schmerzdämpfung mit

weniger Nebenwirkungen durch Herabsetzung der Einzeldosen der Analgetika erzielt werden.

- Gerade Tiere mit Schmerzen müssen vorsichtig behandelt werden. Eventuell ist ein **Maulkorb** nötig. Wenn möglich, sollte ein Maulkorbtraining durchgeführt werden (Maulkorbtraining ► Kap. 5.1.3, Tab. 5-1).
- Aversive Trainingsmethoden, die Schmerzen zufügen, dürfen nicht mehr verwendet werden. Gewaltanwendungen sind gefährlich und auch tierschutzrelevant.
- **Gegenkonditionierung**
  Auch wenn der Auslöser der Schmerzen nicht mehr vorhanden ist, kann es sein, dass der Hund trotzdem noch aggressiv reagiert, da er gelernt hat mit diesem Verhalten einem Schmerz zu entgehen.
  Gerade das Anfassen von Körperregionen, die aufgrund einer Erkrankung schmerzhaft waren, kann auch nach erfolgreicher Therapie ein Problem darstellen. Das können z. B. die Pfoten oder die Ohren sein. Allein nur bei der Bewegung der Hand in die entsprechende Richtung kann der Hund schon aggressives Verhalten zeigen.
  Bei der Gegenkonditionierung wird der Hund dafür (z. B. mit einem Leckerchen) belohnt, dass er einen immer näher heranlässt ohne aggressives Verhalten zu zeigen. Wichtig ist, dass dies in kleinen Schritten erfolgt. Bei einer abgeheilten Verletzung der Pfote ist z. B. der erste Schritt die Annäherung an die Pfote. Erst wenn dies problemlos toleriert wird, erfolgt das Anfassen und im letzten Schritt kann das Anheben und Manipulieren erfolgen.
  Wenn der Hund gegenüber bestimmten Personen oder Artgenossen weiterhin (angst-) aggressives Verhalten zeigt, obwohl der die Aggression auslösende Schmerz nicht mehr vorhanden ist, sollte ebenfalls eine entsprechende Gegenkonditionierung durchgeführt werden.

Prophylaxe

- Physische Bestrafung sowie die Anwendung von Hilfsmitteln, die Schmerzen zufügen, sollte von Beginn an unterlassen werden. Anstatt dessen sollte die Beziehung zwischen Hund und Halter auf einer guten Führungsqualität des Besitzers und Vertrauen basieren (► Kap. 9).
- Schmerzen sollten frühzeitig erkannt und eine entsprechende Therapie eingeleitet werden.
- Der richtige Umgang mit Hunden sollte Kindern von Beginn an beigebracht werden. Weiterhin sollten Kinder nie mit Hunden alleingelassen werden (► Kap. 23).

16.4 Pathologisch bedingte Aggression

Aggressives Verhalten kann beim Hund aufgrund organischer Ursachen entstehen. Daher sollten organische Ursachen stets ausgeschlossen werden. Besonders problematisch kann dies werden, wenn die zugrunde liegende Erkrankung nicht therapiert werden kann und eine übersteigerte Aggression vorliegt.

Beispiele für pathophysiologische Zustände, die zu aggressivem Verhalten führen können:
- Schmerzen (s. o.),
- Hydrocephalus, intracraniale Neoplasie, cerebrale Hypoxie, hepatische Encephelopathie, Intoxikation (Organophosphate, Schermetalle), Epilepsie, Traumata mit zentralnervöser Beteiligung,
- Tollwut, Staupe, Aujeszkysche Krankheit,
- Hypothyreose bzw. Schilddrüsendysfunktionen etc.

Epileptiforme Verhaltensproblematiken (▶ Kap. 17) und das Thema Schilddrüse (▶ Kap. 8) werden ausführlich in den jeweiligen Kapiteln behandelt.

16.5 Angstbedingte Aggression

Angstaggressives Verhalten ist eine häufige Diagnose. Viele Menschen sind sich dessen nicht bewusst, dass aggressives Verhalten häufig angstmotiviert ist. So kommt es, dass viele Menschen einen angstaggressiven Hund als bösartig und „dominant" einschätzen.

Die meisten aggressionsbedingten Verhaltensprobleme beruhen auf Angst.

Ätiologie und Symptome

Beim angstaggressiven Verhalten handelt es sich um eine defensive Aggression. Unzureichende oder negative Erfahrungen, insbesondere in der Zeit der sensiblen Phase, spielen eine bedeutende Rolle bei der Entstehung von Angst. Ebenso können Traumata oder organische Erkrankungen die Ursache von Angst sein (▶ Kap. 15).

Ein ängstlicher Hund entscheidet sich meist für die Flucht. Sieht der Hund jedoch keine Möglichkeit mehr aus einer Situation entkommen zu können, kann die Angst zu aggressivem Verhalten führen. Wenn das Abwehrverhalten in ähnlichen Situationen zum Erfolg führt, kann es dadurch konditioniert werden. Angstaggressives Verhalten kann gegenüber Personen, Artgenossen, anderen Tieren und in bestimmten Situationen gezeigt werden. Angeleinte Hunde zeigen oftmals angstaggressives Verhalten, da sie dem angstauslösenden Stimulus aufgrund der Leine nicht ausweichen können. Es spielt hierbei keine Rolle, ob es sich um eine echte Bedrohung oder nur eine subjektiv empfundene Bedrohung handelt. Es gibt jedoch auch Hunde, die die soziale Unterstützung durch den Besitzer anhand der Leine zur deutlichen Aggression nutzen.

Körpersprache bei Angstaggression

Die Maulwinkel eines ängstlichen Hundes sind lang, er vermeidet den Blick, seine Ohren sind nach hinten gezogen, der Körper wirkt zusammengeschoben, das Gewicht wird eher auf die Hinterhand verlagert (► Kap. 15).

Bei einem angstaggressiven Hund sieht man wie beim ängstlichen Hund nach hinten gezogene Ohren und lange Maulwinkel, jedoch kommt die Komponente des Drohens hinzu. Dies äußert sich in Hochziehen der Lefzen mit deutlich sichtbaren Zähnen. Die Zähne sind bis in den Backenzahnbereich sichtbar und das Zahnfleisch ist zu sehen (s. Zeichnung rechts). Lautäußerungen wie Schreien, Bellen oder Knurren können beim Abwehrdrohen vorkommen. Das Öffnen des Fangs gehört bereits zum Angriff. Gebissklappern ist ein Zeichen höchster Angst und höchster Verteidigungsbereitschaft.

Im Gegensatz zum Abwehrdrohen hat der Hund beim Angriffsdrohen maximal gestreckte Gliedmaßen, die Zähne werden im vorderen Schnauzenbereich gezeigt, die Maulwinkel sind kurz und rund, die Ohren sind nach vorne gerichtet. Die Haare sind insbesondere im Bereich von Nacken und Hals gesträubt (s. Zeichnung links).

Aber es kann auch eine Mischform (Zähneblecken, Maulwinkel rund und recht kurz, Ohren nach hinten gelegt) vorliegen.

Links überwiegend offensives Drohen (aufgestellte Ohren und runde Maulwinkel), rechts überwiegend defensives Drohen (angelegte Ohren und spitze Maulwinkel).

Diagnostik

Die Diagnose wird anhand der Anamnese und der Symptomatik gestellt. Um eine angstbedingte Aggression diagnostizieren zu können, muss das Verhalten des Hundes genau beobachtet werden. Wenn vor Ort Situationen getestet werden, sind entsprechende Sicherheitsmaßnahmen vorzunehmen.

Differenzialdiagnostisch müssen andere Aggressionsformen (z. B. schmerzbedingte Aggression) ausgeschlossen werden. Aber auch bei Schmerz kann die Angst vor dem Schmerz eine Rolle für das aggressive Verhalten spielen.

Therapie

- Der Hund muss gemäß der vorliegenden Angstproblematik mit einer Desensibilisierung/Gegenkonditionierung therapiert werden (► Kap. 15).
- Bei Hunden mit angstbedingter Aggression muss besonders auf die Sicherheit geachtet werden.

> **!** Buspiron darf nicht eingesetzt werden, wenn der Hund neben der Angstproblematik auch aggressives Verhalten zeigt, da es in Einzelfällen zur Verstärkung der Aggression kommen kann.
> Benzodiazepine sind bei einer (gehemmten) Aggressionsproblematik kontraindiziert, da die Gefahr einer Enthemmung der Aggression besteht.

16.6 Territorial bedingte Aggression

Territorial bedingte Aggression gehört zum Normalverhalten des Hundes. Es kann gegenüber Artgenossen, anderen Tieren oder auch gegenüber dem Menschen auftreten.

Ätiologie und Symptome

Wölfe zeigen territoriales Verhalten. Im Laufe der Domestikation des Hundes wurde das Bewachen des Hauses und dessen Verteidigung vor Eindringlingen erwünscht. Bei Haushunden wurde daher das ausgeprägte Verhalten zur Bewachung von Mensch und Territorium züchterisch selektiert. Rassen der Gruppen Herdenschutzhunde, Treibhunde und Hütehunde zeigen häufig ein ausgeprägtes Territorialverhalten.

Das territoriale Verhalten wird meist erst beim pubertierenden bzw. erwachsenen Hund gezeigt. Was alles als eigenes Territorium gesehen wird, ist von Hund zu Hund verschieden. Neben dem Wohnbereich, in dem der Hund gehalten wird, kann es auch im umliegenden Gebiet, im regelmäßig genutzten Gelände oder in anderen regelmäßig genutzten Räumen (Auto, Büro etc.) zu territorialem Verhalten kommen.

Wie stark das territoriale Verhalten ausgeprägt ist, hängt unter anderem von der genetischen Veranlagung ab.

Wie schnell ein Hund einen bestimmten Bereich als Territorium beansprucht, ist individuell sehr unterschiedlich. Manche Hunde brauchen nur ein paar Minuten, um ein Gebiet zu erkunden und dann gegenüber Eindringlingen zu verteidigen.

Wird ein territorialer Anspruch angemeldet, ist Duftmarkieren stark involviert.

Ein Hund muss den „Eindringling" nicht direkt sehen, um Aggression bei der Territoriumsverteidigung zu zeigen. Territoriale Aggression kann durch Geräusche wie z. B. das Klingeln an der Tür, von vorbeigehenden Personen oder das Rascheln im Gebüsch ausgelöst werden. Wenn ein Hund häufig alleine zu Hause ist und die Nachbarn sich über das laute Bellen des Hundes beschweren, sollte daran gedacht werden, dass Bellen die hohe Erregungslage des Tieres signalisiert. Das Bellen kann auch aus anderen Gründen als dem der territorialen Verteidigung gezeigt werden, wie z. B. aus Langeweile, Trennungsangst oder Angstaggression. Daher ist es wichtig das Verhalten im Gesamtkontext zu betrachten. Zeigt der Hund an sich ein ausgeprägtes Territorialverhalten? Zäune und klare Grenzen können das territoriale Verhalten des Hundes fördern.

Diagnose

Die Diagnose erfolgt anhand der Anamnese und der Symptome.

Therapie/Prophylaxe

- An oberster Stelle steht die Sicherheit. Gegebenenfalls sollte der Hund einen Maulkorb tragen z. B. wenn häufig Personen zu Besuch kommen und der Hund territorial aggressiv reagiert. Ist ein Maulkorb nötig, sollte der Hund an das Tragen eines Maulkorbs gewöhnt werden (Maulkorbtraining ► Kap. 5.1.3, Tab. 5-1).
- Der Besitzer muss lernen, seinen Hund gewaltfrei zu führen (► Kap. 9). Der Hund muss lernen, dass der Besitzer entscheidet, wer das Haus/die Wohnung betreten darf. Der Besitzer kann den Hund z. B. auf seinen Platz schicken und erst dann wird die Türe geöffnet (evtl. muss der Hund angeleint werden). Der Hund sollte hierfür ein Alternativverhalten wie z. B. „Platz" und „Bleib" erlernen.
- Der Hund sollte nicht mehr alleine in den Garten gelassen werden, sondern sowohl im Garten als auch an der Haustür vom Besitzer kontrolliert werden.
- Der Hund darf für das unerwünschte Verhalten nicht belohnt bzw. bestärkt werden.
- Eine Supplementierung der Aminosäure Tryptophan zusammen mit einer proteinarmen Diät kann helfen, territorial-aggressives Verhalten zu reduzieren. In einer Studie von DeNapoli et al. (2001) konnte eine signifikante Reduktion dadurch erreicht werden. Jedoch wurde diese Studie an einer relativ geringen Anzahl von Hunden (11 Hunde) durchgeführt.
- Prophylaktisch sollte eine gute Sozialisierung gegenüber Menschen, Artgenossen und anderen Tieren erfolgen. Vor der Anschaffung eines Hundes sollten unter anderem die rassespezifischen Eigenschaften eines Hundes berücksichtigt werden.

16.7 Maternale Aggression und Scheinträchtigkeit bei der Hündin

16.7.1 Maternale Aggression

Die maternale Aggression dient der Verteidigung der Welpen. Sie wird von der Hündin vor allem rund um die Zeit der Geburt (Ende der Trächtigkeit, Tage nach der Geburt) gezeigt und ist in den ersten Tagen nach der Geburt besonders stark ausgeprägt.

Bei der maternalen Aggression zeigt die Hündin Drohverhalten gegenüber denjenigen, die sich den Welpen nähern. Unerfahrene Hündinnen reagieren häufig aggressiver.

Diagnose

Die Diagnose erfolgt anhand der Anamnese und der typischen Symptomatik rund um die Zeit der Geburt.

Differenzialdiagnostisch sollte insbesondere die angstbedingte, die schmerzbedingte (z. B. durch Geburtsverletzungen) und territorial bedingte Aggression ausgeschlossen werden.

Therapie

- Die maternale Aggression legt sich normalerweise von selbst und muss daher nur selten therapiert werden.
- Während der Zeit rund um die Geburt sollte sich den Welpen und der Mutterhündin nur soweit genähert werden, wie es nötig ist.
- Das Nest sollte an einem ruhigen Ort aufgestellt werden.
- Prophylaktisch sollte die Hündin gut an Menschen sozialisiert werden. Der Besitzer sollte bereits von Anfang an eine gute Beziehung zu seiner Hündin aufbauen. Dies erreicht er unter anderem durch eine gewaltfreie Erziehung und konsequente Regeln im Alltag.
- Ob eine Hündin kastriert werden sollte oder ob eine Progesterontherapie sinnvoll ist, muss im Einzelfall entschieden werden (► Kap. 10).

16.7.2 Scheinträchtigkeit bei der Hündin

Die Scheinträchtigkeit (Pseudogravidität) kommt bei nicht graviden Hündinnen vor. Bei einer nicht graviden Hündin kommt es ca. 28 Tage nach der Ovulation zum Progesteronabfall und einem Prolactinanstieg. Das Prolactin bewirkt eine leichte Gesäugeanbildung. Die Gesäugeanbildung wird normalerweise vom Besitzer nicht wahrgenommen. Bei Progesteronwerten über 5,8 ng/ml sind Verhaltensstörungen nur gering ausgebildet oder fehlen.

Wird aufgrund eines starken Progesteronabfalls zu diesem Zeitpunkt sehr viel Prolactin von der Hypophyse sekretiert, kommt es zu einer starken Gesäugeanbildung mit Milchfluss (Lactatio falsa). Leckt die Hündin am Gesäuge, kann es hierdurch zu vermehrter Milchbildung kommen. Zusätzlich zur starken Gesäugeanbildung sind bei einer Scheinträchtigkeit meist die typischen Verhaltensweisen zu sehen, die eine gravide Hündin im Zeitraum rund um die Geburt zeigt (Kasten). Ein abrupter Abfall der Progesteronkonzentration muss aber nicht zwingend zu einer klinischen Pseudogravidität führen.

Mögliche Kennzeichen einer klinisch manifesten Scheinträchtigkeit

- Anschwellen des Gesäuges bis hin zur Milchproduktion (Pseudolaktation)
- Nestbauverhalten
- Vermehrtes Brutpflegeverhalten inkl. Bewachen und Belecken von Gegenständen (z. B. Stofftiere)
- aggressives Verhalten bei Annäherung an das Nest und Welpen
- Depression
- Lecken am Gesäuge

Diagnose

Die Diagnose erfolgt anhand der typischen Symptome.
Differenzialdiagnostisch muss eine Trächtigkeit ausgeschlossen werden.

Therapie

- Gewöhnlich verschwinden die Symptome nach 6–8 Wochen.
- Bei geringgradigen psychischen Veränderungen kann versucht werden die Hündin durch Spaziergänge abzulenken.
- Stofftiere oder andere Gegenstände, die von der Hündin wie Welpen bemuttert werden, können im Einzelfall weggeräumt werden. Hündinnen reagieren sehr unterschiedlich darauf. Daher kann für die Wegnahme keine generelle Empfehlung ausgesprochen werden.
- Bei einer stark ausgeprägten Pseudogravidität sollte eine medikamentöse Therapie mit Cabergolin (5 µg/kg Cabergolin, 1 × täglich, per os für ca. 7 Tage) erfolgen.
  Carbergolin ist ein synthethischs Ergolinderivat. Es bewirkt die Stimulation von Dopaminrezeptoren an den laktotrophen Zellen der Hypophyse und verhindert dadurch die Sekretion von Prolactin. Dadurch kommt es zu einer Rückbildung der Milchdrüse und zum Rückgang der Milch- und Serumsekretion. Bis zur vollständigen Unterdrückung der Laktation kann es 8 Tage dauern.
  Eine Veränderung des Verhaltens tritt normalerweise am 2. bzw. 3. Behandlungstag ein.

- Wenn Hündinnen am Gesäuge lecken, sollte ein Halskragen verwendet werden, da die Milchproduktion sonst angeregt wird.
- Ob eine Kastration bei wiederholter oder andauernder Scheinträchtigkeit erfolgen sollte, muss im Einzelfall entschieden werden (► Kap. 10).

16.8 Umgerichtetes aggressives Verhalten

Umgerichtetes aggressives Verhalten bedeutet, dass die Aggression nicht gegen den eigentlichen „Gegner“, sondern gegen einen nichtbeteiligten Menschen, Artgenossen oder ein nichtbeteiligtes anderes Tier bzw. einen Gegenstand in der Nähe gerichtet wird. Dies geschieht vor allem dann, wenn der eigentliche „Gegner“ nicht erreicht werden kann, oder wenn eine soziale Hemmung besteht, ihn anzugreifen.

So kann es passieren, dass der Hund nicht seinen Rivalen, sondern seinen Besitzer beißt. Oftmals passiert dies, wenn Hundehalter versuchen, ihre Tiere, die sich in einer kämpferischen Auseinandersetzung befinden, voneinander zu trennen. Eine typische Situation ist auch, wenn der eigene Hund auf dem Arm gehalten wird. Dieser droht einem anderen Hund und beißt aufgrund seines hohen Erregungslevels seinen Besitzer.

Aber auch das Zuführen von Schmerzen wie z. B. durch Endloswürger oder Stachelhalsbänder kann zu umgerichteter Aggression gegenüber dem Menschen oder den Artgenossen führen.

Maßnahmen/Prophylaxe

- Bei kämpferischen Auseinandersetzungen von Hunden sollte der Mensch nie direkt versuchen die Hunde auseinander zu bringen. Dies ist viel zu gefährlich.
  - Durch Weggehen beider Besitzer in verschiedene Richtungen und Rufen nach dem eigenen Hund kann versucht werden, Hunde, die sich in einer kämpferischen Auseinandersetzung befinden, zu trennen.
  - Ist Wasser zur Hand kann man die Hunde durch eine große Ladung Wasser z. B. im Eimer, Wasserflasche oder mittels Wasserschlauch versuchen auseinanderzubringen.
- Ein Hund sollte nur auf dem Arm genommen werden, wenn er kein Drohverhalten zeigt.
- Ist der Hund bereits auf dem Arm und zeigt dann Drohverhalten, sollte der Hund kommentarlos von dem auslösenden Stimulus entfernt und wenn möglich abgesetzt werden.
- Aggressives Verhalten darf weder durch Schimpfen noch durch beruhigende Worte durch den Besitzer bestärkt werden.
- Es sollte ein Gehorsamkeitstraining und insbesondere der Rückruf trainiert werden.

- Prophylaktisch sollten Hunde, die Drohverhalten auf dem Arm zeigen, nicht mehr auf den Arm genommen werden.
- Hunde sollten bereits in der Sozialisierungsphase viele positive Erfahrungen mit anderen Menschen, Artgenossen und anderen Tieren machen.

16.9 Aggressives Verhalten gegenüber Personen

16.9.1 Aggression gegenüber bekannten Personen

Aggressives Verhalten des Hundes gegenüber Menschen lässt sich in aggressivem Verhalten gegenüber menschlichen Rudelmitgliedern und in aggressivem Verhalten gegenüber weniger bekannten bzw. unbekannten Personen unterscheiden. Rudelmitglieder im weitesten Sinn können Menschen sein, mit denen die Hunde permanent zusammenleben oder häufig zu tun haben.

Ätiologie

Ursache von Aggressionsverhalten gegenüber bekannten Personen kann „Rang"-Unsicherheit oder Angst gegenüber der Person sein. Nur äußerst selten ist ein „übersteigertes Selbstbewusstsein" des Hundes die Ursache.

Häufig fehlt eine klare Struktur in der Mensch-Hund-Beziehung, was zu aggressivem Verhalten des Hundes führen kann. Viele Hunde kommen damit zurecht, dass dem Hund teilweise die Rechte eines Überlegenen zugestanden werden und er die Handlungen bestimmen kann, und teilweise wiederum der Mensch bestimmt. Einige Hunde kommen jedoch damit nicht zurecht. Durch inkonsequentes Handeln und unklare Signale fühlt der Hund sich verunsichert. Aus dieser unklaren Lage heraus reagieren manche Hunde in bestimmten Situationen mit Aggression (► Kap. 9).

Aber auch Angst vor einer Person kann zu aggressivem Verhalten führen. Mangelnde Sozialisierung und schlechte Erfahrung z. B. beim Besitzer (derzeitigen oder auch früheren) können die Ursache für angstaggressives Verhalten sein. Anwendung von Strafe kann angstaggressives Verhalten zur Folge haben. Wenn das aggressive Verhalten zum gewünschten Ziel führt wie z. B. den Besitzer auf Distanz zu halten, kann es zu erlerntem Verhalten bei bestimmten Situationen kommen. Auch kann „dominantes" Verhalten des Besitzers (wie z. B. in die Augen starren, sich über den Hund beugen) zu Aggressionsverhalten führen.

Gerade bei Kindern kann es u. a. durch Nichteinhalten des individuellen Distanzbedürfnisses des Hundes zu schlimmen Verletzungen kommen. Einen sogenannten Welpenschutz für Kinder gibt es nicht (► Kap. 23).

Diagnose und Differenzialdiagnosen

Bei der anamnestischen Erhebung werden das Verhalten des Hundes und auch das Verhalten der Familienmitglieder bzw. betroffenen Personen gegenüber dem Hund abgefragt, um Missverständnisse bezüglich der Führungsrolle aufzudecken. Ein Hauptaugenmerk wird auf die Situationen gelegt, bei denen der Hund aggressives Verhalten gegenüber Familienmitgliedern gezeigt hat. Es ist von Vorteil typische Situationen (Kasten) und die genaue Reaktion des Hundes in diesen vor dem ersten Beratungsgespräch in einem Anamnesebogen abzufragen. Meist tritt das Aggressionsverhalten des Hundes in den typischen Situationen unstet auf. Medizinische Ursachen für das aggressive Verhalten müssen ausgeschlossen werden. Auch schmerzbedingte Aggression sollte ausgeschlossen werden.

Während der verhaltenstherapeutischen Sprechstunde kann die Kommunikation zwischen Hund und Familienmitgliedern genau beobachtet werden. Wenn möglich, sollten alle betroffenen Personen am Beratungsgespräch teilnehmen. Auf keinen Fall sollten Situationen, die zur Gefährdung eines Familienmitglieds führen könnten, provoziert werden. Die Sicherheit aller Anwesenden hat oberste Priorität. Der Besitzer sollte nach eventuell schon bestehendem Bildmaterial gefragt werden, welches kritische Situationen zeigt. Auch besteht die Möglichkeit, den Besitzer in einer Art Rollenspiel bestimmte Situationen nachspielen zu lassen. Der Hund sollte beim Nachstellen einer kritischen Situation anhand eines Rollenspiels nicht dabei sein.

Typische Situationen, die zu aggressivem Verhalten führen können

- Futter oder Futternapf des Hundes beim Fressen berühren
- Wegnahme des Futters
- am Napf des Hundes stehen, wenn er frisst
- Vorbeigehen, wenn der Hund am Fressen ist
- Wegnahme eines gestohlenen Objektes
- Streicheln des Hundes
- Berührung von Gesicht und Maul des Hundes
- Hund über die Schnauze greifen
- bestimmtes Handling, wie Pfoten berühren, Abtrocknen, Bürsten etc.
- Hund beim Ruhen stören
- Hund physisch von Möbeln herunterholen z. B. Sofa
- Hund physisch den Weg versperren
- Halsband und/oder Brustgeschirr und/oder Leine anlegen
- Hund am Nacken greifen
- Hund am Halsband zurückziehen
- Hund anstarren
- Hund mit lauter Stimme schimpfen
- Hund drohen, z. B. mit Hand oder Zeitung
- Hund mit Schlägen strafen

Therapie und Prophylaxe

- An oberster Stelle steht die Sicherheit. Gegebenenfalls sollte der Hund einen Maulkorb tragen (Maulkorbtraining ▶ Kap. 5.1.3, Tab. 5-1).
- „Leadership“: Ein Training zur Verbesserung der Führungsrolle des Menschen gegenüber seinem Hund sollte durchgeführt werden (▶ Kap. 9). Der Mensch soll nicht gefürchtet werden, sondern die Mensch-Hund-Beziehung soll auf Vertrauen basieren. Die Hundeerziehuhng erfolgt mit hundegerechten und gewaltfreien Mitteln. Der Hund muss lernen, dass der Mensch bestimmt, wann der Hund eine Ressource bekommt und wann nicht. Er soll für diese Ressource arbeiten. Jegliches aufmerksamkeitsfordernde Verhalten muss ignoriert werden. Jegliche Interaktionen sollen stets vom Besitzer/von der den Hund betreuenden Person ausgehen.
- Allen Familienmitgliedern, insbesondere Kindern, muss der richtige Umgang mit Hunden beigebracht werden.
- Situationen, in denen der Hund bereits aggressives Verhalten gezeigt hat, sollten soweit es geht vermieden werden. Der Hund sollte keine Kauknochen etc. bekommen, an denen er lange frisst und sie dann verteidigt. Spielzeuge dürfen nur gezielt gegeben werden und nicht in der Wohnung dauerhaft herumliegen. Wenn der Hund geweckt werden muss, soll dies durch Rufen aus Distanz erfolgen. Der Liegeplatz des Hundes sollte abseits liegen.
- Der Hund sollte körperlich und geistig ausgelastet werden.
- Im Einzellfall muss entschieden werden, ob eine unterstützende medikamentöse Therapie erfolgen sollte.
  Wenn der Hund nicht zur Entspannung kommt und er insbesondere schnell zur Frustration neigt, können selektive Serotonin-Wiederaufnahmehemmer oder Clomipramin zur Unterstützung gegeben werden.
- Prophylaktisch sollte die Hund-Mensch-Beziehung von Anfang an auf Vertrauen basieren. Gewaltfreies Führverhalten und unmissverständliche Signale im Alltag helfen, Probleme in der Hund-Mensch-Beziehung zu vermeiden.

Zusammenfassung

- Aggressionsverhalten gegenüber bekannten Personen treten vor allem wegen „Rang“- Unsicherheit oder Angst gegenüber der Person auf.
- Das Verhalten des Hundes und auch das Verhalten der Familienmitglieder gegenüber dem Hund sollte genau abgefragt werden.
- Das Aggressionsverhalten des Hundes tritt in den typischen Situationen meist unregelmäßig auf.
- Während der verhaltenstherapeutischen Sprechstunde sollte das Verhalten von Hund und Familienmitgliedern genau beobachtet werden.
- An oberster Stelle steht die Sicherheit, daher sollten kritische Situationen zukünftig vermieden werden. Die Therapie besteht vor allem in einem Training zur Verbesserung der Führungsrolle des Menschen gegenüber seinem Hund („Leadership“).

Fallbeispiel

Aggressivität gegenüber Besitzerin und anderen Menschen

Vorstellungsgrund

Balou reagiert in verschiedenen Situationen gegenüber der Besitzerin und auch anderen bekannten Personen aggressiv. Weiterhin bellt er einige Menschen an, die zur Wohnungstür hineinkommen oder auch wenn sie sich an der Tür verabschieden.

Anamnese

Balou ist ein ca. 9 Jahre alter kastrierter Terriermischling. Mit ca. 1 ½ Jahren wurde er von der jetzigen Besitzerin aus einem Tierheim geholt. Die jetzige Besitzerin hat keine Informationen wie Balou vor dem relativ kurzen Tierheimaufenthalt gelebt hat. Bisher hatte sie in einer eigenen Wohnung gelebt, jedoch ist sie seit einigen Monaten mit ihrem Lebensgefährten zusammengezogen. Balou hat schon früher ab und zu aggressive Verhaltensweisen in verschiedenen Situationen gegenüber der Besitzerin oder bekannten Personen gezeigt, wie z. B. bei dem Versuch ihm Spielzeug oder Kauknochen wegzunehmen, ihn vom Sofa runterzuschicken oder ihn anzuleinen. Vor kurzem wurde der Lebensgefährte der Besitzerin, als er Balou für einem Abendspaziergang mitnehmen wollte, von Balou ins Hosenbein gebissen. Balou wurde daraufhin vom Lebensgefährten mit lauter Stimme, Niederdrücken, Packen am Genick und Schütteln gemaßregelt. Daraufhin ging an dem Abend laut dem Lebensgefährten die Gassirunde ohne Probleme. Jedoch besteht an sich weiter das Problem, dass Balou unregelmäßig in bestimmten Situationen aggressiv reagiert. Balou wurde bisher z. B. durch laute Stimmen oder durch Packen des Hundes im Genick gemaßregelt. Hierauf reagierte er bisher v. a. mit Knurren. Wenn ihm mit der Hand gedroht wird, duckt er sich laut Besitzerin zur Seite weg.

Beim Hausbesuch waren sowohl die Besitzerin als auch ihr Lebensgefährte anwesend. Balou trug während des Besuches ständig ein Stofftier durch die Wohnung und kaute auch an diesem. Wenn man an ihm vorbeiging, fing er an zu knurren. Die Besitzerin nimmt in solchen Situationen das Spielzeug nicht weg, da sie Angst hat, dass er sie beißen könnte. Der Lebensgefährte dagegen würde Balou ohne Bedenken das Spielzeug wegnehmen, wenn er es wollte. Einen festen Platz hat Balou nicht. Die anwesende Tierärztin wurde von Balou ignoriert, obwohl sie auf dem Teil des Sofas saß, welches er des Öfteren benutzte. Beim Klingeln an der Tür bellte Balou. Als die Person die Wohnung betritt wird diese verbellt.

Grundgehorsam: Balou konnte nur nach mehrmaligen Rufen von der Besitzerin zum Herkommen bewegt werden. Sie hatte hierzu Futter als Belohnung in der Hand. Bei der Besitzerin angekommen, zeigte Balou „Sitz" und „Platz" bevor das Kommando von der Besitzerin kam.

Diagnose

„Rang"- Unsicherheit, angstaggressives Verhalten, territoriales Verhalten

Therapie

- Damit ggf. jederzeit ein Maulkorb aufgesetzt werden kann, wurde ein Maulkorbtraining empfohlen.
- Kritische Situationen, in denen Balou schon einmal geknurrt, die Zähne gefletscht oder gar gebissen hat, müssen vermieden werden. Daher sollte z. B. kein Spielzeug zur freien Verfügung in der Wohnung herumliegen.

- Disziplinierungsmaßnahmen wie z. B. das Schütteln im Nackenfell und das Drohen mit der Hand sollten nicht mehr durchgeführt werden. Zum einen kann es dazu führen, dass Balou mit aggressiver Gegenwehr antwortet, zum anderen schwächen solche Maßnahmen das Vertrauensverhältnis zwischen Hund und Mensch.
- Balou muss zu gutem Grundgehorsam erzogen und das Gelernte muss in regelmäßigen Trainingseinheiten gefestigt werden. Ein anfängliches Training unter Anleitung wurde hierzu empfohlen.
- Für Balou soll ein fester Platz eingerichtet werden, an dem er zur Ruhe kommen kann. Dieser Platz soll kein Strafplatz sein, sondern er soll lernen, dass dieser Platz etwas Positives ist. Hierfür können Balou z. B. Beschäftigungsobjekte an seinem festen Platz angeboten werden. Bei der Gabe von Beschäftigungsobjekten muss jedoch darauf geachtet werden, dass diese kein Konfliktpotenzial zwischen Balou und der Besitzerin oder anderen Personen darstellen.
- Um Balou mehr Sicherheit zu vermitteln, und um ihm deutlich zu zeigen, dass er den Besitzern vertrauen kann und gehorchen muss, soll ein „Leadership"-Training zur Verbesserung der Führungsrolle der Besitzerin gegenüber Balou durchgeführt werden (► Kap. 9). Der Hund muss unter anderem lernen, dass der Mensch entscheidet, wer das Haus/die Wohnung betreten darf. Balou sollte ein Alternativverhalten wie z. B. „Platz" und „Bleib" erlernen.
- Eine angemessene körperliche und geistige Auslastung sind hilfreich, da sie für eine ausgeglichene Stimmung beim Hund sorgen.
- Balou sollte anfangs in der Wohnung dauerhaft eine Leine tragen. Als Hausleine eignet sich z. B. eine gekürzte Schleppleine (► Kap. 5.1.2). Diese Leine dient als Sicherheit z. B. wenn er auf dem Sofa ist und nicht runter möchte.
- Auch das Kommando „Komm" sollte im Alltag geübt werden. Gerade wenn es zum abendlichen Spaziergang geht, sollte der Hund von seinem Platz mit „Komm" abrufbar sein. Kommt Balou, soll er „Sitz" machen, damit er angeleint werden kann. Sowohl für das „Komm" wie auch für das „Sitz" wird er anfangs belohnt. Das Kommando „Komm" wird nur einmal gegeben. Wenn er nicht kommt, wird er wortlos mit der Hausleine mitgenommen.
- Der Hund darf für das unerwünschte Verhalten nicht belohnt bzw. bestärkt werden.

Prognose

Die Prognose ist vorsichtig, da der Lebensgefährte der Besitzerin gegenüber einem Training skeptisch ist, welches auf positiver Bestärkung beruht. Die Besitzerin spricht auch davon, dass sie aufgrund ihrer Arbeit nicht viel Zeit hat zu trainieren.

Verlauf

Da nach dem ersten Termin noch Fragen bezüglich der genauen Umsetzung des Trainings bestanden, wurde ein weiterer Termin nach 2 Wochen ausgemacht. Hieran nahm nur die Besitzerin teil. Nach weiteren 2 und weiteren 4 Wochen wurde der Status Quo besprochen. Das Gehorsamkeitstraining über positive Verstärkung wurde immer wieder im Alltag eingebaut. Die Besitzerin hielt sich mit einigen Ausnahmen daran, dass Balou für sein Futter, Streicheleinheiten und Spiel ab sofort arbeiten muss. Der Lebensgefährte begann auch, sich nach anfänglicher Skepsis an dem Training zu beteiligen. Es wurden kein Drohen von Gewalt z. B. mit der Hand oder Niederdrücken des Hundes etc. mehr durchgeführt, um sich durchzusetzen. Anfangs ging Balou noch aufs Sofa und reagierte nicht auf das Kommando „runter". Durch die Hausleine konnte er jedoch ohne Probleme vom Sofa geholt werden. Balou bekam einen festen Platz in der Wohnung zugewiesen. Bei fortschreitendem Training ging Balou nicht mehr auf das Sofa und hielt sich gerne an seinem Platz auf. Hier bekam er auch Beschäftigungsobjekte. Wenn Besuch kam, wurde Balou als erstes auf seinen Platz geschickt. Anfangs knurrte er ab und zu noch, wenn es abends zum Spaziergang ging. Doch anstatt den Hund zu schimpfen etc. wurde Balou nun wortlos mit der Hausleine zum Spaziergang mitgenommen. Ein Maulkorbtraining wurde empfohlen, jedoch nicht durchgeführt. Das Verhältnis zwischen Hund und Besitzerin/Lebensgefährten verbesserte sich zunehmend. Die Hausleine war laut Besitzerin nach vierwöchigem Training nicht mehr nötig. 10 Wochen nach dem Erstgespräch war die Besitzerin mit dem erzielten Ergebnis zufrieden und versprach weiterhin zu trainieren.

16.9.2 Aggression gegenüber fremden Personen

Eine Aggression gegenüber unbekannten Personen ist meist angst- (► Kap. 16.5) oder territorial bedingt (► Kap. 16.6).

Zu einer angstbedingten Aggression gegenüber Menschen kommt es, wenn ein Hund ungenügende positive Erfahrungen mit verschiedenen Menschen insbesondere in der Sozialisierungsphase oder negative Erfahrungen mit Menschen gemacht hat. Zur Angst vor Menschen wird in ► Kapitel 15.3 detailliert eingegangen. Wie ein Hund auf einen angstauslösenden Stimulus reagiert, ist abhängig von seinem Temperament und seinen Erfahrungen. So gibt es Hunde die Erstarren vor Angst, andere antworten mit Aggression. Zeigt der Hund von Anfang an eine generalisierte Angst spricht dies eher für eine mangelnde Sozialisierung, während eine spezifische Angstaggression eher für eine negative Erfahrung spricht. Aus einer reinen Angstproblematik kann sich auch erst eine Angstaggression entwickeln. Wenn der Hund merkt, dass er durch aggressives Verhalten erreicht, dass die bedrohliche Person von ihm ablässt bzw. sich von ihm entfernt, lernt er durch den Erfolg diese Methode – in diesem Fall das aggressive Verhalten – gegenüber bedrohlich wirkenden Personen anzuwenden und wird diese Methode auch in Zukunft anwenden.

Die territorial bedingte Aggression gehört zum Normalverhalten des Hundes und wird auch oft erwünscht z. B. beim Wachhund. Wenn jedoch der Besitzer den Hund nicht kontrollieren kann, wenn eine unbekannte Person kommt, oder der Hund sich nicht beruhigt, wenn die bedrohliche Person schon weg ist, besteht Behandlungsbedarf.

PRAXISTIPP

Bei aggressivem Verhalten gegenüber einer unbekannten Person, sollte man als verhaltenstherapeutischer Tierarzt im Vorfeld abklären, ob der Hund beim Ersttermin angeleint sein und/oder einen Maulkorb tragen sollte, da der Tierarzt eine unbekannte Person ist, der gegenüber der Hund aggressiv reagieren könnte.

Diagnose

Die Diagnose wird anhand der Anamnese und der Symptomatik erstellt. Um eine angstbedingte bzw. territoriale Aggression diagnostizieren zu können, muss das Verhalten des Hundes genau beobachtet werden. Hierzu kann es nötig sein Personen zu bestellen und zu instruieren, wie sie sich verhalten sollen. Berichtet der Besitzer z. B. davon, dass der Hund sich beim Spaziergang gegenüber Männern aggressiv verhält, sollten Begegnungen mit Männern kontrolliert nachgestellt werden. Es muss hierbei auf Feinheiten geachtet werden. Sind es evtl. nur Männer mit Hüten, Männer mit Gehstock etc., vor denen der Hund Angst hat? Die Diagnose bei angstaggressivem Verhalten erfolgt entsprechend der Angst gegenüber Menschen (► Kap. 15.3).

Therapie

Bei der Therapie von aggressivem Verhalten gegenüber unbekannten Personen ist das oberste Gebot, für die Sicherheit der anderen Menschen zu sorgen. Der Besitzer muss den Hund immer unter Kontrolle haben.

Zu Hause muss der Besitzer für die Sicherheit seiner Besucher sorgen. Der Hund sollte eine Hausleine (► Kap. 5.1.2) tragen, damit er jederzeit weggebracht werden kann. Für das Training ist es unbedingt nötig, dass der Hund unter Kontrolle ist. Wenn eine Hausleine als Sicherung nicht ausreicht, muss der Hund einen Maulkorb tragen. Wenn der Besitzer Besuch bekommt und der Hund nicht ständig kontrolliert werden kann – sei es weil zu viele Besucher da sind oder der Besitzer nicht ständig beim Hund sein kann – sollte der Hund in ein separates Zimmer gebracht werden. Dieses Zimmer soll kein Strafplatz sein, sondern dem Hund soll es dort gut gehen. Hierfür wird das Zimmer mit einem geeigneten Platz (z. B. Hundekorb oder Hundekissen), Wasser und Beschäftigungsobjekten ausgestattet. An sich ist es ratsam, dem Hund per Kommando beizubringen, auf seinen Platz zu gehen. Dieser Platz soll ein ruhiger Ort sein, an dem er entspannen kann.

Zeigt der Hund außerhalb der Wohnung aggressives Verhalten, muss auch dort sichergestellt werden, dass der Besitzer ihn gut kontrollieren kann. Um die Aufmerksamkeit des Hundes auf sich richten zu können, sollte er ein Kommando wie z. B. „Schau" trainieren. Für die bessere Führung des Hundes kann ein Geschirr mit besserer Kontrollwirkung durch Führung an der Vorderbrust oder ein Kopfhalfter eingesetzt werden (► Kap. 5). Je nachdem wie der Hund kontrolliert werden kann, ist zu entscheiden, ob der Hund einen Maulkorb tragen muss. In unüberschaubaren Menschenmengen sollte der Hund auf jeden Fall einen Maulkorb tragen. Aber es sollte auch darauf geachtet werden, ob der Hund überhaupt schon so weit ist, dass er in Menschenmengen mitgenommen werden kann. Auf keinen Fall sollte der Hund überfordert werden.

Weiteres zur Therapie bei territorial bedingter Aggression siehe (► Kap. 16.6).

Bei angstbedingter Aggression gegenüber Menschen muss die zugrunde liegende Angstproblematik therapiert werden (► Kap. 15.3).

Prophylaktisch sollte ein Hund während der Sozialisierungsphase ausreichend positive Erfahrungen mit vielen unterschiedlichen Menschen machen.

Aggressives Verhalten sollte so früh wie möglich therapiert werden, um eine Generalisierung zu vermeiden.

Zusammenfassung

- Eine Aggression gegenüber unbekannten Personen ist meist angst- oder territorial bedingt.
- Die Diagnostik wird anhand der Anamnese und der Symptomatik erstellt.
- Bei der Therapie von aggressivem Verhalten gegenüber unbekannten Personen ist es essenziell, dass für die Sicherheit der Menschen gesorgt wird. Der Besitzer muss den Hund immer unter Kontrolle haben. Die Therapie muss der Ursache für das aggressive Verhalten gegenüber den Menschen (territorial bedingte oder angstbedingte Aggression) entsprechend angepasst werden.
- Prophylaktisch sollte eine gute Sozialisierung auf den Menschen erfolgen.

16.10 Aggressives Verhalten gegenüber Artgenossen

16.10.1 Aggression gegenüber Artgenossen im selben Haushalt

In einem Rudel zeichnet sich ein „ranghoher" Hund durch seine Souveränität aus. Ein „ranghohes" Tier besitzt die Fähigkeit andere Rudelmitglieder zu führen. Dies bedeutet, dass der „Rangniedere" bereit ist, dem „Ranghöheren" die höhere privilegierte Stellung zu überlassen. Es ist eine individuelle Beziehung zwischen den Hunden. „Zwischen den Gruppenmitgliedern bestehen Dominanz-Subdominanz-Beziehungen, die in der Gesamtheit eine Rangordnung oder ein hierarchisches Gefüge oder eine Regelhaftigkeit der Handlungsmöglichkeiten ergeben" (Feddersen-Petersen, 2008).

Welche Beziehung Hunde untereinander aufbauen ist unter anderem abhängig von den bisherigen Erfahrungen, dem Gesundheitszustand und dem Alter. Meist sind ältere Hunde „ranghöher" als jüngere Tiere. In der Regel fallen aggressive Auseinandersetzungen zwischen Hündinnen heftiger aus als zwischen Rüden oder gegengeschlechtlichen Hunden. Rüden haben häufig einen höheren „Rang" als Hündinnen. Unkastrierte sind oft „ranghöher" als kastrierte Hunde. Hunde, welche aus körperlichen Gründen (Gesundheitszustand oder Körpergröße) beeinträchtigt sind, sind häufig „rangniedriger". Meist ist der Hund, der schon länger im Haushalt ist, der „ranghöhere".

Hat sich bei älteren Hunden eine feste Beziehungsstruktur im Rudel gebildet, wird die Rangposition hauptsächlich durch die Körpersprache dargestellt und nur gelegentlich auch durch aggressive Kämpfe ausgefochten. Hunde fühlen sich in festen Strukturen wohl. Daher halten sich Hunde vorwiegend an diese. Bei der Beobachtung von Hundegruppen ist es häufig schwierig, Rangbeziehungen eindeutig festzustellen, da sie auch situationsabhängig differieren können. Nur weil ein Hund zuerst an den Futternapf geht, heißt dies nicht, dass er der „ranghöhere“ Hund ist. Ob ein Hund sein Futter oder seinen Ruheplatz verteidigt, ist u. a. von seiner Motivation abhängig.

Wenn Hunde, die im selben Haushalt leben aufeinander aggressiv reagieren, kann dies verschiedene Gründe haben.

Ebenfalls kann sich die Beziehung der Hunde untereinander verändern, insbesondere wenn ein junger Hund in die Pubertät kommt oder ein Hund älter und schwächer wird oder wenn ein Hund das Rudel verlässt oder ein neuer Hund dazu kommt.

Auch der Besitzer kann durch sein Verhalten die Beziehung der Hunde mitbeeinflussen. Gesteht ein Hund dem anderen Privilegien zu, da er ihn als „ranghöher“ akzeptiert, aber der Besitzer beginnt dem „rangniederen“ Hund die Dinge zuzugestehen, die der „Rangniedere“ dem „Ranghöheren“ überlassen hätte, bringt der Besitzer Unruhe und Unsicherheit ins Rudel. Der Besitzer verhindert dadurch, dass sich eine stabile Struktur bilden kann. Hierdurch kann es zu heftigen aggressiven Auseinandersetzungen zwischen den Hunden kommen (sogenannte Allianzaggression).

Auch aufgrund von Schmerzen kann es zu aggressiven Auseinandersetzungen kommen. Gerade wenn der Hund die Schmerzen mit dem anderen Hund verbindet, können Probleme auftauchen. Orthopädische Probleme wie z. B. HD (Hüftgelenksdysplasie) können Ursache hierfür sein. Aber auch wenn der andere Hund zu stürmisch spielt und/oder die Gewichtsklassen der Hunde sehr unterschiedlich sind, kann dies zu Schmerzen und dann zu schmerzbedingter Aggression führen. Ist ein Hund erkrankt, kann seine Reizschwelle geringer sein und er kann schneller aggressiv reagieren. Ein Hund kann auch durch Angst vor dem Schmerz aggressiv gegenüber dem anderen Hund reagieren.

Diagnose

Die Diagnose erfolgt über die genaue Abklärung eventueller körperlicher Erkrankungen, die Anamnese und das Verhalten der Hunde. Wann und in welcher Situation hat der Besitzer zum ersten Mal eine aggressive Auseinandersetzung der beiden Hunde mitbekommen? In welchen typischen Situationen konnten aggressive Auseinandersetzungen beobachtet werden? Wie oft kommt es vor? Wie verhalten sich die Hunde dabei? Wie reagiert der Besitzer darauf? Das Verhalten der Hunde sollte in Anwesenheit und in Abwesenheit des Besitzers/der Bezugspersonen in der verhaltenstherapeutischen Sprechstunde direkt beobachtet werden.

Die Sicherheit aller beteiligten Personen hat oberste Priorität. Kommt es zu einer kämpferischen Auseinandersetzung der Tiere, können diese z. B. durch ein Brett, ein lautes Geräusch (herunterfallender Topfdeckel, laute Tröte etc.) oder durch den Wasserstrahl eines Gartenschlauchs voneinander getrennt werden. Hierfür müssen diese Dinge jederzeit griffbereit sein. Auf keinen Fall darf eine Person direkt mit bloßen Händen eingreifen, da dies zu schlimmen Verletzungen führen kann.

Therapie und Prophylaxe

- Liegen körperliche Erkrankungen vor, müssen diese behandelt werden. Eventuell muss eine Desensibilisierung und Gegenkonditionierung erfolgen.
- Es muss dafür gesorgt werden, dass der Besitzer die Führungsrolle („Leadership“) im Rudel übernimmt. Dies erreicht er durch ein souveränes Auftreten, konsequentes Handeln und konsequente Umsetzung von Alltagsregeln (► Kap. 9).
- Alle Situationen, die zu Spannungen und kämpferischen Auseinandersetzungen führen können, müssen vermieden werden. Dies kann bedeuten, dass die Hunde bei Abwesenheit des Besitzers getrennt werden müssen. Kommt es wegen Ressourcen wie z. B. Spielsachen zur Auseinandersetzung, dürfen diese nur noch gegeben werden, wenn der andere Hund nicht dabei ist.
- Die Beziehung der Hunde muss stabilisiert werden. Hierfür muss herausgefunden werden, welcher Hund der „ranghöhere“ ist bzw. welcher Hund sich als „ranghöherer“ eignet. Dies kann sehr schwierig sein, v. a. wenn sich die Hunde in Bezug auf Alter, Größe, Geschlecht etc. kaum voneinander unterscheiden.
  Ein Hund der gegenüber dem anderen Hund „ranghöher“ sein soll, benötigt ein selbstbewusstes, souveränes, ruhiges und entspanntes Wesen. Außerdem spielen das Alter, das Geschlecht und der Gesundheitszustand eine Rolle (s. o.) bei der Bestimmung des, für eine stabile Beziehung, als „ranghöher“ einzustufenden Hundes. Das Ziel soll sein, dass der andere Hund bereit ist, dem „ranghöher“ eingestuften Hund Privilegien zu überlassen und ihn als „ranghöher“ zu akzeptieren. Wenn eine Entscheidung gefallen ist, muss der als „ranghöher“ eingestufte Hund bevorzugt behandelt werden. Das bedeutet z. B., dass der „Ranghöhere“ vor dem „Rangniedrigeren“ gefüttert und gestreichelt wird. Er erhält das Privileg als erster nach draußen zu gehen etc.
  Innerhalb von ca. 8 Wochen sollte sich hierdurch eine Verbesserung zeigen. Sollte dies nicht der Fall sein, muss eventuell die Rangverteilung geändert werden und der „ranghöher“ eingestufte als „rangniedriger“ eingestuft werden. Zuvor sollte aber genau geklärt werden, wie weit sich der Besitzer konsequent an die Regeln und an die Umsetzung hält. Oft muss an vielen Feinheiten gearbeitet werden.
  Bei kämpferischen Auseinandersetzungen muss der Besitzer die Hunde auseinanderbringen (s. o.). Der „Rangniedrigere“ muss weggebracht werden und der „Ranghöhere“ darf dort bleiben. Er kann sogar belohnt werden. Es soll sich dadurch festigen, wer die privilegierte Stellung hat. Es muss jedoch genau darauf geachtet werden, dass die Führung des Rudels beim Besitzer bleibt.
- Die Hunde sollten geistig und körperlich ausgelastet werden. Werden die Hunde derzeit getrennt gehalten, muss dies getrennt ablaufen.
- Werden Hunde komplett getrennt, müssen sie langsam wieder aneinander gewöhnt werden.
- Wenn sich die Hunde nicht mehr aneinander gewöhnen lassen und kein miteinander möglich ist, sollte ein neuer Platz für einen der Hunde gesucht werden.
- Prophylaktisch sollten Hunde in der Sozialisierungsphase viele positive Erfahrungen mit vielen unterschiedlichen Hunden machen.

Zusammenfassung

- Hunde fühlen sich in festen sozialen Strukturen wohl. Hat sich bei älteren Hunden eine feste Beziehungsstruktur im Rudel gebildet, wird die Hund-Hund-Beziehung hauptsächlich durch die Körpersprache dargestellt. Welche Beziehung Hunde untereinander aufbauen ist unter anderem abhängig von den bisherigen Erfahrungen, dem Gesundheitszustand und dem Alter der Hunde.
- Kommt es zu Auseinandersetzungen von zwei Hunden im selben Haushalt erfolgt die Diagnose über eine genaue Abklärung, ob körperliche Erkrankungen vorliegen, die Ursache der Aggression sein können. Die weitere Diagnostik besteht in einer ausführlichen Anamnese und der direkten Beobachtung des Verhaltens der Hunde in und ohne Anwesenheit des Besitzers.
- Ist eine körperliche Erkrankung die Ursache der aggressiven Auseinandersetzungen zwischen zwei Hunden desselben Haushalts, muss diese therapiert werden. Liegt es an mangelnder Beziehungsstruktur im Rudel, erstreckt sich die Therapie darauf, dass Konflikte vermieden werden und der Besitzer die Führungsrolle im Rudel übernimmt. Unter Berücksichtigung der Eignung als „ranghöherer" Hund muss ein Hund als „ranghöher" bestimmt werden und der Besitzer muss diesen in seiner Rangposition entsprechend unterstützen.
- Prophylaktisch sollten Hunde in der Sozialisierungsphase bereits mit vielen verschiedenen Hunden positive Erfahrungen machen können.

16.10.2 Aggression gegenüber unbekannten Hunden

Aggressives Verhalten gegenüber einem fremden Hund kann territorial-, hormonell-, schmerz- oder auch angstbedingt sein.

Schlechte Erfahrungen oder unzureichende positive Erfahrungen mit vielen verschiedenen Hunden insbesondere während der Sozialisierungsphase können Ursache für aggressives Verhalten gegenüber anderen Hunden sein. Aufgrund körperlicher Erkrankungen kann der Hund reizbarer sein und schneller aggressives Verhalten gegenüber einem Artgenossen zeigen. Bei laktierenden Hündinnen bzw. scheinträchtigen Hündinnen kann es zu aggressivem Verhalten gegenüber Artgenossen kommen. Aber auch bei Rüden oder kastrierten Hündinnen kann es zu einem „Brutverteidigungsverhalten" kommen (► Kap. 10).

Oft kommt es zu intraspezifischer Aggression, wenn ein Hund angeleint ist und ihm daher die Möglichkeit zur Flucht genommen wurde.

Auch der Besitzer hat einen großen Einfluss darauf, wie sich der eigene Hund gegenüber einem fremden Hund verhält. Einige Besitzer neigen dazu, mit dem Hund zu schimpfen, wenn er sich gegenüber einem anderen Hund aggressiv verhält. Dies kann den Hund noch mehr bestärken. Andere Besitzer nehmen den Hund bei Sichtung eines anderen Hundes schnell an die kurze Leine und sind angespannt. Dies kann dazu führen, dass der Hund des Besitzers auch angespannt bzw. aggressiv auf den vorbeikommenden Hund reagiert.

Diagnose

Als erstes müssen körperliche Erkrankungen ausgeschlossen werden. Die Diagnose wird anhand einer ausführlichen Anamnese und direkter Beobachtung des Verhaltens des Hundes gestellt. Auch das Verhalten des Besitzers spielt hierbei eine Rolle. Der Besitzer hat auch die Möglichkeit, Videomaterial mitzubringen, welches in die Diagnostik miteinfließen kann. Wird eine sexuell motivierte Aggression beim Rüden vermutet, kann eine diagnostische Therapie mit Suprelorin® (▸ Kap. 10) durchgeführt werden.

Therapie

Die Therapie erfolgt abhängig von der Ursache.

- Liegen organische Erkrankungen vor, müssen diese soweit wie möglich behandelt werden.
- Der Besitzer muss den Hund unter Kontrolle haben, wenn er draußen unterwegs ist. Je nach Ausmaß der Aggression muss entschieden werden welche Hilfsmittel verwendet werden. Ein Kopfhalfter oder ein Geschirr mit besserer Kontrollwirkung durch Führung an der Vorderbrust können bei der Kontrolle des Hundes hilfreich sein. Gegebenenfalls sollte der Hund einen Maulkorb tragen. Hierfür sollte ein Maulkorbtraining durchgeführt werden (▸ Kap. 5). Aversiv wirkende Modelle (z. B. Stachelhalsbänder etc.) (▸ Kap. 2, Tab. 2-1) sind abzulehnen. Sie werden oft als Hilfsmittel bei mangelnder Leinenführigkeit des Hundes eingesetzt. Durch den Einsatz dieser Hilfsmittel werden dem Tier Schmerzen zugeführt. Über den zugefügten Schmerz kommt es oftmals zu einer angstauslösenden Verknüpfung. Dies kann zu angstaggressivem Verhalten führen.
- Ein guter Grundgehorsam und eine gute Leinenführigkeit sollten trainiert werden und der Besitzer sollte den Hund gut und souverän führen können (▸ Kap. 9). Der Besitzer sollte sich auch für den Hund interessant machen. Ein Aufmerksamkeitstraining wäre ebenfalls zu empfehlen.
- Der Besitzer sollte vorausschauend spazieren gehen und dementsprechend handeln. Kommt ein angeleinter Hund entgegen, sollte der Besitzer seinen Hund rufen und anleinen. Ist der Hund ohnehin angeleint und es kommt ein anderer Hund entgegen, sollte der Besitzer den anderen Hundebesitzer bitten, seinen Hund ebenfalls anzuleinen. Kommt ein freilaufender Hund zum eigenen Hund, kann man versuchen, sich zwischen beide Hunde zu stellen und beide das Kommando „Sitz" machen zu lassen. Sieht man vom Weiten, dass ein angeleinter Hund kommt, kann man auch zuvor mit dem eigenen Hund umdrehen oder es kann ein Alternativverhalten wie „Sitz" oder „bei Fuß" trainiert werden, während der andere Hund vorbeigeht.
- Der Hund des Besitzers sollte geistig und körperlich ausgelastet werden.
- Eine systematische Desensibilisierung und Gegenkonditionierung (▸ Kap. 4) sollte ebenfalls durchgeführt werden, insbesondere wenn es sich um einen oder mehrere Hunde handelt, denen der Besitzer häufig begegnet. Es sollte versucht werden, den Besitzer des anderen Hundes für ein regelmäßiges Training zu ge-

winnen. Dieses Training muss dann kontrolliert ablaufen. Ruhiges entspanntes Verhalten des Hundes wird immer belohnt. Die Gegenkonditionierung erfolgt z. B. mit einer Futtertube. So kann der Besitzer die Aufmerksamkeit für eine längere Zeit auf sich lenken, z. B. wenn ein Hund vorbeiläuft oder an einem Hund vorbeigelaufen wird.

- Prophylaktisch sollte ein Hund viele positive Erfahrungen mit vielen unterschiedlichen Hunden machen, insbesondere während der Sozialisierungsphase. Aber auch später ist es wichtig, dass der Hund seine soziale Kompetenz weiter ausbilden kann, in dem er mit vielen, gut sozialisierten Hunden Kontakt hat.

Zusammenfassung

- Aggressives Verhalten gegenüber einem fremden Hund kann territorial-, hormonell-, schmerz- oder auch angstbedingt sein.
- Als erstes müssen körperliche Erkrankungen ausgeschlossen werden. Die Diagnose wird anhand einer ausführlichen Anamnese und einer direkten Beobachtung des Verhaltens des Hundes gestellt. Auch das Verhalten des Besitzers spielt hierbei eine Rolle. Bei sexuell bedingter Aggression kann beim Rüden zur diagnostischen Therapie Suprelorin® angewendet werden.
- Liegen organische Erkrankungen vor, müssen diese soweit wie möglich behandelt werden.
- Der Besitzer muss lernen, den Hund gut zu führen und muss den Hund gut unter Kontrolle haben. Zusätzlich sollte eine Desensibilisierung und Gegenkonditionierung durchgeführt werden.
- Prophylaktisch sollte der Hund auf andere Hunde gut sozialisiert werden.

Literatur

Beaver, BV (2009): Canine behavior: Insights and answers, Saunders Elsevier, Missouri

DeNapoli, JS, Dodman, NH, Shuster, L, Rand, WM, Gross, KL (2000): Effect of dietry content and trypthophan supplementation on dominance aggression, territorial aggression and hyperactivity in dogs, Journal of the American Veterinary Medical Association, 2000; 217:504–508

Feddersen-Petersen, DU (2008): Ausdrucksverhalten beim Hund, Franckh-Kosmos-Verlag Stuttgart.

Henke, J, Erhhard, W (2001): Schmerzmanagement, Enke Verlag, Stuttgart

Immelmann, K (1982): Wörterbuch der Verhaltensforschung, Verlag Paul Parey, Berlin, Hamburg

Lindsay, SR (2000): Handbook of applied dog behavior and training. Volume One, Adaptation and Learning. Iowa State Press, Iowa.

Mersky, H (1983). Classification of chronic pain. Pain 3:1

17 Epileptiforme Verhaltensproblematiken

B. Schneider

Als epileptiforme Verhaltensprobleme bezeichnet man in der tierärztlichen Verhaltensmedizin solche Verhaltensstörungen, bei denen ein partielles epileptisches oder epileptiformes Geschehen ursächlich vermutet wird. Häufig lassen sich diese Problematiken auch gut mit Antiepileptika therapieren. Dennoch ist es nur eine Hypothese, dass es sich bei diesen Problematiken um ein epileptiformes Geschehen handelt.

Vorkommen

Es gibt momentan, nicht zuletzt aufgrund der Schwierigkeiten bei der Diagnose, keine gesicherten Daten zu Vorkommen und Häufigkeit dieser Problematiken beim Hund. In der Praxis scheint es aber so zu sein, dass tendenziell mehr Hunde von Rassen betroffen sind, die grundsätzlich auch zu Epilepsie neigen, wie z. B. Berner Sennenhunde, Labradore oder Bulldoggen.

Ätiologie

Wie bereits erwähnt, ist es nicht gesichert, dass es sich bei diesen Verhaltensproblemen auch tatsächlich um epileptisches Geschehen handelt. Jedoch sprechen das anfallsartige Auftreten der problematischen Verhaltensweisen, die oft erfolgreiche Therapie mit Antiepileptika sowie das gehäufte Vorkommen bei Rassen, die zu Epilepsie neigen, dafür.

Symptome

Die Symptome können sehr unterschiedlich ausfallen. Aufgrund der Hypothese dass es sich um ein epileptiformes Geschehen handelt, geht man davon aus, dass die Symptome von der beim Anfall betroffenen Hirnregion abhängen.

Typische Symptome wären zum einen anfallsartige Aggression, bei denen die Hunde wirklich ohne Auslöser oder z. B. aus dem Schlaf heraus extrem aggressiv sind. Meist wird von den Besitzern dabei auch eine prä- und postiktale Phase beschrieben, in denen es zu deutlichen Verhaltensänderungen kommt. In letzterer scheinen die Hunde meist körperlich erschöpft zu sein.

Es kann auch zu anfallsartigem Angstverhalten kommen, bei dem es sehr plötzlich erscheint, als hätte der Hund eine Panikattacke, die aber dann nach wenigen Minuten wieder komplett vorüber ist.

Auch das Fliegenschnappen (► Kap. 18.11) wird meist zu den epileptiformen Verhaltensproblematiken gezählt, auch wenn es in diesem Buch bei den Zwangsstörungen mit abgehandelt wird. Insgesamt wird bei verschiedenen Zwangsstörungen immer wieder eine epileptiforme Komponente vermutet. Siehe dazu auch ► Kapitel18.

Diagnose

Die Diagnose kann immer nur eine Verdachtsdiagnose sein. Sie erfolgt aufgrund der beschriebenen Symptome und der anfallsartigen Präsentation. Zuvor müssen allerdings eine ausführliche Allgemeinuntersuchung mit idealerweise anschließender neurologischer Untersuchung durchgeführt worden und unauffällig verlaufen sein. Am besten wird auch bei dieser Problematik das Verhalten direkt beobachtet oder anhand von Videoaufzeichnungen, die idealerweise auch einige Minuten vor und nach dem Anfall aufgezeichnet wurden, analysiert. Idealerwiese kann ein EEG geschrieben werden, um ein epileptiformes Geschehen zu diagnostizieren. Allerdings ist dieses nur dann diagnostisch aussagekräftig, wenn es während der Aufzeichnung auch tatsächlich zu epiletiformen Veränderungen in den Hirnwellen kommt.

Therapie

Die Therapie der epileptiformen Verhaltensprobleme ist in großen Teilen mit der Therapie der Epilepsie identisch. Das bedeutet, dass vor allem Antiepileptika zum Einsatz kommen. Phenobarbital (► Kap. 6) ist hierbei das Mittel der Wahl, denn es hat neben der antiepileptischen auch eine gewisse anxiolytische Wirkung. In Einzelfällen ist auch eine Kombinationstherapie aus einem SSRI und Phenobarbital angezeigt.

Zusätzliche Therapiemaßnahmen beinhalten allgemein stressreduzierende Maßnahmen wie z. B. eine gute körperliche und geistige Auslastung. Zudem sind weitere Maßnahmen abhängig von der Präsentation der Problematik. So sollten z. B. anfallsartige Angstprobleme wie allgemeine Angstproblematiken behandelt werden (► Kap. 15).

Bei anfallsartiger Aggression sollte insgesamt vorsichtig vorgegangen werden. Eventuell können Stressoren, die zu den Anfällen führen, ausfindig gemacht werden. Diese sollten dann nach Möglichkeit strikt vermieden werden. Dennoch bleibt bei einer anfallsartigen Aggression immer ein Restrisiko, da auch mit Antiepileptika in der Regel nur eine Reduktion der Anfallshäufigkeit bewirkt und keine Anfallsfreiheit garantiert werden kann. Gerade wenn die Aggressionsanfälle schwerwiegend sind, ist daher frühzeitig über eine Euthanasie betroffener Tiere nachzudenken, wenn die Verdachtsdiagnose epileptiforme Aggression einigermaßen gesichert ist und keine behandelbaren medizinischen Ursachen für die Anfälle gefunden wurden.

Prophylaxe

Prophylaktische Maßnahmen zur Verhinderung epileptiformer Verhaltensproblematiken sind derzeit nicht bekannt. Da Epilepsien genetische Komponenten haben, sollte mit betroffenen Tieren nicht weiter gezüchtet werden.

Zusammenfassung

- Unter die epileptiformen Verhaltensproblematiken fallen v. a. anfallsartige Angst- oder Aggressionsprobleme sowie das Fliegenschnappen.
- Die Ätiologie ist nicht näher bekannt, partielle Epilepsie wird vermutet.
- Therapeutisch empfiehlt sich eine Behandlung mit Antiepileptika oder einer Kombination aus SSRIs und Phenobarbital. Zusätzlich sind allgemein stressreduzierende Maßnahmen sinnvoll.
- Prophylaktische Maßnahmen sind nicht bekannt.

18 Zwangsstörungen

B. Schneider

Die Begrifflichkeiten und Definitionen in Bezug auf Zwangsstörungen, Stereotypien etc. sind etwas schwierig. Im Allgemeinen versteht man unter Zwangsstörungen abnorm repetitive, in gewissem Maße stereotyp ablaufende Bewegungsmuster verschiedener Funktionskreise, die typischerweise nicht im Kontext des ursprünglichen Funktionskreises gezeigt werden. Das bedeutet z. B. dass das Pfotenschlecken (Funktionskreis Körperpflege/Komfortverhalten) in einem Zustand hoher Erregung (z. B. bei Begegnung mit anderen Hunden) gezeigt wird. Die von den Hunden gezeigten Bewegungen laufen dabei meist ritualisiert ab. Dennoch sind sie bis zu einem bestimmten Grad auch variabel. In der Humanmedizin werden Zwangsstörungen auch definiert als „abnormes Wiederholen bestimmter Verhaltensziele" (American Psychiatric Association, 2003). Zwangsstörungen wurden bereits bei verschiedensten Tierarten beschrieben. Die akrale Leckdermatitis, die starke Ähnlichkeiten in der Symptomatik zum zwanghaften Händewaschen beim Menschen hat, und auch auf ähnliche Medikamente anspricht, wurde als erste Verhaltensproblematik beim Tier als Zwangsstörung bezeichnet (Rapoport et al., 1992). Anschließend wurden auch weitere Störungen beim Hund als Zwangsstörungen klassifiziert. Zwangsstörungen sind (zumindest in der Humanpsychiatrie) prinzipiell von den sogenannten Stereotypien abzugrenzen.

Klassischerweise geht man davon aus, dass Stereotypien hauptsächlich durch eine inadäquate Haltung bedingt werden, die die Ausübung von verschiedenen essenziellen Verhaltensweisen extrem einschränkt oder verhindert. Stereotypien werden dabei meist als sich wiederholende, sehr invariante Verhaltens- bzw. Bewegungsmuster definiert, die ohne offensichtlich erkennbares Ziel oder Funktion ausgeführt werden. In der Tiermedizin werden Stereotypien vor allem bei Nutz- und Labortieren beschrieben. In der Humanpsychiatrie zeichnen sich Stereotypien, als Abgrenzung zu Zwangsstörungen, durch das „abnormale Wiederholen bestimmter Verhaltensmuster" (American Psychiatric Association, 2003) aus. Auch wenn in der Humanmedizin somit eine deutliche Abgrenzung zwischen Stereotypien und Zwangsstörungen gemacht werden kann und auch beschrieben ist, so ist eine solch klare Unterscheidung bei Tieren nicht wirklich möglich. Eventuell beschreiben beide Begriffe beim Tier dasselbe Krankheitsbild und die unterschiedlichen Bezeichnungen sind nur historisch gewachsen. Einen Hinweis darauf bietet die Tatsache, dass die auffälligen repetitiven Verhaltensweisen bei Nutz- und Labortieren überwiegend als Stereotypien und bei Haustieren überwiegend als Zwangsstörungen bezeichnet werden. Da die beiden Problematiken meist auf ähnliche Behandlungsstrategien ansprechen, ist nach momentanem Kenntnisstand eine genaue Diagnosestellung nicht notwendig.

Die korrekteste Bezeichnung für diese Verhaltensweisen ist somit sicher der Terminus ARV (abnormal repetitive Verhaltensweisen), da er sowohl Stereotypien als auch Zwangsstörungen umfasst. Landläufig hat es sich allerdings eingebürgert, von Zwangsstörungen bei Hund und Katze zu sprechen. Daher wird diese Bezeichnung auch im Folgenden verwendet.

18.1 Vorkommen und Ätiologie

Zwangsstörungen sind im Vergleich zu anderen Verhaltensproblematiken eher selten vorkommende Störungen. Durch ihre teilweise spektakuläre Präsentation sind sie allerdings sehr auffällig und verstörend. Die Besitzer machen sich meist sehr schnell große Sorgen.

Grundsätzlich kann man sagen, dass Zwangsstörungen eine Manifestation von Angst bzw. Stress sind, die das individuelle Tier nicht (anders) kontrollieren kann. Manchmal wird auch vermutet, dass es sich um eine Coping (Bewältigungs-)Strategie handelt, um mit Stress besser umgehen zu können. Es gibt in manchen Fällen auch eine genetische Prädisposition für Zwangsstörungen (z. B. Flankensaugen beim Dobermann) (► Kap. 18.10). Stress, Angst, Schilddrüsenproblematiken (Unterfunktion), eine schlechte und reizarme Aufzucht usw. sind zusätzlich deutlich begünstigende Faktoren für die Entwicklung einer Zwangsstörung. Betroffene Tiere sind in der Regel auch vorher schon deutlich ängstliche aber meist auch aktive Tiere gewesen. Die zwanghaften Verhaltensweisen können sich gerade bei solch ängstlichen, aktiven Hunden aus einem Übersprungsverhalten als Stressantwort entwickeln, oder nach einem für den Hund traumatischen Erlebnis. Solch ein, für den betroffenen Hund, traumatisches Erlebnis kann im Einzelfall auch etwas so Banales wie eine Impfung oder das Ausdrücken der Analdrüsen sein.

Sonderfall partielle Epilepsie

Es gibt gerade im Bereich der Zwangsstörungen große Überlappungen mit dem Fachgebiet Neurologie. Daher ist grundsätzlich eine enge Zusammenarbeit mit tierärztlichen Neurologen anzuraten. Manche Zwangsstörungen lassen sich nicht, oder nur schwer von neurologischen Problemen, wie z. B. idiopathischer fokaler Epilepsie unterscheiden, oder es kommen ätiologisch auch neurologische Probleme für Zwangsstörungen in Frage.

Bei einer fokalen Epilepsie oder auch epileptiformem Geschehen ist nur ein kleiner Teil des Gehirns vom Anfall betroffen. Ein EEG wäre theoretisch eine Möglichkeit, epileptiformes Geschehen nachzuweisen. Es wird allerdings nur in wenigen Kliniken routinemäßig durchgeführt. Dazu kommt, dass eigentlichen nur dann, wenn zufällig während der Aufzeichnung des EEGs unter starker Sedierung epileptische Spikes zu sehen sind, eine Diagnose getroffen werden kann. Der Umkehrschluss bei fehlenden epileptischen Spikes ist nicht korrekt. Weiterhin kommt erschwerend bei der Diagnosestellung hinzu, dass es bei idiopathischer partieller Epilepsie, ebenso wie bei Zwangsstörungen, zu teilweise komplexen Verhaltensweisen kommen kann, die anfallsartig auftreten. Zudem kann Stress sowohl eine Zwangsstörung als auch einen epileptischen Anfall auslösen.

Da somit eine sichere Unterscheidung zwischen Zwangsstörungen und idiopathischer Epilepsie nicht möglich ist, kann die idiopathische Epilepsie immer nur eine Verdachtsdiagnose darstellen, z. B. wenn die Zwangsstörung auf Antiepileptika anspricht. Da gerade Phenobarbital unspezifische und anxiolytische Wirkung hat, ist aber auch dieser Rückschluss nicht wirklich korrekt. Eventuell gibt es auch Mischformen aus Zwangsstörungen und partieller Epilepsie.

Ein klassisches Beispiel für eine Zwangsstörung, deren Einordnung in tiermedizinischen Lehrbüchern sowohl unter neurologische Störung als auch unter Zwangsstörung erfolgt, ist das Fliegenschnappen („fly snapping“) beim Hund.

18.2 Ausprägung

In der Regel verfestigt sich im weiteren Verlauf nach dem ersten Auftreten das Verhalten, bis schließlich kein Auslöser mehr erkennbar ist. Es kann prinzipiell so sein, dass sich das zwanghafte Verhalten immer weiter steigert, oder aber dass es sich nur bis zu einem gewissen Grad steigert und dann in dieser Ausprägung gleichbleibend manifest bleibt. Es ist daher sinnvoll, Zwangsstörungen auch in ihrer Entwicklung genau zu beobachten, um therapeutisch besser eingreifen zu können.

Manche Verhaltenstherapeuten teilen manifeste Zwangsstörungen in verschiedene Schweregrade ein:

Grad 1: Die Verhaltensweise wird regelmäßig (aber nur sporadisch) gezeigt, spontanes Aufhören findet statt und der Alltag ist nicht beeinträchtigt.

Grad 2: Die Verhaltensweise wird regelmäßig in einer gewissen Intensität gezeigt (häufig und länger andauernd, z. T. ohne erkennbare Stressoren), Triggersignale sind noch erkennbar, ein spontanes Unterbrechen der Verhaltensweise ist selten, aber ein Unterbrechen durch den Besitzer ist noch möglich.

Grad 3: Die Verhaltensweise wird regelmäßig und nur noch mit kurzen Unterbrechungen gezeigt, das Normalverhalten ist reduziert und der Alltag beeinträchtigt. Schlaf findet nur noch sporadisch statt, es wird kein spontanes Aufhören gezeigt und ein Unterbrechen ist nur durch starke Reize möglich.

Der grundsätzlich mögliche Therapieerfolg sowie die Prognose sind nicht mit dem Schweregrad der Ausprägung bei Vorstellung in der Verhaltenspraxis korreliert. Ebenso wenig ist es zwingend so, dass eine Progression bei einer unbehandelten Zwangsstörung langsam über alle drei Schweregrade erfolgt. Bei einer Zwangsstörung mit Schweregrad 3 kommt es jedoch einem Kunstfehler gleich, diese Störung nicht zusätzlich medikamentös zu behandeln.

Meist wird die Hund-Halter-Beziehung durch die Zwangsstörung stark belastet. In Extremfällen sind die Tiere schließlich nicht einmal mehr in der Lage ihren Grundbedürfnissen wie Fressen, Trinken oder Schlafen in ausreichendem Maße nachzukommen. Auch bei Selbstverletzungen kann es zu großen, eventuell sogar lebensbedrohlichen Problemen (z. B. massiver Blutverlust) kommen.

18.3 Allgemeine Prognose

Früher galten Zwangsstörungen als praktisch nicht behandelbar und die Prognose als infaust. Diese Zeiten sind glücklicherweise vorbei. Im Großen und Ganzen sind Zwangsstörungen jedoch immer noch meist schwierig zu behandeln, erfordern eine langfristige Therapie und können die Lebensqualität von Tier und Besitzer sehr einschränken. Dennoch ist die Prognose bei adäquater Therapie mit hoher Besitzer-Compliance und einer guten medikamentellen Behandlung als mäßig bis gut einzustufen. Nur einige wenige Zwangsstörungen (z. B. Schwanzjagen beim Deutschen Schäferhund) haben eine etwas schlechtere Prognose und müssen daher mit stärkeren Maßnahmen therapiert werden.

Insgesamt muss den Besitzern allerdings auch klar gemacht werden, dass nicht in allen Fällen ein völliges Verschwinden des zwanghaften Verhaltes möglich ist, sondern nur eine Reduzierung, die ein einigermaßen normales Leben für Besitzer und Hund wieder zulässt.

18.4 Diagnosestellung

Die Diagnosestellung ist oft nicht ganz einfach. Vorab muss zunächst immer eine gründliche medizinische Untersuchung durchgeführt werden, um möglichst gut alle in Frage kommenden **medizinischen Ursachen** für das gezeigte auffällige Verhalten auszuschließen. Dies kann sich z. B. gerade bei der akralen Leckdermatitis als sehr schwierig erweisen.

Eine, neben den medizinischen Ursachen, weitere wichtige Differenzialdiagnose ist die **Übersprungshandlung**. Aus einer solchen heraus kann sich eine Zwangsstörung auch entwickeln. Um also eine reine Übersprungshandlung von einer bereits manifesten Zwangsstörung abzugrenzen, sollte vor allem erfasst werden ob, wie leicht und wodurch sich der Hund in dem auffälligen Verhalten unterbrechen lässt. Oftmals gibt es Grenzfälle, in denen das Verhalten noch als Übersprungsverhalten gezeigt wird, es aber schon leicht übertrieben erscheint und eine Weiterentwicklung in eine Zwangsstörung möglich ist. In solchen Fällen muss nicht zwangsläufig eine komplette Therapie erfolgen, aber es sollte zumindest eine engmaschige Beobachtung des Verlaufs erfolgen. Leichte, grundlegende Therapiemaßnahmen können jederzeit vorbeugend ergriffen werden.

Aufmerksamkeitsforderndes Verhalten ist eine weitere wichtige Differenzialdiagnose. Denn Hunde können sehr komplexe Verhaltensmuster entwickeln, solange es ihnen nur die erhoffte Aufmerksamkeit verschafft. Daher ist es essenziell auch immer das Verhalten der Besitzer auf das repetitive Verhalten zu beobachten und abzufragen. In vielen Fällen hat eine Zwangsstörung auch zusätzlich eine aufmerksamkeitsfordernde Komponente, da die Besitzer verständlicherweise besorgt sind, wenn sie ihren Hund dabei beobachten und eingreifen möchten.

Am besten lässt sich die Diagnose einer Zwangsstörung aus der ausführlichen Anamnese stellen, bei der besonderes Gewicht auf erstes Auftreten, Auslöser und Entwicklung der auffälligen Verhaltensweise gelegt werden. Eine direkte Beobachtung des Verhaltens sollte nach Möglichkeit ebenfalls erfolgen. Ist dies nicht möglich, müssen zumindest gut erkennbare Videoaufnahmen vorhanden sein. Dabei sollen vor allem die gesamte Situation und die Körpersprache des Hundes erkennbar sein.

18.5 Allgemeine Behandlungsgrundsätze

Zur Behandlung von Zwangsstörungen gibt es einige Behandlungsgrundsätze, die in den meisten Fällen sinnvoll sind. Sie werden im Folgenden besprochen.

18.5.1 Auslöser identifizieren und vermeiden

Vor allem im Anfangsstadium der Zwangsstörungen kann es noch deutliche, konkrete Auslöser für das Verhalten geben. Diese sollten so gut wie möglich identifiziert werden. Dies geschieht am besten dadurch, dass die Besitzer eine Art Tagebuch schreiben, in das sie eintragen wann und unter welchen Umständen es zu dem unerwünschten Verhalten kam. Häufige Auslöser sind Situationen, die zu einer hohen Erregungslage führen, wie z. B. die Vorbereitung zum Spaziergang, das Heimkommen eines besonders geschätzten Familienmitgliedes, Spiel oder Fütterung etc. Aber auch der Mangel an physischer und psychischer Auslastung, Ortsveränderungen (z. B. Umzug) können in manchen Fällen Auslöser sein. Ebenso sind Veränderungen in der sozialen Gruppe (z. B. Trennung der Besitzer, Tod eines Familienhundes/menschlichen Familienmitglieds, Geburt eines Kindes, neuer Partner des Besitzers etc.) mit deutlichem Stress für die betroffenen Hunde behaftet und dadurch auch mögliche Auslöser für Zwangsstörungen. Auch weitere Verhaltensproblematiken wie Konflikte zwischen Hunden im selben Haushalt, Geräuschempfindlichkeit, Trennungsangst oder physisches Unwohlsein können die Auslöser für Zwangsverhalten sein.

Wenn ein solcher Auslöser identifiziert werden konnte, dann sollte er im Rahmen der Therapie zunächst vermieden bzw. umgangen werden. Dazu ist es sinnvoll, die auslösende Situation genau zu analysieren und zu eruieren welches Detail der tatsächliche Auslöser ist oder sein könnte. Die Vermeidung des Auslösers ist abhängig von diesem und kann auf vielerlei Art umgesetzt werden. Wenn z. B. eine Trennungsangst der Auslöser ist, dann sollte zunächst jegliche Trennung vermieden werden und im gleichen Zug an einer Trennungsangsttherapie (► Kap. 15.2) gearbeitet werden. Ist die Begrüßung der Besitzer das Hauptproblem, so muss z. B. das Begrüßungsritual nur sehr knapp ausfallen. Darüber hinaus muss mit Managementmaßnahmen sichergestellt werden, dass die Situation entschärft wird (z. B. Hund hat keinen direkten Zugang zur Haustüre mehr). Insgesamt können reine Managementmaßnahmen sehr hilfreich sein. So kann z. B. beim Licht- und Schattenjagen das Herunterlassen der Rollos an sonnigen und windigen Tagen mit bewegtem Schattenwurf zu einer sofortigen Verbesserung führen.

18.5.2 Besitzerreaktion

Besitzern muss klar gemacht werden, dass ihre Reaktion auf das Zwangsverhalten deutliche Auswirkungen haben kann. Ein Strafen muss zwingend unterbleiben, da dies den Stress bzw. die Erregungslage des Tieres in der speziellen Situation noch erhöhen und somit eher zu einer Verstärkung als zu einer Besserung des Problems beitragen würde. Hier muss der Therapeut den Besitzer möglichst umfassend aufklären.

Doch auch ein Beruhigen durch den Besitzer kann kontraproduktiv sein. Es ist nämlich oft so, dass das Zwangsverhalten durch ein Beruhigen und Streicheln verstärkt wird, und sich eventuell sogar eine zusätzliche aufmerksamkeitsfordernde Komponente entwickelt. Das Beruhigen durch den Besitzer sollte daher ebenfalls unterbleiben.

18.5.3 Strukturierter Tagesablauf

Gerade für ängstliche, zwanghafte Hunde ist ein strukturierter Tagesablauf als allgemein stressreduzierende Maßnahme extrem wichtig. Dabei sollte es möglichst feste Fütter-, Spaziergeh-, Spiel- und Ruhezeiten geben. In Fällen, in denen dies z. B. aufgrund der familiären Situation (z. B. Hauptbezugsperson im Schichtdienst tätig) nur schwer umzusetzen ist, sollte dennoch versucht werden, die Tage so regelmäßig wir nur irgend möglich zu gestalten und wenigstens das Füttern und Spazierengehen täglich möglichst zur selben Zeit durchzuführen.

18.5.4 Körperliche und geistige Auslastung

Eine Anpassung der Haltungsumwelt mit diversen Enrichment-Maßnahmen ist ein sehr wichtiger Teil der Therapie von Zwangsstörungen. Für die Behandlung von Stereotypien ist sie sogar der Hauptansatzpunkt.

Die überwiegende Zahl der von Zwangsstörungen betroffenen Hunde ist geistig und körperlich nur unzureichend ausgelastet. Nur sehr selten liegt eine Überforderung der Hunde vor. Eine **angemessene** Auslastung ist ein sehr wichtiger Teil der Therapie von Zwangsstörungen. Sie führt nämlich im Allgemeinen zu einer deutlichen Reduktion von Stress und einem ausgeglicheneren Wesen. Im Einzelfall kann es sein, dass dadurch auch notwendige Psychopharmaka niedriger dosiert werden können.

Eine körperliche und geistige Auslastung kann durch viele verschiedene Ansätze gewährleistet werden. So sind z. B. angemessene Sozialkontakte (bei sozial verträglichen Tieren), für den Intelligenz- und Ausdauergrad des jeweiligen Hundes sinnvolle Futterspielzeuge (► Abb. 18-1), sowie weitere wechselnde Spielzeuge gute Ideen.

Sowohl eine körperliche als auch eine geistige Auslastung wird auch durch verschiedene Aktivitäten oder sogenannte Hundesportarten gewährleistet. Dabei ist es eigentlich egal was ausgewählt wird, solange das Training durch positive Methoden erfolgt und die Aktivität sowohl Hund als auch Besitzer Spaß macht. Beispiele für solche Aktivitäten sind Agility, Wanderungen, Dog Dancing, Flyball, Fährtenarbeit, Dummytraining, Clickertraining etc. Hundesport sollte dabei selbstverständlich nur zum Spaß und nicht auf Wettkampfniveau betrieben werden.

Zur geistigen Auslastung ist auch das Trainieren neuer und das Festigen alter Kommandos sehr gut geeignet. Hierbei sind ebenso sowohl die positiven Trainingsmethoden als auch der Spaß daran wichtig. Den Besitzern sollte man die Anweisung

Abb. 18-1 Futterspielzeuge, wie dieser kommerziell erhältliche Futterball, sind eine gute und einfache Möglichkeit der geistigen Auslastung. Sie können zudem für eine Gegenkonditionierung verwendet werden.

geben, ihrem Hund ein neues Kommando pro Monat beizubringen. Besitzer haben in der Regel deutlich mehr Spaß daran ihren Hunden Tricks (z. B. „toter Hund", „Pfote geben", „Leckerchen balancieren" etc.) beizubringen anstatt reine Obedience Kommandos. Dies sollte definitiv unterstützt werden. Aber dennoch sollten die Besitzer zusätzlich auch an klassischen Kommandos wie „Sitz!", „Platz!", „Bleib!", „Komm!" etc. arbeiten, bzw. diese Kommandos verbessern. Auf diese Weise können sie mit ihrem Hund besser kommunizieren und ihm in schwierigen Situationen helfen, indem sie ihm konkret sagen können, was er tun soll. Dies ist stressreduzierend für die betroffenen Hunde.

18.5.5 Gegenkonditionierung

Eine Gegenkonditionierung ist ein weiterer Trainingsansatz, der in der Therapie von Zwangsstörungen probiert werden kann. Eine Variante ist es, den Hund konsequent mit **Futterspielzeugen** (Abb. 18-1) abzulenken bzw. in schwierigen Situationen zu beschäftigen und durch die Lenkung seiner Aufmerksamkeit auf das Spielzeug den Stress in der spezifischen Situation zu reduzieren. Es kann dabei notwendig sein, die gesamte Tagesration Futter in entsprechenden Spielzeugen zu füttern.

Weitere Möglichkeiten der Gegenkonditionierung sind ein Entspannen auf Kommando oder langes Platzliegen, was bei Anflügen des Zwangsverhaltens abgerufen werden kann und soll.

Das Trainieren eines **Entspannens auf Kommando** erfordert viel Zeit und Geduld. Letztendliches Ziel ist es, dass sich der Hund auf Kommando entspannt. Idealerweise nimmt sich der Besitzer mindestens zweimal pro Tag Zeit für das Training. Es sollte in verschiedenen Räumen und an verschiedenen Orten durchgeführt werden, da Hunde sehr stark ortsabhängig lernen. Das Training kann folgendermaßen durchgeführt werden:

PRAXISTIPP

Zunächst sollte der Besitzer in einer möglichst ruhigen Situation (z. B. abends, wenn der Hund sowieso ruhen möchte und sich bald entspannt) mit dem Training beginnen. Der Besitzer lobt den Hund mit ruhiger, tiefer Stimme (oder Clicker), wenn dieser sich wirklich entspannt hinlegt. Idealerweise wird genau der Zeitpunkt gelobt, in dem der Hund den Kopf ablegt, oder sich auf die Seite legt. Eine andere Möglichkeit, vor allem wenn der Hund insgesamt etwas Probleme hat sich zu entspannen, ist es, den Hund ins „Platz!" zu schicken und dann in Ruhe (z. B. beim Lesen) auf dem Sofa daneben zu warten, bis der Hund sich weiter entspannt. Jeder Schritt Richtung Entspannung wird wieder durch Lob verstärkt. In seltenen Einzelfällen kann es nötig sein, den Hund durch sanften (!) Druck in die Seitenlage zu bringen. Dann wird der Hund sofort losgelassen und gelobt. Auch wenn der Hund das Kommando „Toter Hund" kann, kann dies auch als Ausgangspunkt für das Training verwendet werden. Das Training ist umso erfolgreicher und schneller zielführend, umso konsequenter und häufiger der Besitzer diese Entspannung beobachtet bzw. herbeiführt und loben kann.

Hunde, die nach einigen Trainingseinheiten verstehen, dass sie für entspanntes Verhalten gelobt werden, bieten dies immer häufiger an. Ist dieses Trainingsstadium erreicht, dann kann das Kommando „Entspann dich!" oder „Relax!" eingeführt werden. Es sollte anfangs ebenfalls immer im Moment des Ablegens gegeben werden. Wurde das Kommando über ein paar Tage gefestigt, geht es über zum nächsten Schritt. In diesem wird der Hund ins „Platz!" geschickt und dann durch das entsprechende Kommando gebeten, sich zu entspannen. Wenn dies sich über ein paar Trainingseinheiten gefestigt hat, kann der Besitzer den Hund auch aus dem Sitzen heraus in die entspannte Seitenlage schicken. Erst wenn dies zuverlässig funktioniert, sollte eine Entspannung aus dem Stehen heraus probiert werden. Letztendlich kann das Kommando kurz vor stressigen Situationen verwendet werden, um den Hund zu entspannen.

Noch eine Möglichkeit zur Gegenkonditionierung ist es, dem Hund ein **langes Platzliegen** beizubringen, bei dem der Hund ebenfalls entspannt auf seiner Decke liegen muss. Dieses wird bei der Trennungsangsttherapie besprochen (► Kap. 15.2).

18.5.6 Medikamente

Psychopharmaka sind eigentlich immer notwendig bei der Behandlung von Zwangsstörungen. Nur in sehr wenigen, mild verlaufenden Einzelfällen kann eine Therapie ohne medikamentelle Hilfe erfolgreich sein. Die Medikamente, die hierfür am häufigsten hilfreich sind, sind die SSRIs (z. B. Fluoxetin, Sertralin) sowie Clomipramin (► Kap. 6) oder eine Kombination aus diesen. Da es einige Zeit dauert, bis diese Medikamente im Körper angeflutet sind, kann es notwendig sein, zusätzlich anfangs noch Benzodiazepine nach Bedarf zu geben, um eine sofortige Erleichterung der Problematik zu erreichen. Grundsätzlich sollte mit der medikamentellen Behandlung immer zeitgleich mit den verhaltenstherapeutischen Maßnahmen begonnen werden, um ein weiteres Fortschreiten der Problematik zu verhindern und um schnellere Erfolge zu erzielen.

Besteht der Verdacht auf eine epileptiforme Komponente (z. B. Fliegenschnappen, Schwanzjagen beim Deutschen Schäferhund), dann sollte von Beginn an eine (Kombinations-)Therapie mit Phenobarbital (► Kap. 6) in Erwägung gezogen werden. Bei einer Kombinationstherapie sollte anfangs nur eine niedrige Dosierung beider Medikamente verwendet werden.

Die erwähnten Medikamente sind meistens, aber nicht in jedem Fall, erfolgreich. Es wird in diesem Bereich jedoch weiter geforscht und in Zukunft wird es hier sicher noch mehr Optionen geben. Mit dem NMDA-Rezeptor-Blocker Memantin wurden z. B. auch schon gute Erfahrungen bei der Therapie von Zwangsstörungen beim Hund gemacht (Schneider et al., 2009).

In seltenen Fällen ist es möglich, die Medikamente nach einigen Monaten oder Jahren abzusetzen, ohne dass es zu Rückfällen kommt. In der Regel müssen aber betroffene Hunde lebenslang behandelt werden, um eine ausreichende Lebensqualität sicherzustellen.

18.5.7 Euthanasie

Eine Euthanasie kann in Einzelfällen angezeigt sein, zu denen man zu spät hinzugerufen wird, oder bei denen keine schnelle Verbesserung erzielt werden kann **und** bei der es zu starken Selbstverletzungen mit starker Einschränkung des Normalverhaltens kommt.

Die Euthanasie stellt auch bei Zwangsstörungen nur die Ultima Ratio dar.

18.6 Prophylaxe

Prophylaktische Maßnahmen in Bezug auf Zwangsstörungen sind nur in sehr begrenztem Maße möglich. Eine gute Aufzucht und eine optimale Haltung sind die wichtigsten prophylaktischen Maßnahmen neben einer guten Zuchthygiene. Aufgrund der teilweise nachgewiesenen und häufig vermuteten genetischen Komponenten müssen betroffene Tiere aus der Zucht genommen und der Züchter umgehend informiert werden. Dieser muss dann die Besitzer der Geschwistertiere informieren, sodass auch diese früh mit einer Therapie beginnen können, wenn notwendig.

18.7 Schwanzjagen/Kreiseln

Schwanzjagen und Drehen oder Kreiseln lassen sich in der Regel gut zusammenfassen, da es meist keine klare Abgrenzung zwischen diesen Formen der Zwangsstörung gibt, bzw. da sie oft ineinander über gehen. Die meisten Hunde drehen sich bei dieser Erkrankung im Kreis, manche fixieren die Rute mit dem Blick oder halten sie auch mit den Zähnen fest. In Einzelfällen verletzen sich die Hunde, wenn sie in die Rute beißen. Wird dabei die Schwanzarterie verletzt, kann es zu einem hohen Blutverlust kommen, der meistens durch das weiterhin ununterbrochene Kreiseln noch verstärkt wird. Zusätzlich vokalisieren einige Hunde sehr stark beim Drehen.

Ein typisches während der Verhaltensberatung aufgenommenes Video einer ca. 8 Monate alten Schäferhündin, die seit dem 4. Lebensmonat Schwanzjagen zeigt, finden Sie hier:

Video 18-1 Schwanzjagen (ca. 1:20 min.)
http://www.schattauer.de/index.php?id=5273

Schwanzjagen tritt häufig schon sehr früh zum ersten Mal auf, meist präpubertär oder mit Beginn der Pubertät. Eine genetische Komponente kann vermutet werden, da bestimmte Hunderassen wie z. B. Deutsche Schäferhunde und Terrier besonders betroffen sind, und es familiäre Häufungen gibt (Fallbeispiel). Da es beim Schwanzjagen bzw. Kreiseln immer wieder zu einer schnellen Progression, starken Selbstverletzungen und einer extremen Einschränkung des Normalverhaltens kommen kann, sollte das Schwanzjagen als verhaltensmedizinicher Notfall gesehen werden. Eine Therapie sollte immer baldmöglichst begonnen werden.

Deutsche Schäferhunde nehmen eine gewisse Sonderstellung beim zwanghaften Schwanzjagen ein. Bei dieser Rasse kommt es besonders häufig zu einer schnellen und extremen Verschlechterung des Zwangsverhaltens. Zudem ist bei ihnen in der Regel eine Kombination aus SSRIs und Phenobarbital (► Kap. 6) für einen ausreichenden Therapieerfolg notwendig. Wird hier nicht früh und adäquat eingegriffen, verschlechtert sich der Zustand der Hunde oft so schnell und gravierend, dass sie euthanasiert werden müssen.

Diagnose

Im Rahmen der Diagnosestellung muss, wie bei allen Zwangsstörungen, zunächst immer eine gründliche körperliche Untersuchung erfolgen. Typischerweise fördert diese aber bei schwanzjagenden Hunden keine besonderen Befunde zu Tage. Dies ist auch in den Fällen so, in denen der Hund extrem auf die Rute fixiert zu sein scheint. Veränderungen an neuromuskulären oder skelettalen Strukturen der Rute sind praktisch nie zu finden. Eine Amputation der Rute ist wirkungslos. Meist zeigen die Hunde dann ein alternatives Zwangsverhalten wie z. B. Gehen in großen Kreisen oder Kreiseln ohne Blickfixierung des Hinterteils.

> Eine Amputation der Rute als Therapiemaßnahme des zwanghaften Schwanzjagens ist ein Kunstfehler!

Eine Rutenamputation ist nur dann sinnvoll, wenn sie zur Behandlung der, durch das Zwangsverhalten aufgetretenen, Verletzungen notwendig ist.

Die Diagnosestellung erfolgt anhand einer ausführlichen Anamnese mit besonderem Augenmerk auf erstes Auftreten und Ausprägung des Zwangsverhaltens. Eine direkte Beobachtung des Verhaltens, oder zumindest die Analyse entsprechender Besitzervideos sind für die Diagnosestellung ebenfalls notwendig.

Fallbeispiel

Zwanghaftes Kreiseln

Vorstellungsgrund

Die 13 Monate alte Miniatur-Dackelhündin Sissi zeigt seit ca. 10–11 Monaten zwanghaftes Kreiseln.

Anamnese

Sissi wurde im Alter von 6 Wochen beim Züchter „auffällig", ebenso wie ihr Wurfbruder Luis. Beide Hunde wurden im Alter von 8 Wochen an die Dackelhilfe abgegeben. vorberichtlich hatte der Vater der beiden ebenfalls „neurologische Probleme". Weitere Informationen waren nicht zu bekommen. Die jetzige Besitzerin ist aktiv in der Dackelhilfe und hat Sissi mit Luis zusammen im Alter von 4 Monaten übernommen. Sie lebt alleine

und besitzt noch 7 weitere Dackel, die allesamt von der Dackelhilfe übernommen wurden und fast alle ein medizinisches Problem (z. B. Bandscheibenvorfall) haben. Die Besitzerin ist ca. 9 Stunden am Tag außer Haus um zu arbeiten. Die Dackel haben in dieser Zeit freien Zugang zum umzäunten Garten. Sissi ist durch ein Kindergitter von den anderen Dackeln getrennt, wenn die Besitzerin nicht zu Hause ist.
Vom Zeitpunkt der Übernahme an zeigte Sissi das Kreiseln in einer Vielzahl von Situationen. Besonders schlimm ist es abends. Die Besitzerin muss Sissi festhalten, damit sie überhaupt zur Ruhe kommt und einschlafen kann. Anfangs waren noch Auslöser wie Lichter und aufregende Situationen (z. B. Fütterung) erkennbar. Mittlerweile ist das Problem so weit fortgeschritten, dass Sissi bis zu 12 Stunden pro Tag kreiselt, meist ohne erkennbare Auslöser. Sie reagiert nicht auf ihren Namen, interagiert nicht mit den anderen Hunden und hat noch keine Kommandos erlernt. Sissi hat regelrechte Kerben in den Boden vor der Gartentüre und auch in den Garten gekreiselt. Sie hat auch am rechten Auge eine verkleinerte Lidspalte, die durch das Anschlagen des Kopfes an Möbel beim Kreiseln hervorgerufen wurde. Wenn Sissi an Möbel anschlägt, unterbricht sie ihr Kreiseln nicht.
Sissis Bruder Luis zog in großen Bahnen durch die Wohnung auf fest vordefinierten Pfaden. Wenn ihm ein Stuhl o. Ä. in den Weg gestellt wurde, bekam er eine Panikattacke. Auch sein Verhalten war von Anfang an in deutlicher Ausprägung vorhanden und verschlimmerte sich deutlich gegen Abend. Er begann mit der Zeit an Ecken zu kratzen und versuchte „Wände hinaufzugehen". Dabei kam es zu blutigen Verletzungen der Vorderpfoten.
Mit ca. 5 Monaten wurden beide Hunde bei einem tierärztlichen Neurologen vorstellig. Es wurde eine komplette neurologische Untersuchung mit CT, Liquoruntersuchung und Blutuntersuchung (u. a. Untersuchung auf Blei-Vergiftung etc.) durchgeführt. Der Neurologe begann eine Kombinationstherapie mit Clomipramin und Fluoxetin. Nach 8 Wochen war immer noch keine Besserung zu erkennen. Luis' Zustand verschlechterte sich sogar und es kam zu immer stärkeren Selbstverletzungen. Daher entschied sich die Besitzerin dazu, Luis im Alter von 6 Monaten euthanasieren zu lassen. Der Neurologe riet der Besitzerin, einen tierärztlichen Verhaltensspezialisten mit Sissi aufzusuchen.

Diagnose
Zwangsstörung

Prognose
Die Prognose wurde als vorsichtig eingestuft, da auch schon eine medikamentelle Vorbehandlung keinen Erfolg brachte.

Therapie
- weiterhin kein Strafen, und auch kein Bestärken des Kreiselns
- Tagebuch führen, um vielleicht doch noch weitere Auslöser zu identifizieren;
- Lichter im Schlafzimmer, in dem Sissi schläft, abends dimmen
- körperliche und geistige Auslastung: flotte Spaziergänge probieren, Futterspielzeuge und Spielzeuge mit verschiedenen Gerüchen anbieten, einfache Kommandos trainieren, sobald möglich
- Tagesablauf besser strukturieren und regelmäßiger halten, auch an den Tagen, an denen die Besitzerin zuhause ist
- Therapiebeginn mit 0,3 mg/kg Memantin, zweimal täglich
- Rückmeldung anfangs täglich, danach alle 2 Wochen

Verlauf

Die Besitzerin zeigte eine sehr gute Compliance und setzte viele Maßnahmen um. Sie strukturierte den Tag besser, achtete auf eine ruhige Phase am Abend bei gedämpftem Licht, und begann flotte Spaziergänge regelmäßig und vor allem täglich anzubieten. Zudem führte sie regelmäßige Spielzeiten mit Sissi im Garten ein und stellte ihr, getrennt von den anderen Hunden, wechselnde Futterspielzeuge zur Verfügung. Die Dosis von Memantin wurde schrittweise auf 0,7 mg/kg zweimal täglich erhöht.

In den ersten 2 Wochen gab es deutliche Verbesserungen: Sissi begann auf ihren Namen zu reagieren und war manchmal tagsüber im Kreiseln unterbrechbar. Innerhalb der ersten 2 Therapiemonate begann Sissi damit solitäres Spiel zu zeigen und die Kommandos „Sitz!“ und „Komm!“ zu erlernen.

Um weitere Verbesserungen zu erzielen wurde Fluoxetin in Kombination gegeben. Über 7 Monate gab es stetige und sehr starke Verbesserungen. Sissi spielt nun mit den anderen Hunden. Sie zeigt insgesamt regelmäßige und auch angemessene Interaktionen mit den anderen Dackeln und der Besitzerin. Das Einschlafen ist mittlerweile ohne Hilfe der Besitzerin möglich. Das tägliche Kreiseln beschränkt sich auf ca. 30 Minuten in den Abendstunden. Die Verbesserungen sind stabil, auch 1,5 Jahre nach Therapiebeginn. Eine lebenslange Medikation wird empfohlen.

18.8 Licht- und Schattenjagen

Beim Licht-und Schattenjagen sind die Hunde in der Regel auf den Unterschied zwischen Licht und Schatten fixiert. Meist lauern die Hunde dabei regelrecht und springen dann plötzlich auf den Übergang zwischen Licht und Schatten. Manche Hunde kratzen dabei auch mit den Pfoten am Übergang zwischen Licht und Schatten oder vokalisieren. Der „Schattenrand“ ist besonders dann interessant, wenn er sich bewegt. Sehr häufige Auslöser für das Licht- und Schattenjagen sind daher auch die Schatten von Laubbäumen in der Sonne, vor allem wenn der Wind durch die Blätter fegt und der Schatten sich somit bewegt. Aber auch Lichtpunkte von Taschenlampen und/oder Laserpointern sind häufige Trigger für das Zwangsverhalten. In Einzelfällen kann die Zwangsstörung durch ein Spiel mit Laserpointer oder Taschenlampe auch erst entstehen.

Spiele, bei denen ein Lichtpunkt (z. B. Taschenlampe, Laserpointer) vom Hund gejagt wird, sollten grundsätzlich unterbleiben. Sie können nämlich im Einzelfall eine Zwangsstörung auslösen.

Beim Licht- und Schattenjagen kann eine genetische Komponente sowie eine Entstehung aus fehlgeleitetem Jagd- bzw. Hüteverhalten nicht ausgeschlossen werden, da vor allem Hüte- und Jagdhunderassen davon betroffen sind.

Wenn sich das Licht- und Schattenjagen nur milde präsentiert, dann wird es meist von den Besitzern nicht als Problem wahrgenommen. Es ist daher auch immer wieder mal ein Nebenbefund bei Hunden mit einer Angststörung oder einer weiteren Zwangsstörung. In solchen Fällen, wenn die Lebensqualität von Hund und Besitzer durch das Licht- und Schattenjagen nicht eingeschränkt sind und es nicht progressiv ist, ist eine Therapie nicht zwingend notwendig.

Bei einer Therapie des Licht- und Schattenjagens sollte nach Möglichkeit der Zugang zu Auslösern eingeschränkt werden, z. B. durch Schließen der Jalousien an sonnigen Tagen, dem Vermeiden von punktueller Beleuchtung im Haus etc.

Diagnose

Die Diagnose ist meist gut anhand der recht typischen Präsentation zu stellen. Auch hier gilt: Wenn das Verhalten nicht direkt beobachtet werden kann, sollten Videoaufnahmen vom Besitzer angefertigt werden.

Fallbeispiel

Licht- und Schattenjagen

Vorstellungsgrund
Die ca. 2 Jahre alte, kastrierte Border Collie Hündin Schadow zeigt ein zwanghaft anmutendes Lauern auf und Jagen von Licht und Schatten bzw. weißen Gegenständen.

Anamnese
Shadow wurde von ihrem jetzigen Besitzer, einem alleinstehenden Mann mittleren Alters, der ganztags berufstätig ist, vor 2 Wochen von der Border Collie Hilfe übernommen. Das Alter bei den ersten Symptomen ist unbekannt. Shadow zeigte bereits bei der Übernahme durch die Border Collie Hilfe mit ca. 22 Monaten dieses Verhalten. Es gibt keine Informationen zu Shadows Leben vor der Border Collie Hilfe. Dort wurde sie in einem Tierheim im Einzelzwinger gehalten. Bei der Vermittlung wurde darauf hingewiesen, dass Shadow zwanghaftes Jagen von Licht und Schatten zeigt. Da der Besitzer, der immer wieder Border Collies von der Border Collie Hilfe übernimmt, in der Vergangenheit schon einmal einen Border Collie mit diesem Problem besessen hat, übernahm er sie gerne. Er wusste um die Möglichkeit einer verhaltensmedizinischen Therapie und machte deshalb nach der Übernahme gleich einen Termin zur Verhaltensberatung aus.
Der Besitzer hat die Hündin bei der Beratung erst seit knapp 2 Wochen und berichtet folgende Symptome: Shadow jagt Licht und Schatten. Dabei fixiert sie sich aber v. a. auf weiße Gegenstände (z. B. Schuhe, die weißen Beine einer im selben Haushalt lebenden Katze, Schnee etc.) und winselt und speichelt dabei. Das Verhalten hat sich in der kurzen Zeit seit der Übernahme kontinuierlich verschlechtert. Insgesamt kann der Besitzer Shadow nur schwer unterbrechen und das Verhalten lässt keinen normalen, strukturierten Alltag zu. Der Besitzer kann z. B. nicht auf den abendlichen Spaziergang mit Shadow gehen, wenn sie angefangen hat, sich auf einen hellen Fleck zu konzentrieren. Sie ist dann nicht unterbrechbar und der Besitzer muss warten, bis Shadow wieder ansprechbar ist.

Shadow wurde nach der Aufnahme in die Border Collie Hilfe vor ca. 2 Monaten gründlich untersucht. Es gab keine besonderen Befunde. Schilddrüsenwerte wurden ebenfalls ermittelt. Diese waren ihrem Alter und Geschlecht entsprechend normal und auch nicht im unteren Normbereich, was evtl. auf eine subklinische Hypothyreose hinweisen könnte. Während der Beratung konnte das auffällige Verhalten problemlos beobachtet werden. Nachdem Shadow die Therapeutin sehr aufgeregt und überschwänglich begrüßt hatte, verbrachte Shadow beinahe die gesamte Beratungszeit damit, sich auf den Schatten des Besitzers zu konzentrieren, der auf den Linoleumboden unter dessen Stuhl fiel. Sie lauerte meistens, sprang dann ab und zu auf einen besonders dunklen Teil des Schattens und kratze dort winselnd. Dann ging sie wieder ins Lauern über. In den seltenen Unterbrechungen des Verhaltens lief Shadow aufgeregt auf und ab. Der Besitzer, der eine recht entspannte Persönlichkeit hat, ignorierte ihr zwanghaftes Verhalten komplett. Shadow reagiert auf ihren Namen, kann aber sonst keine Kommandos.

Diagnose

Zwangsstörung.

Die möglichen Differenzialdiagnosen aufmerksamkeitsforderndes Verhalten und Langeweile konnten ausgeschlossen werden. Zum einen wurde das Verhalten auch im Zwinger des Tierheims konstant gezeigt, unabhängig von einer Interaktion oder Beschäftigung mit Shadow. Zum anderen konnte Shadow das Verhalten nicht einmal für einen Spaziergang unterbrechen. Damit kann auch Langeweile eher ausgeschlossen werden.

Prognose

Die Prognose wurde als vorsichtig bis gut eingestuft, da der Besitzer bereits Vorerfahrungen hatte und eine große Bereitschaft zur Annahme jeglicher Therapiemaßnahmen zeigte.

Therapie

- gut strukturierter Tagesablauf mit regelmäßigen Fütter-, Interaktions-, Beschäftigungszeiten
- körperliche und geistige Auslastung: Shadow sollte den rasseeigenen Jagd- und Hütetrieb ausleben können, z. B. bei Agility, Hütehundkurse, Treibball etc. Tägliche Spaziergänge müssen regelmäßig probiert und ausgeweitet werden. Die Spaziergänge müssen zudem für Trainingseinheiten genutzt werden. Außerdem soll Clickertraining verwendet werden, um Shadow Kommandos beizubringen. Die Tagesration Futter soll Shadow in verschiedenen, durchrotierenden Futterspielzeugen (z. B. Kong® etc.) angeboten werden.
- Nach Erlernen der Grundkommandos muss der Besitzer mit Shadow an Übungen zur besseren Selbstkontrolle arbeiten, z. B. an langem Platzliegen, Entspannen auf Kommando und einem „Lass das!" Kommando.
- Eine Medikation mit Fluoxetin 1 mg/kg einmal täglich wird begonnen.
- Der Besitzer muss Tagebuch führen um Forstschritte zu dokumentieren. Ein Rückmelden im 2-wöchigen Turnus, oder bei Auffälligkeiten jederzeit wird empfohlen.

Verlauf

Der Besitzer zeigt eine sehr gute Compliance, richtet sein ganzes Leben nach seinem Hund aus und bemüht sich, möglichst alle Empfehlungen sofort umzusetzen. Er strukturiert den

Tag mit festen Fütter-, Spaziergeh- und Trainingszeiten. Gefüttert wird zweimal täglich und ausschließlich in Futterspielzeugen. Trainingseinheiten werden abends durchgeführt. In ihnen trainiert der Besitzer mithilfe des Clickers Grundkommandos und macht sehr schnell sehr gute Fortschritte. Somit beginnt er bereits nach einer Woche damit, auch das Entspannen auf Kommando zu trainieren. Einmal wöchentlich geht der Besitzer mit Shadow zum Agility, was beiden sehr gut gefällt. Zudem schafft es der Besitzer auch, einen Hütehundekurs ausfindig zu machen, den er mit Shadow besuchen kann. Bei der ersten Stunde ist Shadow so aufgeregt, dass sie schon von Anfang an bellend am Zaun, hinter dem die Schafe sind, hochspringt und sich nicht konzentrieren kann. Ab der zweiten Stunde wird es kontinuierlich besser und Shadow arbeitet bereits nach 4 Wochen hochkonzentriert mit den Schafen.
Insgesamt bemerkt der Besitzer nach 2 Wochen eine deutlich bessere Konzentrationsfähigkeit. Zudem kann er das Licht- und Schattenjagen nun auch manchmal abends unterbrechen.
Als nach 3 Monaten der Fortschritt etwas stagniert, wird die Fluoxetindosis auf 1,5 mg/kg angepasst, da Shadow bislang keine Nebenwirkungen zeigte.
Nach insgesamt 4,5 Monaten Therapie zeichnet sich eine stabile und deutliche Verbesserung ab. Shadows Zwangsverhalten ist auf wenige kurze Augenblicke am Tag beschränkt und wird vom Besitzer nicht mehr als problematisch wahrgenommen. Nach insgesamt 2 Jahren Therapie, in denen die Verbesserung stabil blieb, wird ein Versuch unternommen Fluoxetin langsam abzusetzen. Doch Shadow zeigt schon auf einer halbierten Fluoxetindosis wieder extrem verstärktes Licht- und Schattenjagen. Daraufhin wird eine weitere Medikation empfohlen mit jährlicher Kontrolle des Blutbildes. Der nächste Absetzversuch kann in 1–2 Jahren durchgeführt werden, vermutlich ist aber eine lebenslange Medikation angezeigt.

18.9 Akrale Leckdermatitis

Das zwanghafte Lecken/Putzen wird auch als akrale Leckdermatitis bezeichnet, obwohl streng genommen die Dermatitis eine Folge des zwanghaften Leckens ist. Beim zwanghaften Lecken wird typischerweise der Pfotenrücken einer oder beider Vorderpfoten beleckt. Es kommt meist recht schnell zum Verlust der Behaarung an der beleckten Stelle und zur Verletzung der Haut. Diese Verletzungen infizieren sich in der überwiegenden Zahl der Fälle. Bei extremer Ausprägung lecken sich die Hunde bis auf die Knochen wund. In Einzelfällen beknabbern sie auch ihre Pfotenballen an Vorder- und/oder Hinterbeinen, anstatt die Pfoten zu belecken. Dies kann ebenfalls so weit gehen, dass die Ballen komplett weggeknabbert werden. Zusätzlich kann es als typisch angesehen werden, dass die Hunde an einer anderen Stelle beginnen zu lecken und zu knabbern, wenn die ursprünglich beleckte Stelle unzugänglich (z. B. durch Pfotenverband) gemacht wird (► Abb. 18-2).

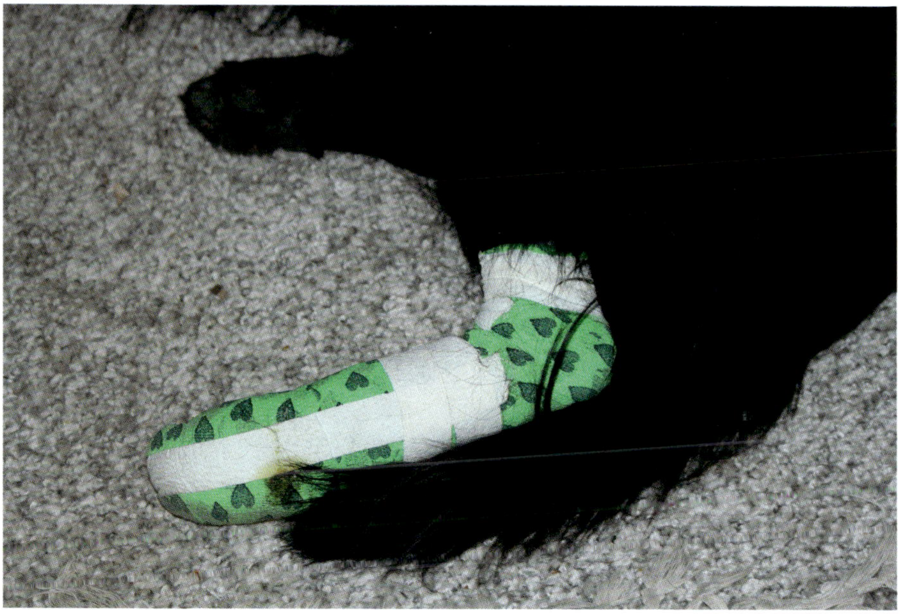

Abb. 18-2 Das mechanische Verhindern des Leckens (z. B. durch einen Pfotenverband) ist nur in Kombination mit einer entsprechenden verhaltensmedizinischen Therapie sinnvoll.

Eine genetische Komponente scheint auch bei der akralen Leckdermatitis ätiologisch in Frage zu kommen. Es sind nämlich überdurchschnittlich häufig große, aktive Rassen wie Dobermann, Labrador Retriever und Deutscher Schäferhund davon betroffen.

In der Therapie ist eine Gegenkonditionierung auf ein Futterspielzeug sehr häufig erfolgreich.

Prophylaktisch sollte eine schnelle und möglichst effektive Behandlung von mit Juckreiz verbundenen Hauterkrankungen erfolgen.

Diagnose

Insgesamt ist diese Zwangsstörung extrem schwierig von einem rein medizinischen Problem abzugrenzen. Dies liegt zum einen daran, dass eine juckende Hauterkrankung das zwanghafte Lecken auslösen kann. Zum anderen entzünden sich die zwanghaft kahlgeleckten Stellen auch schnell und die Problematik präsentiert sich dann wie ein rein medizinisches Problem. Eine möglichst gründliche dermatologische Untersuchung ist daher vor Beginn der Therapie zwingend notwendig. Oft ist aber nicht feststellbar, ob die Infektion Ursache oder Folge des Leckens ist.

Vermutlich kommt die rein psychogene akrale Leckdermatitis seltener vor als allgemein angenommen wird. In vielen Fällen wird nämlich nach intensiver Diagnostik doch eine medizinische Ursache gefunden. Solche Ursachen können z. B. Arthrose, Allergien, Zysten, Neoplasien, Traumata, Fremdkörper etc. sein. Sämtliche medizinische Ursachen müssen behandelt werden, bevor die verhaltensmedizinische Therapie erfolgreich sein wird. Da es häufig Mischformen gibt, in denen medizinisches Problem und Zwangsverhalten einander gegenseitig bedingen, ist dennoch der zeitgleiche Beginn der Verhaltenstherapie mit der rein medizinischen Therapie angezeigt.

Nach dem Ausschluss medizinischer Ursachen, bzw. während der Behandlung dieser, kann diese Zwangsstörung meist durch die typische Präsentation und eine ausführliche Anamnese diagnostiziert werden. Anamnestisch wichtig ist es z. B. zu erfahren, wie der Hund reagiert, wenn er mechanisch am Erreichen der bevorzugten Stelle gehindert wird.

18.10 Flanken- und Deckensaugen

Weitere orale Fixierungen sind das Flanken- und/oder Deckensaugen. Dabei saugen oder beknabbern die Hunde ihre Flanke oder eine Decke. Diese beiden Problematiken werden ebenfalls zusammen besprochen, da sie sehr häufig gemeinsam auftreten. Das Flankensaugen, bei dem sich betroffene Hunde mit dem Maul an der Flankengegend auf einer oder beiden Seiten abwechselnd für wenige Minuten bis hin zu mehreren Stunden regelrecht festsaugen, ist dabei meist das größere Problem. Sowohl aus Sicht der Besitzer als auch aus medizinischer Sicht, da es ebenfalls zu deutlichen Verletzungen und Infektionen kommen kann.

Das Deckensaugen wird in der Regel von den Besitzern nicht als störend, sondern eher als „Eigenheit" des betroffenen Hundes empfunden. Es interferiert in der Regel nicht mit dem Alltag und wenn die betroffenen Hunde keine Teile der Decke abschlucken, gibt es auch keine weiteren Probleme.

Flanken- und Deckensaugen ist allerdings häufig mit anderen ARVs assoziiert.

Lange wurde auch bei diesen Zwangsstörungen eine genetische Komponente vermutet, da vor allem Dobermänner, Dackel und Weimaraner überdurchschnittlich häufig davon betroffen sind. Mittlerweile ist sowohl für das Flanken- als auch das Deckensaugen beim Dobermann eine genetische Komponente nachgewiesen worden. Auf dem Chromosom 7 haben betroffene Hunde, im Gegensatz zu gesunden Vertretern ihrer Rasse, einen abweichenden genetischen Code für das CDH2 Gen, das im Glutamat-Stoffwechsel eine Rolle spielt (Dodman et al., 2010).

Im Gegensatz zum zwanghaften Wollesaugen bei der Katze (▶ Kap. 32.2) ist das Flanken- oder Deckensaugen beim Hund nur äußerst selten mit einem (zu) frühen Absetzen der Welpen korreliert.

Diagnose

Auch hier muss vor der endgültigen Diagnosestellung zunächst eine möglichst ausführliche medizinische Untersuchung erfolgen. Typisch für das Flankensaugen sind beidseitige kreisförmige oder ovale kahle Stellen an den Flanken, die aber auch in ähnlicher Art und Weise durch hormonelle Imbalancen ausgelöst werden können. Eine ausführliche Anamnese mit direkter Beobachtung des Verhaltens oder Analyse entsprechender Videoaufnahmen erleichtert die Diagnose. Beim Festsaugen an Decke oder Flanke bekommen viele Hunde auch einen typischen abwesenden, regelrecht glasigen Blick.

18.11 Fliegenschnappen

Das zwanghafte Fliegenschnappen wird hier bei den Zwangsstörungen besprochen, obwohl es eine gewisse Sonderstellung bei den ARVs einnimmt. Es ist vermutlich eher eine neurologische Erkrankung, eventuell in Richtung der partiellen Epilepsie. Es tritt, meist sehr plötzlich, im 2. Lebensjahr der Hunde zum ersten Mal auf.

Diese Erkrankung wurde Fliegenschnappen genannt, da betroffene Hunde den Eindruck erwecken, als würden sie imaginären Fliegen oder Insekten zusehen, und versuchen nach diesen zu schnappen. Sie starren typischerweise in die Luft, bewegen Augen und Kopf hektisch in verschiedene Richtungen, schnappen ins Leere, lecken sich die Lefzen, schmatzen etc. Manche Hunde schütteln auch den Kopf bzw. kratzen sich am Kopf. Das Verhalten tritt häufig anfallsartig auf. Es kann so extrem werden, dass die Hunde das Fliegenschnappen nicht einmal zum Fressen oder Trinken unterbrechen.

Auch beim Fliegenschnappen könnte eine genetische Komponente eine Rolle spielen, da vor allem Terrier, Cavalier King Charles Spaniels, Springer Spaniels, Dobermänner und Berner Sennenhunde davon betroffen sind. Einige dieser Rassen neigen auch überdurchschnittlich häufig zur Epilepsie. Äußerst selten entsteht dieses Zwangsverhalten aus dem Jagen realer Insekten heraus. In Einzelfällen kann es auch aus aufmerksamkeitsforderndem Verhalten entstehen, wenn der Besitzer entsprechend (negativ oder positiv) darauf reagiert. Im Allgemeinen reagieren Besitzer in irgendeiner Art und Weise auf das Fliegenschnappen, da es von ihnen als sehr störend und belastend empfunden wird.

Diagnose

Beim zwanghaften Fliegenschnappen kann die Diagnosestellung gewisse Probleme bereiten. Man muss sich nämlich 100%ig sicher sein, dass keine realen Insekten anwesend sind bzw. dass keine Staubflocken etc. in der Luft sind, wenn der Hund das Verhalten zeigt. Auf Videoaufnahmen ist dies meist nicht zu erkennen und man muss sich auf die Aussagen der Besitzer verlassen. Eine ausführliche neurologische Untersuchung sollte bei dieser Art des Zwangsverhaltens ebenfalls durchgeführt werden, um behebbare medizinische Ursachen auszuschließen. Die Diagnose kann dann aufgrund der typischen, anfallsartigen Präsentation, vor allem in Abendstunden oder in Stresssituationen gestellt werden.

Differenzialdiagnostisch muss immer an medizinische Ursachen für ein epileptiformes Geschehen gedacht werden, ebenso wie an ein rein aufmerksamkeitsforderndes Verhalten. Aus diesen Gründen sind eine gründliche Anamnese und eine neurologische Abklärung essenziell. Eine weitere häufige Ursache für Fliegenschnappen sind zudem gastrointestinale Symptome. In diesen Fällen kommt es meist in nahem zeitlichem Zusammenhang zur Fütterung zum Fliegenschnappen.

Zusammenfassung

- Zwangsstörungen und Stereotypien sind prinzipiell voneinander abgzugrenzen. Da dies allerdings bei Tieren sehr schwierig ist, wäre die korrekteste Bezeichnung Abnormal repetitive Verhaltensweise (ARV). Landläufig wird allerdings der Ausdruck Zwangsstörung für diese Problematiken bei Hund und Katze verwendet.
- Zwangsstörungen sind vergleichsweise selten vorkommende Verhaltensstörungen. Sie sind in der Regel die Manifestation eines Stresses, den der Hund nicht anders kontrollieren kann. Für einige Zwangsstörungen werden genetische Ursachen vermutet und für das Flanken- und Deckensaugen beim Dobermann wurden sie auch schon nachgewiesen. In Einzelfällen kann die Zwangsstörung vermutlich auch ein epileptiformes Geschehen darstellen.
- Zwangsstörungen können extreme Ausmaße annehmen, bei denen ein normales Leben für den Hund nicht mehr möglich ist. Die Prognose ist jedoch in Bezug auf eine deutliche Verbesserung meist erstaunlich gut, unabhängig vom Schweregrad des Zwangsverhaltens bei der Erstberatung.
- Differenzialdiagnostisch müssen medizinische Ursachen, aufmerksamkeitsforderndes Verhalten und Übersprungshandlungen ausgeschlossen werden.
- Die Therapie besteht im Allgemeinen aus dem Identifizieren (z. B. per Tagebuch) und Vermeiden von Auslösern, wenn möglich, einer angemessenen Besitzerreaktion, einem strukturierten, vorhersehbaren Tagesablauf, angemessener körperlicher und geistiger Auslastung, einer Gegenkonditionierung und medikamenteller Behandlung.
- Die häufigsten Zwangsstörungen beim Hund sind Schwanzjagen, Licht- und Schattenjagen, akrale Leckdermatitis, Flanken- und Deckensaugen sowie Fliegenschnappen. Letzteres scheint eher zu den neurologischen Problemen zu zählen.

Literatur

American Psychiatric Association (2003): Diagnostisches und Statistisches Manual Psychischer Störungen – Textrevision – DSM-IV-TR, 4th edition, Saß, H., Wittchen, H.-U., Zaudig, M. and Houben, I. (Editors), Hogrefe-Verlag, Göttingen, Germany

Dodman, N., Karlsson, E., Moon-Fanelli, A., Galdzicka, M., Perloski, M., Shuster, L., Lindblad-Toh, K., Ginns, E. (2010): A canine chromosome 7 locus confers compulsive disorder susceptibility. Molecular Psychiatry 15: 8–10

Rapoport, J., Ryland, D., Kriete, M. (1992): Drug treatment of canine acral lick. an animal model of obsessive-compulsive disorder. Archives of General Psychiatry 49: 517–521

Schneider, B., Dodman, N., Maranda, L. (2009): Use of memantine in treatment of canine compulsive disorders. J Vet Behav 4:118–126

19 Verhaltensprobleme des alten Hundes

B. Schneider

Nicht zuletzt aufgrund der immer besser werdenden tierärztlichen Versorgung werden unsere Heim- und Begleithunde immer älter. Mit zunehmendem Alter kommen nicht nur körperliche Gebrechen häufiger vor. Es kann auch zu verschiedenen Verhaltensänderungen kommen. Im Folgenden werden das kognitive Dysfunktionssyndrom sowie die sogenannte nächtliche Trennungsangst besprochen.

19.1 Kognitives Dysfunktionssyndrom

Das kognitive Dysfunktionssyndrom, landläufig auch „Hunde-Alzheimer" genannt, ist eine Erkrankung, die bei älteren Hunden auftritt.

Vorkommen

Mittlerweile wissen viele Haustierärzte und auch einige Besitzer um diese Erkrankung und sie wird etwas häufiger als früher diagnostiziert. Wie häufig diese Erkrankung aber momentan wirklich vorkommt, ist in der Literatur noch nicht genau beschrieben. Dies erklärt sich auch aus der Tatsache, dass in manchen Studien schon leichte Abweichungen im Bereich der Hauptsymptomenkomplexe (siehe dort) als alleinige Anzeichen für das kognitive Dysfunktionssyndrom gewertet werden. Eine Rassedisposition konnte bislang noch nicht nachgewiesen werden, sie wird aber vermutet. Laut verschiedenen Studien hat auch das Geschlecht einen Einfluss auf das Auftreten der Erkrankung. So kommt sie eventuell bei weiblichen und kastrierten Tieren häufiger vor als bei männlichen oder intakten.

Ätiologie

Die Ätiologie scheint sehr ähnlich der menschlichen Alzheimer-Erkrankung zu sein. Aus bislang noch nicht näher geklärten Gründen kommt es bei betroffenen Hunden zu einer vermehrten Ablagerung von Lipofuszin oder β-Amyloid-Plaques im Gehirn. Diese führen zu einer zunehmenden geistigen Beeinträchtigung der Hunde.

Ähnlich wie bei der menschlichen Alzheimer-Erkrankung kann nicht ausgeschlossen werden, dass eine mangelhafte geistige Aktivität zu einem früheren Auftreten und einem schnelleren Verlauf der Erkrankung führen kann.

Symptome

Die Symptome werden in fünf Leitsymptomenkomplexe eingeteilt, die im angloamerikanischen Sprachraum durch das Akronym **DISHA** beschrieben werden. Dabei handelt es sich um die

- **Desorientiertheit** (= disorientation: D),
- die veränderte **Interaktion** mit bekannten Personen oder Tieren (= interaction: I),
- die Änderungen im **Schlaf-wach-Rhythmus** (= sleep cycle: S),
- der **Stubenreinheit** (= housesoiling: H) und
- um die veränderte **Aktivität** (= activity: A).

Desorientiertheit

Die Desorientiertheit ist sicher der Symptomenkomplex, auf den bei der Diagnosestellung am meisten Augenmerk gerichtet werden sollte. Häufige Symptome in diesem Bereich sind das ziellose Umherwandern, ein „ins Leere Starren" oder das Nichterkennen bekannter Personen. Letzteres ist typischerweise nicht jeden Tag in gleichen Ausmaß zu beobachten. An manchen Tagen erkennen die Hunde bekannte Personen problemlos, an anderen werden Besitzer jedoch wie Fremde verbellt. Typisch für diese Erkrankung ist es auch, dass erkrankte Hunde hinter Möbeln (z. B. Sofa) regelrecht „feststecken", also nicht mehr wissen, wie sie dahinter wieder hervorkommen können. Auch das Warten an der falschen Tür, um hinaus gelassen zu werden, oder der Anschein, vergessen zu haben, weshalb sie hinaus wollten, wenn sie denn dann draußen sind, sind bei betroffenen Tieren zu beobachten (► Abb. 19-1).

Oft machen die betroffenen Hunde einen insgesamt verwirrten Eindruck. Manche zeigen auch die Unfähigkeit, einfache Hindernisse zu überwinden, sowie eine mangelnde Reaktion auf das Rufen des Namens oder auf bekannte und früher gut sitzende Kommandos.

Veränderte Interaktionen

Typisch für diesen Leitsymptomenkomplex sind ein vermindertes Verlangen nach Streicheln und Aufmerksamkeit. Manche betroffenen Hunde entziehen sich darüber hinaus dem Streicheln. Sie reagieren manchmal nicht auf die Ankunft oder Anwesenheit von Besitzern und/oder weiteren Hunden im Haushalt. Ein reduziertes Interesse an Spielzeugen sowie an interaktiven Spielen bei Hunden, die das vorher immer gerne taten, können ebenfalls typische Verhaltensänderungen sein. In Einzelfällen sind Hunde auch plötzlichen Stimmungsschwankungen unterworfen bzw. allgemein leichter reizbar.

Abb. 19-1
Desorientiertheit ist der wichtigste Leitsymptomenkomplex beim kognitiven Dysfunktionssyndrom Betroffene Hunde machen wie hier den Eindruck, als hätten sie vergessen, was sie eigentlich machen wollten (hier: Ballspielen).

Veränderter Schlaf-wach-Rhythmus

Generell ist bei betroffenen Hunden der Schlaf-wach-Rhythmus dahingehend gestört, dass es in 24 Stunden zu vermehrtem Tagesschlaf und reduziertem Nachtschlaf kommt. Es kann zudem zu einem Wechsel von Insomnie (Schlaflosigkeit) mit Hypersomnie (Schlafsucht) kommen. Typischerweise kommt es vor allem in den Abend- oder Nachtstunden zu vermehrter Unruhe und zu winselndem Auf- und Abwandern.

Stubenreinheit

Dieser Leitsymptomenkomplex kann selbstredend nur bei solchen Hunden diagnostisch verwertet werden, die zuvor stubenrein waren. Die erkrankten Hunde urinieren oder koten ab und zu in das Haus. Immer wieder passiert dies auch direkt im Anschluss an einen längeren Spaziergang. Die erkrankten Hunde zeigen oft auch seltener an, dass sie nach draußen müssen.

Veränderte Aktivität

Die Aktivität der Hunde kann sich dahingehend verändern, dass sie vermehrt stereotyp anmutendes Auf- und Ablaufen zeigen, bzw. ziellos umherwandern. Es kommt zu einer Abnahme zielgerichteter Aktivität. Die Hunde zeigen auch meist insgesamt weniger Interesse an ihrer Umgebung sowie weniger Reaktionen auf verschiedene Stimuli.

Diagnose und Differenzialdiagnosen

Vor einer möglichen Diagnosestellung muss auch beim kognitiven Dysfunktionssyndrom ein Ausschluss medizinischer Ursachen für die beobachteten Verhaltensänderungen erfolgen. Beim alten Hund kommen ganz besonders neoplastische Veränderungen des ZNS sowie schmerzhafte Geschehen differenzialdiagnostisch in Frage.

Die empfohlene Vorgehensweise zur Diagnosefindung besteht darin, die einzelnen Punkte der Leitsymptomenkomplexe bei monatlichen Untersuchungen abzufragen. Eine entsprechende Checkliste zum Abhaken in der normalen tierärztlichen Konsultation findet sich im Anhang (Schneider und Erhard, 2010). In der Literatur wird fast immer vom Vorliegen des kognitiven Dysfunktionssyndroms ausgegangen, wenn eines der oben erwähnten Symptome zutrifft. Davon ist allerdings in der Praxis dringend abzuraten!

> **!** Einige der Symptome für kognitives Dysfunktionssyndrom werden auch bei schmerzhaften Prozessen gezeigt. Sie dürfen daher nicht als alleiniges diagnostisches Kriterium gewertet werden!

Einige der genannten Symptome (z. B. „ins Leere starren“, Auf- und Abwandern etc.) sind z. B. auch Anzeichen für Schmerzen. Andere überlagern sich eventuell auch mit den Symptomen der nächtlichen Trennungsangst (s. u.). Zudem kann es schwer sein, normale Alterungsprozesse von den krankhaften Veränderungen beim kognitiven Dysfunktionssyndrom abzugrenzen. Zu diesen normalen Prozessen gehören unter anderem Veränderungen im Schlaf-wach-Rhythmus mit vermehrtem Tagesschlaf ebenso wie auch eine reduzierte Lern- und Erinnerungsfähigkeit.

Abhängig von der Anzahl der gezeigten Symptome und deren Entwicklung im Verlauf, kann die Diagnose gestellt werden, wenn zuvor andere medizinische Ursachen ausgeschlossen wurden.

Empfehlenswert ist somit das folgende, strukturierte Vorgehen bei Verdacht auf kognitives Dysfunktionssyndrom:

1. Ausführliche Allgemeinuntersuchung, mit Augenmerk v. a. auch auf schmerzhafte Prozesse
2. Abfragen der einzelnen Symptome innerhalb aller Leitsymptomenkomplexe
3. Wiederholung der Allgemeinuntersuchung und Abfragen der Symptome in vierwöchentlichem Rhythmus
4. Therapiebeginn bei deutlichem Verdacht auf kognitives Dysfunktionssyndrom

Therapie

Therapeutisch sind verschiedene Maßnahmen möglich, die jedoch am effektivsten in einer Kombination sind.

Verhaltenstherapeutisch sollte eine milde, auf die momentanen Fähigkeiten des betroffenen Hundes abgestimmte geistige Stimulation (z. B. neue Kommandos, neue Spazierwege, Futterspielzeuge, Interaktionen mit anderen Hunden) erfolgen.

Spezialfuttermittel zur Verbesserung der kognitiven Fähigkeiten, die auf alte Hunde abgestimmt und mit Antioxidantien angereichert sind, sollten zwingend zum Einsatz kommen. Derzeit ist nur die Wirksamkeit von Hill's b/d®, das explizit für kognitiv eingeschränkte alte Hunde entwickelt wurde, in entsprechenden Studien belegt. Doch auch andere Futtermittel für alte Hunde, die z. B. reich an Antioxidantien und Mitochondrienfaktoren sind, können durchaus ähnlich hilfreich sein.

Nutraceuticals, also sogenannte funktionelle Futtermittel, sind ebenfalls speziell für alte Hunde erhältlich. Die Wirksamkeit der zwei Präparate Aktivait® (aus Großbritannien; Hersteller Vetplus) und Senilife® (aus Italien; Hersteller Innovet Italia) wurde bereits belegt (Heath et al. 2007 und Osella et al., 2007). Beide Produkte sind Kombinationspräparate, die Antioxidantien enthalten sowie gedächtnisstärkende Stoffe, wie z. B. Phosphatidylserin, Coenzym Q10 oder Ginkgo biloba. Sie können anstelle einer Futtermittelumstellung (z. B. bei allergischen Hunden) gegeben werden. Alternativ zu den beiden erwähnten Kombinationspräparaten können zusätzlich zu einem entsprechenden Spezial-Futtermittel für alte Hunde Coenzym Q10 und L-Acetyl-Carnithin gegeben werden, da diese Stoffe die kognitive Fähigkeiten verbessern.

Psychopharmaka sind ebenfalls sinnvoll für die Therapie des kognitiven Dysfunktionssyndroms. Mit dem veterinärmedizinisch zugelassenen Präparat Selegilin (Selgian®, Hersteller CEVA ▸ Kap. 6, Fallbeispiel) steht ein wirksames veterinärmedizinisches Therapeutikum zur Verfügung. Es sollte morgens verabreicht werden, um tagsüber eine optimale Wirkung zu gewährleisten. Aber auch mit S-Adenosylmethionin können beim kognitiven Dysfunktionssyndrom therapeutische Erfolge erzielt werden (Remé et al., 2008).

Prognose

Die Prognose ist beim kognitiven Dysfunktionssyndrom langfristig immer infaust, da es sich um einen irreversiblen, fortschreitenden degenerativen Prozess im Gehirn handelt. Dennoch kann mit einer frühzeitigen und adäquaten Therapie kurz- und eventuell sogar mittelfristig eine deutliche Verbesserung bzw. Beibehaltung einer akzeptablen Lebensqualität erreicht werden.

Prophylaxe

Eine sichere Prophylaxe ist, ähnlich wie bei der menschlichen Alzheimer-Erkrankung, nach momentanem Wissensstand nicht möglich. Es hat sich allerdings bewährt, Hunde auch im Alter angemessen geistig auszulasten und zu stimulieren.

Das kann u. a. durch das regelmäßige Trainieren neuer Kommandos, das Gehen unbekannter Spazierwege oder das Anbieten wechselnder Intelligenz- und Futterspielzeuge geschehen. Zudem sollte ab dem 7. oder 8. Lebensjahr eine Umstellung auf ein Futtermittel erfolgen, das speziell auf die Bedürfnisse alter Hunde ausgerichtet und reich an Antioxidantien ist. Jährliche sogenannte geriatrische Vorsorgeuntersuchungen sollten durchgeführt werden. Bei diesen Gelegenheiten sollten die Leitsymptomenkomplexe immer abgefragt werden, um das Frühstadium dieser Krankheit erkennen zu können.

19.2 Nächtliche Trennungsangst

Als nächtliche Trennungsangst wird in der tierärztlichen Verhaltensmedizin ein Symptomenkomplex bezeichnet, der vorwiegend bei älteren Hunden auftritt. Hierbei kommt es vor allem abends und nachts zu trennungsangstähnlichen Symptomen. In der Regel sind eher solche Hunde betroffen, die bereits vorher ängstlich waren.

Ätiologie

Die Ursache für die nächtliche Trennungsangst ist immer ein zugrunde liegendes medizinisches Problem, das den Hund in gewissem Maße beeinträchtigt und dadurch auch beunruhigt. Vermutlich tritt das Angstverhalten vor allem deshalb besonders abends und nachts auf, da dann eine psychische (und meist auch physische) Trennung vom Besitzer gegeben ist und der Hund darüber hinaus kaum oder keine Ablenkung hat. Er kann sich dann deutlicher auf sein Unwohlsein und seine daraus resultierende Unruhe einlassen. Zudem kann es aufgrund von schmerzhaften Prozessen vermehrt zu Schlafstörungen und dadurch zur nächtlichen Unruhe kommen.

Symptome

Die typischen Symptome der nächtlichen Trennungsangst umfassen rastloses Umherwandern, exzessives Hecheln, Vokalisation (Winseln, Bellen), Angstverhalten, einen veränderten Schlafrhythmus mit reduziertem Nachtschlaf und vermehrtem Tagesschlaf, aufmerksamkeitsforderndes Verhalten, sowie Urin- und/oder Kotabsatz im Haus bei vorher stubenreinen Hunden.

Das erste Auftreten der Symptome ist in der Regel sehr plötzlich. Typischerweise treten diese Symptome vor allem abends und nachts auf. Tagsüber verhalten sich die Hunde meist unauffällig.

Diagnose und Differenzialdiagnosen

Die Diagnosestellung erfolgt aufgrund der typischen, plötzlich auftretenden Symptomatik und einer gründlichen medizinischen Untersuchung. Häufig ist es so, dass die nächtliche Trennungsangst bereits zu einem Zeitpunkt auftritt, zu dem das zugrunde liegende medizinische Problem noch nicht nachgewiesen werden kann.

Das Vorliegen der nächtlichen Trennungsangst weist immer auf ein vorhandenes medizinisches Problem hin, das gefunden werden muss.

Differenzialdiagnostisch kommen das kognitive Dysfunktionssyndrom (s. o.) in Frage, ebenso wie eine nur nächtens auftretende Geräuschangst oder eine echte Trennungsangst (► Kap. 15.2). Letztere würde auch tagsüber unverändert auftreten und nicht nur in den Abend- oder Nachtstunden.

Therapie

Im ersten, wichtigsten Schritt, muss die zugrunde liegende Erkrankung nach Möglichkeit behandelt werden. Kann diese (noch) nicht gefunden werden, so müssen in regelmäßigen Abständen entsprechende Untersuchungen erfolgen, um die Problematik mittelfristig zu finden.

Begleitend dazu sollten aber verschiedene Maßnahmen getroffen werden, um die Lebensqualität des Hundes zu verbessern.

Ein geregelter Tagesablauf ist sinnvoll, da dies allgemein stressreduzierend ist. Es sind auf regelmäßige Fütter-, Spaziergeh-, Spiel-, Trainings- und Ruhezeiten zu achten.

Eine körperliche Auslastung und geistige Auslastung sollte ebenfalls als allgemein stressreduzierende sowie schlaffördernde Maßnahme empfohlen werden. Individuelle Maßnahmen sind nach Möglichkeiten des Hundes zu wählen. Grundsätzlich können zur geistigen Auslastung neue Kommandos trainiert werden, die dem Besitzer erlauben, gezielter mit seinem Hund zu kommunizieren, vor allem in stressbehafteten Situationen. Dies ist ebenfalls eine allgemein angstreduzierende Maßnahme.

Ein mildes Distanztraining (► Kap. 15.2) kann eventuell im Einzelfall angezeigt sein, um dem Hund die nächtliche Trennung vom Besitzer zu erleichtern. Ob diese Maßnahme sinnvoll ist, ist eine Einzelfallentscheidung!

Der Komfort zuhause muss für den Hund aufrechterhalten werden. Dies sollte gegenüber den Besitzern unbedingt kommuniziert werden, da diese meist Maßnahmen zur Reduzierung der Symptome ergreifen, die den Stress für den Hund erhöhen. Wurde z. B. der Zugang zu Wasser nachts verhindert (um das Urinieren im Haus zu unterbinden), so muss dies rückgängig gemacht werden. Wurde der Schlafplatz aufgrund der Unruhe des Hundes weit von den Besitzern entfernt verlegt, so sollte überlegt werden, den Hund wieder näher bei den Besitzern schlafen zu lassen, um die Unruhe zu reduzieren. Zudem muss der Alltag insgesamt für den Hund angenehm gestaltet werden, und es sollten Beschäftigungsmöglichkeiten wie Futterspielzeuge zur Verfügung stehen.

Medikamente sind schließlich ebenfalls sinnvoll, um die Lebensqualität zu verbessern. Zum einen können Anxiolytika wie z. B. SSRIs, Clomipramin oder Buspiron (► Kap. 6) zum Einsatz kommen, vor allem wenn das Angstverhalten sehr deutlich ist. Bei dieser Problematik kann auch das trizyklische Antidepressivum Amitriptylin (► Kap. 6) zum Einsatz kommen, da es neben der anxiolytischen auch eine analgetische Wirkung hat. Insgesamt kann eine (diagnostische) Behandlung mit Schmerzmitteln sinnvoll sein, um dem Hund Erleichterung zu verschaffen. Zur Förderung des nächtlichen Schlafes kann auch eine Behandlung mit 3–9 mg Melatonin eine Stunde vor der Schlafenszeit versucht werden. Melatonin kann problemlos in Kombination zu allen oben erwähnten Psychopharmaka gegeben werden.

Prognose

Die Prognose ist abhängig vom zugrunde liegenden medizinischen Problem und davon, ob dieses behandelt werden kann. Kann es beseitigt werden, so ist die Prognose gut. Eine Verbesserung der Angstproblematik kann aber auch bei unbehandelbaren Problemen meist für eine gewisse Zeit erreicht werden.

Fallbeispiel

Nächtliches Angstverhalten

Vorstellungsgrund

Die 7 Jahre alte kastrierte Berner Sennenhündin Betty zeigt deutliches Angstverhalten nachts und selten auch auf Spaziergängen.

Anamnese

Betty wurde als Welpe von den jetzigen Besitzern, einem Ehepaar, übernommen. Sie war immer ein etwas ängstlicher Hund, aber es gab keine größeren Probleme. Seit etwa 2 Monaten zeigt Betty vor allem abends deutliches Angstverhalten mit Hecheln, Sabbern ziellosem Umherwandern und Winseln. Sie schläft auch nicht mehr durch und ist nachts oft wach. Kurze Zeit darauf wurde sie mit einem hepatischen Karzinom diagnostiziert. Es besteht Verdacht auf malignes Histiozytom. Die Prognose ist laut der Onkologen infaust. Bislang hat die Schmerzmedikation durch die tierärztlichen Onkologen keine Verbesserung gebracht. Betty wurde an einen Verhaltensspezialisten überwiesen, um eine bessere Lebensqualität für ihre letzten Monate sicherzustellen.

Diagnose

Nächtliche Trennungsangst aufgrund medizinischer Ursachen

Prognose

Die Prognose bezüglich des Angstverhaltens wurde als vorsichtig eingestuft, da nicht ganz klar ist wie gut auch das Schmerzgeschehen behandelbar ist.

Therapie

- weiterhin Schmerzmittelgabe (Onkologie beginnt Gabapentin-Gabe)
- Melatonin 6 mg abends und 10 mg Buspiron zweimal täglich
- Komfort beibehalten und erhöhen: Betty sollte bei Besitzern schlafen, Spaziergänge sind immer wieder anzubieten, aber nur in von Betty gewünschtem Ausmaß, Betty sollte Futterspielzeuge ständig zur Verfügung haben

Verlauf

Bettys Angstverhalten bessert sich innerhalb einer Woche. Sie geht nun immer problemlos auf Spaziergänge und schläft auch nachts besser und ruhiger. 6 Wochen nach Behandlungsbeginn wird Betty aufgrund fortschreitenden körperlichen Verfalls euthanasiert.

Zusammenfassung

- Wichtige Verhaltensprobleme alter Hunde sind das kognitive Dysfunktionssyndrom und die nächtliche Trennungsangst.
- Das kognitive Dysfunktionssyndrom geht ähnlich wie die menschliche Alzheimer-Erkrankung mit Veränderungen im Gehirn einher, die die kognitiven Fähigkeiten schrittweise immer weiter beeinträchtigen.
- Die Leitsymptomenkomplexe des kognitiven Dysfunktionssyndroms sind Desorientiertheit, veränderte Interaktionen, Veränderungen im Schlafrhythmus, Stubenunreinheit sowie veränderte Aktivität. Die Desorientiertheit ist hierbei diagnostisch besonders zu beachten.
- Therapeutisch kommen milde mentale Stimulation, eine Futterumstellung bzw. Supplementierung mit gedächtnisstärkenden Nutraceuticals sowie eine Therapie mit Selegilin in Frage.
- Die Ursache für die nächtliche Trennungsangst ist immer ein medizinisches Problem, das den Hund beunruhigt.
- Therapeutisch muss bei der nächtlichen Trennungsangst das zugrunde liegende medizinische Problem behandelt werden. Ansonsten sind Anxiolytika, Schmerzmittel sowie allgemein stressreduzierende Maßnahmen angezeigt.

Literatur

Heath, S., Barabas, S., Craze, P. (2007): Nutritional supplementation in cases of canine cognitive dysfunction – a clinical trial. Appl Anim Behav Sci 105: 284–296

Osella, M., Re, G., Odore, R., Girardi, C., Badino, P., Barbero, R., Bergamasco, L. (2007): Canine cognitive dysfunction syndrome: prevalence, clinical signs and treatment with a neuroprotective nutraceutical. Appl Anim Behav Sci 105: 297–310

Rème, c., Dramard, V., Kern, L., Hofmans, J., Halsberghe, C., Mombiela, D. (2008): Effect of S-adenosylmethionine tablets on the reduction of age-related mental decline in dogs: a double-blinded, placebo-controlled trial VetTher 9: 69–82

Schneider, B., Erhard, M. (2010): Kognitives Dysfunktionssyndrom beim Hund – Vorkommen, Diagnose und therapeutische Maßnahmen. Tierärztliche Praxis. 2/210: 113–118

20 REM-Schlaf-Verhaltensstörung

B. Schneider

Die REM-Schlaf-Verhaltensstörung (auch REM sleep behavior disorder bzw. RBD in der Fachliteratur) ist eine beim Hund sehr selten auftretende Parasomnie. Wie ihr Name bereits sagt, tritt sie während der REM-Phase (= rapid eye movement) des Schlafes auf. Sie ist beim Hund noch nicht gut erforscht und somit ist man in großen Teilen auf Forschungsergebnisse aus dem humanmedizinischen Bereich angewiesen. Durch ihre teils recht spektakulären Symptome löst sie meist große Besorgnis bei den Besitzern betroffener Hunde aus.

Vorkommen

Diese Erkrankung ist so selten, dass sich in der einschlägigen Fachliteratur meist nur Fallberichte und Studien mit einer sehr geringen Patientenzahl finden. Im Gegensatz zur Humanmedizin, wo diese Erkrankung vor allem bei Männern in einem Alter von über 60 Jahren auftritt, ist die Mehrzahl von RBD betroffener Hunde im Welpenalter oder juvenil, wenn die Erkrankung erstmals auftritt (Schubert et al., 2011). Nach bisherigen Erkenntnissen gibt es keine Rasse- oder Geschlechtsdispositionen.

Ätiologie

Der Schlaf beim Hund besteht im Wesentlichen aus zwei Phasen, nämlich der sogenannten REM-Phase und der Non-REM-Phase. Die Non-REM-Phase ist üblicherweise die erste Schlafphase, während der die Tiere unbeweglich sind. Die anschließende REM-Phase dauert bei Hunden in der Regel etwa 10–15 Minuten und ist durch die namensgebenden schnellen Augenbewegungen gekennzeichnet. Es kommt dabei normalerweise zu einer Lähmung der großen Muskelgruppen mit nur unregelmäßigen Muskelzuckungen bei einer dem Wachzustand ähnlichen Gehirnaktivität. Dieser Mechanismus der Muskelatonie gerät bei erkrankten Hunden außer Kontrolle und sie leben ihre meist lebhaften Träume mit kräftigen Bewegungen regelrecht aus. Genaue Ursachen für die fehlende Atonie sind nicht bekannt. Es wurde jedoch des Öfteren ein Zusammenhang zwischen der RBD und Epilepsie beschrieben. Da manche Hunde gut auf eine Behandlung mit Antiepileptika reagieren, kann in solchen Fällen ein epileptiformes Geschehen angenommen werden.

In der Humanmedizin ist die RBD ein relativ zuverlässiger Marker für Erkrankungen aus dem Parkinson-Spektrum, da die Mehrzahl erkrankter Personen im weiteren Verlauf eine entsprechende Erkrankung oder eine Demenz mit Lewy Körperchen entwickelt. Auch beim Hund gibt es Hinweise, dass die RBD, wenn sie denn erstmals im Erwachsenenalter auftritt, ein guter Hinweis auf weitere neurologische Abnormalitäten sein kann.

Symptome

Betroffene Hunde zeigen manchmal während der REM-Phase des Tages- oder Nachtschlafes heftige Bewegungen der Extremitäten und Vokalisationen wie Jaulen, Knurren und Bellen. In Einzelfällen kann es auch zu Beißvorfällen kommen. Zudem kann es sein, dass sich die Hunde hin und her werfen sowie sich durch ihre heftigen Bewegungen durch den Raum manövrieren. Dabei kann es zum Anstoßen an Gegenstände und daraus folgenden Selbstverletzungen kommen. Unbeteiligte Tiere oder Personen können ebenfalls verletzt werden, wenn sie z. B. mit dem erkrankten Hund im selben Bett schlafen. Während der Episoden sind die Hunde weckbar und erscheinen nach dem Aufwachen völlig normal, ohne Anzeichen von Ataxie oder mentaler Beeinträchtigung.

Diagnose und Differenzialdiagnosen

Diagnostisch wäre, analog zur Humanmedizin, ein Polysomnogramm am sinnvollsten. In der Praxis ist man aber auf Videoaufnahmen des Verhaltens sowie eine detaillierte Anamnese angewiesen. In letzterer muss abgefragt werden, ob das Verhalten ausschließlich in der REM-Phase auftritt, ob sonstige epileptiforme Anfälle beobachtet werden und ob der Hund während einer Episode gut weckbar ist. Wenn nicht, ist das eher ein Hinweis auf eine klassische Epilepsie. Diese ist auch die wichtigste Differenzialdiagnose. Da Schlaf epileptische Anfälle auslösen kann, kann es im Einzelfall dazu kommen, dass epileptiforme Erkrankungen zunächst nur im Schlaf für den Besitzer auffällig werden. Insgesamt kann es aber schwierig sein, ein rein epileptisches Geschehen abzugrenzen, da es, wie bereits erwähnt, auch bei einem epileptiformen Geschehen zu einer RBD kommen kann.

Therapie

In der Humanmedizin wird Clonazepam als Standardbehandlung eingesetzt. Dieses Benzodiazepin ist auch in einigen Fällen beim Hund wirksam. Aber auch Antiepileptika (z. B. Phenobarbital, Kaliumbromid) sowie das trizyklische Antidepressivum Clomipramin wurden schon zur erfolgreichen Behandlung verwendet. Die Medikamente reduzieren die Ausprägung der Symptome. Zusätzlich müssen Managementmaßnahmen zur Reduktion der Verletzungsgefahr ergriffen werden, wie z. B. Polstern des Schlafplatzes, Verlegung des Schlafplatzes auf den Boden, Entfernen von Gegenständen, an denen sich der Hund verletzten kann, etc.

Prognose

Tritt die RBD bereits im jugendlichen Alter auf, so nimmt die Erkrankung meist keinen progressiven Verlauf und die Lebenserwartung der betroffenen Hunde ist i. d. R. nicht beeinträchtigt. Wird sie allerdings zum ersten Mal im Erwachsenenalter auffällig, ist es ähnlich wie beim Menschen so, dass die Erkrankung meist ein erster Vorbote zugrunde liegender neurologischer Abnormalitäten ist.

Die Erkrankung kann nicht geheilt werden. Durch die Behandlung kann nur eine Reduktion der Symptome erreicht werden.

Zusammenfassung

- Die REM-Schlaf Verhaltensstörung ist eine selten auftretende Erkrankung, bei der Träume „ausgelebt" werden.
- Therapeutisch sind vor allem Clonazepam und Antiepileptika wirkungsvoll.

Literatur

Schubert, T., Chidester, R., Chrisman, C. (2011): Clinical characteristics, management and long-term outcome of suspected rapid eye movement sleep behaviour disorder in 14 dogs. J Small Anim Pract. 52: 93–100

21 Narkolepsie

B. Schneider

Bei der Narkolepsie, im Volksmund auch „Schlafkrankheit" genannt, handelt es sich um eine neurologische Erkrankung und nicht um eine Verhaltensstörung im eigentlichen Sinn. Es kommt dabei zu deutlichen Störungen der normalen Schlaf-wach-Zyklen.

Vorkommen

Diese Erkrankung ist nicht besonders häufig, aber wurde schon bei einigen Hunderassen beschrieben. Bei Dobermann, Labrador, Dackel, Pudel und Beagle ist eine Erblichkeit nachgewiesen. Narkolepsie wird autosomal-rezessiv vererbt. Das bedeutet, dass beide Elterntiere Überträger sind, wenn es zu einem erkrankten Welpen kommt.

Ätiologie

In vielen Fällen wird von einer idiopathischen Narkolepsie ausgegangen.

Eine Störung bzw. ein niedriger Spiegel der für den Schlaf-wach-Rhythmus wichtigen Neuropeptide Hypocretin/Orexin kann bei vielen betroffenen menschlichen Patienten nachgewiesen werden. Auch bei häufig betroffenen Rassen wie Labrador, Dobermann und Dackel wird die Erkrankung nachgewiesenermaßen durch Mutationen im Gen für den Hypocretin-Rezeptor-2 (HCRTR2) verursacht (Lin et al., 1999). Für diese drei Rassen gibt es auch schon kommerzielle Tests, die die entsprechende Genmutation nachweisen können.

Eine weitere in der Humanmedizin vermutete Ursache für Narkolepsie ist eine Autoimmunerkrankung. Dies lässt sich für Hunde nach momentanem Kenntnisstand ebenfalls nicht ausschließen.

Symptome

Die wichtigsten Symptome der Narkolepsie sind eine exzessive Tagesschläfrigkeit und Tagesmüdigkeit sowie spontane Einschlafattacken. Zusätzlich geht diese Problematik häufig mit Kataplexie einher. Unter Kataplexie versteht man einen plötzlichen Verlust der Muskelspannung bei uneingeschränktem Bewusstsein. Typischerweise werden diese kataplektischen Anfälle durch starke (positive) Affekte ausgelöst. Dies kann beispielsweises das Gassigehen, Freude über ein besonderes Leckerchen, die Begrüßung des Besitzers, oder auch Spiel sein. Dieser Verlust der Muskelspannung kann wenige Sekunden bis zu 20 Minuten dauern. Die Kataplexie kann den gesamten Körper oder nur einzelne Körperteile betreffen. In ersterem Fall knicken typischerweise erst die Hinterbeine weg und es kommt zum Hinsetzen, Umfallen und schließlich auch zur vollkommenen Bewegungslosigkeit. Der Hund bleibt dabei bei Bewusstsein.

Narkolepsie kann aber auch ohne kataplektische Komponente auftreten. Dann sind meist die Einschlafattacken das spektakulärste Symptom. Dabei kollabiert der Hund ebenfalls sehr plötzlich nach einer kurzen Phase mit wackeligen Beinen, ist aber nicht bei Bewusstsein und erscheint schlafend. Auch diese Episoden hören von selbst wieder auf.

Typischerweise treten die ersten Symptome innerhalb der ersten 6 Lebensmonate zum ersten Mal auf.

Diagnose und Differenzialdiagnosen

Diagnostisch ist die genaue Anamnese hilfreich. Ideal sind zudem die direkte Beobachtung eines Anfalls (v.a. bei Kataplexie) und/oder die Analyse eines entsprechenden Videos. Der tägliche Schlaf-wach-Rhythmus muss ebenfalls genau erfasst werden.

Differenzialdiagnostisch kommen vor allem für die Kataplexie-Synkopen in Frage. Daher muss eine Abklärung des Herz-Kreislauf-Systems erfolgen. Eine ausführliche neurologische Abklärung ist ebenfalls erforderlich, um primäre hirnorganische Erkrankungen auszuschließen.

Therapie und Prophylaxe

Therapeutisch sind die Möglichkeiten begrenzt. Wenn es zu kataplektischen Anfällen kommt, sollten die auslösenden starken Affekte reduziert oder vermieden werden. Das bedeutet, dass Fütterung und Gassigehen keine extremen Highlights des Tages sein sollten, und auch der Hund beim Spiel im Erregungslevel nicht zu hoch fahren darf. Darüber hinaus sollten regelmäßige Ruhe- und Schlafpausen ermöglicht werden.

Medikamentell kann eine Behandlung mit dem Amphetamin Methylphenidat (z.B. Ritalin®) erfolgreich sein. Das Medikament besitzt keine tierärztliche Zulassung. In der Literatur sind verschiedene Dosierungen für Hunde angegeben. Die am häufigsten verwendete Dosierung ist ≥ 5 mg/Hund für kleine Hunde, zweimal täglich sowie 20–40 mg/Hund für große Hunde, zweimal täglich (Overall, 2013). Dabei wird immer mit einer niedrigen Dosierung begonnen und je nach Effekt die Dosis und die Häufigkeit der Gabe angepasst. In der Humanmedizin sind in Einzelfällen auch SSRIs (► Kap. 6) erfolgreich in der Behandlung der Narkolepsie.

Der Umfang der Therapiemaßnahmen ist vom Schweregrad der Ausprägung abhängig. Wenn der Alltag des betroffenen Hundes deutlich beeinträchtigt ist, wird man sicher die volle Bandbreite der therapeutischen Möglichkeiten ausschöpfen.

Prophylaktisch sollte in den betroffenen Rassen mit nachgewiesener Erblichkeit der Erkrankung vor Zuchtzulassung ein entsprechender Gentest durchgeführt werden, um Trägertiere zu identifizieren. Diese sollten dann entweder nicht zur Zucht zugelassen werden, oder gezielt nur mit Nicht-Trägertieren verpaart werden. Selbstverständlich sollte bei den Nachkommen der Trägertiere ebenfalls besagter Gentest durchgeführt werden.

Prognose

Die Narkolepsie ist eine unheilbare, aber nicht lebensbedrohliche Erkrankung. Durch die Behandlung kann oft nur eine Reduktion der Symptome erreicht werden. Die Prognose für die Lebenserwartung ist unverändert gegenüber gesunden Hunden, aber die Prognose in Bezug auf eine Symptomfreiheit ist mäßig bis schlecht.

Zusammenfassung

- Die Narkolepsie ist eine selten auftretende neurologische Erkrankung, bei der der Schlaf-wach-Rhythmus gestört ist. Es handelt sich bei einigen Rassen um eine genetische Erkrankung.
- Es kommt zu spontanen Einschlafattacken oder kataleptischen Anfällen.
- Therapeutisch sind vor allem eine Vermeidung der Trigger und auch Methylphenidat wirksam.

Literatur

Lin, L., Faraco, J., Li, R., Kadotani, H., Rogers, W., Lin, X., Qiu, X., de Jong, P., Nishino, S., Mignot, E. (1999): The sleep disorder canine narcolepsy is caused by a mutation in the hypocretin (orexin) receptor 2 gene. Cell 98: 365–376.

Overall, K. L. (2013): Manual of clinical behavioral medicine for dogs and cats. Elsevier, St. Louis, MO, USA

22 Umgang mit körperlich behinderten Hunden

B. Schneider

Körperlich behinderte und beeinträchtigte Hunde sind Teil des tierärztlichen Alltags. Vor allem auch mit der erhöhten Lebenserwartung unserer Haushunde, die u. a. der verbesserten Ernährung und tierärztlichen Betreuung zu verdanken ist, sehen wir immer häufiger Hunde mit altersbedingten körperlichen Gebrechen in den Praxen. Als Beispiel seien hier u. a. die Altersblindheit oder -taubheit genannt. Doch auch durch Unfälle und verschiedene Erkrankungen kann es zu Behinderungen bei Hunden kommen.

Gerade bei behinderten Tieren ist es wichtig, während der Behandlungen auch auf eine akzeptable Lebensqualität zu achten. Denn viele Besitzer machen sich große Sorgen, dass der behinderte Hund schwer leidet, und fragen sich, ob es nicht besser wäre das Tier einzuschläfern. Tierärzte sollten daher nicht nur die medizinische Versorgung solcher Patienten übernehmen, sondern betroffenen Besitzern auch kompetent erklären, welche Auswirkungen die Behinderung auf Physis und Psyche der Tiere hat. Darüber hinaus sollten sie die Besitzer beraten können, wie diese ihren Tieren den Alltag mit der Behinderung erleichtern und lebenswert gestalten können.

22.1 Blindheit/Erblindung

Eine Erblindung oder Blindheit kann eine große Veränderung im Leben eines Hundes darstellen, vor allem wenn es zu einem sehr plötzlichen Sehverlust kommt. Allerdings gibt es auch viele Hunde, die sehr gut mit dem Verlust der Sehfähigkeit zurechtkommen.

Besitzer reagieren dagegen in der Regel immer sehr emotional auf die Diagnose, dass ihr Hund erblindet ist, unabhängig davon, wie gut der Hund mit seiner Behinderung umgehen kann.

22.1.1 Durch Erblindung bedingte Verhaltensänderungen

Vor allem wenn ihr Hund langsam erblindet, fällt den Besitzern meist als erstes auf, dass ihr Hund öfter mal an Gegenstände stößt, zuhause manchmal orientierungslos erscheint und in unbekannten Umgebungen deutlich vorsichtiger ist als üblich. Den Verdacht auf Sehschwierigkeiten äußern auch aufmerksame Besitzer, die bemerken, dass ihr Hund weniger oder gar nicht mehr auf die Körpersprache von anderen

Hunden oder auf Handzeichen des Besitzers reagiert. Die Symptome werden bei schleichenden Prozessen meist erst dann vom Besitzer als auffällig wahrgenommen, wenn die Sehbehinderung schon deutlich fortgeschritten ist.

Der Verlust der Sehfähigkeit kann zu deutlichen Angstsymptomen bei Hunden führen. Hunde, die vorab schon eher ängstlich waren, sind davon in der Regel stärker betroffen und kommen oft deutlich schlechter mit ihrer Behinderung zurecht als im Allgemeinen eher gelassene Hunde. Gerade zu Beginn der völligen Blindheit, vor allem wenn diese relativ plötzlich eintritt, zeigt sich die größte Verunsicherung. Eine weitere mögliche Verhaltensauffälligkeit ist, dass blinde Hunde mitunter stark auf laute oder unbekannte Geräusche reagieren. Eine „normale" Geräuschangst muss hierbei im individuellen Fall ausgeschlossen werden. Es kann in seltenen Einzelfällen auch zu Aggressionen kommen, wenn extrem unsichere, erblindete Hunde plötzlich angefasst oder angesprochen werden und die betreffende Person vorher bei ihrer Annäherung nicht akustisch wahrgenommen haben.

Abschließend muss hier nochmals erwähnt werden, dass viele Hunde gut mit der Erblindung zurechtkommen. Typischerweise haben sich die Hunde nach 3–6 Monaten mit ihrer neuen Situation abgefunden und an sie angepasst.

Eine gewisse Sonderstellung in Bezug auf Verhaltensauffälligkeiten nehmen bereits blind geborene Hunde ein. Diese machen in der Regel keine direkt mit der Behinderung assoziierten Verhaltensänderungen durch. Sie kommen zudem im Alltag meist von Anfang an gut zurecht. Sie orientieren sich stärker mithilfe des Geruchs- und Gehörsinns als sehende Artgenossen. Tendenziell sind allerdings auch von Geburt an blinde Hunde in unbekanntem Terrain meist eher vorsichtig. Sie können meist gut lernen, sich an einem sehenden Zweithund oder am Besitzer zu orientieren, bzw. von letzterem Hinweise zur Beschaffenheit eines unbekannten Geländes zu holen.

22.1.2 Erblindung und Sozialverhalten

Bei blinden Hunden kann es zu unerwarteten Auswirkungen der Behinderungen auf das Sozialverhalten kommen. Dadurch, dass der blinde Hund nicht mehr auf rein körpersprachliche Kommunikationssignale reagieren kann, kann es deutlich leichter zu Auseinandersetzungen mit anderen Hunden kommen. Beispielsweise wird ein drohendes Zähne zeigen oder Anstarren nicht wahrgenommen, ein Knurren aber schon. Auseinandersetzungen sind auch besonders dann zu erwarten, wenn der blinde Hund in einem (leicht) instabilen Rangordnungsverhältnis mit einem oder mehreren Hunden zusammen in einem Mehrhundehaushalt lebt (s. Fallbeispiel Luke und Susi).

Aber auch wenn ein blinder Hund auf dem Spaziergang, in der Hundeschule oder im Alltag andere Hunde trifft, kann es zu Auseinandersetzungen kommen. Besonders wenn die anderen Hunde eine geringe soziale Kompetenz haben, sind deutliche Konflikte vorprogrammiert.

Blind geborene Hunde lernen oft recht gut auch ohne das Wahrnehmen der Körpersprache angemessen bei sozialen Konflikten zu reagieren. Erst spät erblindeten Hunden fällt das deutlich schwerer.

22.1.3 Umgang mit blinden Hunden

Blinde Hunde müssen ganz besonders bei der Orientierung und Erkundung ihrer Umgebung unterstützt werden. Visuelle Informationen müssen sozusagen für den Hund „übersetzt" werden. Nur so kann sichergestellt werden, dass sich der Hund weiterhin in seiner gewohnten Umgebung wohl und sicher fühlt. Bei dieser Unterstützung ist vor allem der Besitzer gefragt. Er kann mit einigen wenigen Maßnahmen schon gut helfen. Dabei gilt, dass dem Hund „Hilfe zur Selbsthilfe" gegeben werden soll, um extreme Abhängigkeit zu vermeiden. Grundsätzlich sollen die Besitzer ihre Hunde dazu ermuntern, ihre Umgebung auch selbst zu erkunden.

Aber auch vorausschauendes Handeln ist möglich: Wenn eine Erblindung absehbar ist, kann auch schon an Kommandos gearbeitet werden, die später wichtig sind, um dem Hund bei der Orientierung zu helfen.

Die verwendeten Hörzeichen müssen immer sehr eindeutig sein. Es kann daher z. B. sinnvoll sein, für „Platz!" ein alternatives Wort (z. B. „Leg dich!", „Runter!" oder „Down!") zu verwenden, da viele Hunde mit der Unterscheidung zwischen „Sitz!" und „Platz!" Probleme haben. Auch „Rechts!" und „Links!" klingen recht ähnlich und für mindestens ein Kommando sollte ein anderes Signalwort verwendet werden („Left!" und „Right!" sind z. B. gute Alternativen). Ein zuverlässiges „Stopp!"-Kommando ist ebenso sinnvoll wie das Einführen von Kommandos für verschiedene Situationen. So sollte der Hund z. B. ein durch ein „Treppe!" darauf hingewiesen werden, dass vor ihm Stufen sind.

Grundsätzlich aber muss zunächst die Orientierung im Alltag gewährleistet sein. Das bedeutet z. B., dass Schlaf- und Liegeplätze sowie Futter- und Wassernapf immer an festen Plätzen bleiben müssen, die der Hund gut erreichen und wiederfinden kann. Diese wichtigen Orte müssen dem Hund immer wieder gezeigt werden. Gerade anfangs (oder wenn ein blinder Hund den Wohnort gewechselt hat) kann es sinnvoll sein, einem blinden Hund nur eingeschränkten Zugang zur Wohnung zu geben, um eine Desorientierung zu vermeiden. Dies gilt in besonderem Maße, wenn der Hund alleine zuhause ist. Sollte ein blinder Hund doch einmal die Orientierung verlieren, muss er an seinen Liege- oder Fressplatz zurückgeführt werden.

PRAXISTIPP

Die **wichtigsten Tipps** für den Umgang mit blinden Hunden in der Wohnung sind:

- Möbel nach Möglichkeit nicht umstellen; wenn, dann nur ein Möbelstück nach dem anderen; Hund muss anschließend auf Veränderung hingewiesen werden.
- Orientierung evtl. durch Duftstoffe (z. B. Vanille- oder Anisextrakt aus dem Backregal) erleichtern, indem damit wichtige Gegenstände geruchlich markiert werden; besonders sinnvoll in unbekannter Umgebung (z. B. Urlaubsreisen).
- Wohnung sollte frei von Hindernissen wie Einkaufstaschen, abgelegten Kleidungsstücken, Schultaschen, Handtaschen, Schuhen etc. gehalten werden. Solche Gegenstände immer zeitnah verräumen.

- Besonders bei plötzlicher Erblindung: akustische Orientierung im Sozialverband erleichtern; Menschen und Tiere im Haushalt tragen unterschiedliche Glöckchen (bzw. Hunde tragen unterschiedlich klappernde Hundemarken am Halsband). Dies ist v. a. bei einer instabilen Rangordnungssituation im Mehrhundehaushalt wichtig.

Das besonders geschärfte Gehör eines blinden Hundes kann auch bei der allgemeinen Orientierung im Alltag genutzt werden. Die Einschätzung von Höhe und Lage der Stufen beim Treppensteigen fällt blinden Hunden z. B. oft leichter, wenn der Besitzer auf jeder Stufe fest und deutlich hörbar auftritt.

Aber auch sehende Zweithunde können einem blinden Hund unter Umständen helfen, da es oft dazu kommt, dass sich der sehbehinderte Hund am sehenden orientiert und dessen Führung folgt. Dies kann besonders auf Spaziergängen in unbekanntem Gelände sehr hilfreich sein. Diese sollten bei plötzlicher Erblindung anfangs am besten an der Leine erfolgen, da so dem Hund besser dabei geholfen werden kann Hindernisse zu umgehen und eventuelle Gefahren wie Wassergräben, Löcher, Abhänge etc. zu erkennen.

PRAXISTIPP

Die **wichtigsten Tipps** für den Umgang mit blinden Hunden auf dem Spaziergang sind:

- Hund in schwierigem und/oder unübersichtlichem Gelände anleinen
- plötzliche Richtungswechsel durch verbales Kommando ankündigen
- Den Hund mit neu trainierten Kommandos lenken (z. B. „Geh rechts!" oder „Achtung!" bzw. „Stop!").

Bei blinden Hunden kann manchmal eine besondere Geräuschempfindlichkeit beobachtet werden. Ist das der Fall, so muss der Besitzer vorausschauend handeln und z. B. beim Spaziergang evtl. die Richtung ändern, um Distanz zum (potenziellen) Geräusch zu schaffen. Eine andere Möglichkeit ist es, den Hund verbal darauf vorzubereiten, dass ein lautes Geräusch bevorsteht (z. B. Motorrad wird gestartet, Baustellengeräte sind aktiv etc.). Dies kann einfach durch ein immer in entsprechenden Situationen vor einem Geräusch gegebenes Kommando (z. B. „Laut!") geschehen.

Fallbeispiel

Aggression zwischen 2 Hunden

Vorbericht

Luke, ein 6 Jahre alter kastrierter Lhasa Apso Rüde wird zusammen mit der, im selben Haushalt wohnenden Susi, einer 6-jährigen, kastrierten Lhasa Apso Hündin, wegen plötzlich aufgetretener Aggressionsprobleme zwischen den beiden in der Verhaltenspraxis vorstellig.

Anamnese

Die Besitzer sind ein Mutter-Tochter-Gespann. Beide Hunde wurden von ihnen als Welpen von einer privaten Züchterin übernommen. Es handelt sich um Wurfgeschwister.
Es gab nie nennenswerte Auseinandersetzungen zwischen den beiden Hunden. Susi ist deutlich ranghöher, was von Luke problemlos akzeptiert wird. Seit einigen Monaten jedoch kommt es immer wieder sehr plötzlich zu durchaus heftigen Beißereien zwischen den Hunden. Laut den beiden Besitzerinnen „fängt Susi immer an". Es erscheint ihnen so, als würde Luke sich nur wehren. Die Besitzerinnen sind sehr bestürzt über diese plötzlichen und v. a. sehr heftigen Auseinandersetzungen.
Die aggressiven Auseinandersetzungen zwischen den beiden Lhasa Apsos ereignen sich laut Besitzerinnen vor allem in Durchgängen oder im engen Flur. Meist kommt es zu Beißereien wenn Susi auf ihrem Körbchen im Flur ruht oder schläft. Die Besitzerinnen beobachten, dass Luke kommt, vorbeigehen will und Susi dann plötzlich aufspringt und angreift. Die Besitzerinnen denken, dass Luke Susi manchmal berührt, bevor es zu einem Angriff kommt. Susis Attacken auf das Vorbeigehen von Luke wurden mit der Zeit immer häufiger und heftiger. Im Zuge dessen begann Luke sich immer vehementer zu wehren.
Es kommt auch zunehmend zu Auseinandersetzungen um Kauknochen oder den Zugang zur Wasserschüssel.
Bezüglich des Gesundheitszustandes sind bei Susi keine Erkrankungen bekannt. Luke ist dagegen vor einigen Monaten aufgrund einer akuten Netzhautdegeneration unbekannter Genese erblindet.

Verhalten der Hunde während der Beratung

Luke und Susi sind etwas übergewichtig, aber machen beide einen sehr freundlichen und auch ruhigen, entspannten Eindruck. Während der Beratung, kommt es zu keinen Zwischenfällen. Beide Hunde beschnuppern sich häufig gegenseitig. Mehrfach wird beobachtet, dass Susi Spielaufforderungen (Vorderkörpertiefhaltung) macht. Luke geht auf diese aber erst dann ein, wenn Susi gleichzeitig laut bellt. Dann spielen beide Hunde gut miteinander. Luke ist in unbekannter Umgebung auffällig ruhig und vorsichtig.

Diagnose

Im Zuge der Anamnese wurde klar, dass die Probleme ziemlich genau zu dem Zeitpunkt von Lukes Erblindung begannen. Den Besitzerinnen war dieser direkte Zusammenhang nicht aufgefallen. Da Luke sich sehr schnell an seine Erblindung im Alltag angepasst hatte und insgesamt gut zurechtkommt, hatten sich die Besitzerinnen nie Gedanken über die Auswirkungen von Lukes Erblindung auf das Sozialverhalten gemacht.
Da Luke der rangniedrigere Hund ist, und Susi großen Wert auf den Individualabstand legt, muss Luke ihr aus dem Weg gehen. Aufgrund seiner Erblindung hat er allerdings Probleme, Susi genau zu lokalisieren, bzw. an ihr vorbeizugehen, ohne sie zu berühren. Zusätzlich kann Luke bei einer Auseinandersetzung (z. B. um einen Leckerbissen) auf leichte Drohsignale, wie Starren, Zähne zeigen etc. nicht mehr adäquat reagieren, da er sie nicht wahrnimmt. Deshalb musste Susi im Laufe der Zeit ihre Aggression steigern, um eine Reaktion von Luke zu bekommen und ihn auf seine Rangposition zu verweisen. Luke hingegen sieht sich vielen „plötzlichen" Angriffen ausgesetzt, gegen die er sich zur Wehr setzt, da er vermutlich oft gar nicht weiß, weshalb Susi so aggressiv reagiert.

Therapie

Beide Hunde kommen im Großen und Ganzen noch gut miteinander aus. Nur in einigen wenigen, sehr spezifischen Situationen kommt es zu Problemen. Daher wird großer Wert auf Managementmaßnahmen und Aufklärung der Besitzerinnen gelegt. Konfliktsituationen sollen verhindert werden, um das Verhältnis der Hunde zueinander wieder zu festigen:

- Susis Schlafplätze liegen nicht mehr im engen Flur oder in Durchgängen. Die Besitzer sollen sie auf ihren Platz schicken, falls sie im Weg liegt. Susis Schlafplätze liegen erhöht, sodass Luke nicht versehentlich an sie stoßen kann.
- Kauknochen und Spielzeug werden nur noch unter Aufsicht gegeben und wenn die Hunde getrennt sind.
- Mehrere Wasserschüsseln werden aufgestellt und Luke gezeigt, sodass beide Hunde problemlos gleichzeitig trinken können.

Verlauf

Innerhalb von 8 Wochen normalisierte sich das Verhältnis zwischen beiden Hunden Schritt für Schritt. Die Auseinandersetzungen wurden immer seltener und nach 8 Wochen nur noch extrem selten sowie in sehr abgeschwächter Form beobachtet. Luke und Susi lebten noch über viele Jahre hinweg problemlos und einträchtig miteinander.

22.2 Taubheit

Der Verlust der Hörfähigkeit wird von Hunden in der Regel ebenfalls gut verkraftet, vor allem wenn er graduell erfolgt und wenn es sich um Alterstaubheit handelt. Auch die Besitzer reagieren meist nicht extrem emotional, wenn bei ihrem Hund Taubheit diagnostiziert wird. Beim altersbedingten Gehörverlust wird dies als „völlig normal" eingestuft. Eine ausreichende Lebensqualität wird viel seltener in Frage gestellt als bei der Blindheit.

22.2.1 Durch Taubheit bedingte Verhaltensänderungen

In der Regel wird bei (beginnender) Taubheit als erstes der unzuverlässige oder gar fehlende Rückruf auffällig. Manche Besitzer berichten auch als erstes Symptom, dass der Hund auf das Geräusch der Türklingel oder des Telefons nicht mehr reagiert, oder dass er die Ankunft von Familienmitgliedern erst dann meldet, wenn die betreffende Person das Haus betreten hat und in Sichtweite ist. Das Umdrehen des Schlüssels im Hausturschloss, oder das Einbiegen des Autos in die Einfahrt werden nicht mehr gemeldet. Aufmerksamen Besitzern fällt bei nur einseitig vorliegender Taubheit auf, dass ihre Hunde deutliche Orientierungsprobleme haben, wenn sie aus der Ferne ohne Sichtkontakt abgerufen werden.

Manchmal kommt es dazu, dass taube Hunde, lautes, unmotiviert erscheinendes und exzessives Bellen als Konfliktverhalten zeigen.

Als weitere mögliche Verhaltensänderung kann vereinzelt Aggression gegenüber Menschen auftreten. Dies ist z. B. bei sehr unsicheren tauben Hunden zu beobachten, die plötzlich von hinten und/oder oben angefasst werden. In den meisten Fällen handelt es sich dabei um eine Abwehrreaktion nach Erschrecken. Es kann zudem auch zu innerartlichen sozialen Konflikten kommen, wenn taube Hunde das Knurren und Bellen von Artgenossen nicht wahrnehmen können und somit auch nicht der Situation angemessen reagieren.

22.2.2 Umgang mit tauben Hunden

Der Umgang mit tauben Hunden unterscheidet sich nicht wesentlich von dem mit hörenden Hunden. Ein Problem bei tauben Hunden ist aber z. B. das Erschrecken bei plötzlichen Berührungen oder dem plötzlichen Auftauchen anderer Hunde und Personen. Daher müssen auch für diese Situationen entsprechende Maßnahmen getroffen werden. Personen sollten sich z. B. durch kräftiges Stampfen auf den Boden (wenn der Hund sich auf dem Boden befindet und die Vibrationen spüren kann) oder durch Verwendung des Vibrationshalsbandes (► Abb. 22-1) auf sich aufmerksam machen. Erst dann sollte man sich dem Hund weiter nähern und ihn berühren.

Auch auf dem Spaziergang hat sich die Verwendung eines Vibrationshalsbandes bewährt. Mithilfe des Halsbandes kann der Besitzer den Hund auf sich aufmerksam machen und ihm dann durch Sichtzeichen weitere Kommandos (z. B. „Komm!“ oder „Bleib!“) geben. So können potenzielle Gefahren wie z. B. Autos, Fahrräder etc. umgangen werden. Es muss ebenfalls immer vorausschauend gearbeitet werden.

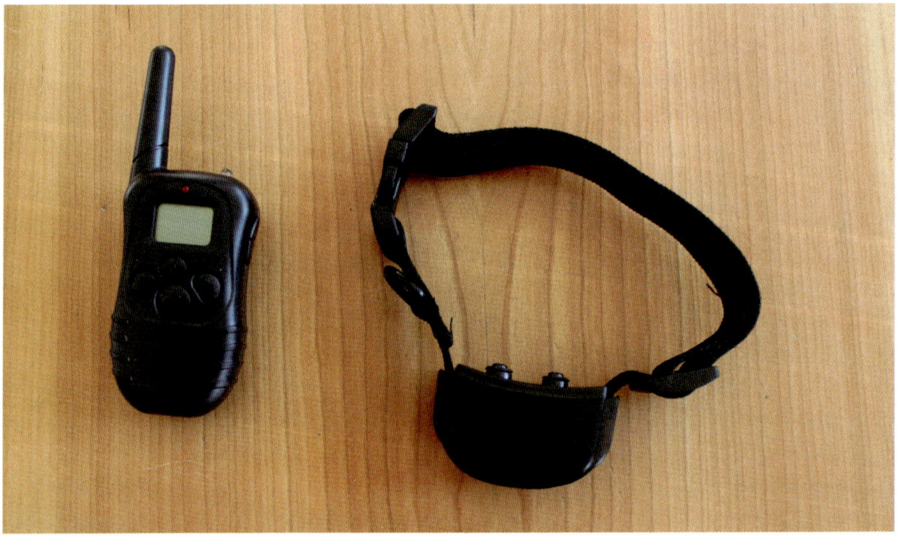

Abb. 22-1 Ein gängiges „Erziehungshalsband“ mit Vibrationsfunktion. Es darf keine Stromreizfunktion besitzen, da die Anwendung solcher Halsbänder als tierschutzwidrig einzustufen und verboten ist!

PRAXISTIPPS

- Vibrationshalsbänder eignen sich perfekt dazu, die Aufmerksamkeit des Hundes zu erlangen. Auch ein lautloser Rückruf kann mit ihnen konditioniert werden.
- Es empfiehlt sich immer, Hunde grundsätzlich mit einer Kombination aus Hör- und Sichtzeichen zu erziehen. Sichtzeichen sind gleichförmiger als die Stimme und werden daher i. d. R. schneller erlernt. Zudem sind Hundebesitzer dann schon optimal auf eine eventuell kommende Alterstaubheit vorbereitet.

22.3 Gehbehinderung

Gehbehinderungen können sehr unterschiedlich ausfallen. Wie gut Hunde damit umgehen können und ob eine ausreichende Lebensqualität sichergestellt werden kann, ist abhängig von der Ausprägung der Behinderung. Eine Dreibeinigkeit wird z. B. meist sehr gut akzeptiert und schränkt den Hund wenig ein. Eine Lähmung oder Funktionsuntüchtigkeit von zwei oder mehr Gliedmaßen dagegen ist mit einer akzeptablen Lebensqualität nur selten vereinbar. Eine Ausnahme bildet hier die Lähmung beider Hintergliedmaßen. Diese kann oft mithilfe eines „Rollstuhls" gut gemanagt werden. Eine Gewöhnung an ein Rollgeschirr und die Rollvorrichtung ist allerdings nicht bei allen Hunden gleich gut möglich und muss sehr geduldig und sanft erfolgen.

22.3.1 Durch Gehbehinderungen bedingte Verhaltensänderungen

Wenn die Gehbehinderung plötzlich auftritt (z. B. durch einen Unfall, Bandscheibenvorfall etc.), dann benötigen betroffene Hunde meist eine gewisse Zeit, um sich an die Veränderungen zu gewöhnen. Gerade während dieser Anpassungsphase, wenn die Hunde sich noch nicht an die veränderte Beweglichkeit gewöhnt haben, kann es zu deutlichen Problemen kommen. Im Umgang mit anderen Hunden kann es z. B. passieren, dass die behinderten Hunde sich nicht mehr so schnell und wendig wie gewohnt bewegen können und es dadurch zu Auseinandersetzungen kommt. Diese treten vor allem dann auf, wenn sich der behinderte Hund in die Ecke gedrängt fühlt.

Haben sich die behinderten Hunde einmal an ihre Situation gewöhnt, dann entwickeln sie jedoch meist recht schnell eine große Mobilität trotz ihrer Behinderung. Dies geschieht meist umso schneller und besser, je jünger die Hunde bei Auftreten der Behinderung sind. Sie können dann oft ganz normal mit anderen Hunden spielen und sind diesen auch nicht immer unterlegen (▸ Abb. 22-2).

Bei Hunden, die einen sogenannten Hunderollstuhl benötigen, ist die Wendig- und Beweglichkeit dauerhaft eingeschränkt bzw. verändert. Im Einzelfall kommen solche Hunde mit sozial wenig kompetenten Hunden, die sie auf dem Spaziergang treffen, auch langfristig nicht gut zurecht. Darauf muss vom Besitzer Rücksicht genommen werden.

Abb. 22-2 Border Collie Rüde mit amputiertem linkem Hinterbein bei der Interaktion mit einem unbekannten Hund.

Ein weiteres wichtiges Problem einer Körperbehinderung mit Wegfall oder eingeschränkter Funktion von Gliedmaßen ist die daraus oft resultierende einseitige Belastung. Diese kann zu weiteren, schmerzhaften körperlichen Veränderungen führen. Schmerzen können sich durch leichtere Reizbarkeit, Stimmungswechsel und auch Aggression (► Kap. 16) bemerkbar machen. In einem solchen Fall ist eine adäquate Schmerztherapie unerlässlich.

Auch bei Gehbehinderungen gilt grundsätzlich: Je ängstlicher und unsicherer die Hunde vor ihrer Behinderung schon waren, desto wahrscheinlicher kommt es zu den genannten Problemen.

22.3.2 Umgang mit gehbehinderten Hunden

Wichtig bei gehbehinderten Hunden ist, dass der Hund ein möglichst „behindertengerechtes" Zuhause hat. Er sollte also nicht täglich bis in den 5. Stock Treppen steigen müssen o. Ä. Wenn möglich, sollte er im Erdgeschoß leben, bzw. dort seinen Hauptaufenthaltsort haben. Für Hunde, die zur Fortbewegung ihre Hinterbeine in einer Rollvorrichtung haben müssen, steht es außer Frage, dass sie nur ebenerdig wohnen sollten, bzw. ein Lift vorhanden sein muss. Die Rollvorrichtung soll so konstruiert sein, dass der Hund damit durch alle Türen passt. Rampen an Eingangstüren oder kleinen Stufen können ebenfalls notwendig sein.

Im Alltag und im Training ist selbstverständlich darauf Rücksicht zu nehmen, dass körperbehinderte Hunde bestimmte Befehle nicht durchführen können, bzw.

dass sie für die Durchführung von Befehlen wie z. B. „Sitz!“ oder „Platz!“ etwas mehr Zeit benötigen. Dies darf nicht als Ungehorsam ausgelegt werden.

Aufgrund der Anpassungszeit an die veränderte Beweglichkeit sollten Begegnungen mit anderen Hunden vor allem in der ersten Zeit nach Auftreten der Behinderung sorgfältig ausgewählt und nur kontrolliert zugelassen werden, um der Entstehung und Etablierung einer Angstaggression beim behinderten Hund vorzubeugen. Insgesamt sollte bei allen Begegnungen mit anderen Hunden darauf geachtet werden, dass zu wildes Spiel unterbrochen wird, wenn der behinderte Hund nicht mehr mitkommt oder von gesunden Hunden zu sehr bedrängt wird.

Zusammenfassung

- Meist kommen von einer Behinderung betroffene Hunde mit dieser besser zurecht als die Besitzer befürchten. Dennoch sind immer einige Kleinigkeiten im Alltag anzupassen, um dem Hund sein Leben mit der Behinderung zu erleichtern.
- Blinde Hunde benötigen vor allem anfangs deutliche Unterstützung im Alltag. Es ist unerlässlich, neue Kommandos zu trainieren, mit denen sich der Hund auch in unbekanntem Gelände leiten lässt.
- Mit Taubheit kommen Hunde meist gut zurecht. Beim Training und im Alltag muss mit Sichtzeichen und Vibrationshalsband gearbeitet werden.
- Eine Gehbehinderung kann starke Auswirkungen auf die Lebensqualität haben. An den Funktionsverlust von nur einer Gliedmaße können sich Hunde allerdings gut gewöhnen.

23 Kind und Hund

B. Schneider

Hunde sind vor allem bei Familien als Haustiere beliebt. Ein Grund dafür ist sicher, dass Hunde Kinder darin unterstützen können, empathischer, sozialer und umgänglicher zu werden. Dennoch muss man sich darüber im Klaren sein, dass Hunde auch eine gewisse Gefahr, vor allem für kleine Kinder, darstellen können. Wie die Beißstatistiken verschiedener Länder belegen, werden Kinder relativ häufig Opfer von Hundebissen. Bei ihnen sind die durch Hundebisse entstehenden Verletzungen zudem meist gravierender als bei Erwachsenen, da sie aufgrund ihrer geringeren Körpergröße häufiger im Kopf- und Halsbereich gebissen werden.

Grundsätzlich ist es so, dass Babys und Kleinkinder zu der höchsten Risikogruppe gehören. Jungen scheinen im Schnitt etwas häufiger gebissen zu werden als Mädchen (van As und Dwyer, 2013). Die Beißvorfälle ereignen sich meistens zuhause mit dem eigenen Hund (Schalamon et al, 2006). An zweiter Stelle stehen Beißvorfälle mit dem Nachbarshund.

Diese Tatsachen verdeutlichen, wie wichtig es ist, angemessene Vorsichtsmaßnahmen zu treffen und die Besitzer zu beraten, wenn Kinder und Hunde zusammenkommen. Alle Formen von Aggression (auch Zähne zeigen und Knurren) gegenüber Kindern müssen unbedingt ernst genommen werden.

23.1 Ursachen für eine Hund-Kind-Problematik

Die Probleme zwischen Hunden und Kindern können vielfältige Ursachen haben. Zum einen sind gerade kleine Kinder noch nicht verständig genug, um einfachen Regeln im Umgang mit dem Hund zu folgen. Sie bedrängen die Hunde meist schnell und unbeabsichtigt (► Abb. 23-1). Da sie in der Regel auch die Körpersprache der Hunde nicht oder nur unzureichend lesen können, erkennen sie auch nicht, wenn sich der Hund unwohl fühlt und versucht dies auf Hundeart zu kommunizieren.

Werden Warnungen nicht beachtet, kann es sein, dass ein Hund einem aus seiner Sicht unangemessenen Verhalten von Kleinkindern mit artgemäßen Maßregelungen begegnet. Welpen werden z. B. häufig zur Ordnung gerufen indem der erwachsene Hund über die Schnauze des Welpen beißt. Tut der Hund dies bei einem Kind, kann es zu schweren Gesichtsverletzungen kommen.

Als weitere Ursachen für Probleme zwischen Hunden und Kindern kommt hinzu, dass sich Kinder für Hunde unvorhersehbarer als Halbwüchsige oder Erwachsene bewegen. Sie fallen z. B. öfter hin, laufen unkoordiniert und wedeln mit den Armen. Hinzu kommt, dass vor allem kleine Kinder teilweise laute, schrille

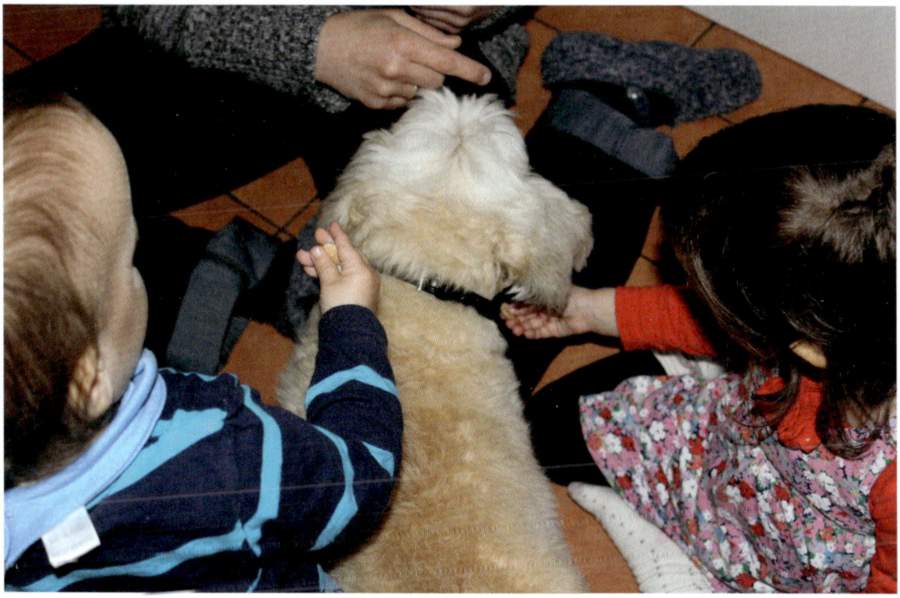

Abb. 23-1 Potenziell gefährliche Situation: Die Kleinkinder bedrängen beim Füttern diese Mischlingshündin sehr und kreisen sie ein.

Geräusche machen, die für Hunde unangenehm sein können. Das Laufen und auch die Geräusche können Hunde nicht nur verunsichern, sondern im ungünstigsten Fall auch den Jagdtrieb auslösen.

All die genannten „Besonderheiten" von Kindern können vor allem dann zum Problem werden, wenn die Hunde Kinder nicht gewohnt sind, bzw. nicht auf sie sozialisiert wurden. Wenn Hunde bislang nur schlechte Erfahrungen mit Kindern gemacht haben, dann ist die Wahrscheinlichkeit für Probleme ebenfalls erhöht. Es kann in diesen Fällen zur manifesten Angstaggression (▶ Kap. 16.5) gegenüber Kindern kommen. Diese kann sehr spezifisch sein (z. B. gegenüber Jungen im Alter zwischen 4 und 8 Jahren mit rotem T-Shirt etc.). Eine manifeste Angstaggression gegenüber Kindern ist auf jeden Fall behandlungsbedürftig! Die Hundehalter müssen unbedingt an entsprechende Spezialisten überwiesen werden.

Babys

Normalerweise erkennen Hunde die Kinder der Besitzer sehr schnell und unkompliziert als Rudelmitglieder an. Es gibt jedoch keinen „Welpenschutz" für Kinder und die unter (▶ Kap. 23.2) aufgeführten Regeln müssen trotzdem beachtet werden.

Wenn ein Neugeborenes in die Familie kommt, ist es wichtig, den Hund entsprechend vorzubereiten, um Eifersucht zu vermeiden. So sollten alle räumlichen Veränderungen (z. B. kein Zugang mehr zum Kinderzimmer) schon vor Ankunft des Babys durchgeführt werden. Es muss auch darauf geachtet werden, dass der Hund v. a. dann beachtet wird, wenn das Kind anwesend ist und versorgt wird.

Ansonsten ist das Neugeborene – wenn der Hund keinen übersteigerten Jagdtrieb hat – meist kein Problem, da es nicht mit dem Hund interferiert. In sehr seltenen Einzelfällen kann ein neugeborenes Baby durch seine Schreie und Bewegungen den Jagdtrieb eines Hundes auslösen. Daher muss v. a. in den ersten Tagen mit einem Neugeborenen im Haus der Hund sorgfältig beobachtet werden. Anfangs muss also v. a. der Hund kontrolliert werden. Sobald das Kind aber mobil wird, gibt es erfahrungsgemäß die ersten größeren Probleme. Dann muss auch das Kind kontrolliert werden und es gelten v. a. dann die unten angeführten Regeln.

23.2 Allgemeine Regeln für Interaktionen zwischen Kindern und Hunden

Wenn ein paar einfache Regeln bei Interaktionen des Hundes mit Kindern beachtet werden, können viele Probleme von vornherein vermieden werden.

1. **Niemals Hunde und kleine Kinder unbeaufsichtigt zusammen lassen!**
   Dies ist immer zu beachten, unabhängig davon wie „brav" der Hund erscheint. Denn auch der geduldigste Hund hat einmal genug, wenn er von einem Kind am Ohr gezogen wird. Immer wenn Hund und Kind nicht gleichzeitig beaufsichtigt werden können, müssen sie sicher getrennt werden. Das bedeutet z. B. dass das Kleinkind hinter das Kindergitter kommt, oder der Hund kurz mit in den Keller genommen wird etc.
2. **Rückzugsorte für Hund schaffen!**
   Hunde benötigen mindestens einen ruhigen, angenehmen Ruheplatz, an den sie sich zurückziehen können, wenn sie möchten. Wichtig ist, dass der Platz möglichst angenehm für den Hund ist und mit einem warmen, weichen Liegeplatz, Wasser und evtl. auch Spielzeug und/oder Futter ausgestattet ist. Der Liegeplatz muss so gestaltet sein, dass sich der Hund dem Kind komplett entziehen kann. Um zu ermöglichen, dass Kind und Hund sicher getrennt sind, sollte dieser Rückzugsort sich z. B. in einem durch ein Kindergitter oder eine Tür abschließbaren Zimmer befinden, oder in einem ausreichend großen Zimmerkennel an einem ruhigen Ort. In letzterem Fall muss aber sichergestellt werden, dass das Kind den Hund im Kennel nicht weiter belästigen kann.
3. **Kinder im Umgang mit Hunden immer kontrollieren!**
   Kinder müssen im Umgang mit Hunden von Erwachsenen kontrolliert werden. Nur so kann verhindert werden, dass Kinder zu grob werden oder den Hund gar in die Enge drängen. Wenn ein Hund nicht ausweichen kann, dann bleibt ihm nur Drohverhalten (z. B. Knurren, Zähne zeigen, Schnappen) und letztendlich Beißen als Verteidigungsmaßnahmen übrig.

4. **Guter Grundgehorsam**
   Ein guter Grundgehorsam des Hundes sowie eine stabile und gesunde Rangbeziehung zu den Besitzern sind sinnvoll und wichtig, um Hunde in kritischen Situationen leichter kontrollieren zu können. Kinder sollten etwa ab dem Grundschulalter auch dazu übergehen, entsprechende Regeln im Alltag (► Kap. 9) umzusetzen, um ihre Stellung dem Hund gegenüber zu festigen.
5. **Weitere prophylaktische Maßnahmen**
   Potenziell schwierige Situationen sollten von vornherein vermieden werden. Das bedeutet z. B., dass Kinder und Hund nicht um wichtige Ressourcen wie Futter oder Spielzeug konkurrieren dürfen. Der Hund muss zudem an einem ruhigen Ort, zu dem Kinder keinen Zugang haben, gefüttert werden. Der Futternapf sowie Leckerchen dürfen nicht herumstehen. Gleichzeitig dürfen aber auch Kinder nicht mit Essen in der Hand herumlaufen und müssen Essen, das auf den Boden fällt, dem Hund überlassen. Hundespielzeuge sollten unter Verschluss sein und dem Hund nur kontrolliert gegeben werden. Genauso müssen alle Kinderspielsachen für den Hund tabu sein und dürfen nicht dort herumliegen, wo der Hund sich aufhält.
   Kindern muss von den Eltern so früh wie möglich der richtige Umgang mit Hunden beigebracht werden. In der Regel sind Kinder etwa ab dem Grundschulalter verständig genug, um die folgenden, wichtigen Regeln konsequent umzusetzen:
   - Hunde dürfen nicht grob behandelt werden. Hunde nur sanft mit dem Strich streicheln, keine Küsschen geben oder Hunde umarmen.
   - Dem Hund nichts aus dem Maul nehmen.
   - Schlafende und ruhende Hunde nie stören oder anfassen.
   - Hundespielsachen und Essen, das auf den Boden fällt, sind tabu.
   - Wenn der Hund etwas Unerlaubtes tut, muss ein Erwachsener hinzugerufen werden.
   - Kinder müssen ruhig stehenbleiben, Arme verschränken und den Hund nicht anstarren, wenn dieser beginnt hinter ihnen herzulaufen.

23.3 Behandlung von Problemen zwischen Kind und Hund

Wenn es bereits zu Vorfällen und auch einem Vertrauensverlust in den Hund gekommen ist, gestaltet sich die Behandlung meist schwieriger, als wenn prophylaktisch die erwähnten Regeln eingehalten werden.

In der Regel muss eine Desensibilisierung in Kombination mit einer Gegenkonditionierung durchgeführt werden, um den Hund wieder an Kinder heranzuführen (► Kap. 16). Zudem ist den Besitzern meist ein Rangordnungsprogramm nahezulegen und die strikte Einhaltung aller Regeln bezüglich Kind und Hund.

23.4 Vorbeugung von Problemen

Eine gute Sozialisierung auf Kinder und Kleinkinder, bei der der Hund schon im Welpenalter viele positive Erfahrungen mit Kindern macht, ist eine der wichtigsten prophylaktischen Maßnahmen.

Beißpräventionsprojekte, wie z. B. das Blue Dog Projekt (http://www.thebluedog.org/en) zeigen zudem, dass Kinder sehr erfolgreich einfache Sicherheitsmaßnahmen im Umgang mit Hunden erlernen können, wenn sie entsprechend angeleitet werden.

PRAXISTIPP

Das Blue Dog Projekt bietet die Möglichkeit, die Bisspräventionsmaßnahmen in den Praxisalltag zu integrieren und die Klienten praktisch „nebenbei" über wichtige Maßnahmen zu informieren.

Zudem ist es wichtig, und auch Aufgabe der behandelnden Haustierärzte, Hundebesitzer auf die möglichen Prophylaxemaßnahmen und auch potenziell gefährliche Situationen hinzuweisen.

Zusammenfassung

- Kinder sind besonders häufig Opfer von Beißvorfällen mit Hunden. Sie erleiden dabei auch in der Regel schwerere Verletzungen als Erwachsene
- Klare Regeln zum Umgang von Kind und Hund miteinander müssen beachtet werden.
- Präventiv sind eine gute Sozialisierung und Einhaltung der Regeln wichtig.
- Eine Behandlung von Problemen läuft meist auf eine Desensibilisierung mit Gegenkonditionierung hinaus.

Literatur

Schalamon, J., Ainoedhofer, H., Singer, G., Petnehazy, T., Mayr, J., Kiss, K., Höllwarth, M. Analysis of Dog Bites in Children Who Are Younger Than 17 Years. Pediatrics 117:374–379.

van As, A., Dwyer, J., Naidoo, S. (2010): Dog bites to the head, neck and face in children. South Afr J Infect Dis 25:36–38.

Verhaltensstörungen bei der Katze

24 Vorbeugung von Problemen in der Katzenhaltung

B. Schneider

Katzen verfügen über ein breites Verhaltensrepertoire und haben ein recht komplexes Sozialverhalten. Daraus resultiert eine Vielzahl von Ansprüchen, die Katzen an ihre Haltung stellen. Dessen muss man sich als Katzenhalter bewusst sein, ganz besonders, wenn man Katzen ausschließlich in der Wohnung hält. Um Katzen die angemessene Befriedigung ihrer wichtigsten Bedürfnisse zu ermöglichen und um Langeweile vorzubeugen, müssen eine gute Haltungsumwelt sowie eine ausreichende körperliche und geistige Auslastung geboten werden.

24.1 Haltungsumwelt

Die Haltungsumwelt von Katzen muss abwechslungsreich und strukturiert sein. Je kleiner diese Haltungsumwelt ist, desto besser muss sie gestaltet sein, um den Katzen ein artgemäßes Verhalten zu ermöglichen.

Unabhängig davon, ob eine reine Wohnungshaltung oder eine Haltung mit zusätzlichem Freilauf angestrebt wird, muss eine optimale Katzentoilettensituation vorherrschen. Durch ein optimales Katzentoilettenmanagement lässt sich ein großer Teil der in der Verhaltenspraxis vorstellig werdenden Katzen mit Ausscheidungsproblem behandeln, bzw. das Problem ließe sich so verhindern. Zur optimalen Toilettensituation siehe ► Kapitel 28.

24.1.1 Haltung mit Freilauf

Eine Haltung mit uneingeschränktem Zugang zum Freien ist eine einfache und sehr artgerechte Möglichkeit, der Katze Abwechslung und die Befriedigung ihrer Bedürfnisse zu bieten (► Abb. 24-1).

Ein uneingeschränkter Freilauf hat sich allerdings nicht allgemein bewährt, da das Leben der Katze dadurch in der Regel stark gefährdet ist. Da Katzen vor allem nachts überfahren oder angefahren werden, ist es durchaus sinnvoll, der Katze nur tagsüber Auslauf zu gewähren. Dies kann durch eine einfache Katzenklappe geschehen, die nachts verriegelt wird, oder aber durch eine elektronische Katzenklappe, die so programmiert werden kann, dass sie ab einer gewissen Dunkelheit die Katze nur noch hinein aber nicht wieder hinaus lässt (z. B. petporte smartflap® oder sureflap®). Eine solche Katzenklappe, die mit Chip oder Transponder funktioniert, verhindert

Abb. 24-1
Allein dem Versteck- und Lauerbedürfnis kann im Freien sehr viel einfacher Rechnung getragen werden als im Haus. Dafür und für die Anregung der Sinne sind schon einfache Strukturen (hier: Goldruten) ausreichend.

auch, dass fremde Katzen in das Haus eindringen und es dort zu Auseinandersetzungen oder zum Markieren kommt. Da für die Chip-gesteuerte Katzenklappen kein Halsband notwendig ist, sind diese zu bevorzugen. Sie sind allerdings in der Regel auch mit höheren Kosten verbunden.

Liegt die Wohnung, in der die Katze gehalten wird, nicht ebenerdig, so kann es z. B. durch eine Katzenleiter ermöglicht werden, dass die Katze auch von einer Katzenklappe im ersten oder zweiten Stock aus nach draußen gelangen kann (► Abb. 24-2).

Doch auch ein solch eingeschränkter Freilauf ist nicht immer möglich. Gerade in Innenstädten oder an viel befahrenen Straßen kann Freilauf ein zu großes Risiko für das Leben der Katze darstellen. Eine gute Alternative ist in einem solchen Fall die Einrichtung eines sicheren Außengeheges (► Abb. 24-3). Dieses muss gut strukturiert sein und der Katze viele Liege-, Versteck- und Aussichtsmöglichkeiten bieten.

Ein katzensicherer Balkon stellt schließlich die minimalste Freilaufvariante dar. Der Balkon muss dabei unbedingt immer mit einem fachgerecht (!) angebrachten Katzennetz gegen Abstürzen und Herunterspringen gesichert werden. Ansonsten sollte auch der Balkon gut strukturiert werden. Mehrere erhöhte Liegeplätze, die z. T. auch sonnig sein sollten, müssen auf dem Balkon zur Verfügung stehen. Sie können aus Regalen, Regalbrettern, oder auch aus einem Kratzbaum bestehen. Eine Kratzmöglichkeit und eine gegen Regen geschützte Katzentoilette sollten ebenfalls

Abb. 24-2
Steile Katzenleiter, die der Katze über den Balkon im ersten Stock Zugang zur Wohnung ermöglicht.

vorhanden sein. Große ungiftige Sträucher als Versteckmöglichkeiten sowie Katzengras zum Beknabbern etc. stellen ebenfalls eine Bereicherung dar.

24.1.2 Reine Wohnungshaltung

Eine reine Wohnungshaltung stellt sicher die größte Herausforderung dar. Die Haltungsumwelt muss hier sehr gezielt und umfassend katzengerecht gestaltet werden.

Die Größe der Wohnung ist dabei nur bedingt für die Qualität der Haltung ausschlaggebend. Da Katzen territorial sind und ihr Revier gerne mehrmals täglich

Abb. 24-3
Ein ausbruchsicheres Freigehege (hier: 3 m hoher Maschendrahtzaun) ist eine gute Alternative, um Katzen sicheren, eingeschränkten Freilauf zu gewähren.

abschreiten und kontrollieren, müssen der Katze mindestens zwei Zimmer zur Verfügung stehen. Nur so ist sie auch zu einem Streifzug gezwungen und kann nicht die komplette Wohnung von einem Aussichtspunkt aus überblicken.

Für eine reine Wohnungshaltung muss als absolutes Minimum eine 2-Zimmer-Wohnung zur Verfügung stehen.

Eine größere Wohnung bietet der Katze noch mehr Erkundungsmöglichkeiten, muss aber ebenfalls immer katzengerecht gestaltet sein. Insgesamt ist die Strukturierung der Wohnung wichtiger als die Größe. Katzen benötigen nicht nur Möglichkeiten um ihrem Reviererkundungstrieb nachzukommen. Zusätzlich müssen ausreichend katzengerechte Schlaf- und Rückzugs- sowie Kratz- und Aussichtsmöglichkeiten geboten werden.

Schlaf- und Rückzugsmöglichkeiten

Rückzugsmöglichkeiten sollten in jedem zugänglichen Raum für die Katze zur Verfügung stehen. Gerade bei ängstlichen Katzen muss auf diesen Aspekt besonderer Wert gelegt werden. In diesem Fall muss eine Auswahl an Rückzugsmöglichkeiten für jedes Zimmer geboten werden. Katzen bevorzugen dabei meist höhlenartige

Abb. 24-4 Katzen halten sich gerne nahe der warmen Heizung auf. Hier wurde mit einem Holzbrett, einem Katzenkissen und einem Handtuch ein warmer und kuscheliger Liegeplatz geschaffen.

Rückzugsmöglichkeiten. Einige Ideen für verschiedene Schlaf- und Rückzugsmöglichkeiten sind:

- Katzenhöhlen in Kratzbäumen
- textile Katzenkugeln, Katzenkörbe, Katzenkissen
- Kartons in allen Größen (Bsp. für Höhle aus Karton: großen Karton auf die Seite legen, evtl. mit Tuch als Vorhang)
- Hängematte am Kratzbaum oder an der Heizung, Liegeplatz an oder auf der Heizung (► Abb. 24-4)
- offene Transportbox mit kuscheliger Decke darin
- Decke über einen Stuhl/Sessel legen, herabhängende Tücher oder Bettdecken vor freigeräumten Regalbrettern

Kratz- und Klettermöglichkeiten

Kratzen ist eine normale Verhaltensweise von Katzen, die sie ausführen müssen um sich entsprechend wohl zu fühlen. Es ist u. a. auch eine Form des Markierens, bei dem nicht nur visuelle Kratzmarken gesetzt werden, sondern auch Pheromone über die Ballen freigesetzt werden. Das Kratzen dient darüber hinaus vermutlich auch der Krallenpflege, da sich rund um viel benutzte Kratzstellen oftmals Teile der Krallenscheide finden lassen. Daher kommt auch die landläufige Bezeichnung „Krallenschärfen" für das Kratzen. Des weiteren stellt das Kratzen einen Teil des Komfortverhaltens dar und man vermutet, dass durch das Strecken und Kratzen eine Dehnung von Sehnen und Bändern erreicht wird, die deren Flexibilität erhöht. Kratzmöglichkeiten sind also für das Wohlergehen von Katzen essenziell und sollten reichlich zur Verfügung stehen. Sinnvoll angebrachte, gute Kratzmöglichkeiten verhindern, dass Möbelstücke sowie Tür- und Fensterrahmen durch das Kratzen in Mitleidenschaft gezogen werden. Die unten aufgeführten Bedingungen bezüglich Lage, Art und Beschaffenheit der Kratzmöglichkeiten sind sowohl vorbeugend als auch bei der Behandlung von Kratzmarkieren zu beachten.

Da Katzen sich gerne nach dem Erwachen an einer Kratzmöglichkeit strecken und kratzen, sollten in der Nähe von bevorzugten Schlafplätzen entsprechende Kratzmöglichkeiten zur Verfügung stehen. Weitere strategisch günstige Plätze für Kratzmöglichkeiten sind an Orten hoher Erregung, also z. B. im Eingangsbereich, an Fenstern oder Balkontüre. Zusätzlich sollten auch auf wichtigen Wegen in der Wohnung Kratzmöglichkeiten zur Verfügung stehen.

Die Beschaffenheit der Kratzmöglichkeit ist für ihre Benutzung ausschlaggebend. Geeignete Materialien zum Kratzen sind veränderbar (optische Marke kann gesetzt werden), bieten einen gewissen Widerstand und sind ungiftig. Besonders eignen sich z. B. grobe, rissige Rinde, weiches Holz (Nuss- oder alte Obstbäume) sowie grob strukturierte Naturtextilien (z. B. Kokosfaser, Bast-, Maisstrohmatten, Jute, Sisal, Seegras). Letztere sollten optimalerweise im senkrechten Verlauf der Textilstruktur angebracht werden.

Ein guter Kratzbaum ist stabil, standfest und verfügt über mehrere, hohe Aussichts- und Liegeplätze für Katzen. Die Kratzfläche muss so lang sein, dass die Katze, wenn sie auf ihren Hinterpfoten steht und sich streckt, das obere Ende nicht erreichen kann. Nur dann ist eine optimale Streckung und Dehnung beim Kratzen möglich.

Beispiele für weitere Kratzmöglichkeiten sind senkrecht an der Wand oder an einer Kante angebrachte oder auf dem Boden liegende Kratzmatten aus Fasern, Kratzpfosten, Kratzbretter, Baumstämme, Rindenstücke oder Kratzspielzeuge aus Pappe etc.

Da Katzen athletische Kletterer sind, die ihre Umgebung auch gerne einmal von oben betrachten, muss durch geeignete Klettermöglichkeiten eine dreidimensionale Strukturierung der Wohnung gewährleistet werden. Wichtig bei den Klettermöglichkeiten ist, dass eine durchgehende Kletterstrecke von mindestens 1,50 Metern vorhanden sein sollte. Besonders bei hohen Klettermöglichkeiten müssen Absprünge durch nicht zu steile Sprünge gewährleistet werden. Bei der Gestaltung der Klettermöglichkeiten können auch Regale, Sofalehnen etc. mit einbezogen werden. Hohe, standsichere Kratzbäume stellen eine optimale Kombination einer Kratz- und Klettermöglichkeit dar. Das Verbinden mehrerer Kratzbäume zu regelrechten Kletterlandschaften ist ebenfalls sinnvoll.

Hohe Schränke und Regale können für Katzen auch durch Kletterwände zugänglich gemacht werden. Kletterwände können dabei z. B. aus mit Kokos- oder Bastmatten bespannten Brettern gefertigt werden. Diese werden dann senkrecht an Wänden oder Seitenwänden eines Schrankes oder Regals angebracht. Eventuell sind auch kleine Sitzbretter als weitere Aufstiegs- und Abstiegshilfen notwendig.

Auch sogenannte Catwalks, also erhöht liegende schmale Laufwege, stellen eine wunderbare Möglichkeit für eine dreidimensionale Strukturierung dar. Diese sollten durch Katzenleitern, Kratzbäume, Regale, Kletterwände etc. an verschiedenen Stellen zugänglich gemacht werden. Catwalks können beliebig lang sein und über mehrere Zimmer und mehrere Stockwerke verlaufen. Der Kreativität der Besitzer sind hier kaum Grenzen gesetzt. Mittlerweile gibt es auch optisch sehr schicke, kommerziell verfügbare Catwalks. Diese sind jedoch in der Regel sehr kostspielig.

Aussichtsmöglichkeiten

Wie bereits erwähnt, möchten Katzen ihre Umgebung gerne genau beobachten und erkunden. Eine dreidimensionale Strukturierung der Haltungsumwelt ist aus diesen Gründen auch sehr wichtig. Wie schon oben beschrieben, kann hier viel mit Kratzbäumen und Klettermöglichkeiten gearbeitet werden. Dennoch sollten auch zusätzlich viele weitere Aussichtsplätze zur Verfügung stehen. In jedem zugänglichen Zimmer sollte mindestens ein erhöhter Platz vorhanden sein, der eine ungehinderte Sicht auf den Raum oder aber nach draußen zulässt.

Solche Beobachtungsplätze in der Wohnung können meist mit einfachen Mittel geschaffen werden. So kann ein einfaches Holzbrett bereits ausreichen, um einen Aussichtsplatz an einem Fenster zu gestalten (Abb. 24-4). Aber auch Kartons mit Öffnungen, Kisten oder Körbe oben auf Schränken und Regalen sowie offene Schränke oder Schubladen sind Möglichkeiten, um auf einfache Weise Aussichts- und Ruheplätze zu schaffen, da Katzen gerne aus der Deckung heraus beobachten. Aber auch freigeräumte Regalbretter (► Abb. 24-5) oder einfache Kissen auf einer Kommode schaffen schnell gute Aussichtsplätze im Raum.

Um den Katzen eine interessante Aussicht nach draußen zu ermöglichen, sollten die Fensterbretter entsprechend zugänglich gemacht und/oder auch wenn nötig verbreitert werden (Abb. 24-4). Solche Fensteraussichtsplätze sollten sonnig und warm sein sowie eine für die Katze einigermaßen interessante Aussicht bieten. Die Aussicht wird interessanter, wenn Katzen von dort aus z. B. Vögel beobachten können. Daher kann in der Nähe des betreffenden Fensters eine Futterstelle für Vögel oder ein Vogelbad etc. eingerichtet werden. Hat die Katze auch Freilauf, muss jedoch dafür gesorgt werden, dass die Futter- und Wasserstellen für die Vögel katzensicher aufgestellt werden, um das Jagen der angelockten Vögel zu verhindern (► Kap. 25). Aber auch ein Schmetterlingsstrauch, der im Sommer viele Schmetterlinge anlockt, ist eine Bereicherung für die Aussicht. Geöffnete Fenster bieten zusätzlich zu den visuellen Reizen noch olfaktorische und akustische Reize für die Katze. Sie müssen durch entsprechende Katzenschutznetze oder Schutzgitter gesichert werden.

Besitzer müssen darauf hingewiesen werden, dass gekippte Fenster eine nicht unerhebliche Unfallgefahr für Katzen darstellen!

Eine weitere schöne Möglichkeit, einen attraktiven Aussichtsplatz mit Blick ins Freie zu schaffen, ist ein sogenannter Fensterbalkon. Hierbei wird eine Art Rahmen

Abb. 24-5 Freigeräumte Regalbretter werden gerne als Aussichtspunkte benutzt.

außen an das geöffnete Fenster eingehängt. An diesen Rahmen wird ein Brett, das dann außen vor dem Fenster als eine Art verlängerter Fenstersims liegt, angebracht. Auch ein gleichgroßes Dach sollte oben an den Rahmen angebracht werden. Dann werden Boden und Dach mit katzensicherem Gitter verbunden und eine Art „Käfig" entsteht, der dann ans Fenster gehängt werden kann, um eine bessere Aussicht zu ermöglichen und auch mehr olfaktorische und akustische Reize von draußen zu bieten.

Sonstiges „Entertainment"

Einige Katzen lieben frisch geschnittene Katzenminze oder Katzengras, das im Topf gezogen wird. Dies sollte ständig zur Verfügung stehen, sodass die Katze darauf herumkauen kann, wenn sie möchte.

Auch Radio oder Fernsehen können für manche Katzen eine willkommene Abwechslung im Alltag darstellen. Die Besitzer können ausprobieren, ob es der Katze zusagt. In der Regel bleibt solch eine akustische Stimulation interessanter, wenn Radio oder Fernseher mit einer Zeitschaltuhr sporadisch an und aus geschaltet werden.

Verschiedene Wasserstellen in der Wohnung werden ebenfalls gerne angenommen. Daher sollten viele wassergefüllte Gefäße zur Verfügung stehen. Eventuell können sie sogar mit einfachen, ungiftigen Wasserpflanzen bepflanzt werden. Dadurch sind sie nicht nur für die Katzen ansprechender, sondern oft auch für die Besitzer.

24.2 Körperliche Auslastung

Katzen müssen körperlich ausreichend ausgelastet werden, um ausgeglichen und entspannt zu sein. Körperliche Aktivität hilft, Stress abzubauen. Reinen Wohnungskatzen fällt es in der Regel schwerer als Freigängerkatzen, sich im Alltag ausreichend zu bewegen. Daher ist es vor allem für Wohnungskatzen wichtig, dass die Besitzer sich aktiv darum bemühen, die Katzen zu körperlicher Betätigung zu animieren.

Interaktives Spiel mit dem Besitzer

Mit die einfachste Möglichkeit um Katzen körperlich auszulasten ist das interaktive Spiel mit dem Besitzer, bei dem der Jagdtrieb der Katzen ausgenutzt wird. Um den Jagdtrieb richtig anzusprechen, ist es wichtig, dass die Spielzeuge sich immer wieder ruckartig bewegen und auch „verstecken“ oder zwischendurch einfach bewegungslos bleiben. So kann die Katze auch das Lauern auf die Beute ausführen.

Je nach Vorliebe der Katze reagiert diese eher auf „mäuseartige“ Spielzeuge wie z. B. das Schussern von Bällen über den Boden, sowie über den Boden gezogene Schnüre, Katzenangeln etc. Oder aber die Katze bevorzugt „vogelartige“ Spielzeuge, bei denen sie „fliegenden“ Objekten hinterherjagen muss. Dann sind federartige Spielzeuge oder Katzenangelspielzeuge, die durch die Luft gezogen werden, sinnvoll. Ein Beispiel für ein von vielen Katzen gerne angenommenes kommerziell erhältliches Spielzeug aus dieser Kategorie ist der CatDancer®. Bei diesen Spielen mit „fliegenden“ Objekten kann auch z. B. hervorragend der Kratzbaum mit einbezogen werden und durch das Hinauf- und Hinabklettern der Katze eine weitreichendere körperliche Betätigung sichergestellt werden. Für Katzen, die gerne „schlangenartige“ Spielzeuge jagen, eignet sich ein Katzenangelspielzeug mit einem Band, das am Boden entlang geschlängelt werden kann.

Es ist sinnvoll, solche interaktiven Spiele regelmäßig zu bestimmten Zeiten durchzuführen, sodass sich die Katze gut darauf einstellen kann. Auch diese Vorhersehbarkeit der Aktivitätsphase hilft Stress abzubauen. Eine Spieleinheit sollte idealerweise mindestens 15 Minuten dauern – eine entsprechende körperliche Gesundheit vorausgesetzt. Denn sonst bleibt die Katze nach der Aufwärmphase in einem Zustand hoher Erregung und kann die aktivierten Energien nur schlecht wieder abbauen. Auch ein plötzlicher Spielabbruch sollte daher nicht erfolgen. Das Spiel sollte gegen Ende der Spielzeit schrittweise langsamer und weniger aufregend werden. Die „Beute“ bewegt sich dann immer weniger und kann evtl. auch von der Katze weggetragen werden.

Weitere Ideen für kleine Aktivitätseinheiten zwischendurch sind das Schussern von Trockenfutter (oder ein paar artgerechten Leckerchen) sowie Bällen, Papierkugeln, Alubällchen etc. quer durch die Wohnung.

Das Spiel mit dem Laserpointer ist kritisch zu sehen. Nur unter bestimmten Bedingungen kann es akzeptabel sein, durch den Lichtpunkt den Jagdtrieb der Katze zu stimulieren. Zum einen darf der Laserstrahl nicht in die Augen der Katze oder auf reflektierende Oberflächen gerichtet werden, da es dadurch zu Netzhautschäden kommen kann. Da der Lichtpunkt nie wirklich „erbeutet“ werden kann, sollte das Spiel zudem am Schluss immer auf ein reales Objekt umgelenkt werden. Auf diese Weise kann eine entsprechende Frustration vermieden werden. Auch wenn sich nach dem Spiel eine gesteigerte Aggression zeigen sollte, darf der Laserpointer nicht weiter als Spielobjekt verwendet werden. Außerdem kann es im Einzelfall sein, dass das Spiel mit dem Laserpointer in ein zwanghaftes Jagen von Lichtreflexionen umschlägt. Aus diesem Grund muss auch bei den kleinsten Anzeichen einer Zwanghaftigkeit, diese Art des Spiels strikt unterbleiben. Zudem ist es sinnvoll, das Spiel mit dem Lichtpunkt immer bei den Füßen des Besitzers beginnen zu lassen und auch bei den Füßen des Besitzers auf ein reales Objekt umzulenken. Auf diese Weise wird klar gemacht, dass das Spiel vom Besitzer ausgeht und gelenkt wird.

Beschäftigung alleine

Die oben erwähnten Kletter- und Aussichtsmöglichkeiten fördern bereits ein gewisses Maß an körperlicher Betätigung. Gerade für Wohnungskatzen, deren Besitzer viele Stunden täglich nicht zuhause sind, müssen aber auch dann Spielmöglichkeiten zur Verfügung stehen, wenn die Katzen alleine zuhause sind. Dabei ist es besonders wichtig, immer wieder abwechselnde Beschäftigungen anzubieten, damit es der Katze nicht zu langweilig wird.

Schon ein einfaches, am Kratzbaum befestigtes Spielzeug kann durchaus gute Dienste leisten. Auf folgendem Video ist eine Katze ca. 1 Woche nach einer Operation in der Hals- und Brustkorbgegend zu sehen, die sich selbst mit einem am Kratzbaum befestigten Spielzeug beschäftigt.

Video 24-1 Katze am Kratzbaum (ca. 1 min.)
http://www.schattauer.de/index.php?id=5274

Viele Katzen beschäftigen sich auch gerne einmal mit Tischtennisbällen in einer leeren Bade- oder Duschwanne. Wenn die Katze mit den Bällen spielt, werden diese wie auf einem Luftkissen schnell und unvorhersehbar in der Wanne umher schießen. Dieses spannende Jagdspiel gefällt vielen Katzen. Manchen Katzen muss der Besitzer vorab jedoch erst zeigen was passiert, wenn man die Bälle bewegt.

Viele Katzen sind zudem fasziniert von fließendem Wasser. Ein Trinkbrunnen oder eine Trinkfontäne für Katzen (aus dem Zoofachhandel) wird von manchen

Katzen gerne zum Trinken und Spielen verwendet. Aber auch einfache Zimmerfontänen erfüllen meist denselben Zweck. Oben auf die Wasserfontäne eines solchen Brunnens kann auch ein Tischtennisball gelegt werden. Das so tanzende Bällchen animiert viele Katzen dazu, zu versuchen, es herunter zu angeln.

Insgesamt sollten auch immer wechselnde Spielzeuge wie Bälle, Mäuschen etc. zur Verfügung stehen, wenn die Katze alleine zuhause ist. Nur wenn diese Spielzeuge immer wieder wechseln, bleiben sie auch auf Dauer länger interessant. Für Katzen, die auf Katzenminze oder Baldrian reagieren, können Spielzeuge mit diesen Geruchsstoffen ebenfalls attraktiver gestaltet werden.

Automatische Spielzeuge, wie z. B. die Panic Mouse 360°® sind ebenfalls mögliche Beschäftigungsmittel für einsame Katzen. Bei diesen Spielzeugen ist es wichtig, dass sie die Beute nicht zu gleichmäßig bewegen, sodass es interessanter für die Katze bleibt.

24.3 Geistige Auslastung

Nicht nur die körperliche Auslastung ist wichtig, um Katzen ein erfülltes und zufriedenes Leben zu ermöglichen; auch die mentale Auslastung darf nicht verachtet werden.

Futterspielzeuge

Die einfachste Möglichkeit, um Katzen eine artgemäße geistige Anregung zu bieten ist es, die Fütterung dahingehend abzuändern, dass sich die Katze das Futter selbst erarbeiten muss. Auf diese Weise wird die Katze dazu angeregt nachzudenken, wie sie das Futter am besten „erbeuten“ kann und lebt wenigstens einen kleinen Teil des Jagdtriebs aus. Für eine solch mental anregende Fütterung eignen sich unterschiedliche Futterspielzeuge hervorragend. Aus leeren Küchentuch- oder Toilettenpapierrollen können z. B. schnell geeignete Spielzeuge gebastelt werden. Diese Rollen sollten mit Löchern versehen werden, die das Trockenfutter stückchenweise durchlassen. Dann müssen die Rollen mit Trockenfutter und ein paar gleichgroßen Leckerchen befüllt werden. Schließlich werden die Enden mit Papier zugestopft oder zugeklebt und das Spielzeug ist fertig. Wenn die Katze die Rolle nun umher rollt, dann fällt das Futter stückchenweise heraus. Zusätzlich oder anstatt der Futterrollen kann man auch Tischtennisbälle verwenden, in die Löcher gebohrt wurden, die groß genug sind, dass das Trockenfutter beim Rollen des Balles herausfallen kann. Natürlich gibt es auch im Zoohandel kommerzielle Futterbälle aus Plastik zu erwerben. Diese werden allerdings oftmals abgelehnt, vermutlich u. a. aufgrund des starken Eigengeruchs des Plastiks.

Die Besitzer können auch Fummelbretter oder simple Kisten zum „Herausangeln“ von Futter aufstellen. Um letzteres herzustellen werden z. B. in einen Pappkarton mit Deckel Löcher geschnitten, die so groß sind, dass die Katze mit der Pfote bequem hineinkommt, aber nicht mit dem Kopf. Dieser Karton kann dann mit Leckerchen, Trockenfutter und/oder Spielzeugen befüllt werden. Dann kann sich die Katze ihre Spielsachen und Leckerbissen herausangeln und ist ebenfalls länger beschäftigt. Weitere Ideen für solche Futterangelspielzeuge sind gelochte Rasensteine, die befüllt werden, oder mit Holzwolle befüllte Kartons, die mit Spielzeugen und Leckerchen bestückt werden können. Selbstverständlich gibt es auch im Zoofachhandel verschiedene vorgefertigte sogenannte Intelligenzspielzeuge zu kaufen. Diese sind jedoch oft teuer und ob sie von der Katze auch angenommen werden, ist vorher nicht immer absehbar.

Auch das Füttern von Feuchtfutter kann herausfordernder für Katzen gestaltet werden. Eine einfache Möglichkeit ist z. B. eine Pappkarton über den Futternapf zu stülpen, der erst entfernt werden muss, um an das Futter zu gelangen. Wenn das zu einfach ist, kann über den Karton auch noch eine Decke gelegt werden, unter die die Katze zunächst kriechen muss, um dann den Karton anzuheben. Auch Trockenfutter kann selbstverständlich so gefüttert werden.

Zudem sollte immer wieder Trockenfutter (evtl. gemischt mit ein paar trockenen Leckerchen) an unterschiedlichen, nur schwer erreichbaren Stellen in der Wohnung ausgelegt werden. Das können z. B. hohe Regalbretter, Teppichkanten, Nischen oder kleine Vorsprünge sein.

Clickertraining

Clickertraining (► Kap. 4.3.4) kann eine gute Möglichkeit sein, Katzen geistig auszulasten. Dadurch kann man Katzen beibringen, verbalen Kommandos oder Handsignalen zu gehorchen. Es funktioniert am besten mit Katzen, die futtermotiviert sind und gerne mit ihren Besitzern interagieren. Leise (Plastik-)Clicker, oder solche mit verstellbarer Lautstärke sowie Babygläschendeckel eigenen sich besonders für Katzen. Bei den verwendeten Leckerchen muss darauf geachtet werden, dass die Katze diese gerne mag, also durch sie motiviert ist. Sind die Leckerchen allerdings zu attraktiv, dann können sich die meisten Katzen nicht mehr konzentrieren, sondern sind nur auf die Leckerchen fixiert. Es sind also „mittelgute" Leckerchen zu verwenden.

Ein einfaches, schnell zu erlernendes Kommando ist es, die Katze einen Target-Stick berühren zu lassen. Dafür wird ein Kugelschreiber oder ein kurzer dünner Stab aus Plastik oder Holz benötigt. Dieser wird der Katze knapp vor die Nase gehalten. Darauf reagieren Katzen in der Regel mit einem Beschnüffeln und eventuell auch Berühren des Gegenstandes. In dem Moment, in dem die Katze sich dem Target Stick mit der Nase nähert oder ihn gar berührt, wird geclickt und mit Leckerchen belohnt. Kann die Katze dann irgendwann das entsprechende „Touch!" Kommando, dann können mithilfe des Target-Sticks auch weitere Kommandos recht einfach erlernt werden. So kann der Katze beispielweise dadurch, dass sie der Spitze des Target-Sticks folgt, leicht beigebracht werden, auf einen Gegenstand (z. B. Stuhl, Regal etc.) zu springen. Dies kann dann wiederum die Grundlage für ein kleines Agility-Training sein, bei dem die Katze über einen „Parcours" von Stühlen, Rascheltunnels etc. hindurchlaufen muss. Auch ein „Sitz!“ Kommando kann mithilfe des Target-Sticks recht einfach trainiert werden. Dabei wird der Stick so über den Kopf der stehenden Katze nach hinten geführt, dass sie sich automatisch setzen muss, um ihm zu folgen. Dies geschieht also ähnlich der „Magnet“-Methode, bei der ein Hundewelpe dem Leckerchen mit dem Kopf folgt und sich dabei automatisch hinsetzt. Wichtig ist – wie immer beim Clickertraining – das richtige Timing des Clicks. Der Click sollte in dem Moment erfolgen, in dem die Katze mit dem Hinterteil den Boden berührt. Interessierten Besitzern sollte ein Besuch der Webseite www.clickertraining.com empfohlen werden. Dort sind schöne Anleitungen und auch Videos zum Training bestimmter Kommandos und Tricks mit Katzen zu finden. Allerdings ist diese Webseite auf Englisch. Es gibt allerdings auch gute deutsche Bücher zum Clickern mit Katzen im Buchhandel. Ein Beispiel für ein empfehlenswertes Buch ist z. B.: „ Clickern mit meiner Katze – Der Trick mit dem Klick – Katzen spielerisch erziehen“ von der tierärztlichen Verhaltenstherapeutin Viviane Theby. Es ist im Kosmos-Verlag erschienen.

Sonstige Anregungen

Die oben erwähnten Aussichtsmöglichkeiten sind ebenfalls eine Art geistiger Anregung. Eine weitere Idee zur Beschäftigung und geistigen Auslastung von Katzen ist ein mit Fischen bestücktes Aquarium. Dies kann ein sehr interessantes Beobachtungsobjekt für Katzen sein. Allerdings muss penibel drauf geachtet werden, dass der Deckel gut gesichert ist, und die Katze nicht an die Fische heran kommt.

Auch geruchliche Anregungen können mentale Anreize für Katzen darstellen. Dazu können z. B. Papiereinkaufstüten, deren Henkel durchgeschnitten wurden (damit sich die Katze nicht einhängen kann) mitgebracht und in der Wohnung ausgelegt werden. Weitere Ideen umfassen das Mitbringen von Zweigen, Tannenzapfen oder Steinen etc. von draußen. Diese Gegenstände, sowie die Einkaufstaschen sind bei Katzen, die zum Urinmarkieren neigen, nur vorsichtig anzuwenden, da sie Markierverhalten auslösen können. Auch Kissenbezüge, in die Heu aus dem Zoofachhandel gesteckt wurde, werden meist gerne als geruchliche Anregung angenommen, und sind meist weniger kritisch bei mit Urin markierenden Katzen.

24.4 Der Mehrkatzenhaushalt

Das Zusammenleben mehrerer Katzen in einem Haushalt kann sehr bereichernd für die einzelnen Tiere sein, oder aber auch zu starken Problemen führen. Um diesen Problemen ausreichend vorbeugen zu können, sollte man sich mit dem Sozialverhalten von Katzen an sich sowie mit dem Sozialverhalten der individuell betroffenen Katzen auskennen.

24.4.1 Sozialverhalten

Das Sozialverhalten von Katzen ist komplex. Sie werden am besten als „fakultativ sozial" beschrieben. Das bedeutet, dass sie sowohl sozial zusammenleben, als auch ein Leben als Einzelgänger führen können. Zu welcher Lebensweise die Katze jeweils tendiert, wird zu einem Großteil in der frühen Entwicklung festgelegt (Schär, 2003). Besonders in der Gruppe aufgewachsene, kastrierte Katzen sind in der Regel sozial. In solchen Katzengruppen herrscht meist eine matriarchalisch geprägte Organisationsstruktur vor.

Leben Katzen aber über einen längeren Zeitraum alleine, so verkümmert die Fähigkeit, mit anderen Katzen friedlich zusammenzuleben. Das bedeutet aber nicht, dass es zwangsläufig zu heftigen Auseinandersetzungen kommt, wenn eine fremde Katze im eigenen Territorium angetroffen wird. In folgendem Video vertreibt die weiß-grau gefleckte Kätzin, die schon seit mehreren Jahren alleine lebt, den getigerten kastrierten Nachbarskater aus ihrem Garten, ohne dass es zu Gewaltanwendung kommt.

Video 24-2 Vertreibung eines Nachbarkaters (ca. 30 sek.)
http://www.schattauer.de/index.php?id=5275

Auch für intakte Kater ist es normal, alleine zu leben. Sie leben meist ab der Pubertät als Einzelgänger und durchstreifen die Territorien verschiedener anderer Katzen und Katzengruppen. Wenn Kätzchen nur von ihrer Mutter aufgezogen werden, ohne

Abb. 24-6 Beginnende Katzenversammlung (drei Tiere sichtbar) in der Abendsonne auf Malta. Es kommt zu keinen erkennbaren Interaktionen.

in einer Katzengruppe zu leben (z. B. Mutter ist scheue Bauernhofkatze), dann sind sie eher einzelgängerisch im weiteren Leben. Doch auch einzelgängerisch lebende Katzen zeigen ein gewisses Maß an Sozialverhalten gegenüber anderen Katzen. Ein Beispiel dafür sind die sogenannten Katzenversammlungen (► Abb. 24-6). Diese finden meist in den Abend- oder Nachtstunden statt. Dabei versammeln sich mehrere Katzen im Kreis oder Halbkreis und sitzen dort stumm für mehrere Minuten, bevor sie wieder jede ihres Weges gehen. Der Zweck dieser Versammlungen ist nach momentanem Kenntnisstand nicht bekannt.

24.4.2 Auswahl der passenden Zweitkatze

Viele Besitzer wünschen sich für ihre Katze ein Partnertier. Die Gründe hierfür können recht unterschiedlich sein, aber meist haben die Besitzer die Vorstellung, dass ihre Katze dann besser ausgelastet und zufriedener ist, da sie weniger alleine ist. Grundvoraussetzung für eine oder mehrere weitere Katzen ist allerdings, dass die bereits vorhandene Katze auch tatsächlich sozial und gut sozialisiert ist. Ob das der Fall ist, lässt sich durch eine möglichst genaue Anamnese abschätzen. Idealerweise weiß man genau, wie die Katze aufgewachsen ist und wie lange sie nun schon alleine lebt. Ist die vorhandene Katze sozial und noch nicht sehr lange alleine lebend, dann kann nach einem passenden Partnertier gesucht werden.

Eine passende Zweitkatze sollte vom Temperament, Aktivitätsbedürfnis und Alter der Erstkatze möglichst ähnlich sein. In der Regel ist es einfacher, Katzen gleichen Geschlechts miteinander zu verpaaren. Kater lassen sich leichter gemeinsam halten, wenn sie kastriert sind.

Wenn unbedingt ältere, eher wenig soziale Katzen mit anderen Katzen zusammen gehalten werden müssen/sollen, dann empfiehlt es sich zwei jüngere Katzen zu der älteren Katze zu vergesellschaften, sodass diese beiden miteinander spielen, und die andere Katze in Ruhe lassen. Ein langsames, sorgfältiges Gewöhnungstraining (► Kap. 30) ist hier zwingend notwendig, um beste Voraussetzungen für ein friedliches Zusammenleben zu schaffen. Zudem sollten der älteren Katze viele Rückzugsmöglichkeiten zur Verfügung stehen.

Katzen, die nach dem Verlust einer Partnerkatze nach Angaben der Besitzer „richtig aufblühen" sollten in Zukunft alleine gehalten und nicht wieder vergesellschaftet werden. Prinzipiell muss nach einem Verlust einer Partnerkatze immer im Einzelfall nach Abwägung aller Faktoren entschieden werden, ob eine erneute Vergesellschaftung sinnvoll ist oder nicht. Als Faustregel sollte aber immer mindestens 3 Monate mit einer Vergesellschaftung gewartet werden, um der übrig gebliebenen Katze Zeit zu geben, den Verlust des Partnertieres zu verarbeiten. Ist die Entscheidung getroffen, eine neue Katze aufzunehmen, sollte diese wieder der verbliebenen Katze von Alter, Temperament und Aktivitätslevel möglichst ähnlich sein, auch wenn das verstorbene Partnertier vielleicht andere Eigenschaften hatte. Auch in einem solchen Fall muss mit einem Gewöhnungstraining gearbeitet werden.

24.4.3 Vorbeugung weiterer Probleme im Mehrkatzenhaushalt

Wird mehr als eine Katze im Haushalt gehalten, dann sind noch weitere Punkte zu beachten.

Haltungsumwelt: Besonders wichtig im Mehrkatzenhaushalt ist es, dass genügend Rückzugsmöglichkeiten und Liegeplätze für alle Katzen in jedem zugänglichen Raum des Hauses vorhanden sind. So können sich die Tiere auch einmal gut aus dem Weg gehen. Vor allem ganz ruhige, höhlenartige Rückzugsmöglichkeiten in ausreichender Zahl sind wichtig, da sich die Katzen nur an solchen Orten richtig vom Trubel eines Mehrkatzenhaushaltes erholen können. Auch Futter- und Wassernäpfe sollten in ausreichender Zahl vorhanden sein, sodass alle Katzen entspannt fressen und trinken können.

Katzentoiletten-Management: Dieses muss optimiert sein (► Kap. 28). Besonders wichtig ist die Faustregel, dass die Anzahl der Katzentoiletten der Anzahl der Katzen im Haushalt +1 entsprechen muss.

Nichterkennen: Kehrt eine Katze nach vorübergehender Abwesenheit (z. B. Aufenthalt in einer Tierklinik) wieder in den Haushalt zurück, so verfügt sie nicht mehr über den aktuellen Gruppengeruch. Ein deutlich veränderter Geruch liegt vor allem dann vor, wenn Eingriffe an dem Tier vorgenommen wurden und z. B. Desinfektionsmittel zum Einsatz kamen. Dann kann es in Einzelfällen auch dazu kommen, dass diese Katze von daheimgebliebenen Tieren nicht mehr erkannt wird und es in der Folge zu territorialen Auseinandersetzungen kommt. Diesem muss durch ein verkürztes Gewöhnungstraining mit viel Geruchsaustausch vorgebeugt werden. Die Wiedereingewöhnung sollte aber erst dann erfolgen, wenn sich die Katze von einem Eingriff völlig erholt hat und auch alle Narkosenachwirkungen verflogen sind.

24.5 Katzen und Menschen

Im Zusammenleben mit Menschen kann es ebenfalls zu den unterschiedlichsten Problemen kommen, die jedoch teilweise mit recht einfachen Mitteln schon prophylaktisch verhindert werden können.

24.5.1 Sozialisierung auf den Menschen

Am Wichtigsten für ein harmonisches Zusammenleben zwischen Mensch und Katze ist eine gute Sozialisierung der Katzen auf den Menschen. Der Beginn und das Ende der Sozialisierungsphase für Katzen sind nicht wirklich genau definiert. Sicher ist nur, dass die Sozialisierungsphase schon recht früh, mit etwa 4 Wochen beginnt, und auch bis in den 4. Lebensmonat hinein reichen kann. Das bedeutet, dass auch schon beim Züchter entsprechende Grundlagen für das spätere Sozialverhalten gegenüber dem Menschen gelegt werden. Eventuelle in diesem Zeitraum verpasste Gelegenheiten können nicht in vollem Maße durch eine spätere, intensivere Sozialisierung ausgeglichen werden.

Wenn eine Katze später einmal mit Kindern zusammenleben soll, wäre auch eine gute, positive Sozialisierung auf Kinder angebracht. Dennoch müssen Kinder immer gewisse Regeln im Umgang mit Katzen einhalten, damit Probleme vermieden werden (▶ Kap. 34). Auch auf Männer bzw. Frauen sollte eine gute Sozialisierung erfolgen, da es hier oft Probleme im späteren Leben gibt, wenn die Katzen nur mit Menschen eines Geschlechtes zusammenleben und das andere Geschlecht nicht gewöhnt sind.

Je nach Persönlichkeit und Erwartungen des Besitzers passt eine bestimmte Katze zu ihm oder eben auch nicht. Dies ist bei der Anschaffungsberatung deutlich zu machen. Um besser prognostizieren zu können, wie sozial eine Katze ist, sollte auch in Bezug auf die Beziehung zu Menschen genauer eruiert werden, wie die Katze aufgewachsen ist und welche Persönlichkeit die Elterntiere haben. Scheue Bauernhofkatzen z. B., die keinen oder nur selten Kontakt mit den Besitzern haben, ziehen ihre Jungen auch in der Regel abgeschottet von den Menschen auf. Wenn es für den zukünftigen Besitzer in Ordnung ist, dass seine Katze kein großes Schmusetier und insgesamt zurückhaltend ist, dann können auch Katzen einer solchen Herkunft übernommen werden, wenn sie viele Rückzugsmöglichkeiten haben und nicht zu ängstlich sind.

24.5.2 Interaktionen

Um aggressivem Spiel mit dem Einsatz von Krallen und Zähnen vorzubeugen, sollte von Anfang an jedes Spiel mit menschlichen Händen tunlichst vermieden werden. Sollte beim Spiel mit einem Spielzeug doch einmal die menschliche Haut im Eifer des Gefechtes dazwischenkommen, muss das Spiel mit einem lauten und deutlichen „Au!“ sofort abgebrochen werden. Nur so hat die Katze eine Chance zu lernen, dass sie sich in diesem Zusammenhang etwas besser beherrschen muss. Gerade wenn sehr junge, ältere oder immunsupprimierte Menschen im Haushalt leben ist es wichtig, dass die Katze nicht im Spiel beißt oder kratzt. Katzenbisse oder Kratzer können sich nämlich sehr leicht stark infizieren.

Um der immer wieder vorkommenden Aggression während oder nach dem Streicheln vorzubeugen, sollten die Besitzer zum einen die Körpersprache von Katzen lesen lernen und zum anderen die Eigenheiten ihrer Katze kennenlernen. Nicht jede Katze wird gerne gestreichelt. Bei den leisesten Anzeichen, dass es für die Katze genug ist, muss das Streicheln beendet werden. Solche Anzeichen können z. B. das Fixieren der streichelnden Hand mit dem Blick sein, oder aber ein Schwanzschlagen, ein Anlegen bzw. Wegdrehen der Ohren etc. In Einzelfällen kann eventuell trainiert werden, dass die Katze eine längere Streicheleinheit toleriert. Dabei wird die Katze mit Leckerchen etc. belohnt, wenn sie das Streicheln ein wenig länger als üblich toleriert. Die Belohnung muss dabei idealerweise kurz vor dem Zeitpunkt eingesetzt werden, in dem die Katze schon Abwehrzeichen zeigt.

Grundsätzlich sollten auch ein paar einfache Anweisungen beachtet werden, wenn ein neues menschliches Familienmitglied in den Haushalt kommt (z. B. neuer Partner des Besitzers/der Besitzerin, ein Baby). So sollten z. B. von Anfang an positive Interaktionen mit dem neuen Haushaltsmitglied erfolgen. Das bedeutet, dass vor allem attraktive, interaktive Spiele von der neuen Person angeboten und durchgeführt werden sollten. Die neue Person sollte der Katze auch Leckerchen zukommen lassen, ebenso wie Streicheleinheiten, wenn die Katze diese mag. Positive Erlebnisse für Katzen mit Babys werden an anderer Stelle (► Kap. 34) besprochen.

24.6 Katzen und Hunde

Prinzipiell können Hunde und Katzen gut zusammenleben, wenn einige Bedingungen erfüllt sind. So sollten die Tiere nach Möglichkeit jeweils schon als Welpen zusammen leben bzw. in der jeweiligen Sozialisierungsphase und auch im weiteren Leben ausreichenden und positiven Kontakt zur jeweils anderen Spezies gehabt haben. Wenn ein Hund und eine Katze erst im späteren Leben vergesellschaftet werden sollen, ohne dass sie vorher Kontakt zur jeweils anderen Spezies hatten, kann das bedeutend schwieriger sein. Dann muss eine langsame Gewöhnung aneinander erfolgen. Sinnvoll kann hier auch das anfängliche Halten in vollkommen getrennten Haltungsumwelten sein, die dann im Wechsel immer wieder zwischen den beiden Tieren getauscht werden, ähnlich dem Gewöhnungsprogramm bei Katzenvergesellschaftungen (► Kap. 30).

Anfangs sollten beide Tiere bei den jeweiligen Begegnungen unter Kontrolle sein. Das bedeutet, dass der Hund z. B. an der Leine ist und die Katze an Geschirr und Leine (wenn sie vorab an Geschirr und Leine gewöhnt wurde). Die ersten Begegnungen sollten auch idealerweise auf neutralem Terrain stattfinden. Negative Interaktionen jeglicher Art müssen strikt vermieden werden, um die Gewöhnung zu fördern. Kommt es zu einem negativen Zwischenfall zwischen Hund und Katze, kann dies, abhängig von der Persönlichkeit der betroffenen Tiere und auch der Schwere der Situation, zu einem manifesten Angst- oder Angstaggressionsproblem führen (► Kap. 15, 16 für Hund sowie 29, 30 für Katze). Deren Behandlung kann unter Umständen langwierig und schwierig sein.

Jegliche positive Interaktion zwischen den Tieren muss ausführlich belohnt werden. Zusätzlich sollten die Besitzer nach einer erfolgreichen Zusammengewöhnung Wert darauf legen, sich besonders dann mit Hund und Katze zu beschäftigen, wenn beide Tiere im selben Raum sind. Auch wenn eines der Tiere ein Leckerchen bekommt, sollte das andere nicht leer ausgehen usw.

Sowohl Hund als auch Katze müssen geeignete Rückzugsorte haben, um sich auch allein ausruhen und voneinander „erholen“ zu können. Dies ist in der Regel für die Katze einfacher zu bewerkstelligen als für den Hund. Anfangs sollten Hund

und Katze auch nicht zu lange unbeaufsichtigt alleine sein. Des Weiteren sollten die Futternäpfe von Hund und Katze getrennt aufgestellt werden, sodass sich die Tiere nicht am jeweils anderen Napf bedienen. Eventuell können hier auch Transponder-gesteuerte Katzenfutterstationen (z.B. surefeed®) zum Einsatz kommen. Dies ist besonders dann wichtig, wenn eines der Tiere aus irgendeinem Grund ein Spezialfuttermittel bekommen muss.

In manchen Fällen ist bereits der Versuch einer Zusammengewöhnung von Hund und Katze von vorneherein kategorisch abzulehnen. Dies ist beispielsweise dann der Fall, wenn der Hund bereits dafür bekannt ist, dass er Katzen jagt, oder wenn die Katze z.B. ein sehr territorialer Einzelgänger ist. In solchen Fällen kann eine Zusammengewöhnung zwar funktionieren, aber eines der Tiere ist dabei meist recht unglücklich.

Zusammenfassung

- Eine Haltung mit Freilaufmöglichkeit ist für Katzen anzustreben. Nachts sollte jedoch der Freilauf ebenso eingeschränkt werden wie in der Nähe vielbefahrener Straßen. Ein abwechslungsreiches, gesichertes Freigehege ist ein guter Kompromiss. Mindestens aber ein katzensicherer Balkon sollte zur Verfügung stehen.
- Eine reine Wohnungshaltung ist zwar prinzipiell in Wohnungen mit mind. 2 für die Katze zugänglichen Zimmern möglich. Allerdings muss die Wohnung dann auch katzengerecht eingerichtet werden, mit vielen Kratz-, Kletter- und Aussichtsmöglichkeiten.
- Eine angemessene körperliche und geistige Auslastung muss auch bei Katzen gewährleistet werden. Je mehr Zeit eine Katze in der Wohnung verbringt, desto eher muss der Besitzer für eine gute Auslastung sorgen.
- Zur körperlichen Auslastung eignet sich insbesondere das interaktive Spiel mit dem Besitzer. Aber auch alleine sollte sich die Katze mit wechselnden, attraktiven Spielzeugen beschäftigen können, z.B. mit Bällen, Tischtennisbällen in der Badewanne etc.
- Für eine geistige Auslastung sollte der Katze das Futter in verschiedenen, wechselnden Futterspielzeugen gegeben werden, sodass sie es sich selbst „erjagen" muss. Selbstgebastelte Spielzeuge werden hierbei in der Regel besser angenommen als kommerziell erhältliche.
- Auch mithilfe von Clickertraining können Katzen geistig sinnvoll ausgelastet werden und nebenbei Kommandos erlernen.
- Katzen sind „fakultativ sozial" und können daher sowohl im Sozialverband als auch einzelgängerisch leben.
- Nur soziale und gut sozialisierte Katzen sollten miteinander vergesellschaftet werden. Zudem müssen die Katzen vom Alter und Temperament her zusammen passen. Die Vergesellschaftung muss über ein Gewöhnungstraining erfolgen.
- Katzen sollten gut auf Menschen sozialisiert werden, wenn sie später mit Menschen zusammenleben sollen.

- Wildes Spiel mit den bloßen Händen sollte tunlichst vermieden werden. Auch beim Streicheln muss auf die Eigenheiten der jeweiligen Katze Rücksicht genommen werden. Dann lässt sich das Beißen beim Streicheln verhindern.
- Hunde und Katzen können durchaus friedlich zusammenleben. Idealerweise hatten sie bereits in der Sozialisierungsphase viele positive Kontakte zur jeweils anderen Spezies, oder wurden gemeinsam als Welpen übernommen. Ist dies nicht der Fall, kann auch eine langsame Gewöhnung aneinander erfolgen.

Literatur

Schär, R. (2003): Die Hauskatze – Lebensweise und Ansprüche. Eugen Ulmer Verlag, Stutgart, Hohenheim

25 Unerwünschtes Jagdverhalten bei der Katze

D. Ketter

Sich bewegende Objekte können bei der Katze Jagdverhalten auslösen. Katzen reagieren sehr schnell auf Geräusche, die einer potenziellen Beute wie z. B. einer Maus ähneln. Beim sogenannten Schleichlaufen läuft die Katze dicht geduckt in Richtung Beutetier. Nach dem Schleichlaufen folgen das Anschleichen, das Lauern, der Ansprung und dann das Zufassen. Das Jagdverhalten ist z. T. angeboren und z. T. erlernt. Laut Brunner (1989) ist der Tötungsbiss nicht vollständig angeboren. Katzen, die im Alter von 6 bis 20 Wochen keine lebende Beute gesehen haben, töten laut Brunner oft ihr ganzes Leben nicht. Pfleiderer und Röder (2014) weisen jedoch darauf hin, dass durch Experimente mit lokalen elektrischen Hirnreizungen bewiesen werden konnte, dass auch Katzen, die keine Erfahrungen mit dem Tötungsbiss haben, den Tötungsbiss durchführen können. Allerdings ist der Tötungsbiss hierbei ohne präzise Zielrichtung zum Nacken. Der Biss in die Halsgegend ist laut Pfleiderer und Röder Instinktsache. Jedoch muss das Töten durch Erfahrung mit verschiedensten Beutetieren erlernt werden. Wenn ein Jungtier eine Beute hat und die Geschwister es wegnehmen wollen, hält das Kätzchen die Beute mit den Kiefern noch fester. Die Katze macht hierbei die Erfahrung, dass bei einem bestimmten Druck des Kiefers die Beute sich nicht mehr wehren kann bzw. getötet wird. Bei Jungtieren dient u. a. das Spielen dazu, das Jagdverhalten durch Üben zu optimieren. Aber auch bei erwachsenen Tieren werden Beutetiere oft nicht sofort getötet, sondern wiederholt freigelassen, wieder beschlichen, gefangen usw. Auf folgendem Video ist eine erwachsene Katze zu sehen, die ihre Beute mehrmals freilässt, um sie dann wieder zu fangen.

Video 25-1 Spiel mit dem Beutetier (ca. 1 min.)
http://www.schattauer.de/index.php?id=5276

Wenn eine Katze lange keine Beute oder eine besonders schwer zu erlegende Beute gefangen hat, kann es zu diesem wiederholten Freilassen und wieder fangen kommen.

Das sogenannte Schnattern bei Katzen kommt in höchster Erregung aufgrund Sichtung und Unerreichbarkeit einer Beute vor (s. Video 25-2).

Video 25-2 Schnattern (ca. 5 sek.)
http://www.schattauer.de/index.php?id=5277

25.1 Vogeljagd

Katzen jagen meist Beutetiere, die kleiner sind als sie selbst, wie z. B. Mäuse, Spitzmäuse, Maulwürfe, Vögel, Eidechsen, Frösche, Fliegen, Spinnen, Heuschrecken etc. Gerade die Vogeljagd der Katze führt häufig zu heftigen Auseinandersetzungen zwischen Vogelfreunden und Katzenliebhabern. Vögel werden von Katzen zwar gejagt, jedoch nur von ausgesprochenen „Jagdspezialisten" erwischt. Meist handelt es sich hier um Vögel, die einfach zu erreichen sind wie z. B. kranke Tiere oder eben flügge werdende Jungtiere. Die primären Gründe für den Rückgang bestimmter Vogelarten sind jedoch nicht Beutegreifer, wie Katzen, sondern weitreichende Veränderungen der Lebensräume der Vögel.

Die Vogeljagd wird von Katzenhaltern häufig nicht erwünscht. Einem Freigänger kann man die Jagd nach Vögeln zwar nicht verbieten, jedoch gibt es Möglichkeiten den Garten für Vögel sicherer zu machen (Kasten). Ist das Futterhäuschen umgeben von Versteckmöglichkeiten für die Katze, kann dies für die Vögel gefährlich werden.

Möglichkeiten, den Garten für Vögel sicherer zu machen

- Nistkasten
  - mindestens 2 Meter über dem Boden aufhängen
  - z. B. an Seitenästen frei hängend oder an Fassaden anbringen
- Vogelnistplätze auf Bäumen
  - Baumstämme mit Manschetten aus Blech oder Plastik ausstatten
- Vogeltränke und Futterhäuschen
  - an übersichtlichen Stellen postieren, damit die Katze keine Verstecke hat, um aufzulauern oder sich anzuschleichen.
  - Futterhäuschen an Seitenästen frei hängend anbringen oder auf Pfosten stellen
- Keinen Stacheldraht verwenden, da sich die die Katze oder auch andere Tiere verletzen könnten.

Halsbänder oder Brustgeschirre mit Glöckchen sind als Vorwarnsystem für die potenzielle Beute aus tierschutzrechtlicher Sicht nicht zu empfehlen. Bleibt die Katze mit dem Brustgeschirr oder Halsband an Ästen hängen, kann es hierdurch zu schweren Verletzungen oder auch zur Erdrosselung kommen. Es werden u. a. sogenannte Sicherheitshalsbänder angeboten, die einen Sicherheitsverschluss besitzen, der in einer solchem Fall aufgehen sollte. Jedoch gibt es auch viele Sicherheitsverschlüsse, die nicht zum richtigen Zeitpunkt aufgehen. Einige lösen sich bereits beim kleinsten Zug und können so schon nach kurzer Zeit verloren gehen. Andere öffnen sich im Bedarfsfall nicht, was verheerende Folgen für die Katze haben kann.

25.2 Fehlgeleitetes Jagdverhalten

Das Spielen mit Beute, das Heimtragen von Beute oder eben die Vogeljagd (► Kap. 25.1) gehören zum Normalverhalten der Katze, werden vom Menschen jedoch häufig als störend empfunden. Vielen Besitzern ist auch nicht bewusst, dass es nicht genügt, die Katze ausreichend zu füttern, sondern dass das Jagdverhalten der Katze ebenfalls befriedigt werden muss. So kommt es nicht selten vor, dass der Stubentiger gerne Menschenbeine jagt. Für den Menschen kann dies nicht nur sehr schmerzhaft, sondern auch gefährlich sein. Katzenbisse sind wegen der spitzen Zähne und der Punktionsgefahr von Knochen besonders infektionsgefährdet, mit Infektionsraten bis über 50 Prozent (Kuntz et al. 1996). Daher ist es wichtig, den Katzenhalter über die Gefahren von Katzenbissen aufzuklären.

Anamnese

Die Haltungsbedingungen der Katze spielen eine wesentliche Rolle beim fehlgeleiteten Jagdverhalten. Handelt es sich um eine reine Wohnungskatze oder darf die Katze auch hinaus? Wie lange ist die Katze durchschnittlich draußen? Wie ist die Wohnung gestaltet und an welchen Plätzen hält sich die Katze meist auf? Wie wird mit ihr gespielt und wie lange? Welche Beschäftigungsmöglichkeiten hat sie?

Symptome/Diagnose

Typische Kennzeichen von Jagdverhalten sind Schleichlaufen, Anschleichen, Lauern, Ansprung und Zufassen. Dies geschieht auch mit Einsatz von Krallen und Zähnen. Normalerweise werden kleine Beutetiere gejagt, jedoch können sich bewegende menschliche Körperteile wie Beine, Hände oder auch der Kopf zum Jagdobjekt werden. Andere Tiere wie z. B. Artgenossen und Hunde können ebenfalls gejagt werden. Meist sind es Wohnungskatzen, die ein fehlgeleitetes Jagdverhalten zeigen, da Freigänger einen Großteil ihrer Zeit mit Jagen von kleinen Beutetieren verbringen. Daher braucht eine Katze, die keine Jagdzüge im Freien vornimmt, Ersatz für die Jagd nach „echten“ Beutetieren.

Therapie

- Das Lauern auf menschliche Körperteile sollte frühzeitig unterbrochen werden. Dies kann z. B. durch Werfen eines Balls oder einer Spielmaus geschehen, bevor sich die Katze dem Menschen zuwendet. In manchen Fällen kann es auch sinnvoll sein, das Lauern durch das abrupte Klatschen in die Hände erstmal zu unterbrechen und daraufhin erst ein Spielzeug zu werfen.
- Greift die Katze die Zehen unter der Bettdecke an, sollte sie Schlafzimmerverbot bekommen.

- Bei nächtlichen Toilettengängen kann eine Katzenangel benutzt werden, damit nicht die nackten Beine attackiert werden. Die Ablenkung der Katze durch eine Katzenangel kann auch die Beine von Besuchern vor Angriffen schützen.
- Bei einem Angriff der Katze sollten die Beine nicht bewegt werden, damit die Katze nicht für ihr Verhalten durch ein bewegtes Objekt belohnt wird. Familienmitglieder sollten anfangs die Beine mit Kleidung schützen, damit sie bei einer Attacke der Katze still stehen bleiben können. Die Katze sollte bei einem Angriff kein Spielzeug erhalten, da dies ebenfalls eine Belohnung darstellt.
- **Spielen auf Distanz**
  Für das Spielen auf Distanz eignet sich z. B. eine Katzenangel. Hierbei wird das Jagdverhalten auf eine geeignete Beute umgelenkt. Auch aufziehbare Mäuse können verwendet werden. Einige Katzen jagen diese Mäuse jedoch nicht, da echte Beutetiere nicht direkt auf die Katze zukommen, wie es bei diesem Spielzeug öfter der Fall ist. Ist die aufgezogene Attrappe relativ groß (Rattengröße) kann dies auch Angstverhalten auslösen bzw. die Katze zur Flucht veranlassen. Die Beuteattrappe sollte auf jeden Fall in Bewegung sein. Die Dauer des Spiels sollte täglich mindestens eine halbe Stunde betragen und an den individuellen Tagesrhythmus der Katze angeglichen werden.
- Die Katze sollte körperlich und geistig ausgelastet werden. Futtersuchspiele sind u. a. eine weitere gute Beschäftigung für Katzen.

Prophylaxe

Von Anfang an sollten Katzen lernen, dass sie weder Hände noch andere menschliche Körperteile angreifen dürfen. Daher sollten Katzen bereits im Welpenalter lernen, dass menschliche Körperteile als Beute tabu sind. Katzenangeln, Spielmäuse, Bälle usw. sollten stattdessen als adäquater Ersatz für „echte" Beutetiere angeboten werden. Eine gute Sozialisierung auf den Menschen wie auch eine katzengerechte Haltung sind ebenfalls wichtige Pfeiler der Prophylaxe.

Fallbeispiel

Attackierende und beißende Katze

Vorstellungsgrund
Katze Minka beißt in Beine und attackiert Köpfe von Menschen.

Anamnese
Katze Minka ist ca. 2 Jahre alt, weiblich und kastriert. Familie Meier hatte sie als Katzenwelpe von einer Ferienanlage aus Italien mitgebracht. Seitdem lebt Minka als reine Hauskatze in einer ca. 100 qm Wohnung mit vier Zimmern. In dem Haushalt lebt das Ehepaar Meier mit ihren zwei Töchtern (8 Jahre und 12 Jahre). Von Anfang an hat Minka gerne mit den Händen der Familienmitglieder gespielt. Das hatte den Kindern auch viel Spaß gemacht, jedoch seit neuestem jagt Minka überfallartig Menschenbeine. Am Eingang eines Zimmers befindet sich auch eine Sprossenwand. Von dort aus lauert Minka gerne

Besuchern auf und springt diesen dann auf Schultern oder Kopf und zerkratzt hierbei die Kopfhaut.

Diagnose

Fehlgeleitetes Jagdverhalten, mangelnde Hemmung beim Spiel

Prognose

Die Prognose ist als gut anzusehen, da Minka sich gut durch Distanzspielzeug ablenken lässt.

Therapie

- Die Sprossenwand soll für Minka unzugänglich gemacht werden, damit sie den Besuchern nicht mehr von dort auflauern kann.
- Weitere Orte, an denen Minka lauert, um überfallsartig die Beine zu jagen, sollten soweit wie möglich von Menschen gemieden bzw. unzugänglich für die Katze gemacht werden.
- Die lauernde Katze sollte von den Beinen durch ein für sie interessantes Spielzeug abgelenkt werden. Hierzu empfiehlt es sich das Auflauern durch Klatschen in die Hände zu unterbrechen und dann z. B. einen Ball oder eine Spielmaus zu werfen.
- Schreien oder Weglaufen bei einem Überfall der Katze auf die Beine sollte vermieden werden. Für den Anfang empfiehlt es sich, die Beine durch geeignete Kleidung zu schützen.
- Wenn Minka den Angriff bereits gestartet hat, darf keine Belohnung wie z. B. das Werfen einer Spielmaus erfolgen.
- Minka sollte körperlich und geistig ausgelastet werden. Hierzu eignen sich Spiele auf Distanz mit der Katzenangel, Spielmäusen, Bällen etc. und auch Futtersuchspiele.
- Mit Minka sollte mindestens eine halbe Stunde täglich auf Distanz gespielt werden.
- Mit Händen von Menschen sollte Minka nicht mehr spielen dürfen, auch nicht wenn sie durch den Pullover etc. einigermaßen geschützt sind.
- Für Minka empfiehlt es sich, höher gelegene Plätze so zu gestalten, dass sie von dort keinen Menschen attackieren kann.

Verlauf

Die Familie hält sich sehr gut an die Empfehlungen. Anfangs hatte Minka noch versucht die Beine zu attackieren. Wir hatten uns daher nach einer kurzen Rücksprache entschieden, dass sich anfangs jeder Besucher eine Katzenangel schnappen und das Band der Katzenangel hinter sich herziehen sollte. Dies klappte sehr gut.

Nach 2 Monaten attackierte Minka keine Menschenbeine mehr. Weiterhin hatten die Kinder Freude daran Minka Futtersuchspiele zu basteln. Wildes Spielen mit den Händen wurden auch nicht mehr durchgeführt.

Zusammenfassung

- Sich bewegende Objekte können bei der Katze Jagdverhalten auslösen.
- Die Vogeljagd ist von Katzenhaltern häufig nicht erwünscht. Einem Freigänger kann man die Jagd nach Vögeln zwar nicht verbieten, jedoch gibt es Möglichkeiten den Garten für Vögel sicherer zu machen.
- Fehlgeleitetes Jagdverhalten wie z. B. Jagd von Menschenbeinen kommt vor allem bei reinen Wohnungskatzen vor, da Freigänger viel Zeit mit der Jagd auf „echte" Beutetiere verbringen.
- Die Therapie des fehlgeleiteten Jagdverhaltens bei der Katze beinhaltet eine Umlenkung des Jagdverhaltens auf geeignete Beute (z. B. Katzenangel, Bälle und Spielmäuse) sowie die körperliche (► Kap. 24.2) und geistige (► Kap. 24.3) Auslastung.
- Bereits im Welpenalter sollten den Katzen geeignete Objekte zum Jagen wie z. B. eine Katzenangel angeboten werden. Menschliche Körperteile sollten von Beginn an für die Katze zum Spielen und Jagen tabu sein. Eine gute Sozialisierung auf den Menschen und eine katzengerechte Haltung gehören ebenfalls zu den prophylaktischen Maßnahmen.

Literatur

Brunner, F. (1989): Die unverstandene Katze, Naumann-Neudamm-Verlag

Kuntz et. al. (1996): Infektionsgefährdung durch Bißverletzungen in Dtsch Arztebl 1996; 93(15): A-969 / B-801 / C-749

Pfleiderer, M. und Rödder, B. (2014): Was Katzen wirklich wollen (GU Tier-Spezial), Gräfe und Unzer Verlag GmbH

26 Aufmerksamkeitsforderndes Verhalten

B. Schneider

Bei aufmerksamkeitsfordernden Verhaltensweisen handelt es sich nicht um Verhaltensstörungen im eigentlichen Sinne, sondern um störendes Verhalten. In geringem Ausmaß führt das aufmerksamkeitsfordernde Verhalten in der Regel zu keinerlei Problemen. Da es sich bei Katzen aber auch durch laute Vokalisation oder aber exzessives Kratzverhalten äußern kann, kann es für die Besitzer und evtl. auch Unbeteiligte sehr störend sein und die Lebensqualität deutlich einschränken. Schlafmangel (besonders bei nächtlich auftretendem Vokalisieren) und Zerstörung von Türen oder Einrichtungsgegenständen durch Kratzen sind hierbei die Hauptprobleme.

Ätiologie

Die Ätiologie des aufmerksamkeitsfordernden Verhaltens ist recht einfach. Die Katze wünscht sich eine gewisse Aktion von den Besitzern und verstärkt die Verhaltensweisen, die zum Erreichen dieses Ziels erfolgreich sind. Das bedeutet, dass der Besitzer eine zentrale Rolle bei der Entwicklung dieser Verhaltensweise spielt. Geht der Besitzer z. B. gar nicht darauf ein, so lässt die Katze das Verhalten auf Dauer bleiben. Eventuell probiert sie eine alternative Verhaltensweise aus. Wenn der Besitzer aber auf die gewünschte Weise reagiert, indem er z. B. die Katze daraufhin füttert, streichelt, beachtet, zur Türe hinauslässt etc., hat die Katze mit dieser Strategie Erfolg und setzt sie in Zukunft weiter ein.

Besonders wichtig ist es, den Besitzern klar zu machen, dass ein intermittierender Erfolg (z. B. nur ab und zu bei Schreien an der Schlafzimmertür diese zu öffnen) ein sehr viel größerer Verstärker ist als ein regelmäßiger Erfolg. Vielen Besitzern hilft es, wenn man dies mit dem Erfolg von Glücksspiel vergleicht. Dabei ist nämlich die Hoffnung auf einen (nur selten erhaltenen) Gewinn auch ein sehr großer Verstärker für das Verhalten.

Langeweile spielt sicher auch eine Rolle bei der Entwicklung von störendem aufmerksamkeitsfordernden Verhalten. Denn tendenziell neigen leicht unterbeschäftigte Wohnungskatzen, die eine starke Bindung zu ihrem Besitzer haben, häufig zu solchem Verhalten.

Symptome

Die Symptome können recht unterschiedlich ausfallen, je nach Temperament der Katze und Verhaltensweise, die der Besitzer zeigen soll. Klassisch sind lautes Miauen

Abb. 26-1
Aufmerksamkeitsforderndes Einnehmen des Sitzplatzes, den die Besitzerin nur kurz verlassen hatte. Beachte den Blickkontakt zum Fotografen.

oder Maunzen, das sich bis zu einem regelrechten Schreien steigern kann. Je lauter und unangenehmer die Vokalisation ist, desto eher reagieren die Besitzer in der Regel darauf, um das Verhalten abzustellen. Auch das laute Kratzen z. B. an der Türe, um hinaus oder hinein gelassen zu werden ist eine klassische aufmerksamkeitsfordernde Verhaltensweise. Die Besitzer reagieren hierauf meist auch recht schnell, wenn die Katze dabei die bekratzten Gegenstände auch tatsächlich beschädigt oder gar zerstört.

Aber auch verschiedene andere Verhaltensweisen können aufmerksamkeitsforderndes Verhalten darstellen. So erfahren Besitzer, die daheim etwas lesen oder am Computer arbeiten wollen regelmäßig, dass sich die Katze auf das Buch oder die Computertastatur legt, um vom Besitzer beachtet zu werden. Eine weitere Form des aufmerksamkeitsfordernden Verhaltens kann aber auch das Einnehmen eines Sitzplatzes sein, den der Besitzer kurz verlassen hatte (► Abb. 26-1). Oder aber das Bringen von Spielzeugen etc.

In der Regel kommen die Besitzer aber nur dann in die verhaltenstherapeutische Beratung, wenn das aufmerksamkeitsfordernde Verhalten starke Ausmaße angenommen hat.

Diagnose und Differenzialdiagnosen

Die Diagnose stellt selten ein Problem dar. Wichtig ist hierbei vor allem das konsequente Abfragen folgender Punkte:

- Situation/Verhalten der Katze direkt vor dem störenden Verhalten
- genaue Beschreibung des störenden Verhaltens und der Situation, in der es gezeigt wird
- Verhalten von Katze und Besitzer direkt nach dem störenden Verhalten

Der Besitzer sollte die Situation also so genau wie möglich beschreiben. Idealerweise kann das Verhalten auch auf Video aufgenommen werden, oder im Rahmen eines Hausbesuchs provoziert und direkt beobachtet werden. Dann kann man schnell zu einer eindeutigen Diagnose kommen.

Manche Besitzer haben sich vor der Beratung im Internet über das Verhalten ihrer Katze kundig gemacht und geben im Vorgespräch an, dass ihre Katze „Kratzmarkieren" als Problem zeigt, oder aber auch „Demenz", wenn es sich um lautes nächtliches Vokalisieren handelt (▸ Kap. 33). Diese beiden Problematiken sind sicher auch die wichtigsten Differenzialdiagnosen für das aufmerksamkeitsfordernde Verhalten. Aber durch eine genaue Anamnese können sie meist recht schnell ausgeschlossen werden.

Gerade beim Kratzmarkieren wird das Kratzverhalten nur ab und zu in direkter Reaktion auf den Besitzer und sein Verhalten gezeigt. Zudem werden dabei vor allem gut manipulierbare, meist senkrechte Oberflächen an zentralen oder strategisch wichtigen Orten bekratzt. Typischerweise zeigt die Katze dabei auch eine möglichst gestreckte Körperhaltung.

Zum Ausschluss der Demenzerkrankung müssen Alter, geistige Fähigkeiten und weitere altersbedingte Probleme abgefragt werden. Handelt es sich bei der betroffenen Katze um eine der sogenannten orientalischen Rassen oder deren Mischling, dann muss genau abgeklärt werden, wie sich eine störende Vokalisation äußert, da eine vermehrte Vokalisation bei diesen „stimmfreudigen" Rassen als normal anzusehen ist.

Therapie

Therapeutisch sehr wirksam ist ein Ignorieren des störenden Verhaltens. Wird dies konsequent und ausdauernd gemacht, kommt es zur Extinktion (▸ Kap. 4) des Verhaltens. Das Ignorieren fällt vielen Besitzern aber sehr schwer. Meist haben sie es vorab schon für eine (meist sehr kurze) Zeit versucht. Wichtig für den therapeutischen Erfolg ist es daher, den Besitzern klar zu machen, dass dies zwingend notwendig ist und dass ein intermittierender Erfolg für die Katze das Verhalten weiter verstärkt. Um die Compliance zu sichern muss dem Besitzer auch unmissverständlich klar gemacht werden, dass es sehr wahrscheinlich zunächst zu einer Verschlechterung des Verhaltens kommen wird.

Managementmaßnahmen können beim Ignorieren helfen. Haben die Besitzer z. B. Sorge, dass die Türen weiter zerkratzt werden, wenn das Verhalten ignoriert wird, dann sollten die Türen z.B. mit einer Plexiglasscheibe temporär vor den Krallen geschützt werden. Weitere Möglichkeiten wären das Anbringen von Folien oder Plastikmatten.

Wenn es sich bei dem aufmerksamkeitsfordernden Verhalten um nächtliches Schreien handelt, sind Ohrenstöpsel oder anderweitiger Gehörschutz zu empfehlen. Sind weitere Bewohner im Haus von dem Katzengeschrei betroffen, so muss vom Besitzer mit den anderen Bewohnern vor Therapiebeginn Kontakt aufgenommen und die Situation erklärt werden. Es hat sich bewährt, den anderen Hausbewohnern kleine Geschenke zusammen mit Ohrstöpseln zu schenken und sich für die Geduld zu bedanken. Gerade in Fällen, in denen ein Erfolg besonders schnell erreicht werden sollte, kann auch ein Überbrückungsstimulus sinnvoll sein. Dieser sollte ein Ton oder Geräusch sein, der sonst im Alltag der Katze nicht zu hören ist (z.B. Stimmgabel etc.). Zeigt die Katze das aufmerksamkeitsfordernde Verhalten, dann ertönt sofort der Überbrückungsstimulus und der Besitzer ignoriert die Katze aktiv. Das bedeutet, dass er z.B. nach dem Ton direkt aufsteht und den Raum verlässt. Wichtig ist, dass der Besitzer die Katze dann auch nicht mehr ansieht und eine ganze Weile nicht auf die Katze reagiert. Solch ein aktives Ignorieren ist selbstverständlich sinnvoller, wenn das aufmerksamkeitsfordernde Verhalten tagsüber auftritt. Nachts macht das aktive Ignorieren wenig Sinn. Eine Katze, die nächtliches aufmerksamkeitsfordendes Verhalten zeigt, sollte sich während des Behandlungszeitraumes nachts nicht im selben Zimmer wie der Besitzer aufhalten.

Sobald die Katze jedoch eine Weile lang erwünschtes Verhalten zeigt, sollte dieses durch Lob, Aufmerksamkeit etc. verstärkt werden. Hier ist es wichtig, den Besitzer in der Nachsorge zu begleiten, sodass dieser nicht zu früh lobt (z.B. direkt nach dem letzten Kratzen), denn dann lernt die Katze immer noch, dass das Kratzen Erfolg bringt.

Da besonders unterbeschäftigte Katzen diese Problematik zeigen, ist auch eine Optimierung der Haltungsumwelt mit entsprechender geistiger und körperlicher Auslastung (► Kap. 24) sehr empfehlenswert. So kann die Katze lernen, sich auch besser selbst zu beschäftigen. Interaktives Spiel mit dem Besitzer sollte zudem zu einem festen Zeitpunkt jeden Tag stattfinden, sodass die Katze sich darauf einstellen kann.

Zudem kann, wenn möglich, versucht werden, die von der Katze durch das aufmerksamkeitsfordernde Verhalten eingeforderte Ressource besser zugänglich zu machen. So hilft z.B. der Einbau einer Katzenklappe (idealerweise eine Chip-gesteuerte), das Kratzen oder Maunzen zum hinein- oder hinauslassen zu unterbinden.

Prognose

Die Prognose ist in der Regel gut, wenn die Besitzer sich an die Therapieempfehlungen halten können.

Prophylaxe

Prophylaktisch ist es sinnvoll, Besitzer aufzuklären was aufmerksamkeitsforderndes Verhalten ist und wie sie darauf reagieren sollen, wenn sie keine Festigung oder gar Intensivierung des Verhaltens wünschen. Zudem ist eine artgerechte, angereicherte Haltung (▶ Kap. 24) prophylaktisch sehr wirksam.

Zusammenfassung

- Aufmerksamkeitsforderndes Verhalten ist keine Verhaltensstörung. Nichtsdestotrotz kann es sehr nervenaufreibend sein.
- Am häufigsten wird exzessives Kratzen oder Vokalisieren gezeigt, um Aufmerksamkeit zu bekommen.
- Ein konsequentes Ignorieren des Verhaltens, evtl. in Kombination mit einem Überbrückungsstimulus, sowie eine Anpassung der Haltungsumwelt sind die besten Therapiemaßnahmen.

27 Kratzmarkieren

D. Ketter

Hauskatzen verfügen über verschiedene Ausdrucksformen, um mit Menschen, Artgenossen oder anderen Tieren zu kommunizieren. Eine Form ist das Markieren. Das Kratzmarkieren gehört zum normalen Verhaltensrepertoire der Katze. Es dient der innerartlichen Kommunikation. Beim Kratzmarkieren kommuniziert die Katze mittels optischer (Kratzspuren), olfaktorischer (Pheromone über die Drüsen der Pfoten) und akustischer (Kratzgeräusche) Signale. Ein Nebeneffekt des Kratzmarkierens ist, dass überschüssige Hornhüllen der Krallen abgestreift werden. Zusätzlich kann das Kratzmarkieren auch dem Abbau von Stress dienen. Wird das Kratzen stark vermehrt oder stark vermindert bis gar nicht gezeigt, kann dies angstbedingt sein.

27.1 Unerwünschtes Kratzmarkieren

Ein häufiger Vorstellungsgrund ist das Zerkratzen von neuen Möbeln oder starke Kratzspuren an Tapeten. Oftmals vermuten die Besitzer, dass bei diesem Verhalten Boshaftigkeit oder Zerstörungswut dahintersteckt.

Ätiologie

Wohnungskatzen wählen zum Kratzmarkieren Materialien aus, an deren Oberfläche die Kratzspuren gut sichtbar sind. Handelt es sich hierbei nicht um den Kratzbaum, den der Besitzer extra für die Katze gekauft hat, sondern die Tapete, den Sessel oder das Sofa, kann dies für die Beziehung zwischen Halter und Tier sehr belastend sein. Beim Kratzmarkieren handelt sich um keine Verhaltensstörung, sondern um eine unerwünschte Verhaltensweise. Gerade die optische Markierung, die für die Katze für die soziale Kommunikation so wichtig ist, kann für den Katzenhalter ein Dorn im Auge sein.

Diagnose

Die Diagnose wird anhand der Anamnese gestellt. Hierzu ist es wichtig, sich vom Besitzer das Verhalten der Katze genau beschreiben zu lassen.

Seit wann stört das Verhalten? Hat sich etwas im Umfeld der Katze verändert? Wurde die Wohnung umstrukturiert? Wie oft und wie lange zeigt die Katze das Kratzmarkieren? Wo markiert die Katze?

Wenn möglich, sollten die Kratzspuren vor Ort angesehen werden. Ist ein Hausbesuch nicht möglich, ist es ratsam den Besitzer Fotos von den bevorzugten Stellen machen und diese in einer Skizze der Wohnung einzeichnen zu lassen. An sich ist es wichtig, zu erfahren, wie die Wohnung strukturiert ist.

Differenzialdiagnostisch muss ein, durch Angst oder Stress bedingtes, vermehrt auftretendes Kratzmarkieren oder aufmerksamkeitsforderndes Verhalten (z. B. das Kratzen an der Tür, um ins Freie oder in ein bestimmtes Zimmer zu gelangen) ausgeschlossen werden.

Therapie

- Es ist wichtig, den Katzenbesitzer über den ethologischen Hintergrund des Kratzmarkierens aufzuklären. Der Besitzer soll verstehen, dass es sich um ein natürliches Ausdrucksverhalten handelt, das für die Katze wichtig ist.
- **Auf keinen Fall sollte Kratzmarkieren bestraft werden.**
- Das Verhalten wird nicht abgewöhnt, sondern die Therapie besteht darin, Orte bzw. Gegenstände, an denen das Kratzen nicht (mehr) erwünscht ist, unzugänglich bzw. unbrauchbar zu machen:
  - Gegenstände, die erstmal nicht unbedingt gebraucht werden, können weggestellt oder mit einem Material bedeckt werden, welches die Katze nicht mag (z. B. Luftpolsterfolie). Katzen reagieren dabei ganz unterschiedlich auf Materialien. Es sollte auf jeden Fall ein Material sein, welches die Katze nicht zum Kratzen animiert. Türen können zum Beispiel durch Plexiglas geschützt werden.
  - Es können auch Düfte eingesetzt werden, um die Katze fernzuhalten. Hierfür werden im Handel sogenannte Katzenfernhaltezerstäuber angeboten. Auch hier reagieren die Katzen ganz unterschiedlich.
- An passenden Positionen sollten **geeignete Objekte** angeboten werden, die für die Katze zum Kratzmarkieren verwendet werden können (► Kap. 24):
  - Das Objekt, welches der Katze zum Kratzen angeboten wird, muss eine Oberfläche besitzen, die die Katze für das Kratzmarkieren ansprechend findet. Hierfür hat sich Sisal besonders bewährt, aber auch andere Materialien wie z. B. Bast, Rinde etc. sind dafür geeignet.
  - Katzen können sowohl auf waagrechten als auch senkrechten Objekten Kratzmarkieren. Es gibt Katzen die Kratzbäume bevorzugen, andere wiederum lieben am Boden liegende Kratzmatten. Hier muss auf die individuellen Vorlieben der Katze geachtet werden.
  - Auf jeden Fall sollte auf die Standfestigkeit eines Kratzbaums geachtet werden.
  - Die **Position der Objekte**, die zum Kratzmarkieren benutzt werden dürfen, spielt eine wichtige Rolle. Teilweise kann man die für die Katze wichtigen Punkte anhand der bereits markierten Stellen ableiten. Hierzu können alternative Kratzmöglichkeiten aufgestellt werden, an dem Ort an dem ein Objekt war, welches zerkratzt wurde. Oder es können Kratzmöglichkeiten in direkter Nähe der bisherigen unerwünschten Kratzstelle positioniert werden.

  - Kratzmöglichkeiten sollten strategisch aufgestellt werden. Das bedeutet an Stellen, an denen sich die Katze häufig aufhält wie in der Nähe von Schlafplätzen, dem Fenster, den Türen etc. Es müssen genügend Kratzgelegenheiten vorhanden sein. Die Berechnung für die Mindestanzahl der Kratzgelegenheiten ist: Anzahl der Katzen +1. D. h. also bei zwei Katzen wären es mindestens drei Kratzbäume.
  - Katzen können mit Spielen oder Futter an die Kratzmöglichkeiten gewöhnt werden. Feliway® wird zur Stressminderung bei der Katze eingesetzt. Tritt das Kratzmarkieren aufgrund einer Unsicherheit bzw. aus Angst vermehrt auf, kann der Feliway®-Zerstäuber (► Kap. 5.2.2) unterstützend eingesetzt werden.
- Das Kratzmarkieren ist eine wichtige Verhaltensweise der Katze. Besonders die optische Markierung durch das Kratzen spielt hierbei eine entscheidende Rolle. Der Einsatz von einem sogenannten Krallenschutz wie z. B. Softclaws® ist daher tierschutzrelevant.

Zusammenfassung

- Kratzmarkieren gehört zum Normalverhalten der Katze. Es dient der innerartlichen Kommunikation.
- Das Kratzmarkieren darf nicht generell unterbunden werden, sondern die Therapie besteht darin, ausreichend geeigneten Kratzmöglichkeiten an geeigneten Stellen anzubieten.

28 Unsauberkeit

B. Schneider

Die Unsauberkeit bei der Katze stellt ein häufiges Problem in der tierärztlichen Praxis dar. Es handelt sich um das häufigste Verhaltensproblem, mit dem Verhaltenstherapeuten bei Katzen konfrontiert werden (► Kap. 1). Manche Besitzer von unsauberen Katzen haben bereits einen jahrelangen Leidensweg hinter sich, bis sie endlich den Verhaltensmediziner aufsuchen. Meist haben sie auch schon einige Taktiken ausprobiert, um das Problem zu beseitigen. Nicht selten stellt die tierärztliche Verhaltenstherapie für betroffene Besitzer somit den letzten Ausweg dar, bevor die Katze weitervermittelt wird. Den Besitzern kann jedoch versichert werden, dass der überwiegende Teil der Unsauberkeitsprobleme bei Katzen sich mit relativ einfachen Mitteln lösen lässt.

Die Unsauberkeit bei der Katze ist in der Regel eines der am leichtesten lösbaren Verhaltensprobleme.

In der kurativen Praxis sollten Tierärzte daher auch prophylaktisch aktiv sein und die Besitzer über das natürliche Ausscheidungsverhalten von Katzen aufklären.

Ist bereits ein Problem vorhanden, muss man sich besonders viel Zeit nehmen, um die Situation genau zu analysieren und die richtige Diagnose zu stellen. Nur so kann effektiv gearbeitet und weiterer Frust bei den leidgeplagten Besitzern vermieden werden.

28.1 Grundsätzliches

Grundsätzlich ist es wichtig, sich über das natürliche Ausscheidungsverhalten von Katzen im Klaren zu sein. Dazu gehört auch zu wissen, dass es sich bei Markierverhalten um ein natürliches und nicht um ein gestörtes Verhalten handelt.

Der Urin- und Kotabsatz zu Gründen der Elimination (nicht zum Markieren) folgt im Regelfall einer klaren Verhaltenskette: Die Katze sucht einen Ort auf, der eventuell schon in der Vergangenheit als Toilette benutzt wurde und somit ein wenig nach Urin oder Kot riecht. Dort wird dann eine kleine Mulde in den weichen, manipulierbaren und saugfähigen Untergrund (z. B. Sand oder Erde) gescharrt (► Abb. 28-1a). Über diese Mulde hockt sich die Katze dann in typischer Haltung (► Abb. 28-1b) und erleichtert sich. Anschließend wird die Ausscheidung beschnüffelt und schließlich meist zugescharrt (► Abb. 28-1c). Nach einer letzten Geruchskontrolle (► Abb. 28-1d) wird der Ausscheidungsort verlassen.

Abb. 28-1a–d Normales Ausscheidungsverhalten: **a** Suche eines geeigneten Ausscheidungsortes. Geruchskontrolle und Scharren einer kleinen Grube. **b** Urinabsatz in typischer Hockstellung. **c** Verscharren. **d** Abschließende Geruchskontrolle.

Hier ist normales Ausscheidungsverhalten in einer Katzentoilette im Haus zu sehen. Man beachte die häufigen Geruchskontrollen:

Video 28-1 Benutzung der Katzentoilette (ca. 1 min.)
http://www.schattauer.de/index.php?id=5278

Die Verhaltenskette ist für Kot- und Urinabsatz prinzipiell gleich. Es gibt jedoch einige Katzen, die ihre Ausscheidungen nicht verscharren. Dies kann meist als Ausdruck der individuellen Persönlichkeit gesehen werden.

Grundsätzlich ist auch festzustellen, dass von der – heutzutage immer beliebter werdenden – Maßnahme, die Katze an eine Benutzung der menschlichen Toilette zu gewöhnen, dringend abzuraten ist. Wenn die Katze die menschliche Toilette benutzt, kann sie die natürlichen Verhaltensweisen rund um die Ausscheidungen

Typische Körperhaltung beim Urinmarkieren

(Abb. 28-1 a–d) nicht ausführen. Das kann langfristig zu deutlichen Problemen und letztendlich auch zu einer dadurch erworbenen Unsauberkeit führen.

Diagnose

Der wichtigste erste Schritt zur Diagnose eines Unsauberkeitsproblems ist eine gründliche medizinische Untersuchung. Zum Ausschluss medizinischer Ursachen für unerwünschten Urinabsatz muss unter anderem auch eine Blut- und Urinuntersuchung durchgeführt werden. Es müssen Blasenentzündung, Diabetes mellitus, Nierenerkrankungen etc. zwingend ausgeschlossen werden, bevor mit einer sinnvollen verhaltenstherapeutischen Beratung begonnen werden kann. Als Ursachen für unerwünschten Kotabsatz außerhalb der Katzentoilette kommen organische Ursachen wie Magen-Darm-Erkrankungen, Futtermittelallergien und auch Parasitosen in Frage. Diese müssen ebenfalls vor Beginn einer Verhaltenstherapie ausgeschlossen werden.

Sind organische Ursachen ausgeschlossen oder behandelt, dann kann mit der Diagnosefindung fortgefahren werden. Die wichtigste Frage dabei ist, ob es sich um eine sogenannte **Katzentoilettenaversion**, um **Markierverhalten** oder um eine **Kombination** aus beidem handelt. Abhängig davon ist nämlich die Prognose zu stellen und der Therapieplan auszuarbeiten.

Anamnese

Die Unterscheidung zwischen Markierverhalten und Katzentoilettenaversion ist nicht immer ganz einfach und erfordert eine sehr ausführliche Anamnese. Besonders wichtig ist hierbei die Abfrage der Katzentoilettensituation. Wenn diese nicht optimal ist, muss sie auf jeden Fall angepasst werden. Auch bei reinen Markierproblemen hat sich diese Vorgehensweise bewährt. In der Anamnese muss Anzahl, Größe, Position und Art (mit/ohne Deckel, mit Schwingklappe, automatisch etc.) der Katzentoiletten erhoben werden. Darüber hinaus ist es wichtig abzuklären welche Einstreu verwendet wird bzw. wurde, ob Matten vor den Toiletten, Plastik-Einstreutüten in den Toiletten, oder Katzenstreudeos etc. zum Einsatz kommen. Zudem muss die Häufigkeit und Art der Reinigung der Katzentoiletten abgefragt werden.

Diagnostisch aussagekräftig können zudem die Orte und Situationen sein, in denen es zur unerwünschten Ausscheidung außerhalb der Katzentoilette kommt. Das erste Auftreten der Unsauberkeit und die Reaktionen der Besitzer darauf sowie bislang ausprobierte Behandlungsmethoden sind ebenfalls von Interesse. Die Besitzer müssen auch gefragt werden, ob sie ihre Katze ein- oder mehrmals bei der Ausscheidung außerhalb der Katzentoilette beobachten konnten. Wenn ja, dann sollten sie versuchen, die beobachtete Situation so detailliert wie möglich wiederzugeben. Die für das Markieren typische Körperhaltung ist nämlich das einzige wirklich eindeutige Merkmal für Markierverhalten.

Diese typische Haltung mit zitterndem Schwanz bedeutet allerdings nicht, dass keine Katzentoilettenaversion vorliegt. Schließlich kann es Mischformen geben. Auch das Fehlen der für das Markieren typischen Körperhaltung bedeutet nicht zwangsläufig, dass kein Markierverhalten gezeigt wird. Die folgende Tabelle (► Tab. 28-1) gibt einen kleinen Einblick, wie kompliziert eine Unterscheidung zwischen Katzentoilettenaversion und Markierverhalten sein kann:

Tab. 28-1 Diagnostische Unterscheidungskriterien

Katzentoilettenaversion	Markierverhalten
Urinabsatz eher in hockender Körperhaltung	Urinabsatz eher im Stehen mit typischem Verhalten (rückwärts an Objekt gehen, mit zitterndem Schwanz Urin fast waagrecht abspritzen (s. Zeichnung)
Urinabsatz eher in großen Pfützen	Urinabsatz eher tröpfchenweise
Urinabsatz v. a. auf waagrechten Flächen	Urinabsatz v. a. an senkrechten Stellen
Urinabsatz eher auf saugfähigem Untergrund	Urinabsatz eher an „wichtigen" Stellen (z. B. am Fenster, an Durchgängen etc.)
Selten in direktem Zusammenhang mit bestimmten Ereignissen (außer Auflauern durch andere Katze vor der Toilette)	Ausscheidung häufig in direktem zeitlichem Zusammenhang mit bestimmten Ereignissen
Ausscheidung wird meist verscharrt	Ausscheidung wird selten verscharrt
Wenn nur Kot außerhalb der Katzentoilette abgesetzt wird: Markieren unwahrscheinlich	Kotmarkieren tritt fast ausschließlich in Kombination mit Urinmarkieren auf

Tab. 28-1 Diagnostische Unterscheidungskriterien *(Fortsetzung)*

Katzentoilettenaversion	Markierverhalten
Häufig verändertes Verhalten bei der Ausscheidung: v. a. Scharren außen an Toilette oder auch hastiges Hinauslaufen aus Toilette nach Ausscheidung	
Ausscheidung häufig direkt neben der Katzentoilette	

Wie aus der Tabelle zu erkennen ist, gib es keine sicheren Symptome. Daher müssen alle Hinweise in ihrer Gesamtheit bewertet werden, um zu einer Diagnose zu gelangen.

28.2 Katzentoilettenaversion

Als Katzentoilettenaversion bezeichnet man eine Unsauberkeit, die auf ein ungenügendes Management der Katzentoiletten oder eine erworbene Aversion zurückzuführen ist. Eine mangelhaft erlernte Stubenreinheit kommt bei Katzen praktisch nicht vor. Typischerweise werden bei der Katzentoilettenaversion die Toiletten auch weiterhin ab und an benutzt.

Ätiologie

Katzen müssen die Stubenreinheit nicht erlernen. Sie möchten von sich aus ihre Fress-, Liege- und Spielorte von ihren Ausscheidungsorten trennen. Als Ausscheidungsort suchen sich Katzen, wenn sie die Wahl haben, einen weichen, sandigen oder erdigen Untergrund aus, den sie leicht manipulieren können. Denn an einem solchen Ort können sie am besten ihr natürliches Ausscheidungsverhalten (Abb. 28-1 a–d) inkl. Verscharren zeigen. Katzen trennen auch gerne ihre Ausscheidungen und suchen sich mitunter für den Kotabsatz einen anderen Ort als für den Urinabsatz. Dafür benötigen sie mindestens zwei voneinander entfernte Ausscheidungsorte. Wenn sie keine optimalen Bedingungen vorfinden, dann kann es bei manchen Katzen sein, dass sie unsauber werden und sich einen geeigneteren Platz suchen. Werden unerwünschte Ausscheidungsstellen zudem nicht genügend gereinigt, dann riechen sie für die Katze weiterhin wie eine Toilette und sie werden in Zukunft auch wieder öfter benutzt.

Häufige Fehler im Katzentoilettenmanagement sind eine unzureichende Anzahl an Katzentoiletten, eine ungeeignete Lage, also z. B. zu nahe an Fressplätzen, oder direkt neben Wachmaschine/Trockner oder auch an zu engen Orten (z. B. unter dem Waschbecken), an die die Katze nur geduckt hinkommt. Weitere Fehler sind zu kleine oder ungeeignete Toiletten. Ungeeignet sind z. B. automatische Toiletten, bei denen die Klumpen mithilfe eines automatisch operierenden Rechens entfernt werden. Viele Katzen erschreckt dieser Rechen. Katzentoiletten mit Deckel werden von den meisten Katzen ebenfalls nicht sehr geschätzt, da so der Überblick verloren geht und sich im Deckel auch mehr Gerüche sammeln können. Die meist zusätzlich vorhandene Schwingklappe ist den Tieren zudem unangenehm, da sie beim Betreten oder Verlassen der Toilette immer einen „Klaps" davon bekommen.

Aber es gibt auch eine anderweitig erworbene Katzentoilettenaversion. So kann es z. B. zu einem fehlenden oder unzuverlässigen Verwenden der Katzentoilette kommen, wenn die Katze einmal oder mehrmals Schmerzen im Zusammenhang mit einer Ausscheidung dort hatte. Ursachen für solche Schmerzen können z. B. Arthose (Schmerzen beim Hineinsteigen), oder aber auch Blasenentzündungen (Schmerzen beim Urinieren in der Toilette) oder Obstipationsschmerzen sein. Eine Aversion gegenüber der Katzentoilette kann auch erworben werden, wenn z. B. eine weitere Katze im Haushalt lebt, die der anderen immer vor der Katzentoilette auflauert. Dies ist besonders häufig bei Katzentoiletten mit Deckel der Fall, wo die Katze, die sich gerade erleichtert, nicht sehen kann, wo sich die andere Katze aufhält. Typischerweise ist es in solchen Fällen so, dass sich die betroffenen Katzen erhöhte Orte für ihre Ausscheidungen aussuchen, von denen aus sie den Großteil des Zimmers überblicken können (z. B. Bett, Couch). Häufig wird dann das Urinieren oder Koten auf dem Bett der Besitzer von diesen dann fälschlicherweise als Markieren oder „Trotz" und „Frust" ausgelegt. Die Beziehungen der Katzen untereinander müssen bei Unsauberkeiten im Mehrkatzenhaushalt somit ebenfalls ausführlich beleuchtet werden.

Therapie

Die wichtigsten Punkte der Therapie der Katzentoilettenaversion sind eine umfassende Optimierung des Katzentoilettenmanagements sowie eine gründliche Reinigung der betroffenen Stellen und eventuell deren Umwidmung.

Eine **optimale Katzentoilettensituation** umfasst die folgenden Punkte, die bei der Therapie einer Unsauberkeit immer alle umgesetzt werden müssen, um das Problem möglichst schnell und umfassend in den Griff zu bekommen:

- **Anzahl der Toiletten**
  Anzahl der Toiletten ≙ Anzahl der im Haushalt lebenden Katzen +1
- Katzentoiletten dürfen nicht direkt nebeneinander stehen, das „gilt" sonst als eine große Toilette, besser in verschiedenen Räumen;
  Faustregel: in jedem Stockwerk des Hauses sollte mindestens eine Toilette stehen
- Geeignete **Orte** für Toiletten sind ruhig, von zwei Seiten einsehbar (z. B. in Zimmerecke oder neben dem Schrank an der Wand) und > 2 m von Futternapf, Liegeplätzen und Spielorten entfernt.
- **Größe der Katzentoiletten:**
  Länge der Katzentoilette = mind. 1,5 × Länge der größten Katze im Haushalt. Nur so kann sich die Katze darin bequem bewegen. Für besonders große Katzen empfiehlt es sich, stabile Haushalts- oder Ordnungsboxen aus dem Baumarkt

oder Möbelhaus zu besorgen und einen Eingang hineinzuschneiden, sodass die Katze leicht hinein und wieder hinaus gelangen kann. Solche hohen Haushaltsboxen empfehlen sich übrigens auch bei Katzen, die im Stehen ihren Urin absetzen. Die hohen Wände verhindern zudem ein zu starkes Herausscharren der Einstreu.

- Deckel müssen entfernt werden. Automatische Katzentoiletten müssen abgeschafft werden.
- Möglichst feine, sandige, unparfümierte Klumpstreu muss verwendet werden Einstreutiefe ≥ 5 cm.
- Auf die Verwendung von Einstreutüten, Katzenstreudeos, Plastikmatten vor den Katzentoiletten etc. muss verzichtet werden, da diese Maßnahmen eher aversiv für Katzen sind.
- **Reinigung der Toiletten:**
  - Klumpen zweimal täglich entfernen (auch nicht öfter!);
  - Wechsel der gesamten Streu: alle 2–4 Wochen;
  - Reinigung der Toilettenschale ausschließlich mit heißem Wasser (Reiniger enthalten für Katzen unangenehm riechende Duftstoffe);
  - Erneuerung der Toilettenschalen alle 2–4 Jahre
- **In Einzelfällen sinnvoll:**
  - bei Substratpräferenz:
    anfängliche Verwendung von Teppichresten oder Handtüchern, bzw. dem bevorzugten Substrat; im Laufe der Zeit wird schrittweise mehr Einstreu über das präferierte Substrat gegeben
  - Änderung von Farbe und/oder Form der Toilette bei erworbener Aversion (z. B. durch schmerzhafte Prozesse)
- **Extrem selten** notwendig: Katze in einem Zimmer halten, in dem so viele Toiletten aufgestellt sind, dass sie praktisch keine andere Wahl hat, als auf eine Toilette zu gehen, bis die Katze die Toilettenbenutzung wieder erlernt hat.

PRAXISTIPP

Um in einem Mehrkatzenhaushalt herauszufinden, wer das unerwünschte Urinieren zeigt, gibt es die Möglichkeit, den **Urin einer Katze anzufärben**. Dazu können Fluoreszin-Augenstreifen verwendet werden. Die orangen Spitzen von 3 Streifen müssen abgeschnitten und in eine Gelkapsel eingebracht werden. Diese wird der verdächtigen Katze verabreicht. Der Urin der so behandelten Katze leuchtet für ca. 24 Stunden lang orange.

Die Reinigung der unerwünschten Ausscheidungsstellen muss sehr gründlich durchgeführt werden. Als Faustregel kann man den Besitzern mitgeben, dass alle Ausscheidungsorte zweimal gereinigt werden sollten. Besteht das Ausscheidungsproblem schon länger, und wird vor allem Urin außerhalb der Toiletten abgesetzt, so muss mithilfe einer hochwertigen Schwarzlicht-Röhrenlampe die Wohnung bei Dunkelheit abgesucht werden, um alle Ausscheidungsstellen zu finden. In der Regel ist der Katzenurin sehr phosphathaltig und leuchtet im Schwarzlicht fluoreszierend auf.

Die Reinigung der unerwünschten Orte sollte folgendermaßen durchgeführt werden:

- Wenn möglich, sollten sehr stark verschmutze Gegenstände (z. B. Badvorleger, Fußabstreifer, Teppichläufer etc.) entsorgt werden.
- Reinigung mit Reinigern auf Enzymbasis oder mit 70%igem Alkohol; keine Reiniger mit Chlor oder Ammoniak (Ammoniak riecht ähnlich wie Urin) verwenden
- alle betroffen Stellen zweimal reinigen
- nach Möglichkeit in Abwesenheit der Katze reinigen, Katze erst wieder dazu lassen, wenn alles trocken ist

Zusätzlich können bislang verwendete Ausscheidungsorte umgewidmet werden. Das bedeutet, dass sie mit einer neuen Verknüpfung belegt werden. So können z. B. ehemalige Ausscheidungsorte, nachdem sie gründlich gereinigt wurden, zum expliziten, regelmäßigen Kuscheln und Spielen verwendet werden. Auch das Aufstellen von Schälchen mit Trockenfutter an den betroffenen Orten hat sich bewährt.

In Einzelfällen kann es auch sinnvoll sein, den Zugang zu besonders für Ausscheidung bevorzugten Zimmern zu verwehren (z. B. Türe geschlossen lassen), und erst dann wieder, wenn die Katzentoilette zuverlässig benutzt wird, zugänglich zu machen. Es kann ebenfalls hilfreich sein, unerwünschte Ausscheidungsorte aversiv zu machen. Dies kann z. B. durch das Auflegen von Luftpolsterfolie, Alufolie, Malerfolie oder durch umgedrehte Fußabstreifer (Noppen nach oben) geschehen. Auch Katzenfernhaltespray und umgedrehte Mausefallen können erfolgreich sein. Welche Maßnahme ergriffen wird, ist hierbei von der Katze und dem Ort abhängig. Nicht jede Katze findet z. B. Luftpolsterfolie unangenehm.

Weitere Maßnahmen

- Besitzerreaktion: kein Strafen oder Schimpfen; idealerweise soll die Ausscheidung in Abwesenheit der Katze entfernt werden
- Besitzer sollten unbedingt Tagebuch schreiben, um die Effektivität der gewählten Maßnahmen objektiver überprüfen zu können
- Pheromone (z. B. Feliway® ► Kap. 5.2.2) sind als Diffusor und Spray erhältlich und werden häufig bei Unsauberkeit angeraten. Sie haben sich in der Praxis aber nicht als besonders hilfreich erwiesen und sind relativ kostspielig. Daher sollten sie nur in streng indizierten Einzelfällen (z. B. bei Gewöhnung an neue Toilette nach aufgrund von Schmerzen erworbener Aversion) verwendet werden, um unnötigen Frust bei den Besitzern zu vermeiden.

28.3 Markierverhalten

Das Markieren des eigenen Reviers mit Kot und Urin ist eine natürliche Verhaltensweise von Katzen! Urinmarkieren im Haus zählt somit also zu störendem Verhalten und nicht zu den Verhaltensstörungen im eigentlichen Sinne. Dies muss betroffenen Besitzern ebenso klar gemacht werden wie die Tatsache, dass das Markieren bei Katern genauso wie bei Katzen vorkommen kann. Es ist darüber hinaus unabhängig davon, ob die Katze kastriert, sterilisiert oder intakt ist. Bei intakten Katern ist es nur sehr viel häufiger anzutreffen. Diese werden auch fast immer deutliches Markierverhalten in der Wohnung zeigen, das ohne Kastration praktisch nicht abgestellt werden kann.

Beim Markieren wird meist, ähnlich wie bei der Ausscheidung zu Eliminationszwecken, ebenfalls vorab eine Ortssuche und Geruchskontrolle durchgeführt. Beim Markieren mit Urin nimmt die Katze dann in der Regel eine sehr typische Körperhaltung ein (s. Zeichnung). Typischerweise geht sie rückwärts und mit erhobenem Schwanz an den zu markierenden Gegenstand (meist eine senkrechte Fläche), um dann dort nach kurzem Treteln und mit zitterndem Schwanz Urin waagrecht abzuspritzen. Meist erfolgt danach wiederum eine Geruchskontrolle.

Manche Katzen markieren auch im Hocken, aber meist zittert der Schwanz auch hierbei in typischer Weise. Wird mit Kot markiert, so wird dieser meist nicht vergraben. Häufig werden kleine Mengen Kot an erhöhten, olfaktorisch oder sozial wichtigen Orten abgesetzt.

Es gibt noch eine weitere Art des Urinmarkierens, das sogenannte **Scheinmarkieren** (oder Phantommarkieren). Bei dieser Verhaltensweise zeigt die Katze die gesamte typische Verhaltenskette des normalen Urinmarkierens inkl. hochgestelltem, zitterndem Schwanz, setzt aber keinen Urin ab. Für diese Verhaltensweise gibt es noch keine umfassende Erklärung. Sie ist hin und wieder bei Katzen zu bemerken, die sonst keine Auffälligkeiten zeigen und ausgeglichen wirken. Sie könnte aber auch ein milder Indikator für Stress sein, da das Scheinmarkieren auch von Katzen gezeigt wird, die für Urinmarkieren behandelt werden. Tendenziell ist es zu Beginn der Behandlung etwas häufiger zu sehen und lässt im Laufe der Zeit etwas nach. Es könnte sich also um eine Art Vorstufe des Urinmarkierens handeln.

Ätiologie

Das Markieren mit Kot oder Urin wird von Katzen hauptsächlich zur Kennzeichnung ihres Territoriums verwendet, vor allem wenn dieses von weiteren Katzen gekreuzt wird. Wenn eine Katze einem Stressor ausgesetzt ist, kann es sein, dass sie das Bedürfnis hat, ihr Territorium wieder neu zu markieren, um sich sicherer zu fühlen. Daher ist die Ursache für plötzliches Markierverhalten im Haus eigentlich immer irgendeine Art von Stress. Häufig wird das Markierverhalten in oder in direktem zeitlichem Zusammenhang zu, für die Katze aufregenden Situationen gezeigt. Klassische Bespiele sind z. B. das Markieren von Fenstern und Türen wenn andere Katzen durch das Fenster beobachtet werden. Auch das Markieren von

Taschen und Koffern, wenn sich die Besitzer für den Urlaub reisefertig machen ist eine recht typische Situation. Nach einem Umzug, oder bei einem Wechsel der sozialen Beziehungen (neue Katze kommt hinzu, Spannungen zwischen zwei Katzen im Haushalt, ein Besitzer geht weg, Baby wird geboren etc.) kann es ebenfalls zu Markierverhalten kommen. Aber auch aufregende Gerüche oder Spannungen zwischen den menschlichen Mitbewohnern können Markierverhalten bei manchen Katzen auslösen.

Das Markierverhalten kann zudem gewissen jahreszeitlichen Schwankungen unterworfen sein, mit einer gewissen Häufung im Frühjahr/Frühsommer. Dies lässt sich unter anderem dadurch erklären, dass im Frühling die Fenster wieder häufiger geöffnet und aufregende, neue Gerüche für (Wohnungs-)Katzen zugänglich werden. Zudem gehen Freigängerkatzen bei wärmerem Wetter öfter auf Streifzüge und haben dadurch auch mehr Begegnungen mit anderen Katzen. Dies kann zu einem generell erhöhten Erregungszustand führen und somit auch zu gehäuftem Markieren. Freilauf ist daher auch keine Maßnahme, um Markierverhalten in der Wohnung sicher zu unterbinden.

Je mehr Katzen in einem Haushalt zusammenleben, desto höher steigt die Wahrscheinlichkeit, dass eine Katze damit beginnt Markierverhalten zu zeigen. Wenn eine Katze damit begonnen hat, dann kommt es häufig dazu, dass auch weitere Tiere markieren. Daher sollte vor allem im Mehrkatzenhaushalt das Markieren immer möglichst schnell unter Kontrolle gebracht werden.

Wichtig für die Diagnosestellung ist eine genaue Analyse des Verhaltens, sowie der zeitliche Bezug zu eventuell als Stressor empfundenen Situationen oder Ereignissen. Wenn sich das Markierverhalten allerdings schon über eine gewisse Zeit eingeschliffen hat, dann kann es auch ohne klar erkennbare Auslöser gezeigt werden.

Therapie

Der wichtigste Teil der Therapie des unerwünschten Markierverhaltens ist die Analyse des auslösenden Ereignisses oder der auslösenden Situation und der anschließenden **Stressreduktion** in diesen Situationen oder bei diesen Auslösern. Wenn also z. B. fremde Katzen, die durch das Fenster beobachtet werden das Problem darstellen, sollte entweder der Zugang zu den entsprechenden Fenstern begrenzt und/oder auch der Zugang für fremde Katzen zu diesem Teil des Grundstücks eingeschränkt werden. Sind Spannungen unter den Katzen im Haushalt das Problem, so muss evtl. ein Gewöhnungstraining (▶ Kap. 30.10) durchgeführt werden.

Aber auch **allgemeine stressreduzierende Maßnahmen** sind sinnvoll, vor allem in Fällen, in denen der Auslöser für das Markierverhalten noch unklar ist. Diese können folgendermaßen aussehen:

- **Körperliche Auslastung** (▶ Kap. 24.2):
  Am besten eignet sich hierfür interaktives Spiel mit dem Besitzer z. B. Katzenangelspiele, Schussern von Bällchen oder Leckerchen etc., abhängig von den Vorlieben der Katze. Dies sollte mind. einmal täglich so lange durchgeführt werden wie

die Katze sich animieren lässt; auch Spielzeuge wenn die Katze alleine ist (z. B. Tischtennisbälle in der Badewanne, automatische Spielzeuge etc.) sind sinnvoll.

- **Geistige Auslastung** (▸ Kap. 24.3):
  Hier sind vor allem Futterspielzeuge sinnvoll, sowie ein gesichertes Aquarium, Aussichtsplätze am Fenster, ein Katzenbrunnen, Radio, sowie Clickertraining, wenn es für Katze und Besitzer geeignet ist.
- **Enrichment** (▸ Kap. 24):
  Eine optimierte Haltungsumwelt mit großem Bewegungsraum (Balkon, Freilauf etc.), vielen Klettermöglichkeiten (Kratzbäume, Catwalks etc.), vielen Rückzugsmöglichkeiten (Katzenhöhlen, Pappkartons, Stühle mit Decke darüber etc.) ist ebenfalls extrem hilfreich zur Stressreduktion

Weitere sinnvolle Maßnahmen:

- Kratzmöglichkeiten (Kratzbaum/Kratzbrett etc.) an Stellen anbringen, die zum Urinmarkieren verwendet wurden, um dem Markierbedürfnis anders Rechnung zu tragen.
- Besitzerreaktion: Kein Strafen oder Schimpfen (Die Katze steht sowieso schon unter Stress). Idealerweise soll die Ausscheidung in Abwesenheit der Katze entfernt werden.
- gründliche Reinigung der Ausscheidungsstellen (▸ Kap. 28.2)
- Optimierung der Katzentoilettensituation (▸ Kap. 28.2): Dies ist vor allem auch bei einem Verdacht auf eine Mischform (Katzentoilettenversion und Markieren) wichtig.
- Tagebuch schreiben zur Kontrolle des Erfolgs

Ein wichtiger Punkt bei der Behandlung des Markierverhaltens ist die **medikamentöse Therapie**. Sie ist besonders dann angezeigt, wenn sich durch die oben erwähnten Maßnahmen zur Stressreduktion keine ausreichende Verbesserung des Markierproblems erzielen lässt. Anxiolytische Psychopharmaka sind hier besonders geeignet. Die Verwendung von Fluoxetin zeigt im Allgemeinen die besten Erfolge. Zur Verabreichung wird idealerweise eine Suspension mit einer für die jeweilige Katze angenehmen Flüssigkeit (z. B. Hühnerbrühe, Wasser der Thunfischdose, Katzenmilch etc.) hergestellt (▸ Kap. 6).

Prophylaxe

Prophylaktisch in Bezug auf die Katzentoilettenaversion empfiehlt es sich, immer eine optimale Katzentoilettensituation für Katzen anzubieten. Besitzer sollten bereits beim ersten Tierarztbesuch mit ihrem Katzenwelpen entsprechend beraten werden.

In Bezug auf Markierverhalten ist die Prophylaxe schwieriger. Prinzipiell gilt, dass starke Veränderungen schrittweise erfolgen sollten (z. B. Eingewöhnung neuer Katzen mithilfe von Gewöhnungstraining ▸ Kap. 30.10, oder Veränderungen im Haus schon schrittweise vor Ankunft des neugeborenen Babys durchführen etc.) Auch hier sollten die Haustierärzte wenn möglich vorab beratend zur Seite stehen.

Fallbeispiel

Unsauberkeit

Vorstellungsgrund

Der 6 Jahre alte, kastrierte Perser-Kater Apollo ist seit ca. 4 Jahren unsauber.

Anamnese

Apollo (9 kg) setzt, seit er etwa 2 Jahre alt ist, sämtlichen Urin außerhalb der Katzentoilette ab. Praktisch immer uriniert er in unmittelbarer Nähe der Katzentoiletten auf den Teppichboden. Kot wird zuverlässig in der Katzentoilette abgesetzt. Das Problem besteht, seit die Besitzerin bedingt durch das Studium aus ihrem Heimatort weggezogen ist und Apollo mitnahm. Von Beginn an setzte Apollo in der neuen Wohnung ca. einmal täglich Urin außerhalb der Toiletten ab. Innerhalb von wenigen Monaten war das Problem so weit fortgeschritten, dass Apollo nur noch außerhalb der Toiletten urinierte. Die Besitzerin beobachtet Apollo hin und wieder beim Urinieren. Er hockt sich dabei immer hin.

Seit 2 Jahren lebt ein weiterer kastrierter Perserkater (Garfield, 5 Jahre) im selben Haushalt. Dies hatte keinen Einfluss auf die Unsauberkeit. Garfield ist laut Besitzerin zuverlässig sauber.

Die Besitzerin ist eine, an der Verhaltensmedizin sehr interessierte Tiermedizinstudentin. Sie hat bereits Einiges ausprobiert, um das Problemverhalten von Apollo zu behandeln. So stellte sie verschiedene Katzentoiletten auf und schob sie teilweise auch auf die unerwünschten Ausscheidungsstellen. Momentan sind vier Katzentoiletten in ihrer 2-Zimmer-Wohnung aufgestellt. Eine davon ist automatisch. Diese scheint Apollo am seltensten zu benutzen. Alle sind ohne Deckel. Vor einer der nicht automatischen liegt eine Matte. Eine der Katzentoiletten (die kleinste) wird von beiden Katzen nicht benutzt. Alle Katzentoiletten befinden sich entfernt von Liege- und Futterplätzen etc. Die Besitzerin probierte verschiedene Katzenstreus aus, konnte aber keinerlei Effekt erkennen. Daher verwendet sie im Moment sandige Klumpstreu mit Babypuderduft. Die Besitzerin probierte sogar aus, Apollo nur in einem Raum mit einer Vielzahl an Katzentoiletten zu halten. Doch auch unter diesen Bedingungen urinierte er weiterhin auf den Teppichboden. Da all diese Maßnahmen nichts brachten geht die Besitzerin von einem Markierproblem aus. Sie denkt, dass Apollo den Umzug nicht wirklich verkraftet hat. Dennoch scheint Apollo sonst sehr entspannt zu sein und zeigte seit dem Umzug keine weiteren Verhaltensänderungen. Die Besitzerin versucht sich, wenn sie zuhause ist, sehr viel mit Apollo zu beschäftigen und macht viel Clickertraining. Sie füttert Apollo und Garfield auch nur aus wechselnden Futterspielzeugen. Auf ihr Drängen hin bekam Apollo vom behandelnden Haustierarzt bereits verschiedene Psychopharmaka verschrieben, um das Problem zu lösen. 2 Jahre lang bekam Apollo Buspiron. Doch davon wurde er leicht reizbar und weniger anhänglich. Auf die Unsauberkeit hatte es keine Auswirkungen. Deshalb bekam er anschließend ein Jahr lang Fluoxetin verschrieben. Das brachte ebenfalls keine Verbesserung des Ausscheidungsproblems. Daher setzte es die Besitzerin vor einigen Monaten ab.

Die Besitzerin will nun endlich den schmutzigen Teppichboden ersetzen, möchte aber, dass das Problem vorher unter Kontrolle ist.

Diagnose

Verdacht auf Katzentoilettenaversion.

Begründung: Auch wenn es augenscheinlich einen konkreten Auslöser für Apollos Unsauberkeit gab, so uriniert er doch immer direkt neben seine Katzentoiletten, unabhängig davon wo sie stehen. Die Toiletten sind nicht optimal, sie sind praktisch alle zu klein für den sehr großen Apollo. Eine ist zudem automatisch. Vor dem Umzug standen seine Katzentoiletten im Bad, wo kein Teppichboden war. Seit dem Umzug stehen sie immer auf Teppichboden. Über einen Zeitraum von einigen Monaten nach dem Umzug verfestigte sich das Problem und Apollo uriniert nun schon seit Jahren nur noch auf Teppichboden. Dabei könnte es sich mittlerweile um eine erworbene Substratpräferenz handeln. Die Tatsche dass Apollo keine weiteren Stressanzeichen zeigte, sowie dass weder Fluoxetin noch Buspiron einen Einfluss auf die Unsauberkeit hatten, spricht eher gegen ein reines Markierproblem.

Prognose

Die Prognose ist als gut anzusehen, falls die Verdachtsdiagnose korrekt ist.

Therapie

- Katzentoilettenmanagement anpassen:
  - automatische Katzentoilette entfernen
  - Matte vor Katzentoilette entfernen
  - alle 4 Toiletten müssen mind. 1,5 mal Apollos Länge betragen: Kisten aus dem Baumarkt verwenden und Eingang hineinschneiden
  - sandige, unparfümierte Klumpstreu verwenden, mind. 6 cm tief einstreuen
  - da Verdacht auf Substratpräferenz besteht: in mind. eine Toilette Teppichbodenreste legen und graduell mit immer mehr Einstreu bedecken
- Alle unerwünschten Ausscheidungsorte mehrmals mit einem Enzymreiniger behandeln. Eine Schwarzlichtlampe soll verwendet werden, um alle Stellen zu finden, vor allem nochmals, wenn der alte Teppichboden entfernt wurde.
- Die vorhandenen Enrichmentmaßnahmen müssen unbedingt beibehalten und dürfen ausgebaut werden (z. B. Katzengras anbieten, mehr Kratzbäume, erhöhter Catwalk etc.) Clickertraining kann zudem dazu verwendet werden, jeden Besuch der Katzentoilette zu belohnen.

Verlauf

Die Besitzerin erneuerte den Teppichboden in der gesamten Wohnung. Sie setzte alle besprochenen Maßnahmen um, mit dem Unterschied, dass sie keine Teppichreste in eine Katzentoilette tat, sondern ein Handtuch. Innerhalb von 3 Wochen ist das Problem behoben und Apollo benutzt zuverlässig die Katzentoiletten sowohl für Kot- als auch Urinabsatz. Die Toilette mit dem Handtuch wird nicht für Ausscheidungen benutzt. Garfield hat sie als neuen Schlafplatz entdeckt.

Zusammenfassung

- Ausscheidungsprobleme sind häufige Probleme in der Verhaltenspraxis. Sie lassen sich jedoch oft einfach behandeln.
- Die Unterscheidung zwischen Katzentoilettenaversion und Markierverhalten ist nicht immer einfach und basiert vor allem auf der Körperhaltung, den verwendeten Orten, der Menge der Ausscheidung und den Situationen, in denen die Ausscheidung gezeigt wird.
- Katzentoilettenaversion ist meist einfach durch eine Anpassung des Katzentoilettenmanagements und eine gründliche Reinigung betroffener Stellen zu behandeln.
- Markierverhalten wird hauptsächlich durch eine Vermeidung des Auslösers, stressreduzierende Maßnahmen, eine Anpassung des Katzentoilettenmanagements und eine gründliche Reinigung betroffener Stellen behandelt.

29 Angstprobleme bei der Katze

D. Ketter

Eine Katze, die mit einem für sie bedrohlich wirkenden Reiz konfrontiert wird, hat verschiedene Möglichkeiten darauf zu reagieren. Auf eine Bedrohung kann sie mit Flucht, aggressivem Verhalten, Erstarren oder mit sozialer Kommunikation reagieren (die sogenannten 4 F's: flight, fight, freeze, flirt).

Im folgenden Video sieht man das Verhalten einer Katze aufgrund eines unbekannten Menschen, der näher kommt:

- geringfügige Distanzvergrößerung durch Fluchtverhalten der Katze,
- Katze stoppt nach Distanzvergrößerung und versucht Situation einzuschätzen,
- Blick bleibt immer auf dem angstauslösenden Reiz (Mensch) fokussiert,
- Katze steht seitlich und Schwanz wird tief getragen.

Video 29-1 Begegnung mit fremdem Menschen (ca. 15 sek.)
http://www.schattauer.de/index.php?id=5279

Eine Katze, die eigentlich gerne fliehen würde, dies aber aus irgendwelchen Gründen nicht kann, wird Drohverhalten zeigen oder angreifen (angstbedingte Aggression ► Kap. 30)

Angst ist eine angeborene negative Emotion und grundsätzlich biologisch sinnvoll. Sie soll das Überleben in gefährlichen Situationen sichern, indem die Gefahr vermieden bzw. abgewehrt wird. Jedoch ist es wichtig, dass eine Katze nicht ständig mit Situationen konfrontiert wird, in denen sie Angst hat.

Angst ist ein sogenannter Stressor durch den die Stressreaktion in Gang gebracht wird. Angst führt zum negativ erlebten Stress. Körperlich und mental befindet sich die Katze in einer Belastungssituation. Befindet sich die Katze häufig oder lange in einer solchen belastenden Situation, ist dies gesundheitsschädigend. Gründe hierfür sind unter anderem die dauerhaft schlechte Energiebilanz und die Schwächung des Immunsystems. Daher ist es wichtig, dass Angstprobleme so früh wie möglich erkannt und therapiert werden.

Bei extremem Angstzustand kann es zur Panik kommen. Panik kann zur Kurzschlusshandlung führen.

Der Zeitraum der Sozialisierung und der Habituation erstreckt sich bei der Katze ca. von der 2. bis zur 7. Lebenswoche. Katzen sollten bereits ab der 2. Woche positive Erfahrungen mit vielen verschiedenen Menschen, Artgenossen und anderen Tieren sammeln können. Zusätzlich sollten sie auch behutsam an Alltagssituationen und Alltagsgegenstände gewöhnt werden. Dies dient der Prophylaxe von Angststörungen. Mit etwa 4 Wochen können Katzenwelpen das Nest verlassen. Sie beginnen langsam mit ihren Wurfgeschwistern und ihrer Mutter zu spielen.

Der Zeitraum der Sozialisierung gegenüber Menschen, Artgenossen und anderen Tieren und der Habituation an die Umwelt erstreckt sich bei der Katze von der 2. bis zur 7. Woche.

Es gibt unterschiedliche Anzeichen für Angst (s. a. Zeichnung). Durch Stress und Unsicherheit kann eine Katze z. B. vermehrt kratzmarkieren. Es kann aber auch genau das Gegenteil der Fall sein, dass sie weniger markiert. Daher ist es wichtig den Katzenbesitzer nicht nur nach dem Auftreten eines Verhaltens zu befragen, sondern auch nach Veränderungen in der Häufigkeit und der Intensität eines Verhaltens.

Mögliche Anzeichen von Angst bei der Katze sind:
- geweitete Pupillen (maximale Mydriasis)
- zwischen den Beinen eingezogener Schwanz
- angelegte Ohren
- tief gehaltener und eingezogener Kopf
- Katze macht sich klein, der Körper wirkt zusammengeschoben
- Lautäußerungen: Fauchen, Knurren, Miauen
- Katze zieht sich zurück
- Freigänger bleibt im Haus
- Markierverhalten
- Unsauberkeit
- angstaggressives Verhalten
- Futterverweigerung
- Durchfall
- Erbrechen
- Speicheln

Angelegte Ohren, geweitete Pupillen, Kauerhaltung und ein eng um den Körper geschlungener Schwanz zeigen die Angst der Katze.

In Angstsituationen kann es zudem zur spontanen Entleerung von Blase und Darm kommen.

Bei Angststörungen/Phobien können Benzodiazepine unterstützend zum Einsatz kommen. Sie werden v. a. situationsabhängig und/oder vorübergehend eingesetzt, z. B. bei Trennungsangst, Gewitter- und Geräuschangst. Betablocker können ebenfalls bei Angststörungen/Phobien eingesetzt werden. Sie finden v. a. Anwendung, wenn Benzodiazepine nicht vertragen werden. Betablocker können im Gegensatz zu Benzodiazepinen auch bei Patienten mit zusätzlicher Aggressionsproblematik verwendet werden. MAO-Hemmer können evtl. bei milden Angststörungen hilfreich sein. Anitiepilektika können bei schwer behandelbaren bzw. therapieresistenten Angst- und Aggressionszuständen Anwendung finden. Wenn die Gabe eines einzigen Medikaments nicht ausreicht, kann in einigen Fällen eine Kombinationstherapie sinnvoll sein. (► Kap. 6)

29.1 Katzen auf Bäumen oder Dächern

Nicht selten kommt es zu einem Feuerwehreinsatz, um eine Katze von einem Baum oder einem Dach zu holen.

Zum einen klettern Katzen gerne auf Bäume oder Dächer, um z. B. an einen Vogel oder an ein Eichhörnchen heranzukommen. Genauso kann es aber auch sein, dass die Katze auf einen Baum flüchtet, wenn sie vor etwas Angst hat. Das kann z. B. ein Hund sein, der sie jagt oder auch ein Mensch, vor dem die Katze Angst hat.

Einige Katzen kommen ohne Probleme wieder von dem Baum oder dem Dach herunter, auch wenn es sich um einen 15 Meter hohen Baum handelt. Andere Katzen haben jedoch vorm Herunterklettern Angst. Gerade das Klettern mit Kopf voraus Richtung Boden kann ein Problem für die Katze darstellen.

Um eine ängstliche Katze von einer derart hohen Position herunterzuholen, braucht es gewisse Sicherheitsmaßnahmen. Zum einen kann die Katze, wenn man oben angekommen ist, angstaggressiv reagieren, oder sie kann sich aus Angst vor der Höhe an der Person, die sie rettet, festkrallen. Daher sollte sich die Person, die die Katze versucht zu retten, durch passende Schutzkleidung schützen. Gegebenenfalls ist die Feuerwehr zu rufen, da sie z. B. mit Teleskopleitern ein Dach oder eine Baumkrone sicher erreichen kann.

Klettert die Katze auf dem eigenen Grundstück öfter auf Bäume oder aufs Dach und kommt nicht mehr herunter, sollte das Hinaufklettern der Katze durch geeignete Maßnahmen im Voraus verhindert werden. Baumstämme können z. B. mit Manschetten aus Blech oder Plastik ausgestattet werden. Dies ist gleichzeitig auch eine Möglichkeit, den Garten gegenüber Katzen für Vögel sicherer zu machen (► Kap. 25). Flieht die Katze vor den eigenen Kindern, sollten diese über den richtigen Umgang mit einer Katze aufgeklärt werden. Außerdem sollten im eigenen Heim der Katze geeignete Rückzugsmöglichkeiten angeboten werden.

29.2 Angst vor Menschen

Ätiologie

Ängste gegenüber Menschen können aufgrund einer schlechten Sozialisierung auf den Menschen oder auch schlechten Erfahrungen mit Menschen entstehen.

Katzen werden ca. in der 2. bis 7. Lebenswoche auf mögliche Sozialpartner sozialisiert. In dieser Zeit ist es für die Katze sehr wichtig viele positive Erfahrungen mit verschiedenen Typen von Menschen wie Kindern, Männern und Frauen sammeln zu können. Diese Zeit ist für das spätere Verhalten und die Reaktionen der Katze gegenüber Menschen essenziell. Katzen, die auf dem Bauernhof oder auf der Straße aufgewachsen sind, haben sehr häufig keinen Kontakt mit Menschen. Wachsen deren Welpen abseits von Menschen auf, insbesondere in der Sozialisierungsphase, werden sie im Umgang mit Menschen unsicher oder ängstlich sein. Welpen lernen auch von ihrer Mutter. Reagiert diese mit Angst auf Menschen, können die Welpen ebenso ängstliches Verhalten gegenüber dem Menschen entwickeln. Welpen entwickeln in der sensitiven Phase gewissermaßen ihr „Weltbild", welches dann als Art Referenzsystem für das weitere Leben verwendet wird. Macht die Katze in dieser Zeit schlechte Erfahrungen mit Menschen, fließt dies in ihr Verhalten bei späteren Begegnungen mit Menschen mit ein.

Katzen können auch nach der Sozialisierungsphase aufgrund von negativen Erfahrungen mit dem Menschen ängstlich bis panisch reagieren. Wird eine Katze mit dem Besen verjagt und gar geschlagen oder mit Steinen beworfen, entwickelt sie meist eine Angst gegenüber bestimmten Menschen. Waren es z. B. Kinder, die die Katze mit Steinen beworfen haben, kann die Katze Angst vor Kindern entwickeln. Dies kann sich auch noch weiter spezifizieren wie z. B. zu der spezifischen Angst vor Kindern mit Gummistiefeln oder vor Frauen mit Besen. Auch Menschen mit Gehhilfen können als bedrohlich eingestuft werden, da der Gehstock einem Besenstil ähnelt.

Organische Erkrankungen können ebenfalls Ängste auslösen. So kann es durch Verminderung der Leistungsfähigkeit der Sinnesorgane und der dadurch bedingten schlechteren Orientierung zu Ängsten bei der Katze kommen.

Auch durch die Anwesenheit fremder Personen, wenn z. B. der Besitzer jemanden zum Aufpassen für die Urlaubszeit organisiert, kann die Katze sehr verunsichert sein. Es gibt Katzen, die dann nicht einmal zu ihrem Futter kommen oder das Fressen verweigern. Bei übergewichtigen Katzen kann dies innerhalb eines Tages schon zu Problemen führen. Der rapide Gewichtsverlust bei adipösen Katzen kann sich in einer hepatischen Lipidose äußern. Aber auch normalgewichtige Katzen können bei längerer Nahrungskarenz betroffen sein. Durch die beginnende Leberverfettung kommt es zu weiterem Appetitverlust. Eine hepatische Lipidose muss umgehend behandelt werden. Natürlich kann die Futterverweigerung auch aus anderen Gründen erfolgen. Körperliche Erkrankungen müssen abgeklärt werden. Auf jeden Fall muss die fremde Person im Voraus darüber aufgeklärt werden, dass eine Katze im Gegensatz zum Hund jeden Tag Futter zu sich nehmen muss.

Diagnose

Die Diagnose erfolgt anhand des ängstlichen Verhaltens gegenüber dem Menschen. Hierbei muss verifiziert werden, ob es spezifische Merkmale des Menschen sind, die das Tier verängstigen. Zeigt das Tier nur gegenüber einer bestimmten Gruppe von Menschen Angst, wie z. B. Kindern oder Männern? Sind es noch speziellere Merkmale wie z. B. der weiße Kittel des Tierarztes, die das Angstverhalten bei der Katze auslösen? Auch bestimmte Gerüche können die Katze verunsichern.

Organische Erkrankungen müssen in jedem Fall ausgeschlossen werden.

Therapie/geeignete Maßnahmen

- Eine Nahrungskarenz von nur wenigen Tagen kann bei der Katze schnell zum Notfall werden. Katzen sind auch oft heikel, was das **Futter** angeht. Daher sollte Katzen, die nicht fressen, verschiedene Futtersorten angeboten werden. Kann die Katze nicht zum Fressen motiviert werden, muss eine Zwangsernährung erfolgen. Neben der symptomatischen Behandlung, sollte nach der eigentlichen Ursache gesucht und diese, wenn möglich, therapiert werden. Katzenbesitzer sollten darüber aufgeklärt werden, dass eine Katze jeden Tag Futter zu sich nehmen muss, insbesondere fettleibige Katzen. Eine Aufklärung über die hepatische Lipidose sollte erfolgen.
- Sollte ein spezifisches Merkmal identifiziert werden können, welches die Angst auslöst, besteht die Möglichkeit diesen **Auslöser zu entfernen.** So kann man z. B. den weißen Kittel des Tierarztes gegen eine andere Schutzkleidung auszutauschen.
- Bei ängstlichen Katzen sollte insbesonder darauf geachtet werden, dass ihnen genügend Rückzugsmöglichkeiten zur Verfügung stehen. Wichtig ist, dass sie dort nicht gestört werden. Damit Kinder die Katze nicht erreichen können, empfehlen sich auch sehr hohe Plätze, die nur für die Katze erreichbar sind. Kratzbäume mit hohen Aussichtsplattformen, Höhlen und Ruheplätzen in verschiedenen Räumen eignen sich gut dafür. Auf jeden Fall sollte auf die Standfestigkeit dieser Konstruktionen geachtet werden. Fällt der Kratzbaum mit der Katze um, kann das zur Verschlimmerung eines Angstproblems führen.
- Die Therapie bei Angst vor Menschen beinhaltet meist eine Desensibilisierung und Gegenkonditionierung.
  Es sollte eine Desensibilisierung gegenüber der Person erfolgen, vor der die Katze Angst hat. Dies kann eine spezielle Person sein oder ein Mensch, der dem Typ entspricht, bei dem die Katze das Angstverhalten zeigt. Eine Generalisierung gegenüber einem bestimmtem Typ Menschen mit bestimmten Merkmalen ist bei Katzen jedoch viel schwieriger zu erreichen als beim Hund. Daher ist es ratsamer, sich auf bestimmte Einzelpersonen zu konzentrieren, mit denen die Katze öfter zu tun hat, wie z. B. auf den Katzensitter.
  Hierfür wird die entsprechende Person nach Hause bestellt und gebeten, sich erstmal hinzusetzen und ruhig sitzen zu bleiben. Von diesem Ort kann die Per-

son dann Futter von sich wegwerfen. Die Katze kann selber entscheiden, ob sie dieses holt. Der Wurf darf nicht bedrohlich in Richtung Katze erfolgen und am Anfang muss das Futter auch in weiter Entfernung von der Person zum Liegen kommen. Auch kann der Besitzer sich mit einer Futtertube hinsetzen und die Katze damit belohnen. Jedoch darf der Besitzer nur das erwünschte Verhalten belohnen. Das heißt, die Katze wird belohnt, wenn sie entspannt ist und nicht, wenn sie angespannt ist oder Angstverhalten zeigt. Die Katze kann auch mit Spielzeug animiert werden, sich der angstauslösenden Person zu nähern. Auch hier ist es wie beim Futter wichtig, dass die Katze selbst entscheiden muss, am Spiel teilzunehmen. Eine Katzenangel ist hierfür geeignet, da hierdurch eine gewisse Distanz zum Tier gegeben ist. Auch der Besitzer kann mit der Katze spielen und somit bewirken, dass die Katze sich der angstauslösenden Person nähert. Das Tempo der Annäherung entscheidet immer die Katze. Der Besitzer sollte die Katze auf keinen Fall aus Ungeduld nehmen und der angstauslösenden Person auf den Schoß setzen.
Erst wenn sich die Katze ohne Anzeichen von Angst in unmittelbarer Nähe der zuvor angstauslösenden Person befindet, darf diese Person die Katze direkt Füttern oder vorsichtig Streicheln.
Hat eine Katze Angst vor ihrem Besitzer, sollte ebenfalls eine Desensibilisierung und Gegenkonditionierung durchgeführt werden. Gerade wenn eine Katze in ein neues Heim kommt, sollte sie alles in Ruhe erkunden können und die Möglichkeit haben, sich langsam an die neuen Umstände und auch an den neuen Besitzer zu gewöhnen. Handelt es sich um eine Katze, die schlechte Erfahrungen mit Menschen gemacht hat oder nicht gut auf Menschen sozialisiert wurde, muss der Mensch besonders geduldig mit der Katze sein. In schwierigen Fällen kann sich die Therapie über viele Monate bis Jahre hinziehen.

- Pheromone können unterstützend eingesetzt werden (▸ Kap. 5.2.2).
  Felifriend® kann zur Gewöhnung an den Menschen, vor dem die Katze Angst hat, eingesetzt werden. Hierzu kann man es direkt auf die Kleidung oder auf die Hände/Arme der Person sprühen.
  Zusätzlich kann auch der Feliway® Zerstäuber zum Einsatz kommen.
- In manchen Fällen kann eine medikamentöse Therapie nötig sein.
  Kann aufgrund der starken Angst keine Desensibilisierung und Gegenkonditionierung begonnen werden, sollte man anxiolytische Medikamente einsetzen, um überhaupt mit der Therapie anfangen zu können.
  Buspiron kann bei reiner Angst das Mittel der Wahl sein, da es neben der anxiolytischen Wirkung die Katze oft noch sozialer macht. Die Anflutungszeit beträgt 2 Wochen. Es sollte mit der geringsten Dosierung begonnen werden. Frühestens nach der Anflutungszeit kann die Dosis erhöht werden.
  Buspiron: 2,5–7,5 mg/Katze, zweimal täglich
  Dabei ist zu beachten, dass Buspiron zweimal täglich gegeben werden muss. Gerade wenn ein Tier Angst vor Menschen hat, kann die Eingabe ein großes Problem darstellen (▸ Kap. 6).

! Buspiron sollte nicht eingesetzt werden, wenn die Katze neben der Angstproblematik auch aggressives Verhalten zeigt, da es in Einzelfällen zur Verstärkung der Aggression kommen kann.
Benzodiazepine sind bei einer (gehemmten) Aggressionskomponente kontraindiziert, da die Gefahr einer Enthemmung besteht.

Es können aber auch selektive Serotonin-Wiederaufnahmehemmer gegeben werden wie z. B. Fluoxetin.
Fluoxetin: 0,5–1 mg/kg, einmal täglich

- Prophylaktisch sollte eine gute Sozialisierung auf den Menschen stattfinden. Das Heim sollte den Bedürfnissen der Katze entsprechend ausgestattet sein. Der Katze müssen genügend Rückzugsorte und Kratzmöglichkeiten an geeigneten Orten zur Verfügung stehen. Eine geistige (► Kap. 24.3) und körperliche (► Kap. 24.2) Auslastung sollten ebenfalls erfolgen, da dies allgemein stress- und angstreduzierende Maßnahmen sind.

Zusammenfassung

- Ängste gegenüber Menschen können aufgrund einer schlechten Sozialisierung auf den Menschen oder auch schlechten Erfahrungen mit Menschen entstehen.
- Katzen werden in der 2. bis 7. Lebenswoche auf mögliche Sozialpartner sozialisiert. In dieser Zeit ist es für die Katze sehr wichtig viele positive Erfahrungen mit verschiedenen Typen von Menschen wie Kindern, Männern und Frauen sammeln zu können.
- Die Diagnose erfolgt anhand des ängstlichen Verhaltens gegenüber dem Menschen. Organische Erkrankungen müssen ausgeschlossen werden.
- Die Therapie bei Angst vor Menschen beinhaltet meist eine Desensibilisierung und Gegenkonditionierung. Wenn ein spezifisches Merkmal des Menschen die Angst der Katze auslöst, besteht die Möglichkeit diesen Auslöser auch zu entfernen wie z. B. weißer Arztkittel.
- Bei ängstlichen Katze ist es besonders wichtig, dass sie genügend Rückzugsmöglichkeiten haben.
- Felifriend® kann zur Gewohnung an den Menschen, vor dem die Katze Angst hat, eingesetzt werden. In manchen Fällen kann eine medikamentöse Therapie z. B. mit Buspiron oder Fluoxetin nötig sein.
- Prophylaktisch sollte die Katze gut auf viele unterschiedliche Menschen sozialisiert werden.

29.3 Die ängstliche Katze in der Tierarztpraxis

Der Besuch beim Tierarzt fängt mit den Vorbereitungen zu Hause an. Die Katze soll in die Transportbox. Ist die Transportbox nicht als Alltagsgegenstand in der Wohnung integriert und verbindet die Katze den Korb ausschließlich mit dem letzten

Tierarztbesuch, ist sie meist beim ersten Anblick der Box schon verschwunden. Dies muss aber nicht sein. Ein Transportboxtraining kann das verhindern (► Kap. 5.2.5). Hat die Katze jedoch schlechte Erfahrungen mit einer speziellen Transportbox gemacht, sollte diese durch ein anderes Modell ersetzt werden.

Beim ersten Besuch in der Praxis sollte die Katze möglichst nur angenehme Erfahrungen machen.

Wenn möglich sollte die Wartezeit im Wartezimmer gering gehalten werden. Im Behandlungszimmer wird die Transportbox auf den Behandlungstisch gestellt. Auf den Behandlungstisch kann man ein mitgebrachtes Handtuch legen, welches den für die Katze vertrauten Geruch hat. Es kann aber auch ein, mit Pheromonen (z. B. Felifriend®) behandeltes, Handtuch sein. Mit Futter oder Spielzeug kann die Katze dann animiert werden, herauszukommen. Der Mensch sollte auf keinen Fall bedrohliche oder schnelle Bewegungen machen. Die Annäherung an die Katze sollte seitlich und mit ruhigen Bewegungen erfolgen. Wenn möglich, kann die Katze auch in der unteren Schale der Transportbox bleiben.

Während der Untersuchung wird die Katze so wenig wie möglich fixiert. Bei sehr ängstlichen Tieren, sollte überlegt werden, welche Untersuchungen und Behandlungsschritte wirklich unbedingt bei diesem ersten Termin erfolgen müssen. Jegliche Manipulationen sollten so schonend und so kurz wie möglich von statten gehen. Handelt es sich nur um eine reine Tierarztangst, dann kann überlegt werden, ob vor dem Tierarztbesuch z. B. ein Benzodiazepin gegeben werden sollte. Es wirkt anxiolytisch und hat einen schnellen Wirkungseintritt. Aber der Einsatz von Benzodiazepinen (Cave: Diazepam kann zu fataler Leberzellnekrose führen ► Kap. 6.5.4) darf nur erfolgen, wenn keine Aggressionskomponente dabei ist. Wegen der großen Gefahr der Enthemmung der Aggression wäre in einem solchen Fall der Einsatz von Benzodiazepinen kontraindiziert.

Bei angstaggressiven Katzen muss im Einzelfall entschieden werden, ob eine Sedierung erfolgen sollte. Massive Zwangsmaßnahmen können zu einer schweren Tierarztphobie führen.

Prophylaktisch sollte die Katze gut auf Menschen sozialisiert werden. Bereits als Katzenwelpe kann die Katze an das Handling gewöhnt werden. Hierzu kann der Besitzer der Katze zu Hause bereits beibringen, dass für das Manipulieren wie z. B. das Ohrenanfassen, das Pfoten festhalten oder für die Untersuchung der Maulhöhle eine Belohnung erfolgt (► Kap. 6.4). Wichtig ist, dass die Katze für entspanntes und nicht für ängstliches oder aggressives Verhalten belohnt wird.

29.4 Angst vor Artgenossen

Ätiologie

Der Zeitraum der Sozialisierung und der Habituation erstreckt sich bei der Katze ca. von der 2. bis zur 7. Lebenswoche. Jungtiere sind im Allgemeinen sehr kontaktfreudig. Wird ein Jungtier in seiner Kontaktsuche durch soziale Kontakte mit Artgenossen regelmäßig positiv bestärkt, wird es sich zu einem sozialen Tier entwickeln. Solitäre Katzen werden dagegen das Jungtier in seiner Kontaktsuche nicht bestärken. In der Sozialisierungsphase der Katze spielt sowohl die Qualität als auch die Quantität der Sozialkontakte eine wichtige Rolle für das spätere Sozialverhalten gegenüber Artgenossen. Wird ein Jungtier in seiner sozialen Kontaktsuche nicht bestärkt (z. B. auch durch mangelnden Kontakt zu Artgenossen), wird es sich zum Einzelgänger entwickeln.

Wird ein Jungtier in seiner Kontaktsuche durch soziale Kontakte mit Artgenossen regelmäßig positiv bestärkt, wird es sich zu einem sozialen Tier entwickeln. Wird ein Jungtier in seiner sozialen Kontaktsuche nicht bestärkt, wird es sich zum Einzelgänger entwickeln.

Die Katze kann aufgrund unzureichender oder schlechter Erfahrungen mit Artgenossen Angstverhalten zeigen.

Eine Katze, die normalerweise immer in den Garten geht und plötzlich nicht mehr hinaus will, kann eine schlechte Erfahrung mit einer anderen Katze gemacht haben. Es kann sogar sein, dass eine fremde Katze das Heim der Katze des Besitzers betritt, um sich z. B. Futter zu holen. Hierbei kann die Katze des Besitzers Opfer der Aggression der fremden Katze werden und sich immer mehr zurückziehen.

In dem folgenden Video handelt es sich um eine territoriale Auseinandersetzung. Der getigerte Kater dringt in das Territorium der Kätzin ein. Die Kätzin verteidigt ihr Territorium, in dem sie den Kater anstarrt. Der Kater zieht sich ängstlich in zeitlupenhaften Bewegungen etwas zurück. Die mit starrem Blick drohende Kätzin ist links im Bild zu sehen.

Video 29-2 Territoriale Auseinandersetzung (ca. 5 sek.)
http://www.schattauer.de/index.php?id=5280

Schlechte Erfahrungen kann die Katze aber auch mit einer Katze im selben Haushalt machen, wenn diese gegenüber dem Artgenossen territoriale Aggression zeigt. Der Grund hierfür kann eine unzureichende Gewöhnung beider Katzen aneinander sein oder auch, dass es sich bei der anderen Katze um eine nicht soziale Katze handelt.

Wird eine Katze von einer anderen Katze in die Enge getrieben, kann dies zu angstaggressivem Verhalten führen (▶ Kap. 30)

Durch körperliche Erkrankungen kann es ebenfalls zu ängstlichem Verhalten kommen.

Diagnostik

Die Diagnose erfolgt aufgrund des Angstverhaltens der Katze gegenüber einem Artgenossen. Körperliche Erkrankungen müssen ausgeschlossen werden, da diese ebenfalls Ursache für Angst gegenüber einem Artgenossen sein können.

Jede Erkrankung, die mit Unwohlsein und/oder Schmerzen verbunden ist, kann zu einer Veränderung des Verhaltens führen.

Therapie/geeignete Maßnahmen

- Katzen im gleichen Haushalt müssen langsam aneinander gewöhnt werden (► Kap. 30.10). Die Therapie besteht aus einer Desensibilisierung und Gegenkonditionierung.
- Unterstützend können Pheromone zum Einsatz kommen. Hierfür können die körpereigenen Gesichtspheromone verwendet werden. Hierzu streichelt man die eine Katze mit einem Wattebausch im Maulbereich. Die dadurch gewonnenen Pheromone können dann mit diesem Wattebausch auf den Körper der anderen Katze aufgetragen werden. Dies kann in beide Richtungen erfolgen. Dadurch wird ein gemeinsamer freundlicher Gruppengeruch geschaffen.
  Alternativ kann Felifriend® auf beide Katzen mittels Wattebausch oder mit den Händen aufgetragen werden. Bevor Felifriend® auf die Katze aufgetragen wird, sollte erstmal abgewartet werden bis der Alkoholgeruch etwas verflogen ist. Auf keinen Fall sollte Felifriend® direkt auf die Katze gesprüht werden.
  Zusätzlich kann ein Feliway® Zerstäuber zur Stressreduktion eingesetzt werden (► Kap. 5.2.2)
- Wenn sich fremde Tiere wie z. B. ein Artgenosse Zugang in die Wohnung bzw. in das Haus verschaffen, kann dies durch eine Haustierklappe (► Kap. 5.2.6), die nur die eigenen Haustiere hineinlässt, verhindert werden. Es gibt z. B. Katzenklappen mit Microchip-Transponder-Lesegerät. Zum Öffnen wird der Microchip des Tieres ausgelesen. Dadurch wird die Katzenklappe nur für die gechipte Katze des Besitzers geöffnet, ohne dass sie hierfür ein Katzenhalsband tragen muss.
- Eine Nahrungskarenz von nur wenigen Tagen kann bei der Katze schnell zum Notfall werden. Es ist wichtig, dass die Katze genügend frisst und nicht aufgrund der Angst gegenüber einer anderen Katze keine Nahrung aufnimmt. Hier muss individuell das Fressverhalten der Katze berücksichtigt werden. Frisst sie nur in einem abgetrennten Raum oder reicht es aus, wenn der Besitzer während des Fressens anwesend ist?
- Bei einer ängstlichen Katze ist es besonders wichtig, dass sie genügend Rückzugsmöglichkeiten hat. Wichtig ist, dass sie dort nicht von der anderen Katze gestört werden kann. Die Katzen müssen die Möglichkeit haben, sich aus dem Weg zu gehen.
- Es müssen genügend Futterplätze, Wassernäpfe und Katzentoiletten vorhanden sein.
- Eine körperliche (► Kap. 24.2) wie geistige (► Kap. 24.3) Auslastung sollte erfolgen.
- Eine nicht soziale Katze ist schwer bis gar nicht an andere Katzen zu gewöhnen. Ist eine Gewöhnung nicht möglich, müssen die Katzen dauerhaft getrennt gehalten werden.
- Prophylaktisch sollten Katzen gut auf andere Katzen sozialisiert werden. Nicht jede Katze ist mit anderen Katzen sozialverträglich. Bei einer nicht sozialen

Katze sollte keine Zweitkatze angeschafft werden. Eine auf die eigenen Haustiere programmierte Haustierklappe sollte bei Katzen, die nach draußen dürfen, angeschafft werden. Damit kann sich die Katze im Bedarfsfall zurückziehen, ohne dass ihr ein anderes Tier folgen kann.

Zusammenfassung

- Der Zeitraum der Sozialisierung und der Habituation erstreckt sich bei der Katze ca. von der 2. bis zur 7. Lebenswoche. Wird ein Jungtier in seiner Kontaktsuche durch soziale Kontakte mit Artgenossen regelmäßig positiv bestärkt, wird es sich zu einem sozialen Tier entwickeln.
- Die Katze kann aufgrund unzureichender oder schlechter Erfahrungen mit anderen Artgenossen Angstverhalten zeigen
- Die Diagnose erfolgt aufgrund des Angstverhaltens der Katze gegenüber einem Artgenossen
- Katzen im gleichen Haushalt müssen langsam aneinander gewöhnt werden. Die Therapie besteht aus einer Desensibilisierung und Gegenkonditionierung. Bei einer ängstlichen Katze ist es besonders wichtig, dass sie genügend Rückzugsmöglichkeiten hat.
- Prophylaktisch sollte eine Katze gut auf andere Katzen sozialisiert werden.

Fallbeispiel

Angst vor Zweitkatze

Vorstellungsgrund

Kessy hat Angst vor der Zweitkatze im selben Haushalt und bewegt sich kaum noch in der Wohnung.

Anamnese

Kessy ist weiblich, ca. 13 Jahre alt und kastriert. Sie wurde von der Besitzerin zusammen mit dem kastrierten Kater Charly, ebenfalls ca. 13 Jahre, aus dem Tierheim geholt. Beide hatten in einer Katzengruppe im Tierheim gelebt. Die Besitzerin kann nichts zur Dauer des Aufenthalts im Tierheim sagen. Sie sagt, dass sie zusammen angeboten wurden, weil sie sich gut verstehen würden. Im Tierheim saß Kessy laut Besitzerin die ganze Zeit in ihrer Höhle und kam nicht raus, während Charly sehr selbstbewusst und zutraulich wirkte. Als die Besitzerin beide Katzen mit nach Hause nahm, schliefen beide anfangs in ihrem Bett. Charly an ihren Füßen und Kessy am Kopfende. Beide hielten sich in allen Zimmern der Wohnung auf (2-Zimmer-Wohnung mit Bad und Küche). An einem Tag jagte Charly Kessy so stark, dass Kessy, die nicht mehr ausweichen konnte, fauchte. Der Besitzerin war diese Auseinandersetzung zu heftig, deswegen warf sie ein Kissen zwischen die beiden. Kessy zog sich nach diesem Ereignis ganz zurück und kam auch nicht mehr zum Fressen raus. Sie blieb in einer Höhle und dort saß sie dann in ihrem Kot und in ihrem Urin. Die Besitzerin versuchte Kessy ganz vorsichtig aus dieser Höhle herauszubekommen. Dies klappte auch und sie konnte Kessy säubern. Aber Kessy war ganz verängstigt. Die Besitzerin vereinbarte beim Haustierarzt einen Termin, um Kessy durchchecken zu lassen und um Rat zu suchen. Da organisch bei Kessy alles obB war, wurde der Fall an eine Tierärztin für Verhaltensmedizin weitergeleitet.

Die Katzen sind seit 1 ½ Monaten bei der Besitzerin. Kessy bewegt sich kaum in der Wohnung. Die Besitzerin schließt die Tür zum Wohnzimmer, während sie nicht da ist. Kessy hat dann das Wohnzimmer für sich und Charly den Rest der Wohnung (Küche, Gang, Bad, Schlafzimmer). Wenn die Besitzerin zu Hause ist, lässt sie die Tür im Wohnzimmer offen. Nur nachts schließt sie die Tür dann wieder. Kessy benutzt eine der zwei Katzentoiletten im Wohnzimmer, wenn die Tür geschlossen ist. Auch denkt die Besitzerin, dass Kessy sich in dem Zimmer mehr bewegt, da sie auf Kissen der Couch Katzenhaare findet. Morgens animiert die Besitzerin Kessy zum Fressen, in dem sie ihr Frischkäse, Leberwurst etc. direkt anbietet. Da Kessy bisher fast nur in der Höhle war, hat sie ihr dort dann auch Wasser und Futter angeboten. Bei der Fütterung darf Charly nicht im Raum sein.
Beim Hausbesuch war die Tür zum Wohnzimmer offen. Kessy saß ganz an die Wand gedrückt auf einem Tisch. Als die Besitzerin Kessy Leberwurst anbot, hat sie diese nicht genommen, sondern hat sich noch kleiner gemacht. Charly kam auch erst nicht raus, aber nach kurzer Zeit wollte er dann zur Besitzerin. Kessy blieb starr auf ihrem Platz.

Diagnose
Angstproblem bei Kessy (Angst vor Artgenossen und Menschen)

Prognose
Die Prognose ist als vorsichtig anzusehen, da Kessy bereits im Tierheim kaum aus ihrer Höhle rauskam. Andererseits war Kessy bei der Besitzerin anfangs sehr zutraulich und ließ sich sogar bürsten. Auch hielten sich Charly und Kessy anfangs ohne Probleme zusammen in der Wohnung auf. Was als prognostisch günstig gewertet werden kann.

Therapie
Als erstes muss Kessy sich an ihre neue Umgebung gewöhnen und ein Vertrauensverhältnis zur Besitzerin muss hergestellt werden. Parallel kann schon der Anfang für eine Gewöhnung der Katzen erfolgen.

- Die Zimmer sind schon relativ katzengerecht eingerichtet. Jedoch sollten noch mehr Rückzugsmöglichkeiten für Kessy geschaffen werden.
- Die Tür soll erstmal dauerhaft geschlossen bleiben. Da es sich um eine Glastür handelt und Charly oft vor der Tür herumtobt, sollte das Glas zusätzlich anfangs mit Packpapier abgedeckt werden.
- Die Besitzerin muss sich nun getrennt um beide Katzen kümmern.
- Die Besitzerin soll über Spiel und Futter und auch nur durch die bloße Anwesenheit im Wohnzimmer das Vertrauen von Kessy gewinnen. Wichtig ist, dass Kessy auf sie zukommt. Dafür muss die Besitzerin Kessy Zeit geben.

Verlauf
Seit die Besitzerin die Zimmertür dauerhaft geschlossen hielt und sich ohne Charly im Wohnzimmer aufhielt, bewegte sich Kessy im Wohnzimmer viel mehr und kam auch aktiv zur Besitzerin, wenn diese etwas Leckeres bei sich führte, wie z. B. Leberwurst. Kessy begann auch, sich zu entspannen, wenn die Besitzerin sie streichelte. Nach 2 Wochen nutzte Kessy schon viele Bereiche des Wohnzimmers. Sie frass dann auch aus dem Futternapf, der am Boden stand und langsam immer mehr Richtung Tür wanderte. Die Besitzerin schmierte auch Leberwurst an die Tür, die Kessy auch ableckte. Im weiteren Verlauf wurde das Paketpapier immer stückchenweise vom Milchglas der Tür entfernt. Das Paket-

papier wurde von unten an bis zur halben Höhe der Tür angeklebt, da die Katzen bis zu dieser Höhe die Möglichkeit hatten sich bzw. ihre Umrisse gegenseitig zu sehen. Obwohl Charly auf der anderen Seite frass, frass Kessy trotzdem ihr Futter vor der Tür. Im weiteren Verlauf wurde ein Fliegengitter als Türersatz angebracht, welches anfangs noch mit einer Sichtschutz-Folie (Milchglasimitat) bis zur halben Höhe der Tür beklebt war. Davor wurden die Katzen anfangs gefüttert. Der Zeitraum, in dem nur das Fliegengitter die beiden voneinander trennte, wurde kontinuierlich verlängert. Der Sichtschutz wurde schrittweise entfernt. Am ersten Tag wurde von oben beginnend ein ca. handbreiter Streifen entfernt. An den nächsten Tagen wurde an verschiedenen Stellen z. B. seitlich, von unten etc. ein Stück der Folie entfernt. Die Katzen hatten nun die Möglichkeit, sich an einigen Stellen zu sehen. Beide Katzen nahmen dies gut an und es kam zu keinen Problemen. Dies änderte sich auch nicht als die Folie ganz entfernt wurde. Gleichzeitig wurde dreimal täglich der Geruch von beiden ausgetauscht, indem mit einem Tuch jeweils das Gesicht der einen Katze behutsam abgewischt und die andere Katze damit am Körper eingestrichen wurde.
Das Gewöhnungstraining verlief nun weiter wie bei Fallbeispiel „Eingliederung zweier Kater in einen Haushalt" (▸ Kap. 30.10). Das Gewöhnungstraining funktionierte an sich ganz gut, jedoch merkte man, dass Charly viel lebhafter und agiler war als Kessy. Dies führte ab und zu noch zu Auseinandersetzungen. Zusätzlich wurde den Katzen noch der Balkon mit Katzennetz, Katzentoilette, Aussichtspunkten, Kratzmöglichkeiten und Ruheplätzen eingerichtet und der Kater noch mehr geistig und körperlich ausgelastet. Nach 8 Monaten war das Gewöhnungstraining abgeschlossen. Beide Katzen konnten ganztägig unbeaufsichtigt in der Wohnung gelassen werden. Eine Trennung war nicht mehr notwendig.

29.5 Trennungsangst

Trennungsangst kommt bei der Katze im Gegensatz zum Hund sehr viel seltener vor. Bei Anzeichen von Trennungsangst sollte so schnell wie möglich eine Therapie begonnen werden.

Ätiologie und Symptome

Wenn die Katze eine sehr enge Bindung zu einer Person hat, kann eine Trennung von dieser Person sich in einer Trennungsangst äußern.

Hierbei handelt es sich meist um Katzen, die mit ihrem Besitzer alleine leben. Für den Besitzer ist die Katze oftmals Partner- oder Kindersatz. Mit der Katze wird gesprochen, gekuschelt etc. Die Katze hat meist Zugang zu allen Bereichen der Wohnung und ist am liebsten bei ihrem Besitzer. Wenn in einer solchen Konstellation eine Änderung der Lebenssituation stattfindet, also wenn z. B. der Besitzer sonst überwiegend zu Hause war und er auf einmal nur noch wenig zu Hause ist, kann sich eine Trennungsangst ausbilden.

Die Katze ist in solchen Fällen meist sehr auf den Besitzer fixiert, da sie sonst keine anderen Dinge, Personen oder Artgenossen hat, mit denen sie sich beschäftigen kann. Die Wohnung ist auch oft nicht katzengerecht eingerichtet und die Katze wird meist kaum geistig oder körperlich gefordert. All dies fördert die Entwicklung einer Trennungsangst.

Kratzmarkieren kann im Sinne einer Stressreduktion vermehrt gezeigt werden. Dies geschieht hauptsächlich in der Abwesenheit des Besitzers.

Mögliche **Symptome** bei Trennungsangst **während der Abwesenheit** des Besitzers:
- Vokalisation (Miauen)
- vermehrtes Markieren
- Zerstörung (Kratzen an Türen und Fenstern, Zerstören von Gegenständen)
- Unsauberkeit (unkontrollierter Urin und/oder Kotabsatz)
- Unruhe
- Zittern
- Zurückgezogenheit
- übermäßiges Lecken
- Inappetenz
- Hyperventilation
- starkes Speicheln
- Erbrechen
- Durchfall
- Verletzungen durch den Versuch zu entkommen

Aber auch **in Anwesenheit** des Besitzers zeigt die Katze oftmals ein auffälliges Verhalten:
- Einige Katzen folgen ihrem Besitzer in der Wohnung, egal wohin er geht.
- Sie zeigen aufmerksamkeitsforderndes Verhalten.
- Spezielle Handlungen des Weggehens, wie die Jacke anziehen, den Schlüssel an sich nehmen usw. können bei der Katze ebenfalls ein Stressgeschehen in Gang setzen. Aufgrund der klassischen Konditionierung kann die Katze dieses Verhalten des Menschen mit dem Weggehen und dem damit resultierendem Alleinbleiben verbinden. Diese Katzen reagieren bereits beim Weggehen z. B. mit unruhigem Umherlaufen oder Zittern.
- Kommt der Besitzer zurück wird ein ausgeprägtes Begrüßungsverhalten gezeigt.

Diagnose

Die Diagnose erfolgt über die Anamnese und die Symptomatik. Zusätzlich sollte der Besitzer Videoaufnahmen über das Verhalten der Katze beim Alleinbleiben anfertigen, welche dann als diagnostisches Hilfsmittel mit ausgewertet werden.

Differenzialdiagnostisch müssen andere Ursachen ausgeschlossen werden wie z. B.:
- Zerstörung aufgrund von
  - zu wenig Beschäftigung,

  - Ausbrechversuchen, um auch außerhalb der Wohnung die Umgebung erkunden zu können,
  - Geräuschangst,
  - Territorialverhalten etc.
- Unsauberkeit aufgrund von
  - organischer Erkrankung,
  - Markieren,
  - schlechtem Katzentoilettenmanagement etc.

Therapie

- **Unabhängigkeitstraining** gegenüber der Bindungsperson – Distanztraining: Wenn die Katze bisher in alle Zimmer durfte, sollte damit angefangen werden, dass die Katze dem Besitzer nicht überall hin folgen darf. Hierzu werden Türen anfangs nur kurz geschlossen, sodass die Katze dem Besitzer nicht folgen kann. Nach und nach werden die Türen immer länger geschlossen gehalten.
- Die Katze darf weder beim Gehen noch beim Wiederkommen des Besitzers besondere Aufmerksamkeit bekommen.
- Wenn die Katze bereits beim Anziehen von Schuhen oder dem Geräusch des Schlüssels unruhig wird, sollte eine **Desensibilisierung** auf diese Auslöser vorgenommen werden. Der Besitzer sollte Schuhe anziehen, auch wenn er nicht weg geht und ebenfalls den Schlüssel immer mal wieder in der Wohnung herumtragen.
- Zusätzlich ist es wichtig, der Katze interessante Dinge anzubieten wie z. B. **Futterspielzeuge** (► Kap. 5.2.4), mit denen sie sich ohne den Besitzer beschäftigen kann.
- Die Katze sollte geistig und körperlich ausgelastet werden. Intelligenzspielzeuge eignen sich gut für die geistige Auslastung. Mit der Katzenangel kann spielerisch für eine körperliche Auslastung gesorgt werden. Katzen haben oftmals individuelle Vorlieben. Dies sollte bei der Beschäftigung immer berücksichtigt werden. So interessieren sich z. B. manche Katzen eher für Katzenangeln mit Mäusen dran, andere haben lieber Schnüre etc.
- Die Wohnung sollte **katzengerecht** eingerichtet werden. Von neu eingerichteten Aussichtsplätzen kann die Katze z. B. Vögel vom Fenster aus beobachten. Katzengerechte Kratzbäume sollten an geeigneten Stellen aufgestellt werden. Die Haltungsumwelt sollte für die Katze dreidimensional sein, und es müssen genügend Rückzugsmöglichkeiten vorhanden sein.
- Bei vielen Katzen kann es hilfreich sein, dass nur noch zu festen Zeiten mit der Katze gespielt und geschmust wird. Es muss jedoch für jeden Fall individuell entschieden werden, ob dieses Vorgehen hilfreich ist.
- Aufmerksamkeitsforderndes Verhalten muss ignoriert werden (► Kap. 26), erwünschtes Verhalten muss belohnt werden.
- Unterstützend kann zur Stressreduktion der Feliway®-Zerstäuber (► Kap. 5.2.2) eingesetzt werden.

- In Einzelfällen kann eine medikamentöse Therapie nötig sein. Es können z. B. selektive Serotonin-Wiederaufnahmehemmer oder Clomipramin eingesetzt werden. Zu beachten ist, dass eine genaue Einstellung der Dosis meist um die 2 Monate dauert. Anfänglich kann die Kombination mit Alprazolam hilfreich sein. Weitere Informationen zur Anwendung von Psychopharmaka unter (► Kap. 6).
- Prophylaktisch sollte die Wohnung von Anfang an katzengerecht eingerichtet werden. Die Katze sollte geistig und körperlich ausgelastet werden.

Zusammenfassung

- Eine Trennungsangst kommt im Gegensatz zum Hund viel seltener vor. Wenn die Katze jedoch eine sehr enge Bindung zu einer Person hat, kann eine Trennung von dieser Person sich in einer Trennungsangst äußern.
- Die Diagnose erfolgt über die Anamnese und die Symptomatik bei Abwesenheit (Miauen, vermehrtes Markieren, Kratzen an Türen und Fenstern, Zerstören von Gegenständen etc.) und bei Anwesenheit des Besitzers.
- Die Therapie besteht u. a. aus einem Unabhängigkeitstraining gegenüber der Bindungsperson. Die Wohnung sollte katzengerecht eingerichtet und die Katze geistig und körperlich ausgelastet werden. In Einzelfällen kann eine medikamentöse Therapie nötig sein.
- Prophylaktisch sollte die Haltungsumwelt der Katze von Beginn an katzengerecht sein und die Katze sollte geistig und körperlich ausgelastet werden.

29.6 Geräuschangst

Eine Katze kann Angst vor einem bestimmten Geräusch haben oder auch generell geräuschempfindlicher sein.

Ätiologie und Symptome

Für die Entwicklung einer Katze spielt vor allem die 2. bis 7. Lebenswoche eine wichtige Rolle. In dieser sensiblen Phase entwickelt der Welpe eine Art Referenzsystem für sein späteres Leben. Daher ist es in dieser Zeit wichtig, dass er viele positive Erfahrungen mit dem Menschen, Artgenossen und anderen Tieren macht (Sozialisierung) und an die Reize seiner Umwelt gewöhnt wird (Habituation). Bekanntes erzeugt später keine Angst, außer es wird mit negativen Erfahrungen verbunden. Wächst die Katze reizarm auf, wird sie Probleme haben mit neuen Reizen und Situationen umzugehen.

Es sollte darauf geachtet werden, dass eine Katze bereits als Welpe mit den Geräuschen konfrontiert wird, die sie in ihrem späteren Leben begleiten werden. Das können z. B. Geräusche von Haushaltsgeräten (Staubsauger, Trockner, Küchengeräte etc.) sein. Besteht bei der Katzenmutter bereits eine Geräuschangst, lernen die Katzenwelpen auf bestimmte akustische Reize ebenfalls ängstlich zu reagieren.

Durch traumatische Erfahrungen können Katzen ebenfalls eine Geräuschangst entwickeln.

Gerade an den Tagen um Silvester werden viele Feuerwerksböller angezündet. Ist ein Freigänger zu dieser Zeit unterwegs, kann dies zu einer ausgeprägten Silvesterangst/-panik führen. Insbesondere wenn Böller sehr nah bei der Katze landen. Dies kann auch zu schweren Verletzungen der Katze führen. Zusätzlich kommen zu Silvester noch die Lichtreflexe (optischer Reiz) und der Schwefelgeruch (olfaktorischer Reiz) hinzu. Hier kann es bei der Katze auch zur Reizüberflutung kommen.

Aber auch bei Gewitter kann es zu einer Gewitterphobie kommen. Eine Gewitterphobie wird bei der Katze meist durch ein traumatisches Erlebnis wie z. B. durch starken Hagel auf freiem Feld oder das Zerbersten einer Fensterscheibe ausgelöst. Die Angst kann sich auch durch Lernen des Tieres noch weiterentwickeln und bereits Situationen, die ein Geräusch vorankündigen könnten, lösen das Angstverhalten aus. Dies kann bereits der Luftdruckunterschied sein, der ein Gewitter ankündigen könnte. Es kann auch zur Angst vor der Angst kommen. Bei dieser sogenannten Phobophobie zeigt sich bereits Angstverhalten vor der eigentlichen Angstsituation.

Eine Geräuschangst kann auch eine andere Angst wie z. B. die Trennungsangst (► Kap. 29.5) auslösen. Wenn eine Katze bei einem schweren Gewitter oder in der Silvesternacht allein ist, kann das zu einer Ausbildung von Trennungsangst führen. Trennungsangst kommt jedoch bei der Katze nur sehr selten vor.

Entwickelt eine Katze eine Geräuschphobie, verstärkt sie sich meist mit jeder weiteren traumatisch erlebten Geräuschexposition.

Katzen hören im Gegensatz zum Menschen bis ca. 60.000 Hertz. Die Empfindlichkeit des Hörens ist zudem bei der Katze im Bereich zwischen 1.000 und 10.000 Hertz etwa 100-fach größer als beim Menschen. So kann es sein, dass die Katze vor einem Geräusch Angst hat, welches der Mensch gar nicht wahrnehmen kann.

> Bezüglich der Wahrnehmung von Geräuschen ist zu beachten, dass die Katze im höheren Frequenzbereich bis ca. 60.000 Hertz Töne wahrnehmen kann, während der Mensch dazu nur bis ca. 20.000 Hertz in der Lage ist. Daher kann es sein, dass die Katze Angstverhalten vor einem Geräusch zeigt, welches der Mensch gar nicht wahrnehmen kann.

Diagnose

Die Diagnose erfolgt anhand der Anamnese und der Symptome. Es ist empfehlenswert, entsprechende Situationen, in denen das Tier das ängstliche Verhalten zeigt, auf Video aufnehmen zu lassen. Oftmals kann es schwierig sein, das auslösende Geräusch zu identifizieren.

Therapie

- Das angstauslösende Geräusch bzw. die Situation sollte wenn möglich vermieden werden. Bei einer Silvesterphobie sollte ein Freigänger an den Tagen um Silvester möglichst nicht mehr nach draußen gelassen werden. Bei Gewitter wird dies schon schwieriger. Sollten schwere Gewitter angesagt sein, sollte die Katze an dem Tag nicht raus gelassen werden.
- Auf keinen Fall darf die Katze für ihr ängstliches Verhalten vom Besitzer durch tröstende Worte, Futter oder Streicheln etc. belohnt werden.
- Der Katze sollte bei Feuerwerk oder Gewitter ein schallgedämpfter Raum angeboten werden, der mit einigen Rückzugsmöglichkeiten (z. B. Höhlen) ausgestattet ist. Hochwertige Rolläden bieten eine gute Schalldämmung. Es gibt auch sogenannte Akustikvorhänge, die den Schall dämmen. Der Keller bietet sich oftmals auch gut als Rückzugsort an.
- Eine Desensibilisierung und Gegenkonditionierung kann mit Tonaufnahmen vom auslösenden Geräusch oder auch durch eine Geräusch-CD erfolgen (▶ Kap. 15.1).
- Unterstützend kann zusätzlich ein Feliway®-Zerstäuber zur Stressreduktion eingesetzt werden (▶ Kap. 5.2.2)
- Unterstützend können anxiolytische Medikamente eingesetzt werden (▶ Kap. 6). Oxazepam oder Alprazolam wirken relativ schnell. Die Anflutungszeit beträgt ca. 30 bis 45 Minuten. Es sollte mit der geringsten Dosis gestartet werden. Nach 6 Stunden kann eine höhere Dosis versucht werden.
  Alprazolam: 0,1–0,25 mg/kg, bis zu zweimal täglich
  Oxazepam: 0,2–1 mg/kg, zweimal täglich (Overall, 2013)
  In schwereren Fällen sollte eine Hintergrundmedikation mit selektiven Serotonin-Wiederaufnahmehemmern, Clomipramin oder Buspiron erfolgen.

> **!** Acepromazin (Vetranquil®) sollte bei Geräuschangst nicht gegeben werden, da die Katze durch die Gabe von Acepromazin in ihrer Bewegung eingeschränkt wird. Die Katze ist aufgrund der Medikation handlungsunfähig, die Geräusche werden jedoch noch weiterhin wahrgenommen. Es ist davon auszugehen, dass sich hierdurch die Geräuschangst verschlimmert.

Prophylaxe

- Eine Reizgewöhnung sollte bereits in der sensiblen Phase erfolgen. Der Züchter kann die Welpen unter anderem mit Tonaufnahmen an Geräusche gewöhnen. Es dürfen jedoch nicht zu starke Reize sein, da diese nicht zu einer Habituation, sondern zu einer Sensibilisierung führen könnten.
- Das Heim sollte so ausgestattet sein, dass die Katze genügend Rückzugsorte hat. Gut wäre ein schallisolierter Raum, den die Katze immer aufsuchen kann.

- Ein Freigänger sollte in der Zeit um Silvester nicht nach draußen gelassen werden. Sind schwere Gewitter angesagt, sollte der Freigänger ebenfalls nicht nach draußen gelassen werden.
- Die Katze sollte geistig (▶ Kap. 24.3) wie auch körperlich (▶ Kap. 24.2) ausgelastet sein.
- Ängstliches Verhalten darf von Anfang an nicht belohnt werden.

Zusammenfassung

- In der sensiblen Phase (2.–7. Lebenswoche) sollte darauf geachtet werden, dass eine Katze ausreichend mit den Geräuschen konfrontiert wird, die sie in ihrem späteren Leben begleiten werden.
- Die Diagnose erfolgt anhand der Anamnese und der Symptome.
- Das angstauslösende Geräusch bzw. die angstauslösende Situation sollte, wenn möglich, vermieden werden.
- Die Therapie besteht hauptsächlich in einer Desensibilisierung und Gegenkonditionierung. Dies kann anhand von Tonaufnahmen vom auslösenden Geräusch erfolgen. Unterstützend können anxiolytische Medikamente eingesetzt werden. Auf keinen Fall darf die Katze für ihr ängstliches Verhalten vom Besitzer belohnt oder bestraft werden.
- Prophylaktisch sollte die Katze in der sensiblen Phase gut an Geräusche gewöhnt werden. Das Heim sollte katzengerecht ausgestattet sein. Freigänger sollten in der Zeit um Silvester nicht nach draußen gelassen werden. Sind schwere Gewitter angesagt, sollte der Freigänger ebenfalls nicht nach draußen gelassen werden.

Literatur

Overall, K. L. (2013): Manual of clinical behavioral medicine for dogs and cats. Elsevier, St. Louis, MO, USA

30 Aggressionsprobleme bei der Katze

D. Ketter

Aggression gehört zum Normalverhalten der Katze. Ein schneller Angriff kann sinnvoll sein, um z. B. einen anderen Nahrungskonkurrenten oder auch einen Feind, in dessen Beuteschema die Katze passen würde, zu vertreiben.

Aggressives Verhalten ist ein Teilbereich der Agonistik. Zur Agonistik gehören das Aggressionsverhalten und die Flucht. Hierbei können defensive und offensive Verhaltensweisen unterschieden werden. Aggressives Verhalten erstreckt sich vom milden Drohen bis hin zum Ernstkampf.

Es lassen sich u. a. folgende **Aggressionsformen** unterscheiden:

- angstbedingte Aggression
- soziale Aggression
- schmerzbedingte Aggression
- territoriale Aggression
- umgerichtete Aggression
- maternale Aggression
- Spielaggression

Da das Jagdverhalten neuronal anders gesteuert wird als das Aggressionsverhalten und sich die Handlungsketten deutlich voneinander unterscheiden, wird das Jagdverhalten im Allgemeinen nicht zur Aggression gerechnet. Das Thema des unerwünschten Jagdverhaltens bei der Katze wird in ▸ Kapitel 25 behandelt.

Die Therapie einer Aggression ist abhängig von deren Ursache. Eine körperliche und geistige Auslastung der Katze ist meist anzuraten. Hierdurch kann die Katze Stress abbauen und ist ausgeglichener. Die Haltungsumwelt sollte katzengerecht gestaltet werden. Hierzu gehört eine dreidimensionale Gestaltung durch Kratzbäume, Regalbretter, erhöhte Aussichtsplätze, Rückzugsorte etc. (▸ Kap. 24)

30.1 Spielaggression

Aggressives Verhalten, welches spielerisch erfolgt, wird als Spielaggression bezeichnet. Im Spiel lernen die jungen Katzen ihre motorischen Fähigkeiten zu verbessern und mit welcher Intensität sie ihre Krallen und ihre Zähne einsetzen können. Die Geschwister und die Mutter beenden ein Spiel sofort, wenn Zähne eingesetzt werden. Der Spielpartner schreit auf, läuft weg oder beißt zurück.

Ebenso muss die Beißhemmung im Umgang mit dem Menschen erlernt werden. Die Beißhemmung gegenüber dem Mensch erlernt die Katze im Spiel mit dem Menschen. Der Mensch sollte das Spiel beim Einsatz von Zähnen sofort abbrechen, genauso wie es die Mutterkatze oder die Wurfgeschwister tun würden. Mit Körperteilen, wie der Hand oder den Füßen, sollte von Anfang an nicht mit der Katze gespielt werden, auch wenn die menschlichen Körperteile bedeckt sind z. B. durch Handschuhe oder Socken. Viele Besitzer von Hunden oder Katzen denken, dass den Tieren eine Beißhemmung angeboren ist und es nicht der Art entspreche, wenn ein Tier so fest zubeiße. Es ist wichtig, die Besitzer diesbezüglich aufzuklären. Gerade in Bezug auf die Bissprävention spielt das Wissen, dass eine Beißhemmung erlernt werden muss, eine bedeutende Rolle. Im Hinblick auf die Gefährlichkeit der Verletzung durch einen Biss spielt es keine Rolle, ob das Tier im Spiel oder aus anderen Gründen zugebissen hat. Bisse sind gefährlich und dürfen nicht verharmlost werden. Katzenbisse sind wegen der spitzen Zähne und der Punktionsgefahr von Knochen besonders infektionsgefährdet, mit Infektionsraten bis über 50 Prozent (Kuntz et al. 1996). Zusätzlich hat die Katze noch ihre Krallen, die sie unter anderem zur Verteidigung einsetzen kann. Auch hier sollte darauf geachtet werden, dass das Spiel nicht zu wild wird und die Krallen eingesetzt werden. Auf keinen Fall darf die Katze mittels Gewaltanwendung oder durch lautes Schimpfen für das Beißen oder das Kratzen bestraft werden. Den Abbruch des Spiels empfindet die Katze bereits als Bestrafung.

Die Beißhemmung muss von Katzen erlernt werden. Durch wildes Spiel ohne Spielabbruch bei Einsatz der Zähne, lernen die Katzen, dass diese Art des Spiels für den Spielpartner in Ordnung ist. Gerade im Rahmen der Bissprävention spielt das frühzeitige Erlernen der Beißhemmung eine wichtige Rolle.

30.2 Soziale Aggression

Wildlebende Katzen sind Einzelgänger oder leben in sozial organisierten Gruppen zusammen. Die Tiere leben meist in losen Gruppen aus vorwiegend weiblichen Katzen, die häufig miteinander verwandt sind. Die Gruppenbildung kommt vor allem bei gutem Nahrungsangebot zustande. Zum Beispiel teilen sich die Katzen auf den meisten Bauernhofen und bei den meisten Züchtern einen gemeinsamen Futterplatz. Die **soziale Aggression** dient der Etablierung einer Rangordnung und verbessert die Eroberung von Ressourcen (Futter-, Ruhe-, Schlafplatz etc.) und sichert den Fortpflanzungserfolg.

Erfahrungen, die eine Katze während der sensiblen Phase macht, sind wegweisend für das weitere Katzenleben. Eine Katze, die viele positive Erfahrungen mit Artgenossen in dieser Zeit sammeln konnte, wird im späteren Leben eher den Kontakt zu anderen Katzen suchen, als eine Katze, die während der Sozialisierungsphase eher alleine aufwächst.

Der Zeitraum der Sozialisierung und der Habituation erstreckt sich bei der Katze von der 2. bis zur 7. Lebenswoche. Katzen sollten bereits ab der 2. Woche positive Erfahrungen mit vielen verschiedenen Menschen, Artgenossen und anderen Tieren sammeln können. Zusätzlich sollten sie auch behutsam an Alltagssituationen und Alltagsgegenstände gewöhnt werden. Mit etwa 4 Wochen können Katzenwelpen das Nest verlassen. Sie beginnen dann mit ihren Wurfgeschwistern und ihrer Mutter zu spielen.

30.3 Maternale Aggression, Sexualzyklus und (Pseudo-)Gravidität

30.3.1 Maternale Aggression

Die maternale Aggression dient der Verteidigung der Welpen. Das aggressive Verhalten wird in den ersten Tagen nach der Geburt am stärksten gezeigt. Die maternale Aggression legt sich meist von selbst und dauert bei der Kätzin ca. 2 Wochen.

Diagnose

Die Diagnose erfolgt anhand der Anamnese und der typischen Symptomatik rund um die Zeit der Geburt.

Differenzialdiagnostisch sollte insbesondere die angstbedingte Aggression und territorial bedingte Aggression ausgeschlossen werden.

Therapie/Prophylaxe

- Die maternale Aggression legt sich normalerweise von selbst und muss daher nicht therapiert werden.
- Während der Zeit rund um die Geburt sollte sich der Mutterkatze und den Katzenwelpen nur soweit und sooft genähert werden, wie es nötig ist.
- Das Nest sollte an einem ruhigen Ort aufgestellt werden.
- Prophylaktisch sollte die Kätzin gut auf Menschen sozialisiert werden. Der Besitzer sollte bereits von Anfang an eine gute Beziehung zu seiner Kätzin aufbauen.

30.3.2 Sexualzyklus, Pseudogravidität und Gravidität der Katze

Häufig werden in der Tierarztpraxis Katzenwelpen vorgestellt. Gerade hier sollte die Zeit genutzt werden einen unerfahrenen Katzenbesitzer über das Verhalten der Katze aufzuklären. Unter anderem, wenn sich ein (zukünftiger) Katzenbesitzer zwei Katzenwelpen verschiedenen Geschlechts aus einem Wurf anschaffen möchte bzw. angeschafft hat, sollte der Besitzer über die Verhaltensänderungen durch die beginnende Geschlechtsreife hingewiesen werden. Es gibt auch Katzenbesitzer, die denken, dass unter Katzen der gleiche moralische Codex gilt wie unter den Menschen. Jedoch nimmt ein geschlechtsreifer Kater keine Rücksicht darauf, ob es sich um die Mutterkatze oder das „Schwesterchen" handelt. Ein verhaltensmedizinisch tätiger Tierarzt sollte auch Aufklärungsarbeit in Bezug auf den Sexualzyklus und das Verhalten der Katze leisten. So kommt es z. B. vor, dass der Nackenbiss des Katers während des Paarungsverhaltens vom Besitzer als aggressives Verhalten fehlinterpretiert wird.

Geschlechtsreife

Weibliche Katzen werden durchschnittlich im Alter von ca. 6–8 Monaten geschlechtsreif. Es gibt jedoch auch Katzen, die bereits mit 4 (z. B. Siamesen) oder erst mit 12 Monaten (z. B. Perserkatzen) zum ersten Mal rollig werden. Unerfahrene Perserkatzenbesitzer sind oftmals sehr verunsichert, wenn sich das Verhalten des Tieres nach 8 Monaten noch nicht ändert und die Katze nicht rollig wird.

Sexualzyklus

Im Gegensatz zum Hund ist die Katze saisonal polyöstrisch. Sobald auf die Kätzin eine Lichteinwirkung von mindestens 12 Stunden erfährt, beginnt der Sexualzyklus. Die Kätzin wird ca. alle 2–3 Wochen paarungsbereit. Normalerweise kommt es bei der weiblichen Katze in den Monaten mit einer Tageslichtlänge unter 12 Stunden zum Anöstrus (Ruhephase). Dies wäre in Deutschland ca. von Oktober bis Januar. Wird die Katze in der Wohnung gehalten und hat über das ganze Jahr über 12 Stunden „Tageslicht" (Kunstlicht verlängert die Tageslichtzeit), kommt es zu keiner Anöstrusphase.

In der Proöstrusphase (Dauer ca. 1–2 Tage) wird die Kätzin anhänglicher, miaut vermehrt und reibt den Kopf verstärkt an Gegenständen. Sie wird für den Kater immer attraktiver.

Die Östrusphase (Rolligkeit, Raunze; Dauer: 5–7 Tage) ist gekennzeichnet durch häufiges Wälzen (Rollen) und Miauen. Der Schwanz der Kätzin wird seitlich gehalten, sie ist paarungsbereit. Sie vollführt Tretbewegungen mit den Hinterbeinen und hat einen durchgedrückten Rücken. Bei der Katze handelt es sich meist um eine induzierte Ovulation. Durch den vaginalen Stimulus und den Nackenbiss des Katers während dem Deckakt, kommt es zum LH-Peak, der, wenn er hoch genug ist, die Ovulation auslöst. Bei einigen Kätzinnen reicht eine einmalige Kopulation nicht aus, sondern erst durch mehrfache Deckung kommt es zu einem ausreichend hohen LH-Peak und damit zur Ovulation. In einigen Fällen kann auch eine spontane Ovulation stattfinden. In diesen Fällen scheint kein vaginaler Stimulus nötig zu sein.

Kommt es nach einer Ovulation zu keiner Konzeption, beginnt die Diöstrusphase (Lutealphase). **Eine sexuelle Akzeptanz ist nicht mehr vorhanden. Es kann zu aggressiver Abwehr bei Annäherung eines Katers kommen.** Hormonell ist der Diöstrus durch einen steigenden Progesteronspiegel gekennzeichnet. In dieser Phase kann es zu einer Ausbildung einer **Pseudogravidität der Katze** kommen. Sie ist durch das Anbilden des Gesäuges gekennzeichnet, aber **es kommt nicht zu Verhaltensänderungen wie bei der Hündin** (▸ Kap. 10 und 16).

Die Gravidität einer Katze dauert ca. 59–65 Tage. Durch den Progesteroneinfluss kommt es zur Gesäugeanbildung. Das Prolactin steigt ab der zweiten Trächtigkeitshälfte bis kurz vor der Geburt und bleibt bis zum Ende der Laktation auf diesem Niveau.

Zusammenfassung

- Die maternale Aggression dient der Verteidigung der Welpen. Das aggressive Verhalten wird in den ersten Tagen nach der Geburt am stärksten gezeigt. Die maternale Aggression legt sich meist von selbst und dauert bei der Kätzin ca. 2 Wochen.
- Gerade bei unerfahrenen Katzenbesitzern sollte eine Aufklärungsarbeit in Bezug auf den Sexualzyklus und das Verhalten der Katze erfolgen. Der Nackenbiss des Katers während des Paarungsverhaltens kann vom Besitzer als aggressives Verhalten fehlinterpretiert werden.
- Kommt es nach einer Ovulation zu keiner Konzeption, beginnt die Diöstrusphase. Eine sexuelle Akzeptanz ist nicht mehr vorhanden. Es kann zu aggressiver Abwehr bei Annäherung eines Katers kommen.
- Bei Ausbildung einer Pseudogravidität der Katze kommt es nicht zu den Verhaltensänderungen wie es bei der Hündin (▸ Kap. 16) der Fall ist.

30.4 Angstbedingte Aggression

Bei Angstaggression reagiert die Katze aufgrund eines angstauslösenden Stimulus aggressiv. Die Angst ist also die treibende Kraft. Beim angstaggressiven Verhalten handelt sich es um eine defensive Aggression. Mögliche Ursachen von angstaggressiven Verhaltensweisen können negative oder mangelnde Erfahrung mit Menschen, Artgenossen oder anderen Tieren und mangelnde Habituation an Alltagssituationen sein. Auch organische Erkrankungen, insbesondere wenn diese mit Schmerzen verbunden sind, können Auslöser für Angstaggression sein.

Eine ängstliche Katze entscheidet sich häufig für die Flucht. Hat die Katze jedoch keine Fluchtmöglichkeit, kann die Angst zu aggressivem Verhalten führen. Wenn das aggressive Verhalten der Katze in ähnlichen Situationen zum Erfolg führt, kann es dadurch konditioniert werden.

Eine angstbedingte Aggression kann gegen einen Menschen, eine andere Katze, einen Hund oder auch andere Tiere gerichtet sein. Unmittelbar vor einer Attacke zeigt eine angstaggressive Katze ängstliches Verhalten. Anzeichen von Angst bei der Katze ist ein zusammengeschobener Körper und die Katze macht sich klein, die Ohren sind seitlich nach hinten gelegt. Der Schwanz ist zwischen den Beinen

Defensive Aggression bei der Katze kann auch in Rücken- bzw. Seitenlage ihren Ausdruck finden.

eingezogen. Die bedrohte Katze faucht und knurrt (Kasten). Die defensive Katze kann in Halbseitenlage oder am Rücken liegen mit zur Abwehr weggestreckten Pfoten (s. Zeichnung).

Wird die Katze angegriffen kann sie sich durch Treten mit den Hinterbeinen verteidigen. Auch Beißen und Kratzen ist möglich. Bei starker Angst kann es zu Kot- und Urinabsatz kommen. Auch eine ambivalente Haltung ist möglich. Hier zeigt die Katze einen Buckel mit maximal gesträubtem Fell und steht seitwärts in aufrechter Körperhaltung (► Abb. 30-1). Die Katze hat bei weiterer Annäherung des angstauslösenden Stimulus die Möglichkeit zur Flucht, Verteidigung oder auch zum Angriff.

Zahnreinigungen/-behandlungen ohne Narkose können unter anderem zu angstaggressivem Verhalten oder auch schmerzbedingter Aggression führen. Eine professionelle Zahnreinigung bei Hunden und Katzen setzt eine von Tierärzten durchgeführte Narkose voraus. Eine Zahnkosmetik ohne Narkose mit unzureichender Diagnostik und Therapie ist als tierschutzwidrig anzusehen (TVT, 2009).

Anzeichen von Angst bei der Katze

- geweitete Pupillen (maximale Mydriasis)
- eingezogener Schwanz
- angelegte Ohren
- tief gehaltener und eingezogener Kopf
- Katze macht sich klein, der Körper wirkt zusammengeschoben
- Lautäußerungen: Fauchen, Knurren

Ambivalenz

- Buckel mit maximal gesträubtem Fell
- seitwärts stehend in aufrechter Körperhaltung

Abb. 30-1 Der freilaufende Kater (Mitte des Bildes) zeigt seitlich angelegte Ohren, Buckel mit gesträubten Fell und steht in aufrechter Körperhaltung seitwärts zur Katze (Kopf rechts im Bild), die ihn drohend anstarrt. Es handelt sich hier um eine territoriale Aggression der Katze gegenüber dem Kater und eine ambivalente Haltung des Katers gegenüber der Katze.

Diagnose

Die Diagnose wird anhand der Anamnese und der Symptomatik erstellt. Um eine angstbedingte Aggression diagnostizieren zu können, muss das Verhalten der Katze genau beobachtet werden.

Differenzialdiagnostisch müssen andere Aggressionsformen (z. B. schmerzbedingte Aggression) ausgeschlossen werden.

Therapie

- Die Katze muss gemäß der vorliegenden Angstproblematik mit einer Desensibilisierung/Gegenkonditionierung therapiert werden (▶ Kap. 29)
- In Einzelfällen kann der Einsatz von anxiolytischen Medikamenten nötig sein. Selektive Seretonin-Wiederaufnahmehemmer können z. B. unterstützend eingesetzt werden (▶ Kap. 6).

30.5 Schmerzbedingte Aggression

Die schmerzbedingte Aggression wird aufgrund von Schmerzen oder auch aufgrund der Angst vor dem Schmerz gezeigt.

Die Ursachen für Schmerzen können verschiedene Erkrankungen sein. Schmerzen können dem Tier aber auch erst durch Handlungen des Menschen wie körperliche Züchtigungen oder Eingriffe, die mit Schmerzen verbunden sind, zugefügt werden.

Diagnose

Die Diagnose erfolgt über eine ausführliche Anamnese, anhand der Symptome, anhand der körperlichen Untersuchung und weiteren diagnostischen Maßnahmen wie z. B. Laboruntersuchungen, Röntgenaufnahmen, CT, MRT etc.

Wird eine Untersuchung oder Behandlung durchgeführt, die für die Katze schmerzhaft ist, muss mit aggressivem Verhalten des Tieres gerechnet und dementsprechende Vorsichtsmaßnahmen eingehalten werden.

Therapie

- Liegt eine Erkrankung vor, sollte diese, wenn möglich, therapiert werden.
- Je nach Fall muss entschieden werden, welches **Schmerzmanagement** sinnvoll ist. Durch eine Kombination von Analgetika verschiedener Klassen mit z. B. Akupunktur und Physiotherapie kann eine effizientere Schmerzdämpfung mit weniger Nebenwirkungen durch Herabsetzung der Einzeldosen der Analgetika erzielt werden.
- **Gegenkonditionierung:**
  Auch wenn der Auslöser der Schmerzen nicht mehr vorhanden ist, kann es sein, dass die Katze trotzdem noch aggressiv reagiert, da sie gelernt hat, mit diesem Verhalten einem Schmerz zu entgehen.
  Bei der Gegenkonditionierung wird die Katze dafür belohnt, dass sie den Besitzer immer näher an sich ran lässt, ohne aggressives Verhalten zu zeigen. Die Gegenkonditionierung erfolgt wie beim Hund (► Kap. 16.3).

30.6 Pathologisch bedingte Aggression

Als pathologisch bedingte Aggression kann generell jede Art von übersteigerter Aggression bezeichnet werden.

Eine pathologische Aggression kann aufgrund jeder Erkrankung, die eine zentrale Beteiligung hat, auftreten.

Ursache einer übersteigerten Aggressivität können z. B. folgende Erkrankungen sein: Tollwut, Lebererkrankungen, intracraniale Neoplasie, cerebrale Hypoxie, Hydrocephalus, Intoxikation (Organophosphate, Schwermetalle), Portosystemischer Shunt, Epilepsie und Traumata mit zentralnervöser Beteiligung.

Epileptiforme Verhaltensproblematiken der Katze werden ausführlich im ► Kapitel 31 behandelt.

30.7 Territorial bedingte Aggression

Territoriale Aggression gehört zum normalen Verhaltensrepertoire der Katze. Es dient dazu, das Territorium zu verteidigen. Meist tritt es erst mit der Geschlechtsreife auf. Ein klar abgegrenztes Territorium sichert den Zugang zu wichtigen Ressourcen. Dringt eine fremde Katze in das Territorium ein, verteidigt die Katze ihr Territorium. Hierbei spielt das Geschlecht keine Rolle, sowohl weibliche wie männliche Tiere verteidigen ihr Revier.

Dringt eine fremde Katze in das Territorium der Katze ein, lauert sie dem Eindringling auf und greift dann an oder auch sofort an. Dieses Verhalten kann man sowohl im Freien wie auch in der Wohnung beobachten. Aber auch die Katze kann auch subtiles Drohverhalten zeigen wie z. B. ein drohendes Starren (s. Video 29-2).

Katzen, die bei einer territorialen Auseinandersetzung den Kürzeren gezogen haben, versuchen meist den Kontakt zu vermeiden und ziehen sich zurück.

Das Territorium bzw. das Revier einer Katze entspricht nicht dem Streifgebiet einer Katze. Ein Streifgebiet, die sogenannte „Home range", ist größer und wird nicht aktiv verteidigt. Bei Katern kann die Größe eines Streifgebiets bis 1.000 ha betragen, bei domestizierten weiblichen Katzen bis 200 ha und bei verwilderten weiblichen Katzen bis 300 ha.

Das Territorium wird aktiv verteidigt. Hierbei kann es sich um das Jagdgebiet, Rückzugsorte oder Gebiete, die zu diesen Orten hinführen handeln. Die gemeinsame Nutzung von mehreren Katzen ist möglich. Vom „Heim" spricht man bei der Katze, wenn es sich um den zentralen Bereich mit Ruhe-, Schlaf- und Futterplatz handelt.

Wenn eine Zweitkatze angeschafft wird, handelt es sich bei der auftretenden Aggression zwischen der neuen und der bereits vorhandenen Katze meist um eine territorial bedingte Aggression.

30.8 Umgerichtetes aggressives Verhalten

Umgerichtetes aggressives Verhalten kommt vor, wenn der Erregungszustand der Katze sehr hoch ist, aber das eigentliche Objekt, welches die Aggression auslöst, nicht angegriffen werden kann. Die umgerichtete Aggression kann sich gegen einen Menschen, Artgenossen oder ein anderes Tier in der Nähe richten.

Bei Hauskatzen kann der eigentliche „Gegner“, auf den das aggressive Verhalten gerichtet ist, oft aufgrund einer physischen Barriere nicht erreicht werden. Ein geschlossenes Fenster oder eine geschlossene Glastür können z. B. eine solche Barriere darstellen.

30.9 Aggression gegenüber dem Menschen

Verhält sich eine Katze aggressiv gegenüber Menschen, kann dies das Verhältnis zwischen Halter und Katze sehr belasten. Die Aggression kann sich gegen den Katzenbesitzer, bekannte oder unbekannte Personen richten.

Die Aggression gegenüber dem Menschen kann angstbedingt sein. Gründe für die Angst können zu wenig positive Erfahrungen mit unterschiedlichen Menschen in der Sozialisierungsphase oder auch negative Erfahrungen mit Menschen sein (► Kap. 29). Je nach Situation und Charakter kann eine Katze bei Angst aggressiv reagieren.

Der Mensch muss jedoch nicht der Auslöser der Aggression sein, wenn die Katze aggressiv reagiert. Wenn eine Katze auf dem Arm oder auf dem Schoß festgehalten wird und die Katze währenddessen ihrem Gegner (einem Artgenossen, einem anderen Tier oder auch einem anderen Menschen) droht, kann es aufgrund des hohen Erregungslevels der Katze zu einer umgerichteten Aggression gegenüber der Person kommen, die die Katze gerade festhält. Befinden sich zwei Katzen in einer aggressiven Auseinandersetzung, sollte diese nicht vom Menschen durch Eingreifen mit der Hand oder anderen Körperteilen getrennt werden, da dies dazu führen kann, dass der Mensch anstelle des Rivalen gebissen wird.

Mangelnde Hemmung beim Spielen kann ebenso zu Aggression gegenüber dem Menschen führen.

Katzen, die sehr selbstbewusst und fordernd sind, können aggressives Verhalten gegenüber dem Menschen zeigen. So kann der Besitzer in verschiedenen Situationen von der Katze gebissen werden, wenn diese etwas dadurch erreichen möchte wie z. B., dass der Besitzer aufwacht. Aber auch wenn die Katze etwas nicht möchte, wie z. B. gestreichelt werden oder für den Besitzer einen Sitzplatz frei machen, kann die Katze aggressiv reagieren. Dieses aggressive Verhalten kann sich jedoch auch gegen andere Personen richten. Dieses Verhalten wird häufig auch als „Alpha-Katzen-Syndrom“ oder „durch Streicheln induzierte Aggression“ bezeichnet. Jedoch ist es fraglich, ob diese Bezeichnung dem Verhalten der Katze gerecht wird.

Eine Katze sollte nur gestreichelt werden, wenn sie dies als angenehm empfindet. Hat die Katze an sich Angst vor Menschen, kann sie ggf. langsam an Streicheleinheiten gewöhnt werden. Jedoch können auch Schmerzen oder die Angst vor Schmerzen die Ursache dafür sein, dass die Katze nicht gestreichelt werden möchte und aggressiv reagiert. So kann eine Otitis der Grund dafür sein, dass die Katze nicht mehr hinter den Ohren gekrault werden möchte oder eine Arthrose, dass sie das Streicheln an bestimmten Stellen nicht mehr mag. Daher sollte unter anderem genau nachgefragt werden, wie lange und an welchen Stellen der Besitzer die Katze streichelt und wie sich die Katze dabei verhält.

Oftmals zeigt die Katze Drohverhalten gegenüber dem Besitzer, weil sie etwas nicht möchte. Viele Besitzer sind mit dem Ausdrucksverhalten ihrer Katze jedoch nicht vertraut, sodass die Katze „eindeutiger" werden muss, damit der Besitzer sie in Ruhe lässt. So wird ein Besitzer von seiner Katze gebissen, nachdem die Katze anfangs nur Drohverhalten gezeigt hat.

Diagnose

Bei aggressivem Verhalten gegenüber Personen ist es wichtig organische Erkrankungen auszuschließen. Videoaufnahmen vom aggressiven Verhalten der Katze können für die Diagnostik sehr hilfreich sein. Jedoch sollte der Besitzer nicht animiert werden aggressives Verhalten von der Katze zu provozieren. Die Sicherheit der Personen sollte immer im Vordergrund stehen. Die Diagnose wird anhand der Anamnese und der Symptomatik erstellt.

Differenzialdiagnostisch sollte fehlgeleitetes Jagdverhalten ausgeschlossen werden. Fehlgeleitetes Jagdverhalten kann der Grund dafür sein, dass die Katze Körperteile des Menschen angreift (► Kap. 25).

Auch kann es aufgrund von epileptiformen Vorgängen zu Aggression gegenüber dem Menschen kommen. Die Katzen wirken ängstlich, jedoch schlagen Therapiemaßnahmen gegen eine angstbedingte Aggression nicht an (► Kap. 31).

Eine Hyperthyreose bzw. Schilddrüsenwerte im oberen Normalbereich können ebenfalls zu aggressivem Verhalten der Katze führen (► Kap. 8).

Therapie und Prophylaxe

Die Therapie erfolgt anhand der diagnostizierten Ursache, die die Katze veranlasst gegenüber dem Menschen aggressives Verhalten zu zeigen.

- Der Besitzer sollte auf jeden Fall geschult werden, das Ausdrucksverhalten seiner Katze besser deuten zu können, um z. B. subtiles Drohverhalten erkennen zu können und dementsprechend zu handeln.
- Situationen, in denen die Katze bisher aggressiv reagiert hat, sollen vermieden werden. Dies bedeutet, dass der Besitzer das Streicheln bis auf weiteres unterlassen sollte, wenn er beim Streicheln gebissen wurde. Sind Schmerzen die Ursache dafür, dass die Katze nicht gestreichelt werden möchte, müssen diese erst behandelt werden. Jedoch kann die Katze auch danach aggressives Verhalten zeigen, da sie Angst vor dem Schmerz hat. In diesem Falle kann eine Gegenkonditionierung erfolgen. An sich muss der Besitzer lernen, das Verhalten seiner Katze deuten zu können. Sitzt die Katze auf seinem Schoß und fängt an, mit dem Schwanz zu schlagen oder sie wird allgemein angespannter etc., dann muss der Besitzer mit dem Streicheln aufhören.

  Wenn die Katze sich auf den Tisch setzt und von dort den Besitzer oder andere Personen angreift, sollte der Tisch für sie unzugänglich bzw. unattraktiv gemacht werden. Dies kann z. B. durch anonyme Bestrafung erfolgen. Hierzu wird auf den Tisch ein, für die Katze unangenehmes Material, wie z. B. Luftpolsterfolie gelegt oder ein Fernhaltespray (z. B. PetSafe® ssscat Fernhaltespray mit Bewegungssensor), welches die Katze beim Hochspringen aufgrund eines Sprühstoßes erschreckt, gestellt. Die Katze darf auf dem Tisch nur noch negative Erfahrungen machen. Dadurch lernt sie den Bereich zu meiden. Die anonyme Bestrafung muss mehrere Tage konsequent erfolgen, damit die Katze lernt, den Tisch auf Dauer zu vermeiden. Der Besitzer darf die Katze in Anwesenheit nicht auf den Tisch lassen und die Katze niemals auf dem Tisch mit Futter, Spiel oder Streicheln belohnen.

- Bei angstaggressivem Verhalten muss die Katze entsprechend der Angstproblematik therapiert werden (► Kap. 29).
- Bei einer epileptiformen Aggression sollte eine Kombination aus einer medikamentösen Therapie und einer Desensibilisierung und Gegenkonditionierung gegenüber der Person, auf die die Katze angstaggressiv reagiert, erfolgen (► Kap. 31).
- Die Katze sollte sowohl geistig wie auch körperlich ausgelastet werden. Hierfür kann mit Distanzspielzeug wie z. B. der Katzenangel gespielt werden oder in Abwesenheit des Besitzers können auch Futterspielzeuge gegeben werden. Auch das Clickertraining hat sich bewährt, um der Katze neue Kommandos beizubringen. Katzen kann man ebenfalls wie Hunde für Ressourcen (Streicheleinheiten, Futter und Spiel) arbeiten lassen.

Bei sehr fordernden Katzen, die aggressiv reagieren, wenn sie ihre gewünschte Ressource nicht sofort bekommen, muss ein Training besonders vorsichtig erfolgen. Belohnt wird beim Training nur das erwünschte Verhalten. Wenn die Katze nicht das erwünschte Verhalten zeigt, kann es sein, dass sie ihre Ressource aggressiv einfordern möchte. Hierauf müssen sowohl der Therapeut wie auch der Besitzer achten, wenn mit einem Training begonnen wird. Die Sicherheit der Personen steht immer an erster Stelle!

- Die Wohnung sollte viele Ruhe- und Rückzugsmöglichkeiten haben. Gerade wenn der Katze Aufenthaltsorte, die sie bevorzugt hat, weggenommen werden, wie z. B. der Platz am Tisch, müssen alternative Orte, an denen sich die Katze gerne aufhält, geschaffen werden. Außerdem soll die Gestaltung des Raumes dreidimensional sein (Katzenkratzbäume, Regale etc.; ► Kap. 24). Bei Katzen, die gesundheitlich eingeschränkt sind, sollte dementsprechend der Weg zu guten Aussichts- und Ruheplätzen durch passende Strukturierung des Raumes ermöglicht werden.
- Ist die Haltung einer aggressiven Katze z. B. in Familien mit Kindern oder sehr alten Personen nicht möglich, sollte ein Halterwechsel in Betracht gezogen werden.

- Prophylaktisch sollte der Besitzer das Verhalten seiner Katze gut deuten können und dementsprechend reagieren. Die Katze sollte gut auf Menschen sozialisiert sein und es sollte von Anfang an eine katzengerechte Haltung erfolgen.

Zusammenfassung

- Aggressives Verhalten der Katze gegenüber dem Menschen kann viele Ursachen haben. Der Grund für diese Aggression kann z. B. Angst, umgerichtete Aggression oder eine mangelnde Hemmung sein. Sehr selbstbewusste und fordernde Katzen können durch aggressives Verhalten den Besitzer oder andere Personen maßregeln.
- Die Diagnose wird anhand der Anamnese und der Symptomatik nach Ausschluss organischer Ursachen erstellt.
- Die Therapie richtet sich nach der Ursache der Aggression. Eine geistige und körperliche Auslastung der Katze sowie eine katzengerechte Strukturierung der Unterkunft der Katze sollte stets erfolgen (▸ Kap. 24).
- Prophylaktisch sollte die Katze gut auf Menschen sozialisiert werden.

30.10 Aggression gegenüber Katzen

Aggressives Verhalten gegenüber anderen Katzen, insbesondere wenn es sich um Katzen im gleichen Haushalt handelt, kann zum Problem werden.

Die Aggression gegenüber anderen Katzen kann unter anderem angst-, territorial, durch Schmerz oder auch durch das Nichterkennen einer eigentlich bekannten Katze bedingt sein.

Dringt eine fremde Katze in das Territorium ein, verteidigt die Katze meist ihr Territorium (Kap. 30.7). Zur territorialen Aggression kann es kommen, wenn eine neue Katze in einem bereits bestehenden Katzenhaushalt kommt. Der Grund hierfür kann eine nicht ausreichende Gewöhnung der Katzen aneinander sein oder, dass eine der Katzen nicht sozial verträglich ist. Aber auch wenn eine bereits im Haushalt lebende Katze die Geschlechtsreife erreicht, kann es zu territorialer Aggression kommen. Kommt eine Katze von einem Tierarztbesuch nach Hause, kann es häufig vorkommen, dass die daheim gebliebene Katze aufgrund der fremden Gerüche aggressiv gegenüber der zurückkehrenden Katze reagiert. Daher sollte der Besitzer die Katzen nach einem Tierarztbesuch immer beobachten. Auch wenn die Katzen aus anderen Gründen vorübergehend getrennt wurden, kann es vorkommen, dass aufgrund eines veränderten Verhaltens oder/und des anderen Geruches die eigentlich bekannte Katze nicht erkannt wird.

Bei Katzen, die zusammen gehalten werden, kann es aufgrund einer umgerichteten Aggression zu aggressivem Verhalten gegenüber der anderen Katze kommen. Die eigentliche Aggression richtet sich hierbei nicht auf die Katze, die zum Opfer der Aggression wird. Dies kann zu einem gestörten Vertrauensverhältnis zwischen den Katzen führen und das Zusammenleben der Katzen erschweren. Oft ist es schwierig den eigentlichen Auslöser der Aggression zu finden, da die erhöhte Erregungslage der Katze oft noch lange Zeit andauert, obwohl der eigentliche Stimulus wie z. B. eine fremde Katze vor der geschlossenen Terrassentür nicht mehr vorhanden ist.

Auch können sich anfangs spielerische Streitereien zu ernsthaften Auseinandersetzungen entwickeln und sich auf die weitere Beziehung der Katzen auswirken.

Wenn eine Katze keine Fluchtmöglichkeit hat, kann Angst zu aggressivem Verhalten führen. Wird eine Katze von einer anderen Katze bedroht, kann dies angstaggressives Verhalten gegenüber der drohenden bzw. angreifenden Katze zur Folge haben. Wenn das aggressive Verhalten der ängstlichen Katze in ähnlichen Situationen zum Erfolg führt, kann es dadurch konditioniert werden. Die Besitzer deuten das Verhalten der Katzen oft falsch. Eine ängstliche Katze, die knurrt und faucht wird vom Besitzer oft als der „Unruhestifter" beschrieben, während die Katze, die der anderen Katze mit starrem Blick droht, als die brave unschuldige Katze beschrieben wird. Hier ist es wichtig, den Besitzer aufzuklären, wer das „Opfer" und wer der „Angreifer" ist.

Durch (dauerhafte) Schmerzen kann eine Katze leichter reizbar sein und schneller aggressiv reagieren. Bei lokalen Schmerzen kann es zu aggressivem Verhalten der Katze kommen, wenn die andere Katze die schmerzhafte Stelle beim gegenseitigen Belecken oder während einer spielerischen Auseinandersetzung berührt.

Diagnose

Organische Erkrankungen müssen ausgeschlossen werden. Eine Hyperthyreose bzw. Schilddrüsenwerte im oberen Normalbereich können ebenfalls zu aggressivem Verhalten der Katze führen (► Kap. 8).

Die Diagnose wird anhand der Anamnese und der Symptomatik erstellt. Hierzu können Videoaufnahmen des Besitzers von den Auseinandersetzungen der Katzen sehr hilfreich sein.

Differenzialdiagnostisch sollte ein fehlgeleitetes Jagdverhalten, welches sich auch gegen andere Katzen richten kann, ausgeschlossen werden.

Therapie

Die Therapie erfolgt anhand der diagnostizierten Ursache des aggressiven Verhaltens.

- Liegt eine organische Ursache vor, muss diese behandelt werden. Aber auch nach der Beseitigung der eigentlichen Ursachen kann eine Desensibilisierung und Gegenkonditionierung nötig sein z. B., weil die Katze die andere Katze mit Schmerz verknüpft.
- Kommt es nach einem Tierarztbesuch häufiger zu Auseinandersetzungen zwischen der heimkehrenden und der zuhause gebliebenen Katze, sollte ein Geruchsaustausch zwischen den Katzen erfolgen. Die zuhause gebliebene Katze wird hierfür z. B. mit einem Tuch im Gesichtsbereich (rund ums Maul und im Bereich der Schläfen) gestreichelt und dann wird die heimkehrende Katze mit

diesem Tuch am Körper gestreichelt. Eine andere Möglichkeit ist die heimkehrende oder auch beide Katzen mit Felifriend® zu behandeln. Zusätzlich kann auch ein Feliway®-Zerstäuber zum Einsatz kommen (► Kap. 5).

- Kommt es jedoch zu länger andauernden aggressiven Auseinandersetzungen, müssen die Katzen (wieder) langsam aneinander gewöhnt werden. Zu diesem Zweck werden sie als erstes räumlich voneinander getrennt. Hierfür muss jeder Bereich katzengerecht ausgestattet werden. Dies bedeutet, dass jeder Katze genügend Ruhe-, Aussichtsplätze, Kratzmöglichkeiten, Katzentoiletten, Wasser- und Futternäpfe etc. zur Verfügung stehen müssen (► Kap. 24).
- Bei Katzen ist der gemeinsame Gruppengeruch wichtig. Hierfür wird jede Katze z. B. mit einem Tuch im Gesichtsbereich gestreichelt und dann wird mit diesem Tuch die jeweils andere Katze am Körper gestreichelt. Hierdurch erfolgt der Austausch der Gesichtspheromone in beide Richtungen. Der Austausch des Geruchs sollte dreimal täglich erfolgen. Wenn die Katze den Geruch der anderen Katze erhalten soll, muss die Katze genau beobachtet werden. Bei einer sehr ängstlichen Katze muss sehr behutsam vorgegangen werden und sie muss langsam an das Handling gewöhnt werden. Aber auch sehr selbstbewusste Katzen müssen gut beobachtet werden, da diese sich stark anspannen können, sobald sie den anderen Geruch wahrnehmen, und aggressiv reagieren können. Eventuell sollte das Tuch mit dem fremden Geruch anfangs nur in die Nähe der Katze gelegt und die Distanz nach und nach verringert werden.
- **Desensibilisierung und Gegenkonditionierung**
  - Nachdem eine räumliche Trennung erfolgt ist, findet die Fütterung der Tiere an der Türe, die die beiden voneinander trennt statt. Die Futternäpfe werden hierzu in einem Abstand zur Tür gestellt, den die Katzen gut tolerieren. Nach und nach wird dieser Abstand zur Tür immer weiter verringert. Wichtig ist, dass die Katzen dabei entspannt bleiben. Handelt es sich um eine Glastür kann es nötig sein, diese anfangs mit Packpapier blickdicht zu machen (siehe hierzu auch Fallbeispiel in Kapitel 29). Das Papier wird dann Stück für Stück entfernt.
  - Wenn das Fressen an der geschlossenen Tür gut klappt, wird ein Katzennetz oder Fliegengitter als Trennung der beiden Katzen während des Trainings benutzt. Eventuell muss auch hier wieder ein Sichtschutz (z. B. mit Packpapier) erfolgen, der nach und nach abgebaut wird. Die Fütterung findet weiterhin am Netz/Gitter statt. Eventuell muss der Abstand der Näpfe gegenüber dem Abstand bei geschlossener Tür anfangs wieder größer gewählt werden. Wichtig ist, dass die Katzen entspannt nebeneinander fressen. Auch kann am Netz/Gitter gespielt werden. Nach dem Training wird die Tür wieder geschlossen.
  - Wenn die Katzen am Netz/Gitter ohne Anspannung fressen und spielen, wird zum Training kein Netz/Gitter mehr als Barriere benutzt, sondern z. B. die ausgestreckten Beine des Besitzers dienen nun im Training als Barriere zwischen den Katzen. Nach dem Training wird die Tür wieder verschlossen.

- Im nächsten Schritt wird keine Barriere (Beine des Besitzers) mehr aufgestellt und der Besitzer füttert die Katzen wie gewohnt. Auch kann Sardellenpaste auf die Katzen gegeben werden z. B. auf Brust und Flanke. Hierdurch werden die Katzen beginnen sich die Sardellenpaste abzulecken und sind so erstmal vorrangig mit sich selbst beschäftigt.
- Im nächsten Schritt dürfen sich die Katzen unter Kontrolle des Besitzers frei im selben Raum bewegen. Die gemeinsame Zeit ist anfangs kurz und wird immer mehr verlängert. Wenn die Katzen ohne Anspannung und ohne Auseinandersetzungen für ca. 2,5 Stunden im selben Raum sein können, ist das Training für die Gewöhnung abgeschlossen.

> Während der einzelnen Trainingsschritte müssen die Katzen entspannt sein. Kommt es zu Anspannung oder zu aggressiven Auseinandersetzung muss das Training wortlos abgebrochen werden und zu einem späteren Zeitpunkt das Training mit einem Schritt zurück fortgesetzt werden.

- Wenn die Katzen nach erfolgreicher Gewöhnung zusammen alle Räume benutzen können, müssen diese Räume auch katzengerecht eingerichtet sein. Das bedeutet, dass alle Räume z. B. ausreichend Rückzugsmöglichkeiten für alle Katzen haben sollten (► Kap. 24).

- Eine körperliche und geistige Auslastung der Katzen sollte erfolgen. Hält sich eine Katze im Wohnzimmer auf und die andere im Schlafzimmer, kann dies den Besitzer dazu verleiten vor allem mit der Katze im Wohnzimmer zu spielen und mit der Katze im Schlafzimmer nur zu schmusen. Der Besitzer sollte sich jedoch bemühen, beide Katzen möglichst gleichartig zu behandeln.

Prophylaxe

Prophylaktisch sollten Katzen gut auf ihre Artgenossen sozialisiert werden. Vor der Anschaffung einer Zweitkatze, sollte geprüft werden, ob die bereits im Haus lebende Katze überhaupt mit anderen Katzen verträglich ist. Handelt es sich um eine nicht soziale Katze, dann sollte auch keine Zweitkatze angeschafft werden. Katzen sollten grundsätzlich immer langsam aneinander gewöhnt werden.

Zusammenfassung

- Die Aggression gegenüber anderen Katzen kann unter anderem angst-, territorial, schmerz- oder auch durch das Nichterkennen einer bekannten Katze bedingt sein.
- Die Diagnose wird anhand der Anamnese und der Symptome erstellt. Für die Diagnostik können Videoaufnahmen des Besitzers von den Auseinandersetzungen sehr hilfreich sein. Organische Ursachen müssen im Vorfeld ausgeschlossen werden.
- Die Therapie erfolgt anhand der diagnostizierten Ursache. Meist wird eine Desensibilisierung und Gegenkonditionierung durchgeführt, um die Katzen langsam aneinander zu gewöhnen. Es wird ein Geruchsaustausch vorgenommen und die Katzen

werden in kleinen Schritten aneinander gewöhnt. Hierzu müssen diese außerhalb des Trainings räumlich getrennt gehalten werden.
- Prophylaktisch sollten Katzen gut auf ihre Artgenossen sozialisiert und langsam aneinander gewöhnt werden.

Fallbeispiel

Eingliederung zweier Kater in einen Haushalt

D. Döring

Vorstellungsgrund
Die Kater Fred und Finn sollen in einen Haushalt integriert werden, in dem der unverträgliche Kater Karlo lebt.

Anamnese
Die Besitzer von Karlo (17 J.) wollen die beiden Kater Fred (10 J.) und Finn (9 J.) in ihren Haushalt in Deutschland aufnehmen. Alle Kater sind kastriert. Fred und Finn lebten bislang als Freigänger in Frankreich beim Wochenendhaus der Besitzer, sie sind gut miteinander verträglich. Von Karlo ist bekannt, dass er mit Artgenossen unverträglich ist. Er musste von seinem mittlerweile verstorbenen Bruder getrennt gehalten werden und „blühte" nach Angaben der Besitzer nach dessen Tod auf. Im 1. OG des Hauses wird auch noch Karlos Mutter (18 J.) gehalten, komplett getrennt von Karlo.

Prognose
Die Prognose ist als vorsichtig anzusehen. Da Karlo bereits betagt und seine Unverträglichkeit bekannt ist, wäre normalerweise davon abzuraten, weitere Katzen aufzunehmen. Die Besitzer fühlen sich jedoch für Fred und Finn genauso verantwortlich wie für Karlo, vor Ort in Frankreich ist jedoch keine Betreuung mehr für sie gewährleistet. Notfalls, so die Besitzer, wäre es möglich, sich im gemeinsamen Haushalt zu arrangieren: Fred und Finn könnten überwiegend draußen gehalten werden, da sie dies als Freigänger gewöhnt sind, und Karlo hält sich sowieso vorwiegend im Haus auf. Unter diesen Voraussetzungen wird das Gewöhnungstraining als Versuch gestartet. Wichtigste Bedingung: Es muss gewährleistet sein, dass Karlo nicht „gestresst" wird. Ansonsten wird das Training abgebrochen.

Therapie
- Erdgeschoss des Hauses in zwei Bereiche teilen, dazwischen eine Gittertür einbauen. Karlo soll in dem Bereich bleiben, in dem er sich bisher vorrangig aufhielt. Die beiden französischen Kater kommen in den anderen Bereich.
- Ausreichend Rückzugsmöglichkeiten und Katzentoiletten in beiden Bereichen aufstellen.
- Täglich Duftaustausch zwischen den Katzen, vom Kopf der einen auf den Körper der beiden anderen und umgekehrt (Besitzerin findet heraus, dass sich dafür dünne Baumwollhandschuhe aus der Drogerie besonders gut eignen).
- Langsames Gewöhnungstraining mit Annäherung durch Futtereinsatz: Näpfe nach und nach an das Gitter annähern, Katzen immer gleichzeitig diesseits und jenseits des Gitters füttern. Wenn die Katzen daran gewöhnt sind, entspannt nebeneinander – nur

vom Gitter getrennt – füttern: Katzen mit besonders begehrtem Futter aus der Hand bei geöffneter Gittertür füttern, dabei als „lebende Barriere" fungieren (Besitzerin setzte sich zwischen die Katzen, ihre ausgestreckten Beine als Barriere). Danach Katzen wieder trennen (Gittertür schließen). Funktioniert dieser Schritt, schließlich ohne „lebende Barriere", aus der Hand füttern, dann wieder Gittertür schließen. Als nächsten Schritt nach diesem Fütterritual die Katzen an Flanke oder Brust mit Sardellenpaste einschmieren, sodass sie sich gleichzeitig selber putzen, d. h. mit sich beschäftigt sind und beim Blick auf den Artgenossen beruhigt sein können (da dieser mit sich beschäftigt ist).

Verlauf

Die Besitzerin setzte die Empfehlungen hervorragend um und dokumentierte jeden Schritt. Anfangs war noch ein Sichtschutz an der Gittertür nötig (die Besitzerin brachte Packpapier an), da Karlo auf den Anblick der beiden Kater mit gesträubtem Fell und angespannter Körperhaltung reagierte. Beim Training wurde sehr behutsam vorgegangen. Jedes Mal, wenn Karlo ein Zeichen von Anspannung oder Überforderung zeigte (z. B. buschiger Schwanz, Fauchen), wurde im Training wieder ein Schritt zurückgegangen. Da es unmöglich war, das Training mit Fred und Finn gleichzeitig durchzuführen, wurde vorerst nur mit dem ruhigeren Fred gearbeitet.

Zwischenstand nach 2,5 Monaten: Karlo und Fred scheinen sich auf das abendliche Fütterungsritual mit Putenstückchen zu freuen. Die Besitzerin sitzt zwischen ihnen im Türbereich als „lebende Barriere", die Katzen fressen Kopf an Kopf aus der Hand, Fred schnurrt dabei die ganze Zeit.

Nach 4 Monaten leben Karlo und Fred harmonisch zusammen, liegen/schlafen recht nah beieinander, bewegen sich entspannt miteinander in der Wohnung.

Das Gewöhnungstraining mit Finn und Karlo läuft auch gut, nach weiteren 2 Monaten kann die „lebende Barriere" wegfallen und die Kater können sich bei offener Gittertür frei bewegen. Als Finn dann jedoch einmal an die Katzentoilette von Karlo und an das Bücherregal markiert, entscheiden die Besitzer, auf ein weiteres Annäherungstraining zu verzichten und den erreichten „status quo" zu erhalten, d. h. Finn nur unter Aufsicht in Karlos Bereich in der Wohnung zu lassen.

Fallbeispiel

Gewöhnungstraining bei zwei Katzen, die sich plötzlich nicht mehr vertragen

D. Döring

Vorstellungsgrund

Die Geschwister Lisa und Ben vertragen sich seit einer Woche nicht mehr.

Anamnese

Lisa und Ben sind 2 Jahre alt und beide kastriert. Sie werden in der Wohnung (mit vernetztem Balkon) gehalten. Die Katzen waren nach Angaben der Besitzer bisher „ein Herz und eine Seele", sie leckten sich gegenseitig und spielten miteinander. Vor einer Woche kamen die Besitzer nach Hause und fanden die beiden Katzen völlig verändert vor: Lisa knurrte und fauchte nur noch, sobald sie Ben sah. Die Besitzer trennten sie daraufhin.

Lisa faucht Ben nun durch die Glastür an. Die Besitzer haben bereits Zimmerwechsel und Duftaustausch probiert, wobei Lisa bereits bei Geruch des Katers fauchte. Außerdem haben die Besitzer vom Haustierarzt Relaxan® erhalten.

Diagnose
Unverträglichkeit zweier sozialer Katzen, wobei der Auslöser nicht mehr rekonstruierbar ist, da er in Abwesenheit der Besitzer auftrat.

Prognose
Die Prognose ist als gut anzusehen, da es sich um zwei vorher gut verträgliche Tiere handelt.

Therapie
Die Katzen sollten vorerst weiter getrennt bleiben. Ideal wäre eine Gittertür und ein langsames Gewöhnungstraining (s. Fallbeispiel Karlo) sowie das Aufstellen zusätzlicher Rückzugsmöglichkeiten.

Verlauf
Die Besitzer setzten die Empfehlungen gewissenhaft um. Die neuen Rückzugsmöglichkeiten werden von den Katzen ausgiebig angenommen. Das Training bringt schnelle Fortschritte. Nach 2,5 Wochen vertragen sich die Katzen wieder gut, werden von den Besitzern aber vorsichtshalber bei deren Abwesenheit und nachts noch getrennt. Nach weiteren 2 Wochen melden sich die Besitzer wieder zurück, dass die Katzen wieder dauerhaft zusammen sind und sich wieder wie früher verhalten.

Quellen

Kuntz et. al. (1996), Infektionsgefährdung durch Bißverletzungen in Dtsch Arztebl 1996; 93(15): A-969 / B-801 / C-749

TVT (2009), Zahnreinigung mit Ultraschallgeräten bei Hunden und Katzen, Merkblatt Nr. 119, Tierärztliche Vereinigung für Tierschutz e. V. TVT, http://www.tierschutz-tvt.de/index.php?id=merkblaetter (letztes Abrufdatum: 13.10.2015)

31 Epileptiforme Verhaltensproblematiken

B. Schneider

Ähnlich wie beim Hund, gibt es auch bei der Katze ein paar auffällige Verhaltensproblematiken, die momentan zu den epileptiformen Verhaltensstörungen gezählt werden. Wenn Antiepileptika erfolgreich sind und das auffällige Verhalten anfallsartige Züge zeigt, dann wird im allgemeinen von einem epileptiformen Geschehen ausgegangen. Die epileptiforme Ätiologie ist dabei aber eine reine Hypothese, da eine eindeutige Diagnose epileptiformer Hirntätigkeit momentan bei Katzen nicht praktikabel durchgeführt werden kann.

Im folgenden werden die feline Hyperästhesie und anfallsartige Aggression gegenüber Personen besprochen.

31.1 Feline Hyperästhesie

Vorkommen

Für diese Verhaltensstörung gibt es ein etwas gehäuftes Vorkommen bei den orientalischen Katzenrassen und deren Mischlingen. In der Regel sind auch nur erwachsene Tiere von der Hyperästhesie betroffen.

Ätiologie

Die Ätiologie dieser Verhaltensstörung ist noch nicht näher geklärt. Früher wurde sie aufgrund der häufigen Präsentation mit zwanghaftem Putzen zu den Zwangsstörungen (▸ Kap. 32) gezählt. Darüber hinaus kann Stress auch einen Hyperästhesie-Anfall auslösen, und in manchen Fällen spricht die Erkrankung auf dieselben Medikamente an wie die Zwangsstörungen. Medizinische Ursachen wie z. B. Rückenläsionen wurden bereits diskutiert, ebenso wie Veränderungen am Schwanz. Doch nur ein Teil der betroffenen Tiere verfügt über die entsprechenden Läsionen. Abnormale Muskelaktivitäten wurden jedoch berichtet (March et al., 1999). Doch das Vorkommen des sogenannten „skin rolling“, also der wellenförmigen Bewegung der Rückenmuskulatur vor einem Anfall scheint unabhängig von muskulären Veränderungen im Rücken vorzukommen.

Die momentan gängigste Hypothese in Bezug auf die Ätiologie der Hyperästhesie ist ein epileptiformes Geschehen, da einige betroffenen Katzen auf eine

Behandlung mit Antiepileptika gut reagieren. Auch die teilweise recht bizarren Verhaltensweisen, das anfallsartige Auftreten und die manchmal starke Persönlichkeitsveränderungen während eines Anfalls sind auf ein solches Geschehen hinweisend.

Symptome

In der Regel zeigen von Hyperästhesie betroffene Katzen anfallsartige, starke Verhaltensänderungen. Nicht immer sind die Auslöser eines Anfalls bekannt. Die gängigsten Auslöser sind aber bestimmte Gerüche, hochfrequente Geräusche, Berührungen am Rücken (z. B. durch Putzen oder Streicheln) oder Stress.

Klassischerweise wird ein Anfall durch Putzen ausgelöst. Dann wird meist das Putzen plötzlich aggressiver und die Rückenmuskulatur bewegt sich wellenförmig. Anschließend folgt bei einer klassischen Präsentation ein Anfall von Autoaggression oder von Aggression gegenüber dem Nächststehenden (z. B. Besitzer, weitere Katze). Diese Aggression kann so stark sein, dass sich die Katzen an Schwanz und Flanke durch Beißen schwer verletzen. Zudem kann die Aggression gegenüber dem Besitzer so stark sein, dass dieser sich entweder für einige Zeit vor der Katze verschanzt oder die Katze einsperrt bis der Anfall vorüber ist. Ein solcher Hyperästhesie-Anfall kann wenige Minuten bis zu viele Stunden dauern.

Manche Besitzer berichten von starken Persönlichkeitsveränderungen, wie z. B. der oben erwähnten Aggression oder aber auch, dass sich normalerweise aggressive Katzen während eines Anfalls plötzlich problemlos und schnurrend streicheln lassen.

Weitere häufige Symptome umfassen Hypervokalisation, Rastlosigkeit, hohe Erregung, Mydriasis oder das Starren auf bestimmte Punkte. In einigen Fällen erscheint es so, als ob die betroffene Katze Halluzinationen hat.

Diagnose

Die Diagnose ist immer nur eine Verdachtsdiagnose aufgrund der vom Besitzer beschriebenen klassischen Symptome und idealerweise aufgrund der direkten Beobachtung eines Anfalls oder nach Auswertung entsprechenden Videomaterials. Dennoch sollte auch die Verdachtsdiagnose nur nach dem vorherigen Ausschluss möglicher medizinischer Ursachen gestellt werden. Mögliche medizinische Ursachen für die genannten Symptome sind vielfältig und umfassen u. a. Hyperthyreose, Thiamindefizit, Gehirnschädigungen (z. B. infektiös, traumatisch, neoplastisch oder aufgrund von Vergiftungen), aber auch Allergien und Hauterkrankungen.

Therapie

Die Therapie der felinen Hyperästhesie beinhaltet viele Elemente der Therapie von Zwangsstörungen (► Kap. 32), aber auch Elemente einer Anfallstherapie.

Medikation

Eine medikamentöse Behandlung der felinen Hyperästhesie ist unumgänglich. Sie sollte so früh wie möglich begonnen werden, um die Aggression während eines Anfalls kontrollieren zu können. Serotonin-verstärkende Medikamente wie Clomipramin oder SSRIs (► Kap. 6) sind häufig wirkungsvoll. Sollte die Wirkung dieser Medikamente jedoch nicht ausreichend sein, oder sind deutliche epileptiforme Züge vorhanden, dann sollte eine Therapie mit Antiepileptika (z. B. Phenobarbital) begonnen werden. Phenobarbital kann auch in Kombination mit SSRIs oder Clomipramin erfolgreich sein.

In der Regel ist eine lebenslange Medikation notwendig, ähnlich wie bei der klassischen Epilepsie.

Auslöser identifizieren und vermeiden

Wenn konkrete Auslöser (z. B. Streicheln am Rücken, Geräusch eines Elekrogerätes etc.) bekannt sind, dann sollten sie nach Möglichkeit vermieden werden. In Fällen, in denen keine klaren Auslöser bekannt sind, sollten die Besitzer sorgfältig Tagebuch führen. Manchmal kann so doch noch ein konkreter Auslöser identifiziert werden.

Anpassung der Haltungsumwelt/Enrichment

Vor allem wenn keine Auslöser für die Anfälle bekannt sind, ist es wichtig, allgemein stressreduzierende Maßnahmen zu treffen. Dazu muss z. B. die Haltungsumwelt der betroffenen Katze optimiert werden. Dies sollte v. a., wie in ► Kapitel 24 beschrieben durch Freilauf/Außengehege, eine dreidimensionale Gestaltung der Wohnung, Aussichts- und Ruheplätze, sowie durch ausreichende Möglichkeiten für eine geistige und körperliche Auslastung geschehen.

Als allgemein stressreduzierende Maßnahme sollte zudem der Tagesablauf regelmäßig gehalten werden, mit festen Fütter-, Spiel- Kuschel- und Freilauf-Zeiten.

Sonstiges

Den Besitzern muss erläutert werden, dass die Hyperästhesie ein Ausdruck von Stress oder einer epileptiformen Erkrankung ist. Daher ist ein Strafen nicht nur sinnlos, sondern sogar kontraindiziert, da es zu einem erhöhten Erregungszustand und evtl. zu einer Verstärkung und Verlängerung des Anfalls kommen kann. Aber der Besitzer sollte seine Katze während eines Anfalls auch nicht streicheln oder beruhigen. Erst wenn der Anfall vorüber ist, ist eine normale Interaktion wieder möglich.

Euthanasie

Gerade wenn es während der Anfälle zu schwerwiegenden Aggressionen (v. a. auch gegenüber den Besitzern) kommt, kann es sein, dass ein Therapieversuch nicht angezeigt ist und zur Euthanasie geraten werden muss. Dies ist ganz besonders dann der Fall, wenn den Besitzern auch seltene Anfälle aufgrund ihrer Heftigkeit nicht zugemutet werden können, und wenn sich keine kompetente andere Person findet, die damit umgehen kann. Schließlich kann bei einem epileptiformen Geschehen in der Regel nur eine Verbesserung aber keine Heilung erzielt werden.

31.2 Anfallsartige Aggression

Als anfallsartige Aggression wird im Folgenden eine Verhaltensproblematik bezeichnet, bei der es sehr plötzlich zu sehr starker, praktisch nicht auf klassischem Weg therapierbarer Aggression gegenüber einer bestimmten Person im Haushalt kommt, bzw. bei der das aggressive Verhalten anfallsartig auftritt und oft von einer prä- und postiktalen Phase begleitet wird.

Vorkommen

Diese Verhaltensstörung kommt selten vor. Eine Häufung für gewisse Alters- oder Rassegruppen konnte bislang nicht beobachtet werden. Ängstliche Katzen scheinen allgemein ein bisschen häufiger betroffen zu sein als gelassene Tiere.

Ätiologie

Die Ätiologie dieser Verhaltensstörung ist nicht näher geklärt. Aufgrund der plötzlichen, anfallsartigen Präsentation und der Behandelbarkeit mit Antiepileptika wird von einer epileptiformen Problematik ausgegangen. Bevor diese Verdachtsdiagnose gestellt wird, muss allerdings sicher ausgeschlossen werden, dass es sich nicht um eine gängige Angstaggression nach einem konkreten Auslöser handelt (► Kap. 30.4).

Symptome

Die Symptome ähneln denen einer Angstaggression gegenüber Personen (► Kap. 30.4) sehr. In der Regel handelt es sich um eine deutliche, sehr plötzlich auftretende Aggression – meist nur gegenüber einer Person. Diese verstärkt sich sehr schnell und kann so weit führen, dass die angegriffene Person sich nicht mehr bewegen darf, oder nicht mehr mit der betroffenen Katze in einem Raum sein darf. Einen ersten Hinweis auf ein epileptiformes Geschehen gibt in der Regel die Tatsache, dass der von der Aggression betroffenen Person keinerlei auslösende Situationen etc. bewusst sind.

Diagnose

Auch hier ist die Diagnose wieder nur eine Verdachtsdiagnose entweder aufgrund der Präsentation oder aufgrund der Tatsache, dass die Standard-Therapie für Angstaggression gegenüber Personen (► Kap. 30.4) keinen Fortschritt zeigt.

Therapie

Die Therapie muss immer aus einer Therapie für Angstaggression gegenüber Personen (► Kap. 30.4) bestehen. Dabei wird in der Regel eine Kombination aus einer Desensibilisierung und Gegenkonditionierung verwendet, um die Angst der Katze auf Dauer zu reduzieren. Eine Medikation mit Serotonin-verstärkenden Medikamenten wie SSRIs oder Clomipramin zeigt in der Regel keine Wirkung. Daher sollte, wenn die Verdachtsdiagnose „anfallsartige Aggression" im Raum steht, und die Standard-Therapie unwirksam ist, eine Therapie mit Phenobarbital durchgeführt werden. Meist bessert sich die Problematik bereits innerhalb der ersten Behandlungswochen dramatisch. Ob ein Absetzen des Phenobarbitals in der Zukunft möglich ist, ist vom Einzelfall abhängig und muss ausprobiert werden.

Prophylaxe

Prophylaktische Maßnahmen zur Verhinderung epileptiformer Verhaltensproblematiken sind nicht bekannt. Mit betroffenen Tieren sollte jedoch nicht weiter gezüchtet werden, da eine Erblichkeit aufgrund der ungeklärten Ätiologie und der Analogie zur klassischen Epilepsie nicht ausgeschlossen werden kann.

Zusammenfassung

- Die bekanntesten epileptiformen Verhaltensprobleme bei Katzen sind die feline Hyperästhesie und die anfallsartige Aggression.
- Die Ätiologie für beide Probleme ist nicht wirklich bekannt. Da die Verhaltensprobleme häufig anfallsartig auftreten und gut auf eine Therapie mit Antiepileptika ansprechen, wird ein epileptiformes Geschehen vermutet.
- Therapeutisch empfiehlt sich für die Hyperästhesie eine Stressreduktion sowie eine Vermeidung bekannter Auslöser in Kombination mit einer medikamentösen Therapie mit SSRIs, Clomipramin oder Phenobarbital.
- Die Therapie der anfallsartigen Aggression umfasst eine Desensibilisierung und Gegenkonditionierung sowie eine Therapie mit Phenobarbital.
- Prophylaktische Maßnahmen sind nicht bekannt.

Literatur

March, P., Fischer, J., Potthohh, A. (1999): Electromyographic and histologic abnormalities in epaxial muscles of cats with feline hyperaesthesia syndrome. J Vet Intern Med 13:23

32 Zwangsstörungen

B. Schneider

Die Begrifflichkeiten in Bezug auf Zwangsstörungen, Stereotypien etc. wurden bereits an anderer Stelle (► Kap. 18) geklärt. Auch in diesem Kapitel wird im Folgenden der Einfachheit halber ausschließlich der Terminus Zwangsstörungen verwendet.

Vorkommen und Ausprägung

Auch bei Katzen gehören die Zwangsstörungen zu den relativ seltenen Erkrankungen. Dennoch sind sie durch ihre meist auffällige Präsentation für die Besitzer erschreckend und belastend.

Bei Katzen ist es ähnlich wie bei den Hunden, dass die Zwangsstörung vermutlich meistens die Manifestation von Stress ist, den die Katze nicht anders kontrollieren kann. Betroffen sind dabei überwiegend allgemein eher ängstliche Katzen. Auslösende Traumata wie z. B. physische Traumata, Umzug, eine Änderung der sozialen Beziehungen etc. können in manchen Fällen nachgewiesen werden. Dass das Zwangsverhalten in einzelnen Fällen eine Coping Strategie des betroffenen Tieres bei allgemeinem Stress darstellt, wird ebenfalls vermutet. Auch eine gentische Komponente könnte beim Zwangsverhalten von Katzen gegeben sein. Es sind nämlich überdurchschnittlich häufig Katzen der sogenannten orientalischen Rassen (z. B. Siam) von Zwangsstörungen, vor allem von Pica und Wollesaugen betroffen. Neuere Rassen, wie z. B. die Bengalen scheinen ebenfalls ein höheres Risiko für die Entwicklung von Zwangsstörungen wie z. B. psychogene Alopezie zu haben. Auch in bestimmten Familien und Linien kommen Zwangsstörungen gehäuft vor (Overall und Dunham, 2002).

Typischerweise beginnen Katzen das Zwangsverhalten erstmals zu zeigen, wenn sie in die Pubertät kommen, oder die soziale Reife erreichen. Auch bei Katzen können die beim Hund (► Kap. 18) beschriebenen drei Schweregrade der Zwangsstörung festgestellt werden (► Tab. 32-1).

Ebenso wie bei Hunden sind auch bei Katzen weder der grundsätzlich mögliche Therapieerfolg noch die allgemeine Prognose mit dem Schweregrad der Ausprägung bei Vorstellung in der Verhaltenspraxis korreliert. Aber analog zum Hund kann man sagen, dass es bei einer Zwangsstörung mit Schweregrad 3 einem Kunstfehler gleichkommt, diese Störung nicht umgehend und auch zusätzlich medikamentös zu behandeln.

Die Besitzer-Katze-Beziehung leidet unter solch ausgeprägten Zwangsstörungen sehr stark. In Extremfällen sind die betroffenen Katzen schließlich nicht einmal mehr in der Lage ihren Grundbedürfnissen wie Fressen, Trinken oder Schlafen in ausreichendem Maße nachzukommen.

Tab. 32-1 Schweregrade einer Zwangsstörung

Grad der Zwangsstörung	Ausprägung der Symptome
Grad 1	Ausführung der Verhaltensweise regelmäßig (aber nur sporadisch), spontanes Aufhören, Alltag nicht beeinträchtigt
Grad 2	Ausführen der Verhaltensweise regelmäßig (häufig und länger andauernd, z. T. auch ohne erkennbare Stressoren), meist Triggersignale erkennbar, selten spontanes Aufhören, Unterbrechen möglich
Grad 3	Ausführen der Verhaltensweise regelmäßig und nur noch mit kurzen Unterbrechungen, Normalverhalten reduziert, sporadischer Schlaf, kein spontanes Aufhören mehr, Unterbrechen nur durch starke Reize möglich

Allgemeine Prognose

Auch für Katzen gilt, dass Zwangsstörungen, im Gegensatz zur Lehrmeinung von früher, prinzipiell behandelbar sind. Aber auch bei Katzen kann sich die Behandlung als schwierig erweisen und langwierig sein. Die Prognose ist für Katzen bei adäquater Therapie mäßig bis gut, bei hoher Besitzer-Compliance und einer optimierten medikamentösen Behandlung.

Die psychogene Alopezie hat tendenziell die schlechteste Prognose, da ein vollständiges Einstellen des Zwangsverhaltens praktisch nicht möglich ist.

Allgemein sollte den Besitzern auch klargemacht werden, dass es immer nur realistisch ist, eine Reduktion des Zwangsverhaltens zu erzielen und kein vollständiges Einstellen der Zwangsstörung. Zudem muss den Besitzern unmissverständlich mitgeteilt werden, dass ihre Compliance und ihr Engagement positiv mit dem Therapieerfolg korreliert sind.

Diagnosestellung

Die Diagnosestellung kann sich als recht schwierig gestalten. In jedem Fall sollte vorab eine gründliche medizinische Untersuchung erfolgen, um **medizinische Ursachen** für das Problemverhalten auszuschließen. Im Einzelfall ist weitere Diagnostik notwendig z. B. bei der psychogenen Alopezie um Allergien, Parasitosen oder andere mit Juckreiz einhergehende Hauterkrankungen auszuschließen. Bei der Pica oder auch dem Wollesaugen muss eventuell auch eine Analyse der Nährstoffwerte im Blut sowie der gefütterten Futtermittel erfolgen.

Aufmerksamkeitsforderndes Verhalten ist auch bei der Katze eine wichtige Differenzialdiagnose. Des Weiteren muss **Langeweile** als Ursache ebenso ausgeschlossen werden wie eine **Übersprungshandlung**. Letzteres ist vor allem beim zwanghaften Lecken wichtig auszuschließen.

Idealerweise kann das auffällige Verhalten vom Therapeuten direkt und in verschiedenen Situationen beobachtet werden. Ist das nicht möglich, müssen vom Besitzer mehrere aussagekräftige Videos aufgenommen werden, die im Idealfall auch den Beginn einer Episode des Zwangsverhaltens zeigen. Zudem ist eine gute Anamnese essenziell für die Diagnosestellung. Die Situationen, in denen das auffällige Verhalten auftritt, müssen genau analysiert werden. Erste Auslöser, die Entwicklung der Verhaltensweise sowie die Reaktion der Besitzer und eventuell anderer im Haus lebender Tiere müssen ebenfalls genau eruiert werden.

Allgemeine Behandlungsgrundsätze

Die allgemeinen Behandlungsgrundsätze ähneln denen beim Hund. Auch bei der Katze bringt eine frühzeitige Behandlung in der Regel den schnellsten Erfolg.

Auslöser identifizieren und vermeiden

Auch wenn die Besitzer meist zum Zeitpunkt der Vorstellung in der Verhaltenspraxis keine(n) Auslöser mehr nennen können, muss dieser Punkt dennoch beachtet werden. Die Besitzer sind zu fragen, ob zu irgendeinem Zeitpunkt Auslöser bekannt waren. Zudem sollten die Besitzer Tagebuch schreiben, in dem sie notieren, in welchen Situationen es zum Zwangsverhalten kommt, damit eventuell doch noch aktuelle Auslöser gefunden werden können.

Werden Auslöser gefunden, oder sind welche aus der Vergangenheit bekannt, so müssen diese nach Möglichkeit vermieden werden (z. B. alle Plastiktüten unter Verschluss halten bei zwanghaftem Saugen an Plastiktüten), oder es muss eine entsprechende Desensibilisierung und Gegenkonditionierung erfolgen. Sind oder waren z. B. Konflikte in der sozialen Gruppe im Mehrkatzenhaushalt Auslöser, so muss dieses Problem grundsätzlich angegangen werden und eventuell eine Trennung mit Gewöhnungstraining (► Kap. 30) durchgeführt werden.

Besitzerreaktion

Die Besitzer sind darauf hinzuweisen, dass ihre Reaktion auf das Zwangsverhalten einen deutlichen Einfluss haben kann. Wenn die Besitzer die Katze für das unerwünschte Verhalten bestrafen, dann ist dies kontraproduktiv. Schließlich ist die Zwangsstörung meist ein Ausdruck von Stress. Ein Schimpfen oder gar Strafen würde den Stress für die Katze also nur erhöhen, und damit auch die Wahrscheinlichkeit, dass das Zwangsverhalten gezeigt wird. Auch ein Beruhigen oder Streicheln muss unterbleiben, damit die Katze für das auffällige Verhalten keine zusätzliche Aufmerksamkeit erhält. Sonst könnte sich die Wahrscheinlichkeit, dass das Verhalten gezeigt wird, durch die zuteilwerdende Aufmerksamkeit verstärken und/oder eine aufmerksamkeitsfordernde Komponente entwickeln.

Strukturierter Tagesablauf

Auch Katzen profitieren deutlich davon, wenn der Tagesablauf strukturiert und vorhersehbar gehalten wird. Fütter-, Spiel-, Kuschel- und eventuell vorhandene Freilauf- oder Balkonzeiten sollten dabei so gleichmäßig wie möglich eingehalten werden.

Körperliche und geistige Auslastung

Für die Behandlung der felinen Zwangsstörungen sind Anpassungen in der Haltungsumwelt eine der wichtigsten Therapiemaßnahmen. In den meisten Katzenhaltungen gibt es diesbezüglich deutlichen Anpassungsbedarf. Maßnahmen zur Optimierung der Haltungsumwelt wurden an anderer Stelle (► Kap. 24) bereits ausführlich vorgestellt und werden daher im Folgenden nur kurz angesprochen.

Besonderer Wert muss auf eine dreidimensionale Gestaltung der Haltungsumwelt gelegt werden, sowie auf eine ausreichende Anzahl an Ruhe- und Versteckmöglichkeiten in allen zugänglichen Räumen. Kratz- und Klettermöglichkeiten müssen ebenfalls ausreichend zur Verfügung stehen und katzengerecht gestaltet sein. Das Futter sollte überwiegend in wechselnden Futterspielzeugen gefüttert werden. Besser als kommerziell erhältliche Futter- und Intelligenzspielzeuge werden in der Regel selbst gebastelte Spielzeuge aus Pappe (► Abb. 32-1) von den Katzen angenommen.

Abb. 32-1
Selbst gebastelte Futterspielzeuge, wie hier aus einem Schuhkarton und Klorollen, sind eine sehr gute Maßnahme, um die geistige Auslastung zu verbessern.

Eine weitere gute Möglichkeit der geistigen Auslastung für Katzen ist das Clickertraining (► Kap. 4), bei dem die Katze auch schnell einfache Kommandos lernen kann. Wenn eine Katze solch einfache Kommandos kann, können diese eventuell im Einzelfall auch zu einer Art Gegenkonditionierung verwendet werden. Dann kann der Katze beigebracht werden auf Kommando ein Verhalten auszuführen, das mit dem Zwangsverhalten inkompatibel ist (z. B. Männchen machen anstatt sich zu lecken). Meist ist dieser Therapieansatz erst dann von Erfolg gekrönt, wenn die Medikamente bereits entsprechend angeflutet sind und ihre Wirkung zeigen.

Die regelmäßigen täglichen Spielzeiten sollten unbedingt dazu genutzt werden, die Katze – selbstverständlich im Rahmen ihrer körperlichen Möglichkeiten – so richtig toben zu lassen. Hierfür eignen sich in der Regel Katzenangelspielzeuge ganz besonders gut. Schließlich sind noch Freilauf, oder wenigstens der Zugang zu einem katzensicheren Außengehege oder katzensicheren Balkon wichtige und sinnvolle Maßnahmen, um eine gute körperliche und auch geistige Auslastung zu gewährleisten.

Medikamente

Bei der Behandlung manifester Zwangsstörungen ist eine begleitende Behandlung mit Psychopharmaka in der Regel unumgänglich, um einen ausreichenden Therapieerfolg zu erzielen. Dies muss den Besitzern entsprechend deutlich kommuniziert werden, um die Compliance mit dieser oft abgelehnten Maßnahme zu erhöhen.

Am häufigsten sind SSRIs, Clomipramin und in Einzelfällen auch Buspiron (► Kap. 6) erfolgreich in der Therapie von Zwangsstörungen. Auch Kombinationen dieser Therapeutika können entsprechend eingesetzt werden, wenn eine Monotherapie keinen ausreichenden Erfolg verspricht. Keines der erwähnten Medikamente ist in einer für die Behandlung von Katzen zugelassenen Variante erhältlich. Eine Umwidmung ist notwendig.

In manchen Fällen ist ein Absetzen der Medikamente nach einer gewissen Zeit möglich. Eine lebenslange Medikation ist jedoch in der überwiegenden Zahl der Fälle notwendig, um einen dauerhaften Erfolg zu gewährleisten. Ein Absetzversuch sollte immer vorsichtig und langsam erfolgen. Er sollte frühestens dann unternommen werden, wenn das Problem für mehrere Monate zufriedenstellend unter Kontrolle war.

Euthanasie

Die Euthanasie ist die Ultima Ratio, wenn trotz verschiedenster medikamentöser Therapien und guter Besitzercompliance kein ausreichender Therapieerfolg erzielt werden kann. Dies gilt v. a. für Fälle, in denen das Normalverhalten so beeinträchtigt ist, dass die betroffene Katze keine ausreichende Nahrungs- und Flüssigkeitsaufnahme mehr zeigt.

Prophylaxe

Prophylaktisch sind auch bei den Zwangsstörungen der Katze nur begrenzt Maßnahmen möglich. Es ist insgesamt, aber vor allem auch bei den gefährdeten Rassen wie z. B. Siam und Bengalen, auf eine gute Aufzucht mit optimaler Sozialisierung und Habituation zu achten. Züchter müssen immer über das Auftreten von Zwangsstörungen bei von ihnen gezüchteten Tieren informiert werden. Nur so kann eine weitere Verpaarung der betroffenen Elterntiere vermieden werden. Aufgabe der Züchter ist es dann zudem, die Besitzer der Geschwister des betroffenen Tieres zu informieren, sodass diese ihre Haltung optimieren können, um Problemen so gut wie möglich vorzubeugen. Insgesamt ist eine optimierte Haltung als Prophylaxe von Zwangsstörungen zu sehen.

Mit Hinblick auf die Ätiologie von Wollesaugen und Pica sollte ein zu frühes Absetzen nach allen Möglichkeiten vermieden werden.

32.1 Psychogene Alopezie

Unter der psychogenen Alopezie bei der Katze versteht man zwanghaftes Putzverhalten, das dazu führen kann, dass die Katze an den betroffenen Stellen haarlos wird, und sich eventuell zusätzlich Hautwunden entwickeln. Typische Stellen, die bei der psychogenen Alopezie beleckt werden, sind die Bauchregion, die Innenseite der Hinterbeine und auch die Flankenregion. Das zwanghafte Putzen ist nicht immer einfach von noch normalem Putzverhalten zu unterscheiden (▶ Abb. 32-2).

Zwanghaftes Putzen läuft meist nach einem eher gleichförmigen, stereotyp anmutenden, sich wiederholenden Muster ab. Es wirkt exzessiv, besonders intensiv und zudem frequenter als normales Putzen.

Im Rahmen der Diagnosestellung müssen, wie bereits erwähnt, alle möglichen medizinischen Ursachen für Juckreiz ausgeschlossen werden, was sich nicht immer einfach gestaltet.

Fallbeispiel

Exzessives Putzen

Vorstellungsgrund

Der 10-jährige kastrierte Europäisch Kurzhaar Kater Al Capone zeigt seit 2 Jahren exzessives Putzen.

Anamnese

Die Besitzer sind eine vierköpfige Familie (Mann, Frau und zwei erwachsene Kinder). Sie haben Al Capone als ca. 6 Monate altes Kätzchen vom benachbarten Bauernhof übernommen. Seither lebt er bei ihnen im Haus und hat durch eine Katzenklappe ständigen Zugang ins Freie. Der Besitzerin fiel relativ bald auf, dass Al Capone gerne an Taschen-

Abb. 32-2 Es ist für die Besitzer nicht immer einfach, den Zeitpunkt zu erkennen, an dem das tägliche Putzen außer Kontrolle gerät und sich zwanghaftes Putzen entwickelt. Dieser kastrierte Kater putzt sich zwar heftig, aber als Übersprungshandlung bzw. zum (normalen) Stressabbau bei der Anwesenheit von unbekannten Besuchern.

tüchern und Gummibändern knabberte. Aber Al Capone schluckt nichts davon ab und daher ignorieren die Besitzer dieses Verhalten.

Vor ca. 2 Jahren begann Al Capone damit, sich sehr stark zu putzen. Besonders an den Bereichen der Hinterbeine, am linken Thoraxbereich und am Bauch. Die Besitzerin brachte ihn zum Haustierarzt, der eine Futtermittelallergie vermutete. Al Capone leidet bereits unter Allergien gegen Gräserpollen. Versuche mit Ausschlussdiäten (u. a. mit Wild und Erbsen) brachte keine Ergebnisse. Al Capone musste zudem einmal eine längere Cortisonbehandlung über sich ergehen lassen wegen einer Schwellung an der Lippe. Die systemische Cortisonbehandlung hatte keinerlei Einfluss auf Al Capones Putzverhalten. Es wurden wiederholte ausführliche Blutuntersuchungen (inkl. Schilddrüsenwerte) durchgeführt. Diese waren immer ohne besonderen Befund.

Al Capones exzessives Putzen ist besonders schlimm, wenn er nur eingeschränkten Zugang zu Futter hat. Etwa 7 Monate vor der Verhaltensberatung zogen die Besitzer mit Al Capone aus einem anderen Bundesland her. Die Umzugsvorbereitungen und der Umzug an sich verschlimmerten Al Capones Putzverhalten enorm. Er ist seither an den Metatarsen kahl, hat eine ca. 5 cm lange haarlose, teilweise offene Stelle am linken Thorax und eine im Durchmesser ca. 8 cm große haarlose Stelle am Bauch. Im Frühling, wenn Al Capones Gräserallergie evident ist, ist das exzessive Putzen ebenfalls schlimmer. Al Capones Katzentoilette und Futterschüssel wurden kürzlich vom Keller des neuen Hauses in den Wohnbereich verlegt, sodass er mehr Zeit mit der Familie verbringen

kann, wenn er sich im Haus aufhält. Die Besitzerin findet, dass sich sein Putzverhalten dadurch leicht gebessert hat. Dennoch ist es seit 2 Jahren so, dass sich Al Capone jeden Tag exzessiv putzt. Ob die Besitzer an- oder abwesend sind hat keinen Einfluss auf das Putzverhalten.
Die Wohnung der Besitzer ist momentan nicht sehr katzengerecht eingerichtet. Al Capone kann auf die Couch im Wohnzimmer, aber sonst gibt es für ihn keinerlei Möglichkeiten, die dritte Dimension zu erkunden.

Diagnose
Psychogene Alopezie, eventuell ursprünglich durch Allergien ausgelöst

Prognose
Die Prognose ist vorsichtig, da vielleicht eine Allergie mit in das Geschehen hineinspielt, und diese eventuell nicht gut behandelbar ist.

Therapie
- kein Strafen oder Schimpfen, Putzverhalten ignorieren, bzw. den Raum verlassen wenn Al Capone anfängt
- strukturierter Tagesablauf mit festen Fütter-, Kuschel- und Spielzeiten
- körperliche und geistige Auslastung:
  - weiterhin Auslauf mithilfe der Katzenklappe gewährleisten
  - Fütterung mithilfe von Futterspielzeugen, ständiger Zugang dazu (wenn möglich), aber Spielzeuge regelmäßig durchrotieren
  - dreidimensionale Strukturierung aller Räume durch Catwalks, Regale, Kratzbäume etc.
  - Clickertraining
  - regelmäßige Spielzeiten mit Al Capones Lieblingskatzenangel
- weitere Katzentoilette aufstellen
- Fluoxetin 0,5 mg/kg täglich (angemischt in Hühnerbrühe)
- Allergien weiterhin so gut wie möglich behandeln lassen

Verlauf
2 Monate später begannen Al Capones Haare wieder zu wachsen. Er bekam um diesen Zeitpunkt herum auch nochmals eine Cortisonbehandlung für seine Gräser-Allergien. Einen Monat später bereitete die Familie wiederum einen Umzug vor, Al Capone bekam sein Fluoxetin nicht mehr regelmäßig und die psychogene Alopezie flammte wieder auf. In der neuen Wohngegend hat Al Capone keine Möglichkeit mehr, nach draußen zu gehen, da eine viel befahrene Straße in direkter Nähe zum Haus verläuft. Al Capone versucht bei jeder Gelegenheit nach draußen zu entkommen und es fällt den Besitzern sehr schwer, das Haus zu verlassen, ohne dass er mitkommt. Die Besitzer sollen daher zumindest ein Freilauf-Gehege für Al Capone bauen und ihm wieder regelmäßig Fluoxetin geben.
Weitere 3 Monate später berichtet die Besitzerin, dass Al Capone sein Fluoxetin regelmäßig und problemlos gefressen und sich die Alopezie wieder deutlich verbessert hatte bis zu dem Punkt, dass sein Fell komplett nachgewachsen war. Seit ca. 2 Wochen rührt er aber das Futter, das mit Fluoxetin präpariert wurde nicht mehr an. Er beginnt auch wieder sich stärker zu putzen, und das Fell wird am Bauch licht. Es werden in den

nächsten Tagen verschiedene Methoden der Fluoxetin-Gabe ausprobiert, wie z. B. Anmischen mit Katzenmilch, Verabreichung von Tabletten und Verstecken der Tabletten in Katzensticks. Letztere Methode funktioniert schließlich und wird beibehalten. Al Capones Fell wächst wieder nach. Ab diesem Zeitpunkt bleibt die Verbesserung stabil. Al Capone wird nur im Frühling licht am Bauch, wenn seine Allergien aufflammen. Mehrere Absetzversuche von Fluoxetin nach 2 und 3 Jahren sind erfolglos. Eine lebenslange Medikation mit jährlicher Blutuntersuchung wird empfohlen.

32.2 Wollesaugen/Pica

Wollesaugen und Pica (= das Aufnehmen von unverdaulichen Gegenständen) sind oft eng miteinander verbunden und werden daher in diesem Abschnitt gemeinsam abgehandelt. Unter Wollesaugen versteht man dabei das exzessive Besaugen und auch Beknabbern von Stoff oder Wolle. Manche Katzen saugen auch an Plastiktüten (► Abb. 32-3).

Bei diesem Besaugen und Beknabbern kommt es immer wieder zum Abschlucken kleiner Teile des Stoffes oder des Plastiks. Diese Problematik tritt vor allem bei orientalischen Rassen (z. B. Siam, Burma) bzw. deren Mischlingen auf, und ist stark positiv mit einem zu frühen Absetzen der Welpen assoziiert. Daher geht man davon aus, dass es sich aus einem unbefriedigten, fehlgeleiteten Saugtrieb heraus entwickelt. Erste Hinweise auf eine Anfälligkeit für diese Störung ist es, wenn die Katzenwelpen am Fell der Mutter oder von Geschwistern zu saugen beginnen. Im Laufe der Entwicklung des zwanghaften Wollesaugens kann eine Pica entstehen.

Auch die Pica ist assoziiert mit einem frühen Absetzen. Zusätzlich kann eine deutliche Assoziation von Futter und unverdaulichen Materialien (z. B. das „Horten" von Spielzeugen, Plastiktüten oder Stoff beim oder im Futternapf) als Anzeichen für eine beginnende Pica gewertet werden. In solchen Fällen muss zumindest genau beobachtet werden, wie sich dieses Verhalten weiter entwickelt. Diese Strategie sollte auch bei sehr jungen Tieren eingehalten werden, die erste Anzeichen für eine Pica oder Wollesaugen zeigen, aber noch nicht offensichtlich von diesem Problem betroffen sind. Eine Optimierung der Haltungsumwelt kann jedoch immer schon empfohlen werden.

Diagnostisch wichtig ist eine gründliche Anamnese, möglichst auch mit Informationen zur Zucht der betroffenen Katze und ihrer Entwicklung in den ersten Lebenswochen. Zudem sollte genau bekannt sein, wann, wie oft und in welchen Situationen die Katze das Zwangsverhalten zeigt. Wenn eine Katze wiederholt für Obstruktionen durch verschluckte Fremdkörper vorgestellt wurde, muss immer auch zwanghafte Pica oder zwanghaftes Saugen an Plastiktüten als Differenzialdiagnose betrachtet werden.

Abb. 32-3
Katzen, die von Pica betroffen sind, besaugen häufig zw. beknabbern und verschlucken auch Plastik. Dies kann zu lebensbedrohlichen Obstruktionen führen.

Zusammenfassung

- Zwangsstörungen sind bei der Katze vergleichsweise selten vorkommende Verhaltensstörungen.
- Zwangsstörungen sind die Manifestation von Stress, den die Katze nicht anders kontrollieren kann. Auslösende Traumata wie z. B. physische Traumata oder auch Änderungen der sozialen Gruppe sowie Ortswechsel etc. lassen sich nicht immer nachweisen. Zwangsstörungen können auch ein Coping Mechanismus sensibler Katzen sein. Es sind überdurchschnittlich häufig Katzen orientalischer Rassen oder auch Bengalen betroffen.
- Zwangsstörungen können extreme Ausmaße annehmen und stark mit dem normalen Alltag interferieren. Dennoch sind sie behandelbar. Der Therapieerfolg ist dabei nicht mit dem Ausmaß der Zwangsstörung bei der Erstkonsultation korreliert.
- Differenzialdiagnostisch sind medizinische Ursachen, Langeweile, Übersprungsverhalten sowie aufmerksamkeitsforderndes Verhalten auszuschließen.

- Allgemeine Therapieempfehlungen umfassen das Identifizieren und Vermeiden von bekannten Auslösern, eine angemessene Besitzerreaktion, einen strukturierten Tagesablauf sowie eine angemessene körperliche und geistige Auslastung der betroffenen Katze. Zudem ist eine begleitende Behandlung mit Psychopharmaka meist unerlässlich.
- Die häufigsten Zwangsstörungen bei der Katze sind die psychogene Alopezie, bei der sich die Tiere zwanghaft putzen, sowie das zwanghafte Wollesaugen und die Pica. Bei letzteren Zwangsstörungen kann es zum Abschlucken unverdaulicher Materialien und damit zu lebensbedrohlichen Obstruktionen kommen.

Literatur

Overall, K., Dunham, A. (2002): Clinical features and outcome in dogs and cats with obsessive-compulsive disorder: 126 cases (1989–2000). J Am Vet Med Assoc 221:1445–1452.

33 Nächtliche Vokalisation

B. Schneider

Ein immer wieder anzutreffendes Verhaltensproblem bei Katzen ist die nächtliche Vokalisation. Sie kann ein durchaus ernst zu nehmendes Problem darstellen, da es die Besitzer durch den permanenten Schlafentzug sehr stark belasten kann.

Vorkommen

Diese Problematik kommt bei verschiedenen Altersgruppen und Rassen vor. Eine gewisse Häufung der Problematik ist bei älteren Tieren anzutreffen. Auch bei Tieren der sogenannten orientalischen Rassen (z. B. Siam etc.), die von vorneherein etwas „stimmfreudiger" sind, wird diese Problematik etwas häufiger berichtet.

Ätiologie

Die nächtliche Vokalisation ist zunächst ein recht unspezifisches Symptom. Daher muss eine sehr genaue medizinische Abklärung erfolgen, bevor eine sinnvolle Therapie vorgeschlagen werden kann. Die häufigste medizinische Ursache für diese Verhaltensweise ist sicher die **Hyperthyreose**. Daher ist es unerlässlich, im Rahmen der zwingend notwendigen klinischen Untersuchung auch eine entsprechende Blutabnahme zu tätigen. Auch sämtliche mit **Schmerzen** oder starkem Unwohlsein einhergehende Erkrankungen können dazu führen, dass Katzen nachts unruhiger sind und schreien. Zudem können **ZNS-Erkrankungen** oder auch der **Östrus** eine vermehrte Vokalisation zur Folge haben. Eine weitere Ursache für nächtliche Vokalisationen kann eventuell auch das **kognitive Dysfunktionssyndrom** sein, auch wenn hier noch detaillierte Studien fehlen, um das zu bestätigen. Eine weitere Ursache kann die Tatsache sein, dass eine Katze, die vorher ein Freigänger war, nun eine Wohnungskatze ist. Solche Katzen leiden oft unter der **Einschränkung** ihrer Freiheit und Beschäftigungsmöglichkeiten und erscheinen während des nächtlichen Schreiens sehr erregt (► Abb. 33-1).

Zudem machen sie tagsüber, aber vor allem nachts den Eindruck, dass sie nach draußen möchten (► Abb. 33-2).

Symptome

Bei der Diagnose „nächtliche Vokalisation" handelt es sich um ein Symptom und nicht um eine Diagnose im eigentlichen Sinne. Typisch für diese Verhaltensauffälligkeit ist ein nächtlich deutlich gehäuft auftretendes Miauen, das oft eine jaulende oder schreiende Qualität hat. In manchen Fällen tritt das nächtliche Schreien vor allem in den frühen Morgenstunden (1–2 Stunden vor Sonnenaufgang) gehäuft auf.

Abb. 33-1 Katzen, die nächtliches Schreien zeigen, erscheinen dabei oft erregt. Beachte die angespannte Mimik und das ambivalente Ohrenspiel bei diesem Kater, der eben bei der Vokalisation gestört wurde.

Abb. 33-2 Katzen, die vorher Freigänger waren und anschließend Wohnungskatzen sind, drängen oft nach draußen. Hier muss darauf geachtet werden, dass der Kater nicht im Kippfenster hängen bleibt.

Therapie

Die Therapie ist bei dieser Verhaltensproblematik ganz klar von der zugrunde liegenden Ursache abhängig. Medizinische Ursachen müssen nach Möglichkeit behoben werden.

Bezüglich des kognitiven Dysfunktionssyndroms bei Katzen gibt es nur anekdotische Berichte über Behandlungsmöglichkeiten. Ähnlich wie beim Hund (► Kap. 19) versucht man den Prozess durch mentale Stimulation (z. B. Intelligenzspielzeuge, Clickertraining etc.), sowie eine Umstellung auf ein Futtermittel speziell für alte Katzen zu verlangsamen. Zusätzlich gibt es die Möglichkeit sogenannte Nutraceuticals wie z. B. Senilife® oder Aktivait® (► Kap. 19) zu verwenden. Ebenso können anscheinend S-Adenosylmethionin-Präparate oder Selegilin hilfreich sein.

Handelt es sich um eine Vokalisation aufgrund des Wechsels von einer Freigänger- zu einer Wohnungs-Katze, dann müssen sich die Therapiemaßnahmen auf eine Anpassung der Haltungsumwelt konzentrieren. Das bedeutet, dass viele Beschäftigungsmöglichkeiten für die betroffene Katze geschaffen werden müssen (► Kap. 24). Besonders Futterspielzeuge u. Ä. sollten der Katze vor allem nachts zur Verfügung stehen. Der Bau eines eingezäunten, gesicherten Freigeheges durch eine Katzenklappe kann hier ebenfalls schnell Erleichterung bringen. Manchmal ist auch der Zugang zu einem katzensicheren Balkon über Nacht sinnvoll. Auch ein Wechsel an einen Platz wo die Katze wieder frei laufen kann, stellt, wenn es denn möglich ist, eine meist hochwirksame Alternative dar.

Prognose

Wenn ätiologisch medizinische Ursachen ermittelt wurden, die sich auch behandeln lassen (z. B. Hyperthyreose), dann ist die Prognose bezüglich des Vokalisierens meist recht gut.

Liegt kognitives Dysfunktionssyndrom vor, so muss den Besitzern klar gemacht werden, dass eine Heilung unmöglich ist, und durch die Behandlung nur eine Verlangsamung des Prozesses erreicht werden kann. Die Prognose ist dabei also mittel- und langfristig schlecht.

Bei der nächtlichen Vokalisation aufgrund der Haltungsänderung ist die Prognose meist vorsichtig. Sie ist deutlich besser einzustufen, wenn wenigstens teilweiser Zugang zu einem sicheren Außengehege geboten werden kann.

Zusammenfassung

- Die nächtliche Vokalisation kann sehr nervenaufreibend für Besitzer sein.
- Als Ursachen kommen vor allem Hyperthyreose, Schmerzen, kognitives Dysfunktionssyndrom oder ein Wechsel vom Freigänger zur Wohnungskatze in Frage.
- Die Therapie und Prognose sind abhängig von der Ätiologie.

34 Kind und Katze

B. Schneider

Katzen sind beliebte Haustiere, die auch häufig in Haushalten mit Kindern gehalten werden. Das Zusammenleben mit einem Haustier ist für Kinder unzweifelhaft etwas sehr Schönes. Doch auch Katzen können, da sie sehr wehrhaft sind, eine potenzielle Gefahr für Kinder darstellen, vor allem wenn diese die Katze falsch behandeln. Man darf bei Katzen nicht unterschätzen, dass sich Beißwunden sehr schnell infizieren können, sowie dass Kratzwunden am Auge ein ernsthaftes Problem darstellen können.

34.1 Katze und Baby

Katzen können sehr ablehnend auf Neugeborene reagieren. Dies kann verschiedene Gründe haben. Zum einen müssen Katzen auf Kinder und Babys sozialisiert werden, um sie später gut zu akzeptieren. Daher sollten auch Katzen – ähnlich wie Hunde – bereits in der Sozialisierungsphase viel positiven Kontakt mit Kindern und Babys haben, um diese im späteren Leben besser zu akzeptieren. Zusätzlich sollte eine Katze auch im weiteren Verlauf ihres Lebens regelmäßige, positive Kontakte mit Kindern und Babys haben, um beste Startvoraussetzungen für eigene Kinder im Haushalt zu schaffen. Doch auch dann kann man nicht 100%ig sicher sein, ob eine gut sozialisierte Katze ein neugeborenes Baby auch akzeptieren wird. Vor allem geräuschempfindliche Katzen können durch das Babygeschrei verstört werden. Daher kann es im Einzelfall sinnvoll sein, bereits vor der Geburt des Babys eine vorsichtige Desensibilisierung/Gegenkonditionierung auf Babygeschrei durchzuführen. Die in der Verhaltenstherapie üblicherweise verwendeten Geräusch-CDs (► Kap. 5) verfügen in der Regel auch über entsprechende Tonspuren. Auch eventuelle mit der Geburt des Babys anstehende räumliche Veränderungen etc. sollten schon vor der Geburt durchgeführt werden, sodass die Katze diese nicht mit dem Baby in Verbindung bringt. Wenn eine werdende Mutter in der Zeit des Mutterschutzes mehr Zeit für die Katze hat, sollte sie sich dennoch nicht extra viel um diese kümmern. Dies sollte vor allem der Partner übernehmen. Auf diese Weise ist die Umstellung für die Katze nicht so extrem, wenn das Baby nach Hause kommt und die frischgebackene Mutter erstmal vielleicht wenig oder gar keine Zeit mehr für die Katze hat.

Ist das Baby zuhause, so sollte die Katze langsam Kontakt aufnehmen dürften und vor allem dann beachtet werden, wenn das Kind wach ist und versorgt wird. So kann man die Katze z. B. beim Füttern des Babys streicheln oder ihr Leckerchen schussern.

Selten wird beobachtet, dass sich Katzen sehr eng an oder auf kleine, warme, nach Milch riechende Babys kuscheln. Dies kann gefährlich werden, da sehr kleinen Babys so die Luft abgedrückt werden kann. Das Babybettchen muss deshalb vor allem anfangs gegen das Hineinklettern einer Katze gesichert werden.

34.2 Ursachen für eine Kind-Katze-Problematik

Vor allem kleine Kinder sind sehr damit beschäftigt, ihre Umwelt genau zu erkunden. Da wird auch schon mal ausprobiert, was passiert, wenn man der Katze am Schwanz zieht, oder warum die Ohren sich bewegen etc. Am Häufigsten ist so ein tierquälerisch anmutendes, aber aus Neugier motiviertes Verhalten bei Kindern zwischen 2 und 5 Jahren zu beobachten.

Kinder fühlen sich zudem vom flauschigen Fell und der eher „übersichtlichen" Größe von Katzen in der Regel sehr angezogen. Gerne werden Katzen auch auf den Arm genommen. Gerade kleinere Kinder nehmen und halten Katzen allerdings nicht in einer für diese angenehmen Weise (▶ Abb. 34-1a). Nur sehr geruhsame und

Abb. 34-1 **a** Das knapp 5 Jahre alte Mädchen, das Katzen gewohnt ist, freut sich sichtlich darüber, dass es diese unbekannte Bauernhofkatze tragen darf. Diese zeigt allerdings schon deutliche Abwehrzeichen (Blickkontakt, Berührung mit Pfote), die vom Kind nicht erkannt werden.
b Dieses Bild wurde nur eine Sekunde später aufgenommen. Die Katze droht nun sehr viel deutlicher und erst jetzt kann das Mädchen die Situation einschätzen.

tolerante Katzen lassen dies einfach so über sich ergehen. Die meisten wehren sich recht schnell und recht deutlich gegen diese Behandlung (► Abb. 34-1b). Hierbei kann es schnell zu Verletzungen durch Kratzen oder Beissen kommen.

Insgesamt sind Kinder das typische Opfer von Katzenbissen. Sie können die Körpersprache von Katzen nicht oder nur schwer interpretieren und übersehen somit Abwehrgesten meistens. Es fällt ja bereits vielen Erwachsenen schwer Anzeichen von Abwehr (z. B. Schlagen mit dem Schwanz, Anlegen der Ohren, Blickkontakt etc.) sicher zu erkennen.

34.3 Allgemeine Regeln für Interaktionen zwischen Kindern und Katzen

Im Folgenden sind die wichtigsten Regeln für Kinder und Katzen aufgeführt. Werden diese strikt befolgt, so können viele Probleme bereits im Vorfeld vermieden werden.

1. **Katzen und kleine Kinder NIEMALS unbeaufsichtigt zusammen lassen!**
   Diese Regel ist immer zu beachten. Ähnlich wie beim Hund gilt hier: Auch die geduldigste Katze wird sich irgendwann einmal zur Wehr setzen, wenn sie von einem Kind drangsaliert wird. Daher gilt auch für Katzen, dass diese nicht mit Kindern unbeaufsichtigt in einem Raum bleiben sollen. Auch dann nicht, wenn der Besitzer „nur mal schnell" auf die Toilette muss etc.
2. **Kinder im Umgang mit der Katze immer kontrollieren!**
   Kinder müssen im Umgang mit Katzen von Erwachsenen kontrolliert werden. Nur so kann verhindert werden, dass Kinder die Katze zu sehr in die Enge treiben oder regelrecht durch die Wohnung jagen. Der Besitzer muss eingreifen, wenn sich Kinder der Katze gegenüber beabsichtigt oder unbeabsichtigt inadäquat verhalten (► Abb. 34-2). So kann die Katze geschützt werden und Kratz- und Beißvorfälle können vermieden werden.
3. **Rückzugsorte für die Katze schaffen**
   In jedem für die Katze zugänglichen Raum muss es mindestens einen Ruheplatz (pro Katze) geben, an den sie sich zurückziehen kann. Er muss angenehm und ruhig sein. Viele Katzen bevorzugen dabei höhlenartige Strukturen. Diese Rückzugsorte dürfen für die Kinder nicht erreichbar sein. Sie sollten also z. B. hoch gelegen oder hinter einem Kindergitter gesichert sein. Zudem muss eine Katze die Möglichkeit haben, sich komplett vom Kinderlärm zurückziehen zu können, bevorzugt in einen Raum, zu dem Kinder keinen Zugang haben, oder durch die Katzenklappe nach außen.
4. **Futterstellen und Spielzeug kontrollieren**
   Futter- und Wassernapf der Katze müssen für das Kind ebenso tabu sein wie das Katzenspielzeug. Den Kindern muss rechtzeitig beigebracht werden, welche

Abb. 34-2 Der 14 Monate alte Junge probiert aus Neugier aus, was passiert, wenn er den Familienkater auf den Boden drückt. Man beachte die angespannte Körpersprache des Katers.

Spielzeuge der Katze gehören. Die Näpfe können z. B. hinter einem Kindergitter platziert werden. Umgekehrt sollten auch Kinderspielzeuge für die Katze tabu sein, damit es nicht zu Konflikten kommt. Hier kann es hilfreich sein, die Kinderspielsachen mit einem Zitrusspülmittel zu waschen, da dieser Geruch für Katzen unangenehm ist.

5. **Den richtigen Umgang mit Katzen beibringen**
   Kindern muss zudem von den Eltern der richtige Umgang mit Katzen beigebracht werden. In der Regel sind Kinder etwa ab dem Grundschulalter verständig genug, um die Regeln konsequent umzusetzen. Folgende Regeln sollten aber dennoch so früh wie möglich aufgestellt und konsequent umgesetzt werden:
   - Katzen dürfen nicht grob behandelt oder ohne Hilfe durch Erwachsene hochgehoben werden.
   - Katzen dürfen nur sanft und nie gegen den Strich gestreichelt werden.
   - Katzen sollen nicht umarmt werden und dürfen kein Küsschen bekommen.
   - Schlafende oder ruhende Katzen dürfen nicht gestört werden.
   - Der Katze darf man nichts aus dem Maul oder aus den Pfoten nehmen.
   - Wenn die Katze etwas Unerlaubtes tut, muss ein Erwachsener hinzugerufen werden.

34.4 Behandlung von Problemen

Bei Katzen ist therapeutisch meist ebenfalls eine Desensibilisierung mit Gegenkonditionierung notwendig, wenn es bereits zu Problemen mit Kindern gekommen ist. So kann die Katze wieder zur Ruhe kommen. Meistens ist es sinnvoll, begleitend eine bessere körperliche und geistige Auslastung der Katze zu gewährleisten. Das Kind muss auch dringend die Regeln im Umgang mit der Katze erlernen. Ist dies, oder eine lückenlose Überwachung von Kind und Katze nicht möglich, so muss eventuell ein Halterwechsel angestrebt werden.

Insgesamt sollte der Schwerpunkt immer auf die Prophylaxe gelegt werden. Die Einhaltung der oben erwähnten Regeln im Umgang mit Katzen und eine gute Sozialisierung auf Kinder vorab sind die besten prophylaktischen Maßnahmen.

Zusammenfassung

- Katzen sollten langsam an Babys und die damit verbundenen Veränderungen gewöhnt werden.
- Kinder sind typische Opfer von Beißvorfällen mit Katzen.
- Kinder können die Körpersprache von Katzen schlechter lesen als Erwachsene.
- Klare Regeln zum Umgang von Kind und Katze miteinander müssen beachtet werden.
- Prophylaktisch sind die Einhaltung der Regeln sowie eine gute Sozialisierung sinnvoll.

Anhang

Beispielfragebogen Hund

Im Folgenden wird ein Beispiel für einen verhaltenstherapeutischen Fragebogen für Hundeberatungen vorgestellt, der die Vorbereitung auf die Verhaltensberatung sowie die Verhaltensberatung an sich erleichtert.

PRAXISTIPP

Es empfiehlt sich, den Besitzer darauf hinzuweisen, dass der Fragebogen dem Therapeuten 24–48 Stunden vor der eigentlichen Beratung vorliegen muss, um eine optimale Vorbereitung zu gewährleisten.

Bewährt hat sich darüber hinaus, den Fragebogen auch online abrufbar zur Verfügung zu stellen. So können die Klienten schon vorab erkennen in welche Richtung es Fragen gibt und wie ausführlich die Anamnese sein wird.

Eine kleine Sektion im Fragebogen, in der abgefragt wird, wie die Klienten auf den Verhaltenstherapeuten aufmerksam wurden (z. B. Hundetrainer, Haustierarzt, Freunde, Internet etc.), kann helfen, die eigenen Webemaßnahmen anzupassen.

Es können noch Sektionen zur Stubenreinheit und zum Angstverhalten (Angst vor Gewitter, Feuerwerk, unbekannten Situationen etc.) in den Fragebogen eingefügt werden.

Im Allgemeinen ist aber darauf zu achten, dass der Fragebogen nicht zu umfangreich wird (Faustregel: max. 10 Seiten), sodass die Besitzer nicht die Energie verlieren, ihn gewissenhaft auszufüllen.

Fragebogen

Angaben zum Besitzer
Datum:
Austullende Person:
Name und Anschritt Besitzer:
Telefon (tagsüber):
Handy:
E-Mail:

(Überweisender) Haustierarzt
Name überweisender Tierarzt/Haustierarzt:
Adresse:
Telefon:
Fax:

Angaben zum Hund		
Name:		
Rasse:		
Alter und Geburtsdatum:		
Geschlecht:		
Kastriert/sterilisiert:	☐ ja	☐ nein
Wenn ja:	Wann: Gründe für Kastration/Sterilisation: Verhaltensänderung nach Kastration/Sterilisation:	
Zyklus (bei intakter Hündin):		
Gewicht:		
Datum letzte tierärztliche Untersuchung:		
Bekannte medizinische Probleme:		
Regelmäßig verabreichte Medikamente:		
Herkunft des Hundes (z. B. Tierheim, Züchter…):		
Haltung dort:		
Anzahl Vorbesitzer:		
Datum der Übernahme:		
Alter Hund bei Übernahme:		
Gründe für Anschaffung:		

Angaben zu Sozialkontakten	
Anzahl, Geschlecht und Alter der im Haushalt lebenden Personen:	
Hauptbezugsperson Hund:	
Interaktionen zw. Hund und Personen im Haushalt:	
Tiere, die mit dem Hund zusammenleben (bitte Spezies, Alter und Geschlecht angeben):	
Interaktionen zw. Hund und anderen Tieren im Haushalt:	

Angaben zu Sozialkontakten		
Wann, wie oft und wie lange ist der Hund alleine:		
Dauer und Art tägliches aktives Spielen mit Personen:		
Dauer und Art tägliches aktives Spielen mit Tieren:		
Probleme (z. B. Zähne fletschen, knurren, beißen) mit Hund bei:	• Wegnehmen von Futter/Leckerchen/gestohlenem Objekt? • Anfassen, Streicheln, Manipulieren von Gesicht, Pfoten etc.? • Physischem Wecken oder Stören bei Ruhen? • Anlegen des Halsbands, der Leine? • Schimpfen/Strafen?	

Auslauf/Ernährung		
Haltung:	☐ Wohnungshaltung	☐ Außenhaltung
Täglicher Auslauf an Leine (Häufigkeit, Dauer und Ort):		
Täglicher Auslauf ohne Leine (Häufigkeit, Dauer und Ort):		
Verhalten Hund bei Passanten während des Spaziergangs:		
Verhalten Hund bei Hundebegegnung:		
Anzahl der Fütterungen/Tag:		
Was wird gefüttert (auch Leckerchen):		
Wer füttert:		
Futtermittelallergien/ -unverträglichkeiten bekannt?	☐ ja Wenn ja: welche?	☐ nein
Lieblingsleckerchen:		

Ausbildung/Gehorsam			
Alter Hund bei Ausbildungsbeginn:			
Wurde der Hund von Ihnen ausgebildet?	☐ ja Wenn ja: Besuch Hundeschule? Name Hundeschule: Besuchte Kurse:	☐ nein, sondern:	
Mit welchen Hilfsmitteln (z. B. Clicker, best. Halsband etc.) haben Sie trainiert?			
Wie gut führt der Hund die folgenden Kommandos aus; von 1 (= sehr gut) bis 5 (= gar nicht)	Sitz: Platz: Komm: Bleib: Bei Fuß: Aus:		
Welche weiteren Kommandos (auch Tricks) kennt Ihr Hund?			
Wie häufig wird trainiert?			
Wie schätzen Sie insgesamt den Gehorsam ein?	☐ sehr gut ☐ schlecht	☐ gut ☐ kein Gehorsam	☐ mäßig
Situationen, in denen der Hund weniger gehorsam ist:			

Verhaltensproblem		
Hauptgrund für die Konsultation:		
Weitere Probleme:	☐ nein	☐ ja, nämlich:
Erstes Auftreten des Hauptproblems:		
Erste Reaktion des Besitzers auf das Problem:		
Veränderung des Problems im Lauf der Zeit (Intensität, Häufigkeit etc.):		

Verhaltensproblem			
Welche Methoden zur Lösung des Problems wurden bereits ausprobiert?			
Wie reagierte der Hund darauf?			
Bekannte Auslöser für das Problemverhalten:			
Weitere Informationen, die Sie für wichtig erachten:			

Erwartungen Besitzer			
Welche Erwartung haben Sie an die Beratung?			
Wie stark fühlen Sie sich durch das Verhaltensproblem belastet?	☐ sehr stark ☐ gar nicht	☐ stark	☐ mäßig
In welchem Lebensbereich empfinden Sie vor allem Belastungen?	☐ Partnerschaft/Familienleben ☐ Beruf ☐ Freizeit ☐ Sonstiges:		

Beispielfragebogen Katze

Im Folgenden wird ein Beispiel für einen verhaltenstherapeutischen Fragebogen für Katzenberatungen vorgestellt, der die Vorbereitung auf die Verhaltensberatung sowie die Verhaltensberatung an sich erleichtert.

PRAXISTIPP

Es empfiehlt sich, den Besitzer darauf hinzuweisen, dass der Fragebogen dem Therapeuten 24–48 Stunden vor der eigentlichen Beratung vorliegen muss, um eine optimale Vorbereitung zu gewährleisten.

Bewährt hat sich darüber hinaus, den Fragebogen auch online abrufbar zur Verfügung zu stellen. So können die Klienten schon vorab erkennen in welche Richtung es Fragen gibt und wie ausführlich die Anamnese sein wird.

Eine kleine Sektion im Fragebogen, in der abgefragt wird, wie die Klienten auf den Verhaltenstherapeuten aufmerksam wurden (z. B. Hundetrainer, Haustierarzt, Freunde, Internet etc.), kann helfen, die eigenen Webemaßnahmen anzupassen.

Im Allgemeinen ist aber darauf zu achten, dass der Fragebogen nicht zu umfangreich wird (Faustregel: max. 10 Seiten), sodass die Besitzer nicht die Energie verlieren, ihn gewissenhaft auszufüllen.

Fragebogen

Angaben zum Besitzer
Datum:
Ausfüllende Person:
Name und Anschrift Besitzer:
Telefon (tagsüber):
Handy:
E-Mail:

(Überweisender) Haustierarzt
Name überweisender Tierarzt/Haustierarzt:
Adresse:
Telefon:
Fax:

Angaben zur Katze		
Name:		
Rasse:		
Alter und Geburtsdatum:		
Geschlecht:		
Kastriert/sterilisiert:	☐ ja	☐ nein
Wenn ja:	Wann: Gründe für Kastration/Sterilisation: Verhaltensänderung nach Kastration/Sterilisation:	
Gewicht:		
Datum der letzten tierärztlichen Untersuchung:		
Bekannte medizinische Probleme:		
Regelmäßig verabreichte Medikamente:		
Herkunft der Katze (z. B. Tierheim, Züchter…):		
Haltung dort:		
Anzahl Vorbesitzer:		
Datum der Übernahme:		
Alter Katze bei Übernahme:		
Gründe für die Anschaffung:		

Angaben zu Sozialkontakten	
Anzahl, Geschlecht und Alter der im Haushalt lebenden Personen:	
Hauptbezugsperson Katze:	
Interaktionen zw. Katze und Personen im Haushalt:	
Tiere, die mit der Katze zusammenleben (bitte Spezies, Alter und Geschlecht angeben):	
Interaktionen der Katze mit anderen Tiere im Haushalt:	

Angaben zu Sozialkontakten	
Wann, wie oft und wie lange ist die Katze alleine:	
Dauer und Art des täglichen aktiven Spielens mit Personen:	
Dauer und Art des täglichen aktiven Spielens mit Tieren:	
Ist die Katze jemals umgezogen?	
Wenn ja: Wann?	
Hat eine Person/ein Tier, die/das der Katze besonders nahe stand, den Haushalt verlassen?	
Wenn ja: Wie hat die Katze darauf reagiert:	
Reaktion der Katze auf Besuch:	
Reaktion der Katze, wenn sie Katzen durchs Fenster sieht:	
Reaktion der Katze, wenn sie draußen Katzen trifft:	

Haltungsumwelt	
Haltung	☐ Wohnungshaltung ☐ Freilauf Einschränkungen im Freilauf?
Wurde die Haltungsform in der Vergangenheit geändert (z. B. vorher Freilauf- nun Wohnungskatze oder umgekehrt)?	
Wohnung: Anzahl m^2, Anzahl Zimmer?	
Welche Zimmer sind für die Katze zugänglich?	
Besteht Zugang zu Balkon?	
Anzahl der Fütterungen/Tag:	
Was wird gefüttert (auch Leckerchen)?	

Haltungsumwelt	
Wer füttert?	
Sind Futtermittelallergien/ -unverträglichkeiten bekannt?	
Lieblingsleckerchen:	

Stubenreinheit	
Anzahl der Katzentoiletten:	
Wo stehen die Katzentoiletten im Haus?	
Größe der Katzentoiletten:	
Art der Katzentoiletten (z.B, Ecktoilette, mit Deckel, automatisch etc.):	
Verwendung von Einstreutüten, Matten, Katzentoilettendeos etc.:	
Verwendete Katzenstreu:	
Häufigkeit Reinigung der Katzentoiletten:	
Art der Reinigung der Katzentoiletten (Reiniger?):	
Gib es Urinabsatz außerhalb der Katzentoilette?	
Wenn ja:	• Häufigkeit? • Orte? • Spezielle Situationen? • Wie ist Körperhaltung der Katze dabei?
Gibt es Kotabsatz außerhalb der Katzentoilette?	
Wenn ja:	• Häufigkeit? • Orte? • Spezielle Situationen?

Verhaltensproblem			
Hauptgrund für die Konsultation:			
Weitere Probleme:	☐ nein	☐ ja, nämlich:	
Erstes Auftreten des Hauptproblems:			
Erste Reaktion des Besitzers auf das Problem:			
Veränderung des Problems im Lauf der Zeit (Intensität, Häufigkeit etc.):			
Welche Methoden zur Lösung des Problems wurden bereits ausprobiert?			
Wie reagierte Katze darauf?			
Bekannte Auslöser für das Problemverhalten:			
Weitere Informationen, die Sie für wichtig erachten:			

Erwartungen Besitzer			
Welche Erwartung haben Sie an die Beratung?			
Wie stark fühlen Sie sich durch das Verhaltensproblem belastet?	☐ sehr stark ☐ gar nicht	☐ stark	☐ mäßig
In welchem Lebensbereich empfinden Sie vor allem Belastungen?	☐ Partnerschaft/Familienleben ☐ Beruf ☐ Freizeit ☐ Sonstiges:		

Demenz-Checkliste

- Name Besitzer: ______________________ Geschlecht Patient: ______________________
- Name Patient: ______________________ Geburtsdatum Patient: ______________________

	Untersuchung 1 Datum:	Untersuchung 2 Datum:	Untersuchung 3 Datum:	Untersuchung 4 Datum:	Untersuchung 5 Datum:	Untersuchung 6 Datum:
Desorientierheit						
Wandert ziellos umher						
Starrt ins Leere/an Wände						
Erkennt bekannte Personen nicht mehr						
Reagiert nicht auf Namen/bekannte Kommandos						
„Bleibt stecken" in Ecken oder unter/hinter Möbeln						
Wirkt verwirrt im Haus oder Garten						
Hat Schwierigkeiten die Türe zu finden, steht auf falscher Seite der Türe, um rausgelassen zu werden						
Scheint vergessen zu haben, warum er/sie rausgelassen wurde						
Interaktion mit Familienmitgliedern						
Fordert seltener Aufmerksamkeit						
Lässt sich seltener und kürzer streicheln (geht weg)						
Zeigt eine weniger enthusiastische Begrüßung des Besitzers oder von bekannten Hunden						

	Untersuchung 1 Datum:	Untersuchung 2 Datum:	Untersuchung 3 Datum:	Untersuchung 4 Datum:	Untersuchung 5 Datum:	Untersuchung 6 Datum:
Begrüßt Besitzer nicht mehr (wenn die Ankunft bemerkt wurde)						
Schlaf-Wach-Rhythmus						
Schläft insgesamt mehr innerhalb von 24 Stunden						
Schläft nachts weniger						
Wird bei Dämmerung rastlos						
Stubenunreinheit (bei vorher stubenreinen Hunden)						
Uriniert im Haus (Anzahl Vorfälle pro Woche)						
Kotet im Haus (Anzahl Vorfälle pro Woche)						
Uriniert oder kotet im Haus kurz nach Spaziergang/ Rauslassen						
Zeigt seltener an, dass er/sie raus muss						
Aktivität						
Zeigt weniger zielgerichtete Aktivität innerhalb von 24 Stunden						
Zeigt vermehrtes zielloses Umherwandern in 24 Stunden						

+ = Symptom; – = Symptom nicht vorhanden

Beispiel für einen Fragebogen als diagnostisches Hilfsmittel (nach dem Fragebogen von Pfizer Animal Health, entwickelt von Dr. Ilana Reisner)

Schneider, B.M., Erhard, M.H. (2010): Kognitives Dysfunktionssyndrom beim Hund – Vorkommen, Diagnose und therapeutische Maßnahmen. Tierärztl Prax; 38(K): 113–118

Abkürzungsverzeichnis

ADHS = Aufmerksamkeits-Defizit-Hyperaktivitätsstörung
ALT = Alanin-Aminotransferase
AP = alkalische Phosphatase
ARV = abnormal repetitive Verhaltensweise

CT = Comuptertomogramm

DAP = dog appeasing pheromone

EEG = Elektroenzephalogramm

FHS = Felines Hyperästhesie Syndrom (Feline Hyperästhesie)

GABA = γ-Aminobuttersäure
γ -GT = γ -Glutamyltransferase
GnRH = Gonadotropinreleasing hormone
GOT = Gebührenordnung für Tierärzte
GTVMT = Gesellschaft für Tierverhaltensmedizin und -therapie e. V.

HD = Hüftdysplasie

MAO = Monoaminooxidase
MPH = Methylphenidat

NMDA-Rezeptor = N-Methyl-D-Aspartat-Rezeptor

obB = ohne besonderen Befund
OCD = obsessive-compulsive disorder

PD/PU = Polydipsie/Polyurie
PTSS = Posttraumatisches-Stress-Syndrom

RBD = REM sleep behavior disorder
REM = rapid eye movement
RHP = Ressource Holding Power oder Ressource Holding Potential

SRI = serotonin reuptake inhibitor
SSRI = selective serotonin reuptake inhibitor

T_4 = Thyroxin
T_3 = Triiodthyronin
THRT = Schilddrüsenhormonersatz-Therapie
TSH = Thyreotropin, auch: Thyreoidea-stimulierendes Hormon

ZNS = zentrales Nervensystem

Abbildungsquellen

Christian Augustin: 11-1

Dorothea Döring: Bleistiftzeichnungen; 1-1, 1-2, 18-1

Jane Englmeier: Coverabbildungen (Dummytraining Hund, Spiel Hund); 11-2, 16-1, 18-2, 19-1

Daphne Ketter: 5-1

Dagmar Mayer: 10-1

Sandra Pedretti: 6-2, 32-1

Barbara Schneider: Coverabbildungen (Katzen); 3-1, 3-2, 3-3, 3-4, 4-1, 4-2, 4-3, 5-2, 5-3, 7-1, 13-1, 15-1, 22-1, 22-2, 23-1, 24-1, 24-2, 24-3, 24-4, 24-5, 24-6, 26-1, 28-1a-d, 30-1, 32-2, 32-3, 33-1, 33-2, 34-1a-b, 34-2

Videos

Daphne Ketter: 29-1

Lehrstuhl für Tierschutz, Verhaltenskunde, Tierhygiene und Tierhaltung: 18-1

Barbara Schneider: 4-1, 4-2, 15-1, 24-1, 24-2, 25-1, 25-2, 28-1, 29-2

Sachverzeichnis

Fundstellen mit * Kennzeichnung verweisen auf Videos

A

Abrechnung, Verhaltensberatungen 21
Acepromazin, Kontraindikation bei Geräuschangst
– bei der Katze 314
– beim Hund 153
L-Acetyl-Carnitin, kognitives Dysfunktionssyndrom beim Hund 221
Adaptil® 56, 106, 148, 161
Adaptil®-Halsband 56
Adaptil®-Spray, -Tabletten bzw. -Zerstäuber 57
Adipositas, psychogene bei der Katze 100
Adrenalin 68
Ängstlichkeit
– bei der Katze in der Tierarztpraxis 303–304
– vor Feuerwerk s. Silvesterangst
Aggression(sprobleme/-verhalten) 13
– anfallsartige, bei der Katze 338–339
– angstbedingte s. Angstaggression
– bei der Katze 316–334
– – Gegenkonditionierung 330–331
– – gegenüber anderen Katzen 328–334
– – gegenüber Menschen 325–328
– – Hyperthyreose 102, 329
– beim Hund 13, 27, 166–193
– – Blindheit/Erblindung 235–237
– – „Brutverteidigungsverhalten“ 126
– – Drohverhalten 167
– – epileptiforme Verhaltensproblematik 195
– – Gefährlichkeit 168–169
– – gegenüber Artgenossen im selben Haushalt 188–191
– – gegenüber bekannten Personen 181–186
– – – Leadershiptraining 183, 185
– – – Rangunsicherheit 183–184
– – – Situationen, auslösende 182
– – – Sozialisierung, mangelnde 181
– – gegenüber Besitzern 184–185
– – gegenüber fremden Personen 52, 186–188
– – gegenüber unbekannten Hunden 191–193
– – Kopfhalfter 187
– – Maulkorbtraining 53, 173, 183
– – Rangordnungsprobleme 117
– – Scheinträchtigkeit 178–180
– – Schleppleine 185
– – Sympathikusaktivierung 166
– – Zusammenhang mit dem Sozialverhalten 167–169, 181
– maternale
– – bei der Katze 318–320
– – beim Hund 126, 178
– pathologische
– – bei der Katze 323
– – beim Hund 174
– schmerzbedingte
– – bei der Katze 323, 329
– – beim Hund 171–173
– – – Maulkorb 173
– – – Schmerzmanagement 172–173
– soziale, bei der Katze 317–318
– territorial bedingte
– – bei der Katze 297*, 305*, 324, 328
– – beim Hund 4, 176–177, 184, 186
– – proteinarme Diät 177
– umgerichtete
– – bei der Katze 316, 324–325, 328
– – beim Hund 172, 180–181
– Verhaltensberatungen 25
Agility
– Licht- und Schattenjagen beim Hund 211
– Unsauberkeit beim Hund 144
– Zwangsstörungen beim Hund 203
Aktivait® 92, 94
– kognitives Dysfunktionssyndrom
– – bei der Katze 328, 353
– – beim Hund 172, 221
Allianzaggression beim Hund 189
Alopezie
– Hypothyreose 104
– psychogene

Alopezie
– – bei der Katze 100, 341, 345–348
– – Putzen, exzessives 345–346
Alprazolam 84, 86, 94
– Angstprobleme beim Hund 148
– Geräuschangst 85
– – bei der Katze 314
– – beim Hund 153
– Trennungsangst
– – bei der Katze 312
– – beim Hund 160
alte Hunde, Verhaltensprobleme 218–225
Alzheimer s. Demenz
γ-Aminobuttersäure (GABA) 69
Amitriptylin 81, 93
– Gewitterangst beim Hund 82
– Ohrenbeißen 79
– Schwanzjagen 79
– Trennungsangst beim Hund 82, 224
Amputationsverbot 16–17
Anamneseerhebung, Vertrauensverhältnis 24
Angst vor Menschen
– bei der Katze 297*, 300–303
– – Desensibilisierung 301–302
– – Felifriend®/Feliway®-Zerstäuber 302
– – Kratzbäume mit hohen Aussichtsplattformen 301, 303
– – medikamentöse Therapie 302–303
– – organische Erkrankungen 300–301
– – Rückzugsmöglichkeiten, genügende 301, 303
– – Sozialisierung, mangelnde 300
– beim Hund 161–165
– – Desensibilisierung/Gegenkonditionierung 164
– – Führungsmängel 163
Angstaggression 41
– bei der Katze 320–322
– beim Hund 163, 174–177
– – Blindheit 241
– – Drohverhalten 146
– – Kastration 125–126, 128
– – Kind-Hund-Problematik 243
– – Körpersprache 175
– SSRIs 76
Angst(probleme/-störungen)
– Antidepressiva, trizyklische 80
– Azapirone 83
– bei der Katze 5, 297–315
– – Antiepileptika 299
– – Anzeichen 321
– – Benzodiazepine/MAO-Hemmer 299
– – Klettern auf Bäume oder Dächer 299
– – Kratzmarkieren/ Markierverhalten 298
– – Panikreaktionen 297
– – Unsauberkeit 298
– – vor Artgenossen 304–309
– – vor der Zweitkatze 307–309
– beim Hund 4, 145–147, 147*, 148–165
– – Desensibilisierung 147
– – Erfahrungen, negative 146
– – Erfahrungsmängel 145–146
– – körperliche Erkrankungen 146
– – Konditionierung, klassische 147
– – optisches Ausdrucksverhalten 147, 147*
– – Psychopharmaka 148
– – Schilddrüsenwerte 106, 148
– – sensible Phase 145
– – Unsauberkeit 142–143
– – Welpengewöhnung 145
– Benzodiazepine 85
– generalisierte, Sertralin 76
– β-Rezeptoren-Blocker 87
– Selegilin 88
– Sensibilisierung 36
– SSRIs 76
– Trainingsmethoden, erzieherische 39–41
– Verhaltensberatungen, schwierige 32
– vor Geräuschen s. Geräuschangst
Antibellhalsband 15, 49
Antidepressiva, trizyklische 80–82, 93
– und MAO-Hemmer, Wechselwirkungen 81
Antiepileptika 90–91, 94
– Aggression, anfallsartige, bei der Katze 338–339
– Angstprobleme bei der Katze 299
– REM-Schlaf-Verhaltensstörung beim Hund 227–228
Antioxidantien 93
– kognitives Dysfunktionssyndrom beim Hund 221–222
Anxiety Wrap® 58
Arthrose, Katzentoilettenaversion 288
ARV (abnormal repetitive Verhaltensweisen) beim Hund 198

Aufmerksamkeitsforderndes Verhalten
- bei der Katze 5, 275–279
- – Diagnose/Differenzialdiagnose 277, 341
- – Extinktion 277
- – Kratzmarkieren 277
- – Vokalisation, nächtliche 277–278
- – Zwangsstörungen 341
- beim Hund 4, 138–140
- – Diagnose/Differenzialdiagnose 138–139, 201
- – Extinktion 139
- – Impulskontrolle, mangelnde 138
- – Prognose 140
- – Symptome 138
- – Trennungsangst, nächtliche 223

Aufmerksamkeitstraining
- Aggressionsverhalten beim Hund gegenüber unbekannten Hunden 192
- Jagdverhalten, unerwünschtes, beim Hund 130

Auslauf und Sozialkontakte beim Hund 17

Ausscheidungsstellen, unerwünschte, bei der Katze
- Besitzerreaktion 290
- Feliway® 290
- Reinigung 289–290

Ausscheidungsverhalten bei der Katze 283–284
- Geruchskontrolle 284
- Probleme 296

Azapirone 83–84, 88, 94

B

Beißhemmung
- bei der Katze 37
- beim Hund 167–168

Beißpräventionsprojekt Blue Dog Projekt, Kind-Hund-Problematik 246

Beißverhalten bei der Katze, Kind-Katze-Problematik 356, 358

Bellen, territoriales 32

Bellstopp-Geräte 15

Belohnung
- falsche, Clickertraining 43
- Konditionierung, instrumentelle 39
- negative/positive 38, 47

Benzodiazepine 84–86
- Angstprobleme
- – bei der Katze 299
- – beim Hund 148
- Betäubungsmittelgesetz 84
- Dosierung/Verabreichung 85–86
- enthemmende Wirkungen 85
- GABA-Wirkung, Verstärkung 84
- Geräuschangst beim Hund 153
- Kontraindikationen 85
- – Angst der Katze vor Menschen 303
- – Angstaggression beim Hund 176
- Suchtpotenzial 84

Beschäftigungsobjekte
- bei der Katze 62–63
- stressreduzierende Maßnahmen 58–59

Bestrafungsmaßnahmen, Fehlverhalten 40

Betablocker s. β-Rezeptorenblocker

Beutefangverhalten s. Jagdverhalten

Bewegung, artgemäße, Tierhaltung 13–14

Bissprävention, Verhaltensmedizin 8–9

Bissverletzungen 8–9

Blickvermeidung des Hundes, Verhaltenstherapeut 26

Blindheit/Erblindung beim Hund 232–237
- Aggressionen zwischen Hunden 235–236
- Orientierungshilfen durch Duftstoffe 234
- Umgang mit dem Hund 234–237
- Verhaltensänderungen 232–233

Brachyzephale Rassen, optische Kommunikationsmöglichkeiten, eingeschränkte 168

Brustgeschirr
- bei der Katze, mit Glöckchen 270
- beim Hund 48–49, 51, 65, 182

„Brutverteidigungsverhalten“ der Hündin und des Rüden, Kastration 126–128, 191

Bürgerliches Gesetzbuch (BGB) 11

Buspiron 84, 94

Angstprobleme
- – bei der Katze 301–302
- – beim Hund 148, 165
- enthemmende Wirkung 83
- Kontraindikation, Angstaggression beim Hund 176
- und MAO-Hemmer, Wechselwirkungen 84

Buspiron
- Trennungsangst, nächtliche, beim alten Hund 224
- Zwangsstörungen bei der Katze 344

C

Carbergolin, Scheinträchtigkeit bei der Hündin 179
Carbimazol, Hyperthyreose bei der Katze 103
α-Casozepin s. Zylkene®
Clickertraining 41–43, 47
- bei der Katze 37*, 38*, 59, 63, 260–261
- – kognitives Dysfunktionssyndrom 353
- beim Hund 203
- – Licht- und Schattenjagen 211–212
- – Unsauberkeit 144
- Belohnung, falsche 43
- Konditionierung 37, 37*
- shaping (freies Formen) 42
- Koordination, mangelnde 43
- Target-Stick 38, 38*, 42, 260
- Utensilien 41–42
- Zwangsstörungen
- – bei der Katze 344
- – beim Hund 203
Clomicalm® s. Clomipramin
Clomipramin 72, 80, 81, 93
- Aggression
- – anfallsartige, bei der Katze 339
- – beim Hund gegen Personen 183
- Angstprobleme
- – bei der Katze 312
- – beim Hund 148, 165
- Geräuschangst beim Hund 153
- Hyperästhesie, feline 337
- Schilddrüsenparameter, Veränderung 108
- Schwanzjagen/Kreiseln beim Hund 208
- Trennungsangst
- – bei der Katze 309
- – beim Hund 80, 160, 208, 224
- Zwangsstörungen bei der Katze 344
Clonazepam 84, 86, 94
- REM-Schlaf-Verhaltensstörung beim Hund 85, 94, 227–228
- Trennungsangst beim Hund 161
Coenzym Q10, kognitives Dysfunktionssyndrom, beim alten Hund 221
colon irritabile beim Hund 97

D

Deckensaugen s. Flanken- und Deckensaugen beim Hund
Demenz
- Alzheimer-Demenz beim alten Hund 217–221, 225
- REM-Schlaf-Verhaltensstörung beim Hund 226–227
- Vokalisation, nächtliche, bei der Katze 275
Demenz-Checkliste 362–363
Depression, Antidepressiva, trizyklische 80
Dermatosen, psychogene
- bei der Katze 100
- beim Hund 98
Desensibilisierung 43–44, 47
- Aggression
- – bei der Katze gegenüber anderen Katzen 329–331
- – beim Hund gegenüber unbekannten Hunden 192
- Angst vor Menschen
- – bei der Katze 301–302
- – beim Hund 164
- Angstaggression/-probleme
- – bei der Katze 322
- – beim Hund 147
- Geräuschangst
- – bei der Katze 314
- – beim Hund 152
- – Geräusch-CD 44
- Jagdverhalten, unerwünschtes, beim Hund 130
- Kind-Katze-Problematik 358
- Trennungsangst
- – bei der Katze 311
- – beim Hund 159
Deslorelin
- Aggressionsverhalten beim Hund gegenüber unbekannten Hunden 192
- als Implantat 123–124
- Kastration, reversible, beim Rüden 123–124, 128
Desorientiertheit 88–90
- Demenz-Checkliste 362–363
- kognitives Dysfunktionssyndrom beim Hund 218–219, 225
Deutsches Tierschutzgesetz 12–17
- Verbot von Erziehungsmethoden, die Angst oder Schmerzen erzeugen 40

Diazepam 84, 86
– Leberzellnekrose bei der Katze 85, 304
DISHA (Desorientiertheit, Interaktion, Schlaf-wach-Rhythmus, Stubenreinheit, Aktivität)
– beim alten Hund 218
Distanzspielzeug bei der Katze 62
Distanztraining
– Trennungsangst
– – bei der Katze 311
– – beim Hund 82, 159, 161, 223
Dog Appeasing Pheromone (DAP) 56, 148, 161
Dog Dancing, Zwangsstörungen beim Hund 203
DOGTV, Trennungsangst beim Hund 160
„Dominanzaggression" beim Hund 114
Dopamin 68–69
Drohverhalten beim Hund 146, 167
Dummytraining beim Hund
– Jagdverhalten, unerwünschtes 131
– Zwangsstörungen 203
Durchfall, stressbedingter, beim Hund 97

E

Elektroreizgeräte 16
– Einsatzverbot 132
– – bei der Hundeausbildung/-erziehung 16, 49
– – beim unerwünschten Jagdverhalten 131
Endloswürger 15, 49
– Rangordnung(sprobleme) beim Hund 114
– schmerzbedingte Aggression beim Hund 172
– umgerichtete Aggression beim Hund 180
Enrichment(maßnahmen)
– bei der Katze 62
– Hyperästhesie, feline 337
– Markierverhalten bei der Katze 293, 295
– Zwangsstörungen beim Hund 202
Epilepsie/epileptiforme Verhaltensproblematik
– Aggression 33
– partielle 71
– bei der Katze 335–339
– beim Hund 174, 194–196, 198–199
– Phenobarbital 90
– Psychopharmaka 71, 74
Erregungslage, hohe, beim Hund 133–137
– Unsauberkeit 142–143
Erziehungsgeschirre mit Zugwirkung 15, 50
Erziehungsmethoden, die Angst oder Schmerzen erzeugen 39–41
Euthanasie 8, 33
– epileptiforme Aggressions-/Verhaltensprobleme beim Hund 33, 195
– Hyperästhesie, feline 337–338
– Zwangsstörungen
– – bei der Katze 344
– – beim Hund 205
Euthyroid Sick Syndrome 104
Extinktion (Löschung) 45–47
– aufmerksamkeitsforderndes Verhalten
– – bei der Katze 277
– – beim Hund 139

F

Fachtierarzt für Verhaltenskunde 5
Fehlverhalten, Bestrafungsmaßnahmen 40
Felifriend® (für Katzen) 61
– Angst/Aggression bei der Katze
– – vor Artgenossen 306, 330
– – vor Menschen 302
Feliway®-Transport Spray (bei Katzen) 60–61
Feliway®-Spray/-Zerstäuber (bei Katzen) 60
– Aggression gegenüber Artgenossen 330
– Angst
– – vor Artgenossen 306
– – vor Menschen 302
– Gäuschangst 314
– Kratzmarkieren 282
– Trennungsangst 311
– Unsauberkeit 290
Flanken- und Deckensaugen beim Hund 198, 214–215
Fliegenschnappen beim Hund 215–216
– epileptiforme Verhaltensproblematik 195–196
Flooding 46–47
Fluoxetin 76–78, 92
– Alopezie, psychogene bei der Katze 347–348
– Angst
– – bei der Katze vor Menschen 303
– – beim Hund 148
– Geräuschangst beim Hund 153

Fluoxetin
- Licht- und Schattenjagen beim Hund 211–212
- Markierverhalten bei der Katze 293–295
Fluoxetin
- Mischung, individuelle, für Katzen 78, 347–348
- Schwanzjagen/Kreiseln beim Hund 208
- Zwangsstörungen 76
- - beim Hund 205, 208–209
Fluvoxamin 76, 78
- Angststörungen 76
- Zwangsstörungen 76
Futter- und Liegeplätze 27
Futterspielzeuge 45, 59
- für Hunde 59, 79, 89, 203–204
- - Erregungslage, hohe 136
- - Gewitter-/Silvesterangst 156, 221
- - kognitives Dysfunktionssyndrom 221–222
- - Licht- und Schattenjagen 209, 211
- - Trennungsangst 59, 225
- - Verhaltensprobleme beim alten Hund 224
- - Zwangsstörungen 203–204, 208
- für Katzen 62, 259–260, 267, 343, 343
- - Adipositas 343
- - Aggression 327
- - Markierverhalten 293–294
- - Alopezie, psychogene 347
- - Markierverhalten 293–294
- - Trennungsangst 311
- - Zwangsstörungen 344
Futterstelle, Eintrag im Wohnungsplan 29
Futtersuchspiele
- Hyperaktivitätsstörung beim Hund 136
- Jagdverhalten, unerwünschtes, bei der Katze 272–273
Futtertube
- bei der Katze 59
- beim Hund 48

G

Gastritis, psychogene, beim Hund 98
Gefahrenprävention, Verhaltensmedizin 8
Gefahrhundeverordnungen 8
Gegenkonditionierung 44–45
- Aggression
- - bei der Katze 322, 325–326, 330–331
- - beim Hund 173, 192
- Angst vor Menschen beim Hund 164
- Geräuschangst
- - bei der Katze 314
- - beim Hund 152
- Jagdverhalten, unerwünschtes, beim Hund 130
- Kind-Katze-Problematik 358
- Zwangsstörungen beim Hund 204–205
Gehbehinderung beim Hund 239–241
- Hunderollstuhl 239
Gehörschutz, Geräuschangst beim Hund 153
Gehorsamkeitstraining
- Aggression beim Hund 180, 185
- Hyperaktivitätsstörung beim Hund 135
Generalisierung 46
Gentle Leader® (Kopfhalfter) 51
Geräuschangst
- bei der Katze 312–315
- - Alprazolam/Oxazepam 85, 314
- - Desensibilisierung/Gegenkonditionierung 314
- - Geräusch-CD 62, 314
- - Trennungsangst 313
- beim Hund 149–156
- - Desensibilisierung/Gegenkonditionierung 152
- - Diagnose 151
- - Differenzialdiagnose 233
- - Gehörschutz 153
- - Habituation, fehlende/unzureichende 149
- - Körperband 58, 153
- - Prophylaxe 154
- - Psychopharmaka 153
- - Rasseabhängigkeit 149
- - Symptome 149–151
- - Thundershirt 57, 153
- - traumatische Erfahrungen 150
- - Trennungsangst 158
- Benzodiazepine 85
- Desensibilisierung, Geräusch-CD 44
- SSRIs 76
Geräusch-CD
- für Katzen 62
- für Hunde 57, 106
- Geräuschangst 44
- - bei der Katze 314
- - beim Hund 154–155
- Kind-Katze-Problematik 354
- Sensibilisierung 37

Geräuschempfindlichkeit beim Hund
- Cholesterinwerte, hohe 106, 146
- Schilddrüsenhormonwerte, niedrige 106, 146
Geschirre
- für Katzen 60
- für Hunde 50–51
Geschlechtsreife bei der Katze 319
Gesichtspheromone bei der Katze 60-61
Gewaltanwendung, Tiererziehung 7
Gewitterangst/-phobie
- Amitriptylin 82
- bei der Katze 313
- beim Hund 82, 151
- Benzodiazepine 85
- β-Rezeptorenblocker 87
Glutamat 69
Gravidität bei der Katze 320
GTVMT (Gesellschaft für Tierverhaltensmedizin und -therapie e.V.) 6

H

Habituation 35–36, 47
Halsband beim Hund 49
- Kehlkopfentzündung 49
Halti® Harness (Geschirr) 50, 51
Hausleine 53
- Aggressionsverhalten beim Hund gegen Personen 185, 187
Hebb'sche Lernregel 69
Herzprobleme
- Antidepressiva, trizyklische, Kontraindikationen 81
- β-Rezeptoren-Blocker, Kontraindikationen 87
Hilfsmittel, tierschutzwidrig anwendbare 14–16
Hunde
- und Katzen 266–267
- und Kinder s. Kind-Hund-Problematik körperlich behinderte 232–241
Hunde-Alzheimer s. kognitives Dysfunktionssyndrom beim Hund
Hundeausbildung, Elektroreizgeräte, Einsatzverbot 16
Hundetrainer 22
Hundewelpen, sensible Phase 145, 148
Hund-Mensch-Beziehung, Rangordnung(sprobleme) 116–117
Hyperästhesie, feline 335–338
- Enrichment 337
- Euthanasie 337–338
- Phenobarbital 90
- Therapie 336–339
Hyperaktivität(sstörung)
- bei der Katze, Hyperthyreose 102
- beim Hund 134–137
- - Futtersuchspiele 136
- - Gehorsamkeitstraining 135
- - SSRIs 136
Hypersexualität beim Hund, Kastration 125
Hyperthyreose
- Aggressionsverhalten bei der Katze 329
- bei der Katze 102–103
- - Carbimazol/Methimazol 103
- - Hyperaktivitätsstörung 102
- - Vokalisation, nächtliche 351
- beim Hund 105
Hypothyreose beim Hund 103–108
- Aggressionsverhalten 174
- Schilddrüsenhormonersatz-Therapie (THRT) 104–108
- Zwangsstörungen 198

I

irritable bowel syndrome beim Hund 97

J

Jagdverhalten, fehlgeleitetes/unerwünschtes 32
- bei der Katze 269–274
- - Differenzialdiagnose 326
- - Schnattern 269, 269*
- - Spiel mit dem Beutetier 269, 269*
- - Spielen auf Distanz 272
- beim Hund 129–132
- - Anamnese 129–130
Aufmerksamkeitstraining 130
- - Kastration 124–125
- - neuronale Steuerung 166
Prophylaxe 132
- - Symptome/Diagnose 130
- - Therapie 130–132

K

Kaliumbromid, REM-Schlaf-Verhaltensstörung beim Hund 227

Kastration beim Hund 121–128
- Angstaggression 125–126
- „Brutverteidigungsverhalten" 126–127
- Einfluss auf Verhaltensweisen 124–127
- gesetzliche Grundlagen 121–122
- Gonadektomie/Ovariektomie 122
- Hypersexualität 125

Kastration beim Hund
- Jagdverhalten, unerwünschtes 124–125
- Kontraindikation 17
- reversible 123–124
- Scheinträchtigkeit bei der Hündin 180

Kataplexie, Narkolepsie beim Hund 229–230

Katzen
- auf Bäumen oder Dächern 299
- Ausscheidungsverhalten, normales 283–284
- Eingliederung zweier Kater in einen Haushalt 332–333
- Geschlechtsreife 319
- Gewöhnungstraining bei zwei Katzen, die sich nicht mehr vertragen 333–334
- und Hunde 266–267
- und Menschen 264–266
- Scheinträchtigkeit 320
- Sexualzyklus 319–320
- Sozialverhalten 262–263, 262*
- Versammlungen 263

Katzenberatungen 27

Katzenfutterstationen – surefeed® 267

Katzenhaltung
- Außengehege, sicheres 250–251
- Aussichtsmöglicheiten 255–256
- Beschäftigung alleine 258–259
- Clickertraining 260–261
- „Entertainment" 256–257
- mit Freilauf 249–251
- Futterspielzeuge 259–260
- geistige Auslastung 259–261
- Haltungsumwelt 249–257
- interaktives Spiel mit dem Besitzer 257–258
- Jagdverhalten, fehlgeleitetes 271–274
- Katzenminze/Katzengras 256
- körperliche Auslastung 257–259
- Kratz- und Klettermöglichkeiten 253–255
- Mehrkatzenhaushalt 261–264
- Schlaf- und Rückzugsmöglichkeiten 252–253
- Vorbeugung von Problemen 247–268
- Wohnungshaltung, reine 251–257

Katzenklappe 64–65, 249, 259
- Gewöhnung 65
- mit Microchip Lesegerät 65, 250, 306

Katzenkorb 63–64

Katzenminze/Katzengras 256

Katzentoilette 284*, 288–289, 293
- Eintrag im Wohnungsplan 29
- Management, fehlerhaftes 287–288

Katzentoilettenaversion 285–290
- Arthrose/Zystitis 288
- mit Angstkomponente, Azapirone 83
- Prophylaxe 293

Katzentreppe 250

Katzenversammlungen, nächtliche 263

Kind-Hund-Interaktion/-Problematik 242–246
- Angstaggression 243
- Babys 243–244
- Beißpräventionsprojekt – Blue Dog Projekt 246
- Rückzugsorte für den Hund schaffen 244
- Sozialisierung, gute 246

Kind-Katze-Interaktion/-Problematik 354–358
- Babys 354–355
- Geräusch-CD 354
- Katzenbisse 356
- Probleme, Behandlung 358
- Rückzugsorte für die Katze schaffen 356

Klettermöglichkeiten für Katzen 253–255

Klient, Vertrauen erwerben 24

Körperband 57– 58, 66
- Geräuschangst beim Hund 58, 153

körperlich behinderte Hunde 232–241

kognitives Dysfunktionssyndrom
- bei der Katze 353
- – Vokalisation, nächtliche 351
- beim Hund 217–222
- – Aktivait®/Senilife® 92–93
- – Aktivität/Interaktionen, veränderte 218–219
- – Desorientiertheit 218–219
- – Diagnose/Differenzialdiagnose 223, 220
- – Psychopharmaka 71

-- Schlaf-Wach-Rhythmus, veränderter 219
-- Spezialfuttermittel 221
-- Stubenreinheit 219
-- Trennungsangst 158
- Nutraceuticals 221
- Selegilin 88–89
Konditionierung 37–43
- instrumentelle 38–39, 47
-- Belohnung 39
-- Strafe 39
-- Verstärker 38–39
- klassische 37–38, 47
-- Angstprobleme beim Hund 147, 164
Kong® (Futterspielzeug) 59, 211
Kopfhalfter beim Hund 51
- Aggressionsverhalten gegenüber fremden Personen 187
Korallenhalsband 14, 49
Kratzbaum für Katzen 13, 62–63, 253–255, 258*
Kratzmarkieren bei der Katze 5, 13, 280–282
- Angstprobleme 298
- aufmerksamkeitsforderndes Verhalten 277
- Feliway®-Zerstäuber 282
- Objekte, geeignete, anbieten 281–282
- Onchyektomie 17
Kreiseln s. Schwanzjagen/Kreiseln
Labyrinthball 59

L

Lahmheit beim Hund
- aufmerksamkeitsforderndes Verhalten 138, 140
- vorgetäuschte 138, 140
Lauf- und Verfolgungsspiele, soziale beim angeleinten Hund 13
Leadershiptraining beim Hund
- Aggressionsverhalten gegen Personen 183, 185
- Rangordnung(sprobleme) 114, 117
Leberprobleme, Antidepressiva, trizyklische, Kontraindikation 81
Leckdermatitis, akrale, beim Hund 212–214
- Pfotenverband 212–213
Leine
- bei der Katze 60
- beim Hund 51–53
Lerntheorie 14, 35–47
Lethargie, Hypothyreose beim Hund 103
Licht- und Schattenjagen beim Hund 209–212
- Fluoxetin/Futterspielzeuge 211
Liegeplätze 27, 29
- für Hunde 115, 117, 183, 234, 244
- für Katzen 250, 253–254, 264, 288
Lipidose, hepatische, bei der Katze 300–301

M

MAO-Hemmer 87–88, 90, 94
- Angstprobleme bei der Katze 299
- Wechselwirkungen 81
-- Antidepressiva, trizyklische 81
-- Buspiron 84
-- SSRIs 77
Markierverhalten
- bei der Katze 285, 291–296
-- Anamnese 286
-- Angstprobleme 298
-- Besitzerreaktion 293
-- diagnostische Unterscheidungskriterien 286–287
-- körperliche Auslastung 292–293
-- Kratzbaum/-brett 293
-- Mehrkatzenhaushalt 292
- beim Hund 142
- SSRIs 76
Maulkorb(training) beim Hund 16, 53–55, 173, 183
- Aggression
-- gegenüber Personen 183–184, 186
-- gegenüber unbekannten Hunden 192
-- schmerzbedingte 173
-- territorial bedingte 177
Medical Training bei der Katze 75
Medikinet® s. Methylphenidat
Mehrkatzenhaushalt 261–264
- Markierverhalten 292
- Probleme, Vorbeugung 264
- Zweitkatze, passende, Auswahl 263
Melatonin, Trennungsangst, nächtliche, beim alten Hund 224–225
Memantin
- Schwanzjagen/Kreiseln beim Hund 208
- Zwangsstörungen beim Hund 205
Methimazol, Hyperthyreose bei der Katze 103

Methylphenidat 135
- Narkolepsie beim Hund 230–231
Microchip-Lesegerät, Katzenklappe 65, 306
MuttMuffs® (Kapselhörschutz), Geräuschangst beim Hund 153

N

Nackenriemen beim Hund 51
Narkolepsie beim Hund 229–231
- Methylphenidat 230
Nasenriemen beim Hund 51
Natriumthyroxin, Hypothyreose beim Hund 106–107
Nervosität, Hyperthyreose bei der Katze 102
Neurophysiologie 67–69
Neurotransmitter 67–69, 93
Nutraceuticals, kognitives Dysfunktionssyndrom beim alten Hund 221
non thyroidal illness syndrome 104
Noradrenalin 68

O

Ohrenbeißen, SSRIs 78–80
Oxazepam 84, 86
- Angstprobleme bei der Katze 314

P

Paroxetin 78
- Geräuschangst beim Hund 153
- soziale Phobien 76
petporte smartflap® (Katzenklappe mit Microchip-Lesegerät) 65, 249
PetSafe® ssscat Fernhaltespray, Aggressionsverhalten bei der Katze 325, 327
Phenobarbital 90–91, 94
- Aggression, anfallsartige, bei der Katze 339
- epileptiforme Verhaltensproblematik beim Hund 195
- Hyperästhesie, feline 337
- REM-Schlaf-Verhaltensstörung beim Hund 227
- Schwanzjagen/Kreiseln beim Hund 207
- Zwangsstörungen beim Hund 205
Pheromone
- bei der Katze 60–61
- beim Hund 56–57, 148
Phobien
- Antidepressiva, trizyklische 80
- Benzodiazepine 85
- β-Rezeptoren-Blocker 87
- Verhaltensberatungen, schwierige 32
Phobophobie
- bei der Katze 313
- beim Hund 150–151
Phonophobie beim Hund 150
Pica bei der Katze 340, 348–349
Polydipsie, psychogene, beim Hund 98–99
Propranolol 87–88
proteinarme Diät, Aggressionsverhalten, territorial bedingtes, beim Hund 177
Pseudogravidität s. Scheinträchtigkeit
Psychopharmaka 70–94
- Behandlungsdauer 74
- Gesundheitszustand, aktueller, des Tieres 72–73
- Kombinationstherapie 92
- Medikation, lebenslange 70–71
- Nebenwirkungen, unerwünschte 70
- Rechtslage 72
- Sedation 70
- Therapieversagen 71
- Verabreichung 73, 75
- Verwendung und Auswahl 72–74
- Vorurteile 70–72
- Wirkung 73
Psychosomatik/Psychosomatosen 95–101
- bei der Katze 99–100
- beim Hund 97–99

R

Rangordnung(sprobleme) beim Hund 113–120, 167
- aggressives Verhalten 117, 183–184
- Differenzialdiagnose 117
- „Dominanz“ 115–116
- Führungsverhalten, unklares 117
- Hausleine 53
- Hund-Mensch-Beziehung 116–117
- „Langzeitdominanz“ 115
- Leadership 114, 117
- Markierverhalten 143
- Regeln für den Alltag 117–119
- soziale Strukturen bei Haushunden, „situative Dominanz“ 115–116
Rechtslage 11–20
REM-Schlaf-Verhaltensstörung
- beim Hund 226–228
- Clonazepam 85

– Polysomnogramm 227
– Psychopharmaka 71–72
Ressource Holding Power/Potential (RHP) 116
β-Rezeptoren-Blocker 73, 86–87, 94
– Angstprobleme beim Hund 148
– Geräuschangst beim Hund 153
Ritalin® s. Methylphenidat
Rückruftraining, Schleppleine 52

S

Schattenjagen s. Licht- und Schattenjagen
Scheinmarkieren (Phantommarkieren) bei der Katze 291
Scheinträchtigkeit (Pseudogravidität)
– bei der Hündin 178–180
– – Carbergolin 179
– – Kastration 180
– bei der Katze 320
– Lactatio falsa 126
– Prolactinspiegel 126–127
Schilddrüsenfehlfunktionen 102–109
Schilddrüsenhormonersatz-Therapie (THRT), Hypothyreose beim Hund 104–108
Schlaf-wach-Rhythmus-Störungen 88–90
– Demenz-Checkliste 362
– kognitives Dysfunktionssyndrom beim Hund 219–220
– Narkolepsie 229–231
Schleppleine beim Hund 52
– aggressives Verhalten, gegenüber Personen 185
– Jagdverhalten, unerwünschtes, beim Hund 130
schmerzbedingte Aggression beim Hund 171–173
Schmerzen
– Aggression
– – bei der Katze 316, 323
– – beim Hund 171–173, 182
– durch Erziehungsmaßnahmen zugefügte 39–41
– Vokalisation, nächtliche bei der Katze 351
Schnattern bei der Katze 269, 269*
Schussangst beim Hund 151
Schwanzjagen/Kreiseln beim Hund 206*, 206–209
– aufmerksamkeitsforderndes Verhalten 138, 140
– Phenobarbital 90
– Psychopharmaka 207
– Rutenamputation als Kunstfehler 207
– SSRIs 78–80
Selegilin (Selgian® s.) 72, 87–88, 94
– Absetzen, abruptes 74
– kognitives Dysfunktionssyndrom
– – bei der Katze 353
– – beim Hund 221
Senilife® 93, 94
– kognitives Dysfunktionssyndrom
– – bei der Katze 353
– – beim Hund 221
Sensibilisierung (Sensitivierung) 36–37, 47
– Angstprobleme 36
– Geräusch-CD 37
Serotonin 67–68
Serotonin-Syndrom 77, 81, 84
Sertralin 78
– Angststörungen, generalisierte 76
– Geräuschangst beim Hund 153
– Zwangsstörungen beim Hund 205
Sexualzyklus bei der Katze 319–320
Shaping (freies Formen), Clickertraining 42
Silvesterangst
– bei der Katze 314
– beim Hund 146, 151–152, 154–155
Softclaws®, Kratzmarkieren der Katze 282
„soziale Dominanz“ beim Hund 116
soziale Phobien, Paroxetin 76
soziale Strukturen bei Haushunden 115–116
Sozialisierung
– bei der Katze 6
– beim Hund 181, 186–188, 191
gute, Kind-Hund-Problematik 246
– Katzen und Menschen 264–265
– mangelnde/unzureichende
Sozialkontakte beim Hund 17
– Zwangsstörungen 203
Sozialverhalten
– bei der Katze 262–263
– beim Hund 167–169
Spielaggression
– bei der Katze 316–317
– beim Hund 169–171
Spielverhalten beim Hund 170
Sprühhalsbänder 15, 49
Squirrel Dude® (Futterspielzeug) 59

SSRIs (Selektive Serotonin-Wiederaufnahmehemmer) 76–80, 93
– Angstaggression/-probleme 322
– – bei der Katze 153, 339, 322
– – beim Hund 148, 183
– epileptiforme Verhaltensproblematik beim Hund 195
– Geräuschangst beim Hund 153
– Hyperästhesie, feline 337
SSRIs (Selektive Serotonin-Wiederaufnahmehemmer)
– Hyperaktivitätsstörung beim Hund 136
– und MAO-Hemmer, Wechselwirkungen 77
– Narkolepsie beim Hund 230
– Schwanzjagen/Kreiseln beim Hund 207
– Trennungsangst beim Hund 160, 224
– Wirkungen, unerwünschte 77
– Zwangsstörungen
– – bei der Katze 344
– – beim Hund 205
Stachelhalsband beim Hund 14, 49
– Aggression
– – schmerzbedingte 172
– – umgerichtete 180
– Rangordnung(sprobleme) 114
Stereotypien 6
– bei der Katze 340
– beim Hund 197, 216
Sterilisation beim Hund 122–124
Sterilisation bei der Katze 122
Strafe
– Konditionierung, instrumentelle 39
– negative/positive 38, 47
Straßenverkehrsordnung (StVO) 18–19
Stress, chronischer beim Hund
– Durchfall 97
– Schilddrüsenhormonwerte, niedrige 107
Stressempfindlichkeit, Hyperthyreose bei der Katze 102
Stressoren, Erregungslage, hohe, beim Hund 133
stressreduzierende Wirkung, Feliway® 60
Streunen beim Rüden 130
– Kastration 125
Stubenreinheit, mangelnde
– Demenz-Checkliste 362
– beim Hund 141–142
– Stubenreinheitstraining 143
Suprelorin® s. Deslorelin
surefeed® (Katzenfutterstation) 260
sureflap® (Katzenklappe mit Mikrochip-Lesegerät) 65, 249
Synapsen 67

T

Tagesschläfrigkeit, exzessive s. Narkolepsie
Taubheit beim Hund 237–239
– Vibrationshalsband 238–239
Telefonberatung 28–30
Thundershirt 58
– Geräuschangst beim Hund 58, 66, 153
Thyreotoxikose beim Hund 105, 107
L-Thyroxin, Hypothyreose beim Hund 105
Tier im Bürgerlichen Gesetzbuch 11
Tiererziehung, Gewaltanwendung 7
Tierhaltung 13–14
– Verbote 14–16
Tierpsychologen 22
Tierschutz, Verhaltensmedizin 6–8
Tierschutz-Hundeverordnung (TierSchHuV) 17–18
Tierschutzwidrig anwendbare Hilfsmittel 14–16
Tonaufnahmen s. Geräusch-CD
Trainingshilfen 48–66
– bei der Katze 59–65
– beim Hund 48–59
Transportbox für Katzen 63–64
Transportboxtraining 63
Trennungsangst
– bei der Katze 309–312
– – Alprazolam/Clomipramin 312
– – Desensibilisierung 311
– – Diagnose 310–311
– – Feliway®-Zerstäuber 311
– – Futterspielzeuge 311
– – Geräuschangst 313
– – Unabhängigkeitstraining 311
– beim Hund 6, 26, 156–161
– – Ab-/Anwesenheit des Besitzers 157
– – Alleinlassen in der Wohnung 159–160
– – ausgelöst durch Geräuschangst 150
– – Desensibilisierung 159
– – Diagnose 158
– – Distanztraining 159
– – DOGTV 160
– – Futterspielzeuge 59
– – kognitives Dysfunktionssyndrom 220

– – Psychopharmaka 160–161
– – Schilddrüsentoxikose 105
– – Therapie 158–161
– – Unabhängigkeitstraining vom Besitzer 159
– Benzodiazepine 85
– nächtliche, beim alten Hund 220, 222–225
– β-Rezeptoren-Blocker 87
– SSRIs 76
Tryptophan, Aggressionsverhalten, territorial bedingtes, beim Hund 177
T_3-Suppressionstest, Hyperthyreose bei der Katze 103
Twist'n Treat® (Futterspielzeug) 59

U

Übersprungshandlung
– bei der Katze, Differenzialdiagnose 341
– – Zwangsstörungen 341
– beim Hund, Differenzialdiagnose 200–201
Unabhängigkeitstraining gegenüber der Bindungsperson s. Distanztraining
Unguator® Kruke (Futtertube)
– bei der Katze 65
– beim Hund 48, 59
Unsauberkeit
– bei der Katze 283–296
– – Anamnese 286
– – Angstprobleme 298
– – Trennungsangst 310
– beim Hund 141–144, 158
– – Angstproblematik 142–143
– – Markierverhalten 142–143
– – Stubensauberkeitstraining 143
– – Trennungsangst 158
– – Unterwürfigkeit/Erregung 142–143
– Trennungsangst
– – bei der Katze 311
– – beim Hund 223
unsichere Hunde, Führungsverhalten, unklares 117
Unterbringung, verhaltensgerechte, Tierhaltung 13–14
Unterordnung von Hunden, obsolete Methoden 114
Unterwürfigkeit, Unsauberkeit beim Hund 142–143
Urinieren, unterwürfiges 41
Urinmarkieren bei der Katze 285–286, 291
– Azapirone 83
– Körperhaltung 285, 291

V

Verhalten, arttypisches 13, 15
Verhaltensberatungen 21–34
– Abrechnung 21
– Beispielfragebogen Hund 361–365
– Beispielfragebogen Katze 366–370
– Beratungsprotokoll 25
– Compliance 31
– Grenzen 32–33
– Klientenstamm, Aufbau 22
– Klientenumgang, allgemeiner 23–24
– Konsultationen 24–30
– – Hausbesuch 27–28
– – im Rahmen der Praxis/Klinik 25–27
– – telefonische 28–30
– Kontaktaufnahme, erste, mit Klienten 23
– Merkblätter 24
– Nachberatung 31–32
– Sicherheitsmaßnahmen, Dokumentation, schriftliche 31
– Therapieplan 30–31
Verhaltensmedizin
– Bissprävention 8–9
– Gefahrenprävention 8
– tierärztliche 5–6
– Tier-Mensch-Beziehung, Verbesserung 8
– Tierschutz 6–8
Verhaltensprobleme
– bei der Katze 5, 249–358
– beim alten Hund 217–225
– beim Hund 4–5, 113–246
– Besitzerverhalten als Ursache 71
– Kastration, Kontraindikation 17
– Vorkommen 3–5
Verhaltenstherapie
– beim Hund, Bedeutung 119
– Trainingshilfen 48–66
– Zusatzbezeichnung 5
Verhaltenstraining 7
– Erziehung mithilfe von Angst oder Schmerzen 39–41
Verhaltensweisen, selbst-belohnende 32
Vertrauensverhältnis, Anamneseerhebung 24
Vetranquil® s. Alprazolam

Vibrationshalsband, Taubheit beim Hund 238–239
Videoaufzeichnungen 28–30
Vogeljagd der Katze 270
Vokalisation, nächtliche, bei der Katze 351–353
– aufmerksamkeitsforderndes Verhalten 277–278
– Trennungsangst 310

W

Welpengewöhnung und Angstprobleme beim Hund 145
Welpenschutz gegenüber Kindern 181, 243
Wesenszug, akzeptabler 3
Wohnungskatzen 251–257
– Jagdverhalten, fehlgeleitetes 271
– Vokalisation, nächtliche 351
Wollesaugen bei der Katze 340, 348–349
Würgekette, Rangordnung(sprobleme) beim Hund 114
Wundheilungsstörungen, psychogene 96

Z

Zaun, unsichtbarer 15
Zwangsstörungen
– Antidepressiva, trizyklische 80
– bei der Katze 340–350
– – aufmerksamkeitsforderndes Verhalten 341
– – Auslöser 342
– – Besitzer-Katze-Beziehung 340
– – Besitzerreaktion 342
– – Clickertraining 344
– – Euthanasie 344
– – Gegenkonditionierung 344
– – geistige/körperliche Auslastung 343–344
– – orientalische Rassen 340
– – Prophylaxe 345
– – Psychopharmaka 344
– – Schweregrade 341
– – Symptomausprägung 341
– – Tagesablauf, strukturierter 342
– – Übersprungshandlung 341
– beim Hund 197–216
– – aufmerksamkeitsforderndes Verhalten 201
– – Auslöser 201–202
– – Ausprägung/Schweregrade 199–200
– – Besitzerreaktion 202
– – Coping-Strategie 198
– – Diagnosestellung 200–201
– – Entspannung auf Kommando 204
– – Euthanasie 206
– – Futterspielzeuge 203–204
– – Gegenkonditionierung 204–205
– – geistige/körperliche Auslastung 202–204
– – Hund-Halter-Beziehung 200
– – Hypothyreose 198
– – Platzliegen, langes 205
– – Prognose 200
– – Prophylaxe 206
– – Psychopharmaka 205
– – Tagesablauf, strukturierter 202
– – Übersprungshandlung 200
– – Vorkommen und Ätiologie 198–199
– Benzodiazepine 85
– Phenobarbital 90
– Psychopharmaka 71, 74
– SSRIs 76
Zylkene® 92, 94
Zystitis bei der Katze
– idiopathische 99
– Katzentoilettenaversion 288